石油和化工行业"十四五"规划教材

高等职业教育本科教材

无机化学

陈君丽　莫国莉　主编

王宝仁　主审

化学工业出版社

·北京·

内容简介

《无机化学》教材全面贯彻党的教育方针，以立德树人为根本，遵循教育规律和学生成长规律，全面落实以学生为本的教育理念，以"必需和够用"为原则编写，由浅入深，加强实用性，把知识的传授和培养学生分析问题及解决问题的能力结合起来，具有职业教育特色。本教材将课程思政元素有机融入专业知识和技能，培养学生的家国情怀和工匠精神。主要内容包括绪论、原子结构和元素周期表、分子结构和晶体类型、化学基本量和化学计算、化学热力学基础、化学反应速率与化学平衡、电解质溶液、氧化还原反应和电化学基础、配位化合物和配位平衡、卤素、其他重要的非金属元素、碱金属和碱土金属、其他重要的金属元素。

本教材适用于职业教育本科化工技术类、生物技术类、轻化工类等专业，使用本教材时可以根据不同的学科和专业对无机化学的不同要求，结合学生的实际情况，有针对性地取舍内容，以便让学生扎实掌握基础化学知识，以助于后续课程的学习并对未来化学科技的发展产生深究和求知的欲望。

图书在版编目(CIP)数据

无机化学/陈君丽，莫国莉主编．—北京：化学工业出版社，2024.7

石油和化工行业"十四五"规划教材

ISBN 978-7-122-45574-1

Ⅰ.①无… Ⅱ.①陈…②莫… Ⅲ.①无机化学-教材 Ⅳ.①O61

中国国家版本馆CIP数据核字（2024）第090214号

责任编辑：旷英姿　刘心怡　　文字编辑：段曰超　师明远
责任校对：宋　玮　　　　　　　装帧设计：关　飞

出版发行：化学工业出版社
　　　　　（北京市东城区青年湖南街13号　邮政编码100011）
印　　装：大厂聚鑫印刷有限责任公司
787mm×1092mm　1/16　印张19¾　彩插1　字数486千字
2024年9月北京第1版第1次印刷

购书咨询：010-64518888　　　　售后服务：010-64518899
网　　址：http://www.cip.com.cn
凡购买本书，如有缺损质量问题，本社销售中心负责调换。

定　　价：56.00元　　　　　　　　　　　　　　版权所有　违者必究

序

党的二十大报告提出：建设现代化产业体系。坚持把发展经济的着力点放在实体经济上。石油和化学工业是实体工业中最具生命力，极富创造性的工业领域。现代化学工业以高端化、智能化、绿色化发展为标志，是支撑国民经济发展和满足人民生活需要的重要基础。

行业发展，人才先行。职业教育以建设人力资源强国为战略目标，随着产业结构升级，绿色技术革新，智能化迭代步伐的加速，提高职业教育培养层次，培养一批高层次技术技能型人才和善于解决现场工程问题的工程师队伍，迫在眉睫。职业本科教育应运而生。

职业本科教育旨在培养一批理论联系实际，服务产业数字化转型、先进制造技术、先进基础工艺的人才和具有技术创新能力的高端技术技能型人才，以提高职业教育服务经济建设的能力，满足社会发展的需求。

教材作为教学活动的基础性载体，是落实人才培养方案的重要工具。职业本科教材建设对于推动课程与教学改革在职业本科教育中落地、提高人才培养质量以及促进社会经济发展都具有重要意义。

为满足我国石油和化工行业对高层次技术技能型人才的需求，更好地服务于职业本科专业新标准实施，补充紧缺教材，全国石油和化工职业教育教学指导委员会于2022年6月发布了《石油和化工行业职业教育"十四五"规划教材（职业本科）建设方案》（中化教协发〔2022〕23号），并根据方案内容启动了第一批石化类职业本科系列教材的建设工作。本系列教材历经组织申报、专家函评、主编答辩、确定编审团队、组织编写、审稿、出版等环节，现即将面世。

本系列教材是多校联合、校企合作开发的成果，编写团队由来自全国多所职业技术大学、高等职业院校以及普通本科学校、科研院所、企业的优秀教师、专家组成，他们具有丰富的教学、实践及行业经验，对行业发展和人才需求有深入的了解。本系列教材涵盖职业本科石化类专业的专业基础课和专业核心课，能较好地满足专业教学需求。

本系列教材以提高学生的知识应用能力和综合素质为目标，具有以下突出特点：

（1）坚持正确的政治导向，加强教材的育人功能。全面贯彻党的教育方针，落实立德树人的根本任务，在教材中有机融入党的二十大精神和思政元素，展示石化工业在社会发展和科技进步中的重要作用，培养学生树立正确的世界观、人生观和价值观。

（2）体系完整、内容丰富，可服务于职业本科专业新标准的实施。以职业本科应用化工技术专业教学标准为依据，按照顶层设计、全局总览、课程互联的思路安排教材内容，增强教材与课程、课程与专业之间的联系，为实现模块化、项目化等新型教学模式奠定良好基础。

（3）突出职业教育类型特征，强调知识的应用能力。紧密结合行业实际，注重培养学生利用所学知识分析问题、解决问题的能力，使其能够胜任生产加工中高端产品、解决较复杂问题、进行较复杂操作，并具有一定的创新能力和可持续发展能力。

（4）反映石化行业的发展趋势和新技术应用。将学科及相关领域的科研新进展、工程新技术、生产新工艺、技术新规范纳入教材；反映石化工业在经济发展、社会进步、产业发展以及改善人类生活等方面发挥的重要作用，使学生紧跟行业发展步伐，掌握先进技术。

（5）创新教材编写模式。为适应职业教育"三教"改革的需要，系列教材注重编写模式的创新。根据各教材内容的适应性，采用模块化、项目化、案例式等丰富的编写形式组织教材内容；统一进行栏目设计，利用丰富多样的小栏目拓展学生的知识面，提高学生学习兴趣；将信息技术作为知识呈现的新载体，通过二维码等形式有效拓展教材内容，实现线上线下的互联和互动，以适应新时期的教与学。

（6）统一设计封面、版式，装帧印刷精良。对封面、版式等进行整体设计，确保装帧精美、质量优良。

期待本系列教材的出版和使用，能为我国石油和化工行业培养高水平、高层次技术技能型人才助力，对推动行业的持续发展和转型升级发挥积极作用。

最后，感谢所有在系列教材建设工作中辛勤付出的专家和教师们！感谢所有关心和支持我国石油和化工行业发展的各界人士！

全国石油和化工职业教育教学指导委员会

前言

本教材是根据教育部《"十四五"职业教育规划教材建设实施方案》的精神，按照石油和化工行业"十四五"规划教材（职业本科）建设方案进行编写的，与《无机化学实验》同步出版，配套使用。

教材全面贯彻党的教育方针，以立德树人为根本，遵循教育规律和学生成长规律，全面落实以学生为本的教育理念，将社会主义核心价值观渗透到其中。

教材编写力求以学生为主体，充分调动学生的学习主动性和积极性，语言通俗易懂，内容简单易学；用演示实验引领理论教学，增强学生的感性认识，启迪学生的科学思维；坚持以应用为主，充分做到理论和实践的有机结合。

教材内容以"必需和够用"为原则，由浅入深，加强实用性，把知识的传授和培养学生分析问题及解决问题的能力结合起来，注重习题的实践性，在思考题里体现对学生综合素质、环境意识和安全意识的培养，具有职业教育特色；每章配有"学习目标""本章小结"，能够让学生清晰认知，利于学生有的放矢地进行学习；合理穿插"练一练""想一想""查一查"等栏目，利于启发思维，引导应用；每章后面精心设计和穿插了"知识窗""新视野""知识拓展"等栏目，拓宽学生的视野，并将思想政治教育渗透到具体的专业知识中，通过典型事例弘扬科学家艰苦奋斗、团结协作的精神及对科学真理不懈探索、严谨求实的科学态度。同时，教材内容将新思想、新理念与专业知识、技能有机融合，充分体现了党的二十大报告提出的"深入推进环境污染防治""积极稳妥推进碳达峰碳中和"等理念。通过思政元素的渗透，培育学生爱国情怀、严谨的治学态度、工匠精神和创新精神，使学生树立社会主义核心价值观。

本教材利用信息化手段，同步配套开发了丰富的教学资源。每章的课件和习题答案通过扫描书中相应二维码可直接获得；每章配有在线自测试题，学生扫描相应二维码完成自测后可查看自测结果，方便了学生对知识的巩固且利于培养学生课后自学的能力；为了方便教学和学生的自学，精心制作了大量演示实验的视频和动画，增强了课程的直观性，有利于学生掌握课程相关知识。

教材内容上体现基础性和选择性，针对职业本科学生的特点，将难度较大的理论知识作为选择性学习内容，以便学生进一步提升。同时将化学在日常生活和工业生产中的应用等知识也作为选择性学习内容，以拓展学生的知识面。选择性学习内容在教材中以"﹡"进行标记。

本教材由河南应用技术职业学院陈君丽、内蒙古化工职业学院莫国莉主编。莫国莉编写第一、九章；陈君丽编写第二、六、八章；滨州职业学院刘维华编写第三章；南京科技职业学院马妍编写第四章；湖南化工职业技术学院唐新军编写第五章；河南应用技术职业学院李丹娜编写第七、十章及附录；潍坊职业学院杨艳玲编写第十一章的第一节、第二节和第十二章；濮阳市联众兴业化工有限公司张文生编写绪论、第十一章的第三节和思考与练习。全书由陈君丽统稿，本教材由辽宁石化职业技术学院王宝仁主审。

教材从框架确定到初稿完成，编写团队走访调研了相关化工企业，企业专家和一线技术人员给予了大力支持和帮助，在此表示感谢。

本教材适用于化工技术类、生物技术类、轻化工类等专业，使用本教材时可以根据不同的学科和专业对无机化学的不同要求，结合学生的实际情况，有针对性地取舍内容，以便切实为学生打下化学基础，以助于后续课程的学习并对未来化学科技的发展产生深究和求知的欲望。

限于编者水平，时间又比较仓促，书中不足之处在所难免，恳请读者和教育界同仁予以批评指正。

编者
2024 年 2 月

目录

绪论 / 1

一、化学的研究对象 / 1
二、化学与人类生产生活 / 1
三、无机化学课程的任务和学习方法 / 3

第一章　原子结构和元素周期表 / 4

第一节　原子的结构及同位素 / 4
一、原子的结构 / 5
二、同位素 / 6

第二节　原子核外电子运动状态及其排布 / 7
一、原子核外电子的运动状态 / 7
二、原子核外电子的排布 / 12

第三节　元素周期律 / 16
一、周期 / 16
二、族 / 16
三、周期表元素分区 / 17

第四节　元素性质的周期性 / 17
一、原子核外电子排布的周期性变化 / 17
二、原子半径的周期性变化 / 18
三、电离能 / 19
四、周期表中主族元素性质的递变规律 / 20
五、元素周期律的应用 / 24

知识拓展　门捷列夫与元素周期表 / 24
知识窗　全球青年化学家元素周期表硫元素
　　　　代表——中国学者姜雪峰 / 25
本章小结 / 25
思考与练习 / 26

第二章　分子结构和晶体类型 / 30

第一节　化学键 / 30
一、离子键 / 31
二、共价键 / 33
三、金属键 / 39

第二节　杂化轨道和分子构型 / 40
一、杂化和杂化轨道 / 40
二、sp 型杂化与分子构型 / 41

第三节　分子间作用力 / 44
一、分子的极性 / 44
二、分子间作用力 / 46
三、氢键 / 49

第四节　晶体的类型 / 50

  一、晶体的特征和结构 / 50
  二、晶体的类型 / 51
 知识拓展　新材料之王——石墨烯 / 56
 新视野　新型人工碳晶体 / 56
 本章小结 / 56
 思考与练习 / 57

第三章　化学基本量和化学计算 / 61

第一节　物质的量 / 61
  一、物质的量的单位——摩尔 / 62
  二、摩尔质量 / 62
  三、气体摩尔体积 / 63
第二节　物质的聚集状态 / 64
  一、气体 / 64
  二、溶液与液体 / 67
第三节　化学方程式及其有关计算 / 72
  一、化学方程式的基本概念 / 72
  二、根据化学方程式的计算 / 74
 知识拓展　理想气体状态方程在工业测量中的应用 / 76
 知识窗　中国晶体与结构化学的主要奠基人——唐有祺院士 / 77
 本章小结 / 77
 思考与练习 / 78

第四章　化学热力学基础 / 80

第一节　化学热力学基本概念 / 80
  一、系统和环境 / 81
  二、状态和状态函数 / 81
  三、过程与途径 / 81
  四、热和功 / 82
第二节　热力学第一定律及化学反应热 / 83
  一、热力学第一定律的表述 / 83
  二、等容热 / 84
  三、等压热及焓 / 84
  四、化学反应的热效应 / 86
  五、热化学方程式 / 87
  六、标准摩尔生成焓 / 88
  七、标准摩尔燃烧焓 / 88
  八、盖斯定律 / 89
第三节　热力学第二定律及化学反应方向的判断 / 90
  一、自发过程 / 90
  二、热力学第二定律的表述 / 90
  *三、熵和熵变 / 91
  *四、吉布斯函数 / 93
  五、化学反应方向的判断与限度 / 93
 知识拓展 / 95
 新视野　热化学储能技术 / 95
 本章小结 / 96
 思考与练习 / 97

第五章　化学反应速率与化学平衡 / 100

第一节　化学反应速率的表示 / 101
  一、平均速率 / 101
  二、瞬时速率 / 101
第二节　化学反应速率方程 / 102
  一、基元反应 / 102
  二、化学反应速率方程的基本形式 / 102
第三节　影响化学反应速率的因素 / 105
  一、浓度对化学反应速率的影响 / 105
  二、压力对化学反应速率的影响 / 108
  三、温度对化学反应速率的影响 / 109

四、催化剂对化学反应速率的影响 / 110
　　五、其他因素 / 110
*第四节　反应速率理论 / 111
　　一、简单碰撞理论 / 111
　　二、过渡状态理论 / 112
　　三、反应速率与活化能的关系 / 113
第五节　化学平衡与平衡常数 / 114
　　一、化学平衡 / 114
　　二、化学平衡常数 / 114
　　三、有关化学平衡常数的计算 / 119
　　四、同时平衡规则 / 120
第六节　影响化学平衡的因素 / 121
　　一、浓度对化学平衡的影响 / 121
　　二、系统总压力对化学平衡的影响 / 122
　　三、温度对化学平衡的影响 / 123
　　四、平衡移动原理 / 124
第七节　化工生产中反应速率与化学平衡
　　　　的综合应用 / 125
　　一、提高贵重原料的转化率 / 125
　　二、选择适宜的反应温度 / 125
　　三、选择合适的系统压力 / 126
　　四、合理选用催化剂 / 126
知识拓展　微波技术在化学中的应用 / 126
新视野　我国科学家实现化学反应立体动力学
　　　　精准调控 / 127
本章小结 / 127
思考与练习 / 128

第六章　电解质溶液 / 132

第一节　电解质 / 132
　　一、电解质的基本概念 / 133
　　二、强电解质与弱电解质 / 133
第二节　离子反应 / 134
　　一、离子反应与离子方程式 / 134
　　二、离子反应发生的条件 / 134
第三节　酸碱理论 / 135
　　一、酸碱解离理论 / 135
　　二、酸碱质子理论 / 136
　　三、水的解离和溶液的酸碱性 / 137
第四节　酸碱解离平衡的计算 / 141
　　一、一元弱酸、弱碱的解离平衡计算 / 141
　　二、多元弱酸、多元弱碱溶液的解离平衡
　　　　计算 / 143
第五节　同离子效应和缓冲溶液 / 143
　　一、同离子效应 / 143
　　二、缓冲溶液 / 145
第六节　盐类的水解与影响因素 / 147
　　一、盐类的水解 / 147
　　二、影响盐类水解的因素 / 149
　　三、盐类水解的应用 / 149
第七节　沉淀与溶解平衡 / 150
　　一、溶解度 / 150
　　二、溶度积 / 150
　　三、溶度积和溶解度之间的换算 / 151
　　四、溶度积规则及其应用 / 153
知识拓展　沉淀溶解平衡的工业应用举例 / 158
知识窗　中国盐湖事业的拓荒者——柳大纲
　　　　院士 / 158
本章小结 / 158
思考与练习 / 160

第七章　氧化还原反应和电化学基础 / 163

第一节　氧化还原反应 / 163
　　一、氧化值 / 163
　　二、氧化剂和还原剂 / 164
　　三、氧化还原电对 / 165
第二节　氧化还原方程式的配平 / 166
　　一、氧化值法 / 166

二、离子-电子法 / 168

第三节　原电池及电极电势 / 169
　一、原电池 / 169
　二、电极电势 / 172
　三、影响电极电势的因素 / 174

第四节　电极电势的应用 / 177
　一、判断原电池的正、负极，计算原电池的电极电势 / 177
　二、判断氧化剂和还原剂的相对强弱 / 178
　三、判断氧化还原反应的方向 / 179
　四、判断氧化还原反应进行的程度 / 180
　五、计算有关平衡常数 / 182

第五节　元素电势图及其应用 / 183
　一、判断氧化剂的相对强弱 / 183
　二、判断能否发生歧化反应 / 183

三、计算同一元素的不同氧化值物质电对的电极反应的标准电势 / 185

第六节　化学电池和电解 / 186
　一、化学电池 / 186
　二、电解的原理 / 187
　三、电解的应用 / 188

第七节　金属的腐蚀与防护 / 189
　一、金属的腐蚀 / 189
　二、金属的防护 / 190

知识拓展　金属在土壤中由微生物引起的腐蚀及防护 / 191

新视野　新能源——氢燃料电池 / 191

本章小结 / 191

思考与练习 / 192

第八章　配位化合物和配位平衡 / 196

第一节　配位化合物的基本概念 / 196
　一、配合物的定义 / 197
　二、配合物的组成 / 197
　三、配合物的命名 / 200
　四、螯合物 / 203

第二节　配位化合物在水溶液中的稳定性 / 204
　一、配位平衡及平衡常数 / 204
　二、配位平衡与配位移动 / 206

第三节　配位化合物的应用 / 210
　一、配合物在化学领域的应用 / 210
　二、配合物在工业方面的应用 / 211
　三、配合物在生物化学方面的应用 / 211

知识拓展　氰化物及含氰废水的处理 / 212

知识窗　配位化学的发展 / 212

本章小结 / 212

思考与练习 / 213

第九章　卤素 / 217

第一节　氯气 / 217
　一、氯气的性质 / 217
　二、氯气的制取方法 / 218
　三、氯气的用途 / 219

第二节　氯的重要化合物 / 219
　一、氯化氢及盐酸 / 220
　二、氯的含氧酸及其盐 / 220

第三节　卤素性质的比较 / 222
　一、卤素单质的性质比较 / 222
　二、卤化氢的性质比较 / 223
　三、卤素离子的性质比较 / 224

知识拓展　氯碱化工行业发展 / 224

知识窗　氟气从何而来 / 225

本章小结 / 225

思考与练习 / 225

第十章　其他重要的非金属元素　/ 228

第一节　氧和硫 / 228
　一、氧和臭氧 / 228
　二、过氧化氢 / 229
　三、硫和硫化氢 / 230
　四、金属硫化物 / 231
　五、硫的氧化物 / 232
　六、硫的含氧酸及其盐 / 233

第二节　氮和磷 / 236
　一、氮和氨 / 236
　二、氮的氧化物 / 237
　三、氮的含氧酸及其盐 / 238
　四、磷及其重要化合物 / 240

第三节　碳和硅 / 242
　一、碳及其重要化合物 / 242
　二、硅及其重要化合物 / 245

知识拓展　环境污染与防治简介 / 246
知识窗　氢化学的开创者——申泮文院士 / 246
本章小结 / 246
思考与练习 / 247

第十一章　碱金属和碱土金属　/ 250

第一节　碱金属 / 250
　一、碱金属单质 / 251
　二、碱金属的重要化合物 / 252

第二节　碱土金属 / 254
　一、碱土金属单质 / 254
　二、碱土金属的重要化合物 / 255

第三节　碱金属和碱土金属的性质比较 / 257
　一、原子结构的比较 / 257
　二、物理性质的比较 / 258
　三、化学性质的比较 / 258

知识拓展　硬水及其软化 / 260
知识窗　侯氏联合制碱法的问世 / 260
本章小结 / 260
思考与练习 / 261

第十二章　其他重要的金属元素　/ 264

第一节　铝 / 264
　一、铝的性质 / 264
　二、铝的重要化合物 / 265

第二节　铁 / 267
　一、铁的性质 / 268
　二、铁的重要化合物 / 269

第三节　铅 / 270
　一、铅的性质 / 271
　二、铅的重要化合物 / 271

第四节　铜、银 / 272
　一、铜、银的性质 / 272
　二、铜的重要化合物 / 273
　三、银的重要化合物 / 274

第五节　铬 / 276
　一、铬的性质 / 276
　二、铬的重要化合物 / 276

第六节　锌、汞 / 277
　一、锌、汞的性质 / 277
　二、锌、汞的重要化合物 / 278

第七节　金属的通性 / 280
　一、金属的物理性质 / 280
　二、金属的化学性质 / 281
　三、金属的存在和冶炼 / 282
　四、合金 / 284

知识拓展　金属的回收与环境、资源保护 / 285
新视野　超导材料 / 285

本章小结 / 285　　　　　　　　　　　　思考与练习 / 286

附录 / 290

附录一　部分气体自 25℃至某温度的平均摩尔
　　　　定压热容　/ 290
附录二　物质的标准摩尔燃烧焓
　　　　（298.15K）　/ 290
附录三　一些物质的热力学数据
　　　　（298.15K）　/ 291
附录四　常见弱酸、弱碱的解离常数
　　　　（298.15K）　/ 295

附录五　一些难溶化合物的溶度积常数
　　　　（298.15K）　/ 296
附录六　一些常用电对的标准电极电势
　　　　（298.15K）　/ 298
附录七　常见配离子的稳定常数
　　　　（298.15K）　/ 300
附录八　国际单位制（SI）　/ 301

参考文献 / 303

绪 论

一、化学的研究对象

化学是一门自然科学，自然科学以客观存在的物质世界作为考察和研究的对象。我们周围的世界，就是一个物质的世界。这些物质，无时无刻不在变化：巨大的岩石逐渐风化变成泥土和沙砾；由于地壳变动而埋没在地下深处的古代树木变成了煤；铁器在潮湿的空气里逐渐生锈；等等。

人类为了生活和生产，在长期跟自然作斗争的过程中，积累了许多有关物质变化的知识，并逐渐认识到，自然界里一切物质变化的发生都有一定的规律。掌握了物质变化的原因和条件，就能进一步控制物质变化，以达到利用自然和改造自然的目的。

化学就是研究物质化学变化的科学，它是自然科学的最基本学科之一。由于化学变化取决于物质的化学性质，而物质的化学性质又是物质的组成和结构所决定的，所以物质的组成、结构和性质必然成为化学研究的对象。不仅如此，物质的化学变化还同外界条件有关，因此研究物质的化学变化，一定要同时研究变化发生的外界条件。另外在化学变化过程中常伴有物理变化（如光、热、电等），在研究物质化学变化的同时还必须注意研究相关的物理变化。

综上所述，化学是在分子、原子或离子等层次上研究物质的组成、结构、性质及其变化规律的科学。

二、化学与人类生产生活

化学成为一门独立的学科约有三百年的历史，虽然时间不长，但作为一门实用的技术，早在史前就得到了具体的应用，据历史记载，中国、埃及、印度等地的古人早在公元前就利用了不少化学知识，如公元前 8000～6000 年我国已会制造陶器，公元前 4000～3000 年我国已会酿造酒，3000 多年前我国已会利用天然染料染色，还出现了与化学有关的造纸、火药、印染、制造玻璃、冶炼金属等技术。化学起源于人类的生产劳动，化学的发展经历了古代、近代和现代等不同的时期，人类在长期的实践中积累许多有关物质的组成及其变化的知识，并在生产斗争和科学实验中不断发展，逐步形成了今天化学这门学科。

人类的进化和发展离不开周围环境的变化。人类与自然环境有着某种内在的、最本质的联系，这种联系的纽带就是化学元素，人体本身就是由化学元素组成的，人体本身的变化是一连串非常复杂、彼此制约、彼此协调的化学物质变化过程，在这些由多种元素构成的化学物质中，由碳、氢、氧、氮形成的有机物和水占人体质量的 96%，其余 4% 是由磷、硫、钙、氯、镁、铁、铜、碘、钴等元素组成的无机物,它们在人体内时刻都在进行着化学反应。发生在人体内并由整个人体所调控的动态化学过程是生命的基础,生命过程本身就是无数化学反应的综合表现,生命活动从根本上讲是复杂的化学反应。例如人们吃饭、喝水,从食物进入食管、胃部,到被胃酸消化,被毛细血管吸收,再到最后的残渣被排出体外,每一个过程都少不了化学反应。

在我们的生活中,几乎处处都存在化学的影子。说到饮食,人们吃粮食是因为粮食有营养,而营养从何而来?植物接受阳光照射,然后经过光合作用,水分和无机盐便成了淀粉储藏于粮食中。而在今天,粮食从地里种出就少不了营养液和肥料。各种氮肥、磷肥、钾肥和复合肥料的使用,使粮食的产量和质量都提高了。在虫害季节,农药也必不可少。加上人们医病的药品,这些都是化学为人类带来的利处。生活中的一些小常识也和化学紧密相连,例如吃水果可以解酒。这是因为,水果里含有机酸,而酒里的主要成分是乙醇,有机酸能与乙醇相互作用而形成酯类物质从而达到解酒的目的。还有,打开碳酸饮料的瓶子会有气泡冒出。原因是,人们在制汽水时常用小苏打(碳酸氢钠)和柠檬酸配制,当把小苏打与柠檬酸混溶于水中后它们之间发生反应,生成二氧化碳气体,而瓶子已塞紧,二氧化碳被迫呆在水中,当瓶塞打开后,外面压力小了,二氧化碳气体便从水中逸出。

人类要生存和发展,就需要通过新陈代谢与周围环境不断进行着物质和能量的交换,不但要接触自然环境中的阳光、空气、水、土壤、食物等,而且还要接触到化学物质。化学贯穿于人类活动与环境的相互作用之中,许多化学元素反复进行着环境—生物—人—环境这样的循环。在正常情况下,环境物质与人体之间保持着的动态平衡,使人能够正常生存;但是,如果环境中某些有害物质(如废气、废水、废渣等)增加,轻则影响人的生活质量,重则危及人类生存。

科技进步可以促进生产的发展,但也会引发各种公害以及破坏自然环境的问题。例如,现代社会中,化学家和化学工程师运用自己的智慧,借助于化学工业创造出数不胜数的化学产品,这些化学制品和化学物质几乎渗透到人类生产和生活的各个方面,使人类的生活更加丰富,更加方便,人类生活质量得到前所未有的提高。那些为人类作出贡献的化学物质,如塑料、合成纤维、合成橡胶、洗涤剂、化肥、农药、有机溶剂、装饰材料等,在使用后被排到环境中,然后在环境中发生一系列的迁移或转化过程,有的转化成各种元素,再次进入循环,再次被人类利用,但也有的不发生变化,直接进入环境或变成有害物质进入环境,造成环境污染;有的通过各种途径进入人体,危害人类健康。

在相当长的时期里,人们只知道一味地向自然索取,过度消耗资源,因而遭到大自然报复,结果是资源日趋枯竭,环境严重污染,引起全球的许多严峻环境问题,如空气污染、气候异常、臭氧层损耗、淡水资源枯竭、水污染、水土流失、沙漠化、物种灭绝、生物多样性锐减等。如果这些问题不能及时解决,任其发展的话,那将会影响人类的可持续性发展,人类会走到生存的尽头。

化学家较早地意识到在严峻的环境问题中,尤其是造成污染的各种因素中,化学工业生产排放的废物及废弃化学品对环境造成的影响最大,并积极参与环境污染问题的研究和治理。

可以说,无论是过去还是将来,化学与人类的生存和发展始终紧密地联系在一起。同时,人们也逐渐认识到,环境问题的最终解决,还需要依靠科技进步,很多环境污染的防治要依靠化学方法。

三、无机化学课程的任务和学习方法

无机化学是化工技术类专业及其相关专业的一门必修的专业基础课。它的任务是使学生掌握无机化学的基础理论、基本知识、化学反应的一般规律和基本化学计算方法；加强对化学反应现象的理解；加强无机化学实验操作技能的训练；培养理论联系实际的能力以及分析问题和解决问题的能力，为后续课程的学习、职业资格证书的考取及从事化工技术工作打下坚实的基础。

学习无机化学，首先要准确、牢固地掌握化学基本概念、基本知识，逐步学会运用所学的理论知识去分析物质的性质、物质的转化及其内在联系，从而更深入地认识物质及其变化规律，并能联系实际加以正确运用；经过课前预习，学会带着问题学习；善于观察，认真分析实验现象，认识所学知识的本质；通过理解加深记忆并在此基础上归纳、总结、分析、比较，不断提高学习效果。

无机化学是一门实验属性极强的科学，实验课是本课程的重要组成部分。通过实验，可以进一步认识物质的化学性质，揭示化学变化规律，理解、巩固化学知识，提高化学意识，实现感性认识上升到理性认识的飞跃。因此，要正确操作、仔细观察，认真分析实验现象所反映的实质，提高实验动手能力、观察能力和总结能力。

第一章
原子结构和元素周期表

知识目标
1. 了解核外电子运动的特征,理解原子轨道及电子云描述的意义。
2. 掌握原子核外电子排布所遵循的一般规律,掌握简单元素的原子核外电子排布与元素周期表的关系(周期、族)。
3. 掌握元素的原子半径、金属性、非金属性、化合价等性质的周期性变化规律与原子结构的关系。

能力目标
1. 能区分 s,p,d 电子云的形状及伸展方向。
2. 能熟练写出 1~36 号原子和离子的核外电子排布式,能指出 1~36 号元素在周期表中的位置(族、周期、区)。
3. 能根据元素周期律,比较、判断主族元素性质的周期性变化规律与原子结构的关系,会判断元素的化合价。

素质目标
1. 通过探究元素性质的周期性变化实验,从而培养实事求是的科学态度以及分析问题解决问题的能力。
2. 通过探索元素的周期性变化规律,培养透过现象看本质的科学态度与科学素养。

第一章 PPT

世界是由物质组成的,物质又由相同或不同的元素组成。迄今为止,人类已发现了 100 多种元素,而这些元素形成了数以千万计的物质,组成了丰富多彩的物质世界。要了解这些物质的性质和变化规律,就必须要认识其结构,从原子、分子水平上研究物质结构、性质及其变化规律之间的关系。

第一节 原子的结构及同位素

公元前 5 世纪,古希腊哲学家德谟克利特提出:万物都是由极小的不可分割的微粒结合起来的。他把这个微粒叫作"原子",意思就是不可再分的原始粒子。由于当时生产力低下,不具备实验为基础的科学研究的条件,因此认为,原子不可再分。生产力的迅速发展推动了科学的进展,人们对客观世界的认识也不断深入。到 19 世纪末,通过科学实验证明了原子虽小，但仍能再分。

一、原子的结构

19 世纪末，物理学家在研究阴极射线管的放电现象中发现了电子。有一个两端封接了金属电极的真空管，若在两电极之间通入几千伏特的高压直流电，发现从阴极发出一种射线，称为阴极射线。该射线具有动能，且在外电场或磁场中能向阳极偏转，证明阴极射线是一束高速运动着的带负电的微粒流，这种极小的带负电的微粒，称为电子。科学家又通过实验证明，用各种不同的金属作电极，都能产生阴极射线，说明在一切元素的原子中都含有电子，证明原子是可以再分的。

经实验测定，电子的质量约为氢原子质量的 1/1840；电子的电荷等于 1.602×10^{-19} C（库仑）。由于电子所带的电荷是当时知道的一切带电物体电量的最小单位，称为"单位电荷"，那么一个电子就带一个单位负电荷。

实验证明电子是原子的一个组成部分，是带负电荷的微粒，但整个原子是电中性的，因此在原子内肯定还存在着某种带正电荷的组成部分，而且这个组成部分所带的电荷量必定与原子中电子所带的负电荷总量相等。电子和带正电的部分是如何结合成原子的呢？1911 年英国物理学家卢瑟福通过 α 粒子散射实验证明了这个带正电部分的存在。α 粒子散射实验是利用很高速度的 α 粒子去穿透金属薄片。当一束平行的 α 粒子射向一金属薄片时，大多数 α 粒子穿过薄片直线前进，只有极少数（约万分之一）的 α 粒子发生了偏移，甚至有的被反射回来，说明原子内大部分是空的。至于 α 粒子发生偏移或反射，是由于 α 粒子在行进中遇到了体积小、质量和正电荷都很集中的部分，在相互排斥的作用下，引起 α 粒子的散射。原子中这个带正电荷的部分就是原子核。在 α 粒子散射实验的基础上，卢瑟福提出了行星式的原子模型：原子是由位于原子中心带正电荷的原子核和核外带负电荷的电子组成的，原子核集中了原子中全部的正电荷和几乎全部的质量；带负电的电子在核外空间绕原子核做高速运动。

发现原子核以后，科学家又进一步证明，原子核还可以再分，它是由更小的微粒质子和中子组成。一个质子带一个单位正电荷，中子不带电，原子核所带的正电荷数等于核内质子数。由于原子显中性，所以核电荷数等于质子数，也等于核外电子数。

核电荷数（Z）＝质子数＝核外电子数

质子数决定原子的种类。质子数不同，则表示不是同种原子。核外电子数决定着元素的化学性质。

原子核由质子和中子组成，原子核的质量就应该是质子和中子质量的总和（见表 1-1）。

表 1-1 质子、中子、电子的物理性质

原子的组成		电量 (1.6×10^{-19}C)	质量	
			绝对质量/kg	相对质量
原子核中的微粒	质子	+1	1.6726×10^{-27}	1.0072
	中子	0	1.6748×10^{-27}	1.0086
电子		−1	9.1095×10^{-31}	1/1840

由于质子和中子的质量非常小，使用起来很不方便，因此通常使用相对质量。相对质量是以 ^{12}C 质量（1.993×10^{-26} kg）的 1/12 为标准。由于是比值，所以相对质量没有单位。

质子、中子的相对质量为 1.0072 和 1.0086，取整数，近似值都为 1。

由于电子质量约为质子质量的 1/1840，所以电子的质量可忽略不计，质子和中子的相对质量之和叫质量数，通常用 A 表示，质子数用 Z 表示，中子数用 N 表示，则：

$$质量数(A) = 质子数(Z) + 中子数(N) \tag{1-1}$$

或

$$质子数(Z) = 质量数(A) - 中子数(N) \tag{1-2}$$

已知上述三个数值中的任意两个，就可以推算出另一个数值来。

一般是将元素的质子数写在元素符号的左下角，将质量数写在左上角，这种表示方法称为原子标记法。例如：

$$_{6}^{12}C \quad _{8}^{16}O \quad _{11}^{23}Na \quad _{17}^{35}Cl$$

根据式(1-1)可以求出以上四个原子的中子数 N。

$_{6}^{12}C$ 的中子数 $N = 12 - 6 = 6$

$_{8}^{16}O$ 的中子数 $N = 16 - 8 = 8$

$_{11}^{23}Na$ 的中子数 $N = 23 - 11 = 12$

$_{17}^{35}Cl$ 的中子数 $N = 35 - 17 = 18$

若以 X 表示某一元素的原子，则构成原子的粒子间的关系表示如下：

$$原子(_{Z}^{A}X)\begin{cases} 原子核\begin{cases} 质子 & Z\ 个 \\ 中子 & (A-Z)\ 个 \end{cases} \\ 核外电子 & Z\ 个 \end{cases}$$

二、同位素

在研究原子核的组成时，人们逐渐发现大多数元素的原子虽然质子数相同，但是它们的中子数却不一定相同。如氢元素的原子都含有一个质子，但存在含中子数分别为 0、1、2 的三种不同的原子。它们的质子数相同，但中子数不同，质量数也不相同，见表 1-2。

表 1-2 氢的同位素

同位素	原子标记法	符号	名称	质子数	中子数	质量数	电子数
氢	$_{1}^{1}H$	H	氕	1	0	1	1
重氢	$_{1}^{2}H$	D	氘	1	1	2	1
超重氢	$_{1}^{3}H$	T	氚	1	2	3	1

这种具有相同的质子数，而中子数不同的同种元素的不同原子互称为同位素。

同一元素的各种同位素的质量数虽然不同，物质性质有差异，但核电荷数和核外电子数相同，所以化学性质几乎完全相同，因此，**元素是质子数相同的一类原子的总称**。如 $_{17}^{35}Cl$ 和 $_{17}^{36}Cl$ 是两种原子，但都属于氯元素。目前人类已发现 118 种元素，而同位素却高达 2500 种以上。

天然存在的某种元素，不论是游离态还是化合态，各种同位素的原子所占的质量分数是不变的，这个质量分数叫作"丰度"。原子量是指某元素 1 个原子的平均质量与 ^{12}C 原子质量的 1/12 的比值。我们平时用的原子量，是按各种天然同位素的丰度求出的平均值，所以绝大多数元素的原子量是小数而不是整数。例如，银元素是 $_{47}^{107}Ag$ 和 $_{47}^{109}Ag$ 两种同位素的混合物，它们的丰度分别为 51.35% 和 48.65%，则天然银元素的原子量是：

$$107×51.35\%+109×48.65\%=107.973$$

即银元素的原子量是 107.973。

第二节 原子核外电子运动状态及其排布

原子是由原子核和核外电子组成的。在化学反应中，原子核是不发生变化的，发生变化的只是核外电子。因此研究化学反应，主要讨论核外电子的运动状态和排布规律。掌握了这些知识，才能认识物质的微观世界和化学反应的本质。

一、原子核外电子的运动状态

1. 电子云

电子是质量小、体积小、带负电荷的微观粒子，在直径约为 10^{-10} m 的原子空间内做高速运动（有的电子运动速度为 10^6 m/s），它的运动规律与宏观物体的运动规律有所不同，不能用通常的宏观物体的运动规律来描述。

宏观物体如火车在铁轨上行驶，轮船在江海中航行，卫星绕地球运行等，都有一定的运动轨迹，根据牛顿力学方程可以计算出它们在某一时刻的运动速度和所在位置。而电子是微观粒子，其运动规律跟一般物体不同，没有确定的运动轨迹。无法准确地测定出电子在某一时刻所处的位置和运动速度，只能运用统计学的方法，表示电子在一定时间内在核外空间各处出现"机会"的多少，统计学上称其为概率，把单位体积出现的概率叫概率密度。

现以氢原子为例，对它核外一个电子的运动状态加以讨论。为了便于讨论这个问题，我们假设有一架特殊的照相机，能够给氢原子照相。首先给氢原子拍五张照片，如图 1-1 得到五张不同的图像。图中 ⊕ 表示原子核，小黑点表示某一瞬间核外电子的位置。

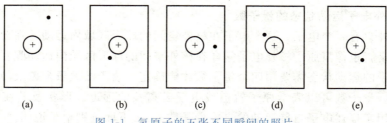

图 1-1 氢原子的五张不同瞬间的照片

显然，每一瞬间电子在核外空间的位置以及距核的远近都不相同。如果继续给氢原子拍上成千上万张照片，并仔细把这些照片一张一张观察，会发现：核外电子一会儿在这里出现，一会儿在那里出现，电子的运动似乎是毫无规律的。如果我们将这些照片叠印在一起，就会得到如图 1-2(d) 所示的图像。

由图 1-2 可以看出，这些密密麻麻的小黑点像一层带负电的"云雾"一样，将原子核包围起来，所以，形象化地称它为电子云。图 1-2(d) 就是氢原子核外电子的电子云示意图，它呈球形对称。离核较近的区域小黑点较密，表明电子在核外空间这个区域出现的机会较多，电子云较密集，即电子云的概率密度大；离核较远的区域小黑点较稀疏，表明电子在核

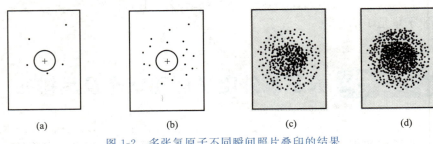

图 1-2　多张氢原子不同瞬间照片叠印的结果

外空间这个区域出现的机会较少，电子云较稀疏，即电子云的概率密度小。因此，电子云是电子在核外空间呈概率密度分布的一种形象化描述。

应当注意，图 1-2(d) 中的许多小黑点只是形象化地表明氢原子核外仅有的一个电子在核外空间出现的统计情况，并非代表核外有许多个电子。

将电子云密度相同的各点连成一个曲面来表示电子云形状的图叫作电子云的界面图。图 1-3(a) 用线标出的就是氢原子的球形电子云界面图。在界面内电子出现的概率很大（大于 95%），在界面外电子出现的概率很小（小于 5%）。为了方便，常将界面图中的小黑点略去，见图 1-3(b)。

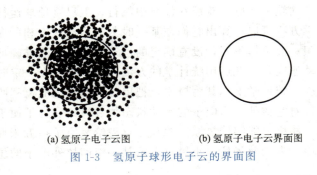

(a) 氢原子电子云图　　　　　(b) 氢原子电子云界面图

图 1-3　氢原子球形电子云的界面图

2. 描述核外电子运动状态的量子数

氢原子核外只有一个电子，这个电子在核外空间的球形区域内运动。在含有多个电子的原子里，电子是否也像氢原子核外电子一样在核外空间的球形区域内运动呢？根据量子力学研究，核外电子的运动状态需要用四个量子数才能确定。**量子数是表征微观粒子运动状态的一些特定数字。**量子数可以表示原子轨道或电子云离核的远近、形状及其在空间伸展的方向。此外还有用来描述电子自旋运动的自旋量子数 m_s。下面分别给予说明。

（1）主量子数（n）　科学实验证明，原子核外运动的电子能量是不相同的。能量低的电子在离核较近的区域运动，能量高的电子在离核较远的区域内运动。根据电子能量的高低和运动区域离核的远近，把原子核外空间分成若干个层，这样的层叫作电子层。

电子层用 n 表示，n 是决定电子能量的主要量子数。主量子数 n 的取值是从 1 开始的正整数（1，2，3，4…）。主量子数表示电子离核的平均距离，n 越大，表示电子离核平均距离越远，n 相同的电子离核的平均距离比较接近，即所谓电子处于同一电子层。电子离核越近，其能量就越低，因此电子的能量随 n 的增大而升高。n 值又代表电子层数，不同的电子层用不同的符号表示（表 1-3）。

表 1-3　主量子数、电子层和电子层符号

n	1	2	3	4	5	6
电子层名称	第一电子层	第二电子层	第三电子层	第四电子层	第五电子层	第六电子层
电子层符号	K	L	M	N	O	P

电子层能量高低顺序：

$$K<L<M<N<O<P$$

（2）角量子数（l）　科学实验证明，在同一个电子层中，电子的能量还稍有差别，原子轨道（或电子云）的形状也有所不同。角量子数 l（又称为副量子数、电子亚层或亚层）就是用来描述核外电子运动所处原子轨道（或电子云）形状的，也是决定电子能量的次要因素。l 的取值受 n 的制约，可以取从 0 到 $n-1$ 的正整数。主量子数与角量子数的关系见表 1-4。

表 1-4　主量子数与角量子数的关系

n	1	2	3	4
l	0	0,1	0,1,2	0,1,2,3

每一个 l 值代表一个亚层。第一电子层只有一个亚层，第二电子层有两个亚层，以此类推。亚层用光谱符号 s、p、d、f 表示。不同亚层的电子云形状如图 1-4 所示。

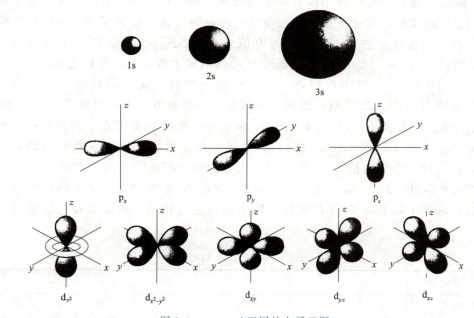

图 1-4　s、p、d 亚层的电子云图

s 电子云是球形对称的，s 电子在核外空间半径相同的各个方向上出现的概率密度相同。

p 电子沿着某一轴方向上电子出现的概率密度最大，电子云主要集中在该方向上，在另外两个轴和原子核附近出现的概率密度几乎为零。p 电子云的形状为无柄哑铃形，它在空间有三种不同的取向，根据其极值的分布情况，分别为 p_x、p_y 和 p_z。

d 电子云为花瓣形，在核外空间有五种不同的分布。

角量子数、亚层符号及原子轨道（或电子云）形状的对应关系见表1-5。

表1-5　角量子数与亚层符号和亚层电子云形状

l	0	1	2	3
亚层符号	s	p	d	f
原子轨道（或电子云）形状	球形	哑铃形	花瓣形	花瓣形
能量变化	从左到右能量依次升高			

同一个电子层中，随着 l 数值的增大，原子轨道能量也依次升高，故从能量角度讲，每一个亚层有不同的能量，常称之为相应的能级。与主量子数决定的电子层间的能量差别相比，角量子数决定的亚层的能量差要小得多。

K层（$n=1$）只有一个电子亚层，即 s 亚层，表示为 1s，处在 1s 电子云区域内运动的电子叫作 1s 电子；L层（$n=2$）包含 s、p 两个亚层，表示为 2s、2p，处在 2s、2p 电子云区域内运动的电子分别叫作 2s 电子和 2p 电子；M层（$n=3$）包含 s、p、d 三个亚层，表示为 3s、3p、3d，处在 3s、3p、3d 电子云区域内运动的电子分别叫作 3s、3p、3d 电子；N层（$n=4$）包含 s、p、d、f 四个亚层，表示为 4s、4p、4d、4f，处在 4s、4p、4d、4f 电子云区域内运动的电子分别叫作 4s、4p、4d、4f 电子。

（3）**磁量子数 m**　电子云不仅有确定的形状，而且在空中还有一定的伸展方向。**磁量子数（m）就是用来描述原子轨道在空间的伸展方向的**。磁量子数（m）的取值受角量子数制约。当角量子数为 l 时，m 的取值为从 $+l$ 到 $-l$ 并包括 0 在内的整数，即 $m=0$，± 1，± 2，…，$\pm l$。因此，亚层中 m 的取值个数与 l 的关系是（$2l+1$），即 m 的取值有（$2l+1$）个。每个取值表示亚层中的一个有一定空间伸展方向的轨道。因此，一个亚层中 m 有几个数值，该亚层中就有几个伸展方向不同的轨道。n、l 和 m 的关系见表1-6。由表可见，当 $n=1$，$l=0$，$m=0$ 时表示 1s 亚层在空间只有一种伸展方向。当 $n=2$，$l=1$，$m=0$、± 1 表示 2p 亚层中有 3 个空间伸展方向不同的轨道，即 p_x，p_y，p_z。这三个轨道的 **n、l 值相同，轨道的能量相同，所以称为等价轨道或简并轨道**。当 $n=3$，$l=2$ 时，$m=0$、± 1、± 2，表示 3d 亚层中有 5 个空间伸展方向不同的 d 轨道。这五个轨道的 n、l 值相同，轨道能量也应相同，所以也是等价轨道或简并轨道。

表1-6　n、l 和 m 的关系

主量子数(n)	1	2		3			4			
电子层符号	K	L		M			N			
角量子数(l)	0	0	1	0	1	2	0	1	2	3
电子亚层符号	1s	2s	2p	3s	3p	3d	4s	4p	4d	4f
磁量子数(m)	0	0	0 ± 1	0	0 ± 1	0 ± 1 ± 2	0	0 ± 1	0 ± 1 ± 2	0 ± 1 ± 2 ± 3
亚层轨道数($2l+1$)	1	1	3	1	3	5	1	3	5	7

续表

原子轨道符号	1s	2s	2p_x 2p_y 2p_z	3s	3p_x 3p_y 3p_z	3d_{z^2} 3d_{xy} 3d_{yz} 3d_{xz} 3$d_{x^2-y^2}$	4s	4p_x 4p_y 4p_z	4d_{z^2} 4d_{xy} 4d_{yz} 4d_{xz} 4$d_{x^2-y^2}$	略
电子层轨道数 n^2	1	4			9				16	

综上所述，用 n、l、m 三个量子数即可确定一个特定的原子轨道的大小、形状、伸展方向。每个电子层中可能有的最多轨道数应为 n^2。

(4) 自旋量子数 m_s。原子中的电子不仅绕核做高速运动，而且电子本身也在旋转，电子的这种运动叫自旋。描述电子的自旋运动的量子数称为自旋量子数 m_s。其取值为 $+1/2$ 和 $-1/2$，符号用"↑"和"↓"表示。由于自旋量子数只有两个取值，因此每个原子轨道最多容纳 2 个电子。

以上讨论了四个量子数的意义和它们之间相互联系又相互制约的关系。有了这四个量子数就能够比较全面地描述一个核外电子的运动状态。由 n 值可以确定 l 的最大限量（几个亚层或能级）；由 l 值又可以确定 m 的最大限量（几个伸展方向或几个等价轨道），这样，就可推算各电子层和各亚层上的轨道总数。根据表1-6，再结合 m_s，也很容易得出各电子层和各亚层的电子最大容量。

【例 1-1】 用四个量子数分别表示 Be 的核外 4 个电子的运动状态。

解 Be 的核外 4 个电子分布在 1s 和 2s 两个能级上，其运动状态用四个量子数表示为
$n=1$，$l=0$，$m=0$，$m_s=+1/2$；
$n=1$，$l=0$，$m=0$，$m_s=-1/2$；
$n=2$，$l=0$，$m=0$，$m_s=+1/2$；
$n=2$，$l=0$，$m=0$，$m_s=-1/2$。

【例 1-2】 某一多电子原子，其第二电子层填满，对于其第二电子层，试讨论：(1) 电子的运动状态共有几种？分别用四个量子数表示。(2) 有几个亚层？分别用符号表示。(3) 各亚层的轨道数及该层轨道总数分别是多少？哪些是等价轨道？

解 (1) 第二电子层中电子的运动状态共有 8 种，用四个量子数分别表示为
$n=2$，$l=0$，$m=0$，$m_s=+1/2$；$n=2$，$l=0$，$m=0$，$m_s=-1/2$；
$n=2$，$l=1$，$m=0$，$m_s=+1/2$；$n=2$，$l=1$，$m=0$，$m_s=-1/2$；
$n=2$，$l=1$，$m=+1$，$m_s=+1/2$；$n=2$，$l=1$，$m=+1$，$m_s=-1/2$；
$n=2$，$l=1$，$m=-1$，$m_s=+1/2$；$n=2$，$l=1$，$m=-1$，$m_s=-1/2$。

(2) 亚层数由角量子数 l 决定。$n=2$，$l=0$、1，所以有 2 个亚层，分别是 2s、2p。

(3) 亚层中的轨道数由磁量子数决定。$n=2$，$l=0$，$m=0$，即 2s 亚层只有 1 个轨道；$n=2$，$l=1$，$m=0$、$+1$、-1，即 2p 亚层有 3 个轨道；第 2 电子层共有 4 个轨道。2p 亚层的 3 个轨道为等价轨道，即 2p_x、2p_y、2p_z。

3. 多电子原子体系轨道的能级

多电子原子是指原子核外电子数大于 1 的原子（除 H 以外的其他元素的原子）。

由于核外电子的能量取决于主量子数和角量子数,即各电子层的不同亚层都有一个对应的能级,因此 2s、2p、3d 等亚层又分别称 2s、2p、3d 能级。

在多电子原子中,由于电子间的互相排斥作用,原子轨道能级关系比较复杂。原子中各原子轨道能级的高低主要根据光谱试验确定,用图示法近似表示,常用美国化学家鲍林的原子轨道近似能级图表示,见图 1-5。

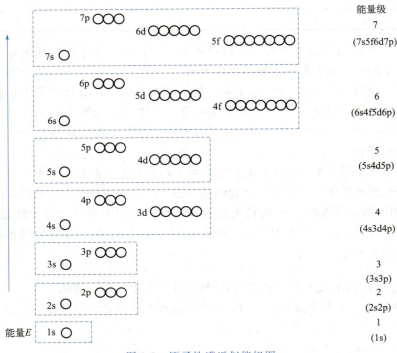

图 1-5 原子轨道近似能级图

用图 1-5 中原子轨道位置的高低表示能级的相对大小,等价轨道并列在一起,按由低到高的顺序,将能级近似的原子轨道划分为 7 个能级组,同能级组内的原子轨道能量差很小,不同能级之间其能量差较大。

原子轨道能级规律如下:

① 当 n 不同而 l 相同时,其能量关系为 $E_{1s}<E_{2s}<E_{3s}<E_{4s}$,即不同电子层的相同亚层,其能级随电子层序数增大而升高。

② 当 n 相同而 l 不同时,其能量关系为 $E_{ns}<E_{np}<E_{nd}<E_{nf}$,即相同电子层的不同亚层,其能级随亚层序数增大而升高。

③ 当 n 和 l 均不同时,由于多电子原子中电子间的互相作用,引起某些电子层较大的亚层,其能级反而低于某些电子层较小的亚层,这种现象叫 **能级交错**。例如 $E_{4s}<E_{3d}$,$E_{5s}<E_{4d}$,$E_{6s}<E_{4f}<E_{5d}$ 等。

二、原子核外电子的排布

科学家根据原子光谱实验结果和对元素周期律的分析,归纳和总结出了多电子原子中核外电子排布的三条规律。

1. 泡利不相容原理

<u>同一个原子中，不可能有两个电子处于完全相同的运动状态，这就是泡利不相容原理。</u>换言之，每个原子轨道里最多只能容纳两个自旋方向相反的电子。

例如：$_2$He 核外有两个电子，按照能量最低原理，这两个电子应同处于 1s 轨道上，它们的自旋方向必然相反，一个为"↑"，另一个为"↓"，其轨道表达式为

$_2$He：[↑↓]1s

近代原子结构理论认为，根据各电子层上的轨道数，可以知道各电子层最多所容纳的电子数是 $2n^2$ 个，见表 1-7。如第三电子层可容纳 $18 = 2 \times 3^2$ 个电子。

表 1-7 各电子层中最多可容纳电子数目

电子层	$n=1$	$n=2$		$n=3$			$n=4$			
	K	L		M			N			
电子亚层	1s	2s	2p	3s	3p	3d	4s	4p	4d	4f
各亚层的轨道数	1	1	3	1	3	5	1	3	5	7
亚层中的电子数	2	2	6	2	6	10	2	6	10	14
表示符号	$1s^2$	$2s^2$	$2p^6$	$3s^2$	$3p^6$	$3d^{10}$	$4s^2$	$4p^6$	$4d^{10}$	$4f^{14}$
各电子层可纳电子的最大数目 $2n^2$	2	8		18			32			

2. 能量最低原理

处于基态（能量最低的稳定状态）的原子，其核外电子将尽可能地按能量最低的原则进行排布，而使原子体系的总能量最低。<u>即基态原子核外电子分布时，总是先占据能量最低的轨道，只有当能量最低的轨道占满后，电子才依次进入能量较高的轨道，这一规律称为能量最低原理</u>。即最先在 1s 轨道上排布两个电子，表示成 $1s^2$（轨道右上方的数字表示轨道内的电子数），当 1s 排满后，再排 2s、2p，再依次进入 3s、3p、3d、4s、4p、4d、4f 等。

用电子排布式（将原子核外电子分布按电子层序数依次排列，电子数标注在能级符号右上角的式子，又称为电子分布式、电子结构式）可清楚表示基态多电子原子核外电子分布。例如：

$_7$N：$1s^2 2s^2 2p^3$ $_{11}$Na：$1s^2 2s^2 2p^6 3s^1$

$_{15}$P：$1s^2 2s^2 2p^6 3s^2 3p^3$ $_{19}$K：$1s^2 2s^2 2p^6 3s^2 3p^6 4s^1$

原子实（原子结构内层与稀有气体原子核外电子分布相同的那部分实体）表示式可简化核外电子排布。原子实通常用加方括号的稀有气体元素符号表示，而其余外围电子仍用电子排布式表示。如：

$_7$N：[He]$2s^2 2p^3$ $_{11}$Na：[Ne]$3s^1$ $_{15}$P：[Ne]$3s^2 3p^3$ $_{19}$K：[Ar]$4s^1$

<u>在化学反应时，原子中能参与形成化学键的电子称为价电子。价电子在原子核外的排布称为价电子构型</u>（或价层电子构型、价电子层结构）。应用价电子构型可方便讨论化学反应规律。例如下列基态原子的价电子构型：

$_7$N：$2s^2 2p^3$ $_{15}$P：$3s^2 3p^3$

> **练一练**：写出下列基态原子核外电子排布式、原子实表示式及价电子构型。
> ① $_6$C ② $_8$O ③ $_{13}$Al ④ $_{20}$Ca

3. 洪德规则

原子序数为 6 的碳原子，其核外有 6 个电子，电子排布式为 $1s^22s^22p^2$。p 亚层有三个能量相同的轨道 p_x、p_y、p_z，2 个 p 电子在不违背能量最低和泡利不相容原理的情况下，在 2p 轨道可以有下面三种排布方式。

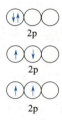

这两个电子究竟是怎样排布的呢？洪德规则回答了这个问题。

在等价轨道上排布的电子将尽可能分布在不同的轨道上，且自旋方向相同，以使原子的能量最低。这就是洪德规则。

因此，碳原子 2p 轨道上的 2 个电子的排布应该是 $2p_x^1 2p_y^1$。基态 $_6$C 原子的核外电子排布的轨道表示式为：

> **练一练**：写出下列基态原子核外电子排布的轨道表示式。
> ① $_8$O ② $_{11}$Na ③ $_{13}$Al

根据光谱实验及量子力学计算又总结出：当等价轨道处于全空（p^0，d^0，f^0）或半充满（p^3，d^5，f^7）和全充满（p^6，d^{10}，f^{14}）状态时，具有较低的能量，比较稳定，这一规则通常又称为洪德规则的特例。

例如，$_{24}$Cr 核外电子的排布不是 $1s^22s^22p^63s^23p^63d^44s^2$，而是 $1s^22s^22p^63s^23p^63d^54s^1$。这是由于 d^5 是较为稳定的状态。

> **练一练**：下列各元素原子的电子排布式分别违背了什么原理？请加以改正。
> ① $_{29}$Cu：$1s^22s^22p^63s^23p^63d^94s^2$ ② $_7$N：$1s^22s^22p_x^22p_y^1$
> ③ $_5$B：$1s^22s^3$ ④ $_9$F：$1s^22s^23s^22p^3$

根据科学实验的结果，将 1～36 号元素的原子核外电子排布情况列在表 1-8。

表 1-8　1～36 号元素原子的核外电子排布

周期	原子序数	元素符号	元素名称	电子层									
				1	2		3			4			
				1s	2s	2p	3s	3p	3d	4s	4p	4d	4f
1	1	H	氢	1									
	2	He	氦	2									
2	3	Li	锂	2	1								
	4	Be	铍	2	2								
	5	B	硼	2	2	1							
	6	C	碳	2	2	2							
	7	N	氮	2	2	3							
	8	O	氧	2	2	4							
	9	F	氟	2	2	5							
	10	Ne	氖	2	2	6							
3	11	Na	钠	2	2	6	1						
	12	Mg	镁	2	2	6	2						
	13	Al	铝	2	2	6	2	1					
	14	Si	硅	2	2	6	2	2					
	15	P	磷	2	2	6	2	3					
	16	S	硫	2	2	6	2	4					
	17	Cl	氯	2	2	6	2	5					
	18	Ar	氩	2	2	6	2	6					
4	19	K	钾	2	2	6	2	6		1			
	20	Ca	钙	2	2	6	2	6		2			
	21	Sc	钪	2	2	6	2	6	1	2			
	22	Ti	钛	2	2	6	2	6	2	2			
	23	V	钒	2	2	6	2	6	3	2			
	24	Cr	铬	2	2	6	2	6	5	1			
	25	Mn	锰	2	2	6	2	6	5	2			
	26	Fe	铁	2	2	6	2	6	6	2			
	27	Co	钴	2	2	6	2	6	7	2			
	28	Ni	镍	2	2	6	2	6	8	2			
	29	Cu	铜	2	2	6	2	6	10	1			
	30	Zn	锌	2	2	6	2	6	10	2			
	31	Ga	镓	2	2	6	2	6	10	2	1		
	32	Ge	锗	2	2	6	2	6	10	2	2		
	33	As	砷	2	2	6	2	6	10	2	3		
	34	Se	硒	2	2	6	2	6	10	2	4		
	35	Br	溴	2	2	6	2	6	10	2	5		
	36	Kr	氪	2	2	6	2	6	10	2	6		

需要注意的是，原子失去电子的顺序并不是核外电子排布的逆过程，而是按电子层从外到内的顺序依次进行的。例如，$_{26}Fe^{2+}$ 的核外电子排布是 [Ar] $3d^6$，而不是 [Ar] $3d^4 4s^2$。

第三节 元素周期律

元素单质及其化合物的性质随原子序数（核电荷数）递增而呈现周期性的变化规律，称为元素周期律，元素周期律总结和揭示了元素性质从量变到质变的特征和内在规律及联系。元素周期律的图表形式称为元素周期表。

一、周期

周期的划分与能级组的划分完全一致，每一个能级组都独自对应一个周期，共有七个能级，所以共有七个周期，见表1-9，其中：

周期序数＝该周期元素原子的电子层数（$_{46}$Pd 除外）＝能级组数；

各周期元素的数目＝相应能级组中原子轨道所能容纳的电子总数。

表 1-9　周期与最外轨道、最外能级组的对应关系

周期序数	最外轨道	最外能级组序数	最外能级组轨道总数	最外能级组可容纳的电子总数	周期内元素种数	电子层数
1（特短周期）	$1s^{1\sim2}$	1	1	2	2	1
2（短周期）	$2s^{1\sim2}\sim2p^{1\sim6}$	2	1＋3＝4	8	8	2
3（短周期）	$3s^{1\sim2}\sim3p^{1\sim6}$	3	1＋3＝4	8	8	3
4（长周期）	$4s^{1\sim2}\sim3d^{1\sim10}\sim4p^{1\sim6}$	4	1＋3＋5＝9	18	18	4
5（长周期）	$5s^{1\sim2}\sim4d^{1\sim10}\sim5p^{1\sim6}$	5	1＋3＋5＝9	18	18	5
6（特长周期）	$6s^{1\sim2}\sim4f^{1\sim14}\sim5d^{1\sim10}\sim6p^{1\sim6}$	6	1＋3＋5＋7＝16	32	32	6
7（特长周期）	$7s^{1\sim2}\sim5f^{1\sim14}\sim6d^{1\sim10}\sim7p^{1\sim6}$	7	1＋3＋5＋7＝16	32	32	7

二、族

元素周期表中共有16个族，在周期表中，从左到右共有18列，第1、2、13、14、15、16、17及18列为A族，其它列为B族，即8个A族（也称为主族，表示为ⅠA～ⅧA）和8个B族（也称为副族，表示为ⅠB～ⅧB）。其中ⅧA为稀有气体元素，因而也称为O族或零族。元素周期表的第8～10列为第ⅧB族，也称为第Ⅷ族。族的划分与原子的价电子数目和价电子排布密切相关。通常我们把能够决定化合价的电子即参加化学反应的电子称为价电子。

其中：

主族序数＝最外层电子数＝($ns+np$)电子数＝价电子数；

ⅢB～ⅦB族序数＝外层电子数＝$[(n-1)d+ns]$电子数＝价电子数；

ⅠB、ⅡB族序数为 ns 电子数；

ⅧB族序数是 $[(n-1)d+ns]$ 电子数为 8、9、10 的三列。

由于B族元素位于元素周期表的中部，因此又习惯称其为过渡元素。

三、周期表元素分区

周期表中的元素除了按周期和族划分外，还按价电子构型划分为 s、p、d、ds、f 5 个区，见图 1-6。

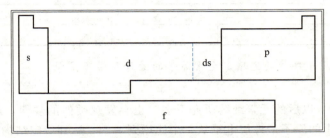

图 1-6　周期表分区

(1) s 区元素　包括ⅠA 和ⅡA 族元素，价电子构型为 $ns^{1\sim 2}$。

(2) p 区元素　包括ⅢA～ⅧA 族元素，价电子构型为 $ns^2np^{1\sim 6}$（He 除外）。

(3) d 区元素　包括ⅢB～ⅧB 族元素，价电子构型为 $(n-1)d^{1\sim 9}ns^{0\sim 2}$。

(4) ds 区元素　包括ⅠB 和ⅡB 族元素，价电子构型为 $(n-1)d^{10}ns^{1\sim 2}$。

(5) f 区元素　包括镧系和锕系元素。电子层结构在 f 亚层上增加电子，价电子构型为 $(n-2)f^{0\sim 14}(n-1)d^{0\sim 2}ns^2$。

第四节　元素性质的周期性

人们在长期的生产和科学实验中，发现了各种元素之间存在着某种内在联系和一定的变化规律。为了方便，人们按核电荷数由小到大的顺序给元素编号，这种编号，叫作原子序数。显然原子序数在数值上与这种原子的核电荷数相等。

一、原子核外电子排布的周期性变化

为了认识元素间的相互联系和内在规律，现将原子序数为 1～18 的元素按由小到大的顺序排列（见图 1-7），来寻找元素性质的变化规律。

$_1$H $1s^1$							$_2$He $1s^2$
$_3$Li $2s^1$	$_4$Be $2s^2$	$_5$B $2s^22p^1$	$_6$C $2s^22p^2$	$_7$N $2s^22p^3$	$_8$O $2s^22p^4$	$_9$F $2s^22p^5$	$_{10}$Ne $2s^22p^6$
$_{11}$Na $3s^1$	$_{12}$Mg $3s^2$	$_{13}$Al $3s^23p^1$	$_{14}$Si $3s^23p^2$	$_{15}$P $3s^23p^3$	$_{16}$S $3s^23p^4$	$_{17}$Cl $3s^23p^5$	$_{18}$Ar $3s^23p^6$

图 1-7　原子序数为 1～18 号元素的最外层电子排布

> **思考题**：总结图 1-7 的规律，填写下表。
>
> | 原子序数 | 电子层数 | 最外层电子数 | 达到稳定结构时的最外层电子数 |
> |---|---|---|---|
> | 1～2 | 1 | 1～2 | 2 |
> | 3～10 | | | |
> | 11～18 | | | |
>
> 结论：随着原子序数的递增，元素原子的最外层排布呈现_____变化。

如果我们对 18 号以后的元素继续研究下去，也会发现类似的规律，即每隔一定数目的元素，重复出现元素的原子最外层电子从 1 个递增到 8 个，达到稳定结构的变化。即随着原子序数的递增，元素原子的最外层电子排布呈现周期性的变化。

二、原子半径的周期性变化

核外电子在核外空间是按概率分布的，没有明确的界面，因此原子的大小无法直接测定。原子半径（r）是根据原子不同存在形式来定义的，常用以下三种：

（1）**金属半径** 将金属晶体看成是由金属原子紧密堆积而成的，则两相邻金属原子核间距离的一半称为该金属原子的金属半径。

（2）**共价半径** r_C 同种元素的两个原子以共价键结合时核间距离的一半称为该原子的共价半径。

（3）**范德华半径** r_V 在分子晶体中，分子间以范德华力相结合，这时相邻分子间两个非键结合的同种原子核间距离的一半，称为原子的范德华半径。同一元素原子的范德华半径大于共价半径。例如，氯原子的共价半径为 99pm，其范德华半径为 180pm。

周期表中各个元素的原子半径见表 1-10。

表 1-10 元素的原子半径

H 32												B 82	C 77	N 70	O 66	F 64	He 93 Ne 112
Li 123	Be 89											Al 118	Si 117	P 110	S 104	Cl 99	Ar 154
Na 154	Mg 136																
K 203	Ca 174	Sc 144	Ti 132	V 122	Cr 118	Mn 117	Fe 117	Co 116	Ni 115	Cu 117	Zn 125	Ga 126	Ge 122	As 121	Se 117	Br 114	Kr 169
Rb 216	Sr 191	Y 162	Zr 145	Nb 134	Mo 130	Tc 127	Ru 125	Rh 125	Pd 128	Ag 134	Cd 148	In 144	Sn 140	Sb 141	Te 137	I 133	Xe 190
Cs 235	Ba 198	Lu 158	Hf 144	Ta 134	W 130	Re 128	Os 126	Ir 127	Pt 130	Au 134	Hg 148	Tl 147	Pb 146	Bi 146	Po 145	At 145	Rn 220
Fr	Ra	Lr															

La	Ce	Pr	Nd	Pm	Sm	Eu	Gd	Tb	Dy	Ho	Er	Tm	Yb
169	165	164	164	163	162	185	162	161	160	158	158	158	170

由表 1-10 可知，同一周期由左向右，主族的原子半径递减，这是随电荷数的增加，原子核对各电子层的引力增大引起的；副族元素的原子半径减小缓慢，且不规则，原因是增加的 $(n-1)$d 电子对最外层 ns 电子的排斥，部分抵消了原子核的吸引力，同样，镧系元素由于增加了 $(n-2)$f 电子对最外层 ns 电子的排斥作用，使其原子半径收缩幅度更为减小，这种现象称为镧系收缩；稀有气体的原子半径明显大，这不仅与其外电子层达到 $n\text{s}^2 n\text{p}^6$ 有关，而且更重要的是它们均采取范德华半径。

同一主族从上到下，随电子层数增加，原子半径明显增大，但副族元素的原子半径增大幅度减小，而且不规则，这与核电荷数显著增多有关。

> **思考题**：总结表 1-10 的规律，填写下表。
>
> | 原子序数 | 原子半径的变化 |
> |---|---|
> | 3~9 | 大 ──────→ 小 |
> | 11~17 | |
>
> 结论：随着原子序数的递增，元素原子半径呈现_____的变化。

三、电离能

电离能（I）又称电离势，是指使气态原子失去电子变成气态阳离子，克服核电荷引力所需消耗的能量，单位为 kJ/mol。从元素气态原子失去一个电子成为 +1 价的气态阳离子所需消耗的能量称为第一电离能（I_1），其次为第二电离能（I_2）；以此类推，同一元素各电离能的大小顺序是 $I_1<I_2<I_3$。通常电离能指的是第一电离能。

第一电离能的大小用来衡量原子失去电子的难易程度，进而判断金属活泼性强弱。元素第一电离能越小，原子失去电子越容易，金属越活泼。例如 Cs 的第一电离能很小，是一个非常活泼的金属，在光的照射下，即可以失去最外层电子。电离能都是正值，因为使原子失去外层电子总是需要吸收能量来克服核对电子的吸引力，元素第一电离能的周期性变化见表 1-11。

表 1-11 元素第一电离能

H 1312																	He 2372
Li 520	Be 899											B 801	C 1086	N 1402	O 1314	F 1631	Ne 2081
Na 496	Mg 738											Al 578	Si 786	P 1012	S 1000	Cl 1251	Ar 1521
K 419	Ca 590	Sc 631	Ti 658	V 650	Cr 623	Mn 717	Fe 759	Co 758	Ni 737	Cu 745	Zn 906	Ga 579	Ge 762	As 947	Se 941	Br 1140	Kr 1351
Rb 403	Sr 550	Y 616	Zr 660	Nb 664	Mo 685	Tc 702	Ru 711	Rh 720	Pd 805	Ag 804	Cd 868	In 558	Sn 709	Sb 834	Te 869	I 1008	Xe 1170
Cs 376	Ba 503	Lu 523	Hf 675	Ta 761	W 770	Re 760	Os 839	Ir 878	Pt 868	Au 890	Hg 1007	Tl 589	Pb 716	Bi 703	Po 812	At —	Rn 1041
Fr —	Ra 509	Lr															

由表 1-11 可以看出，同一周期从左到右，主族元素第一电离能逐渐增大，这是因为随核电荷数的增加，原子半径减小，原子核对最外层电子的吸引力逐渐增强。而ⅡA、ⅤA族，ⅧA 族元素最外层电子分别处于半充满，全充满的状态，失去电子需要消耗更高的能量，因此第一电离能相对较高。

同一主族从上到下，随电子层的递增，原子半径的增大，原子核对最外层电子的吸引力逐渐减小，故元素的第一电离能逐渐减小。

B 族元素的第一电离能主要取决于原子半径，变化不规律。

四、周期表中主族元素性质的递变规律

1. 主族元素的金属性和非金属性的递变

元素的金属性是指元素的原子失去电子的能力；元素的非金属性是指元素的原子得到电子的能力。

元素得失电子的能力，取决于核电荷数、原子半径和外层电子结构。一般情况下，核电荷数越少、原子半径越大、电子层数越多或最外层电子数越少，原子就越容易失去电子，元素的金属性越强；反之，越容易得到电子，元素的非金属性越强。

元素的金属性和非金属性的强弱，还可以由以下化学性质来判断。

（1）元素的金属性强
① 元素的单质与水或酸反应，置换出氢比较容易。
② 元素的最高价态氧化物对应水化物（氢氧化物）的碱性强。

（2）元素的非金属性强
① 元素的单质与氢气反应，生成气态氢化物比较容易。
② 元素的最高价态氧化物对应水化物（含氧酸）的酸性强。

以第三周期元素的性质变化为例，来推测同周期元素金属性和非金属性的递变规律。

【演示实验 1-1】 分别取一小块金属钠和用砂纸擦去氧化膜的小段金属镁条，把钠单质投入到盛有冷水的烧杯中，把镁条放入到装有冷水的试管中。反应后分别在试管中滴加酚酞溶液，观察实验现象。

钠和镁的金属性比较

实验表明，钠与冷水剧烈反应放出氢气，生成强碱氢氧化钠；镁与冷水作用不明显，但如果和沸水反应产生氢气，溶液也呈碱性。反应式如下：

$$2Na + 2H_2O \longrightarrow 2NaOH + H_2\uparrow$$
$$Mg + 2H_2O \longrightarrow Mg(OH)_2 + H_2\uparrow$$

结论：Mg 的金属性比 Na 弱。

【演示实验 1-2】 取一小片金属铝和一小段金属镁，用砂纸擦去它们的氧化膜，分别放入两支装有 2mol/L 盐酸的试管中，观察实验现象。

铝和镁的金属性比较

实验表明，镁和铝都能与盐酸反应，但也可以发现，铝与盐酸的反应不如镁与盐酸反应剧烈。反应式如下：

$$Mg + 2HCl \longrightarrow MgCl_2 + H_2\uparrow$$

$$2Al + 6HCl \longrightarrow 2AlCl_3 + 3H_2\uparrow$$

结论：Al 的金属性比 Mg 弱。

第 14 号元素硅，只有在高温的条件下，才能与氢气反应生成气态氢化物 SiH_4，它的氧化物（SiO_2）对应的水化物硅酸（H_2SiO_3），是很弱的酸，所以硅是不活泼的非金属。

第 15 号元素磷是非金属。磷的蒸气能与氢气反应生成气态氢化物 PH_3，但相当困难。磷的最高价氧化物（P_2O_5）对应的水化物磷酸（H_3PO_4），是中强酸，所以磷的非金属性强于硅。

第 16 号元素硫是活泼非金属。硫在加热的条件下，能与氢气反应生成气态氢化物 H_2S。硫的最高价氧化物（SO_3）对应的水化物硫酸（H_2SO_4），是强酸，所以硫的非金属性强于磷。

第 17 号元素氯是非常活泼的非金属。氯气与氢气在光照下就能强烈反应，生成气态氢化物氯化氢（HCl）。氯的最高价氧化物高氯酸（$HClO_4$），是目前已知的无机酸中酸性最强的酸。所以氯的非金属性强于硫。

第 18 号元素氩是稀有气体，通常不参与反应。

通过第三周期元素的性质变化，以此类推，可以得出规律：同一周期从左至右，主族元素的金属性递减，非金属性递增。

以ⅦA族元素的性质变化为例，来推测同主族元素金属性和非金属性的递变规律。

【演示实验 1-3】 取三支试管分别加入 KBr、KI、KI 溶液 5mL，再分别加入 2mL 四氯化碳，然后在第一、二支试管里滴加适量饱和氯水，在第三支试管中加入几滴溴水，振荡观察四氯化碳层（由于 CCl_4 的密度比水大，又不溶于水，故在溶液的下层）颜色变化。

卤素的置换反应

通过上述实验，可以看出，原来无色的 KBr、KI 溶液加入氯水、溴水以后，溶液与 CCl_4 层颜色都发生了变化。这是因为发生了如下的化学反应：

$$2KBr + Cl_2 =\!=\!= Br_2 + 2KCl$$

$$2KI + Cl_2 =\!=\!= 2KCl + I_2$$

$$2KI + Br_2 =\!=\!= 2KBr + I_2$$

分析可知，氯元素的原子得电子能力比溴、碘强，而溴元素的原子得电子能力又比碘强。

通过ⅦA族元素的性质变化，以此类推，可以得出规律：主族元素从上到下金属性递增，非金属性递减。

综上所述，可将同周期和同主族元素的金属性和非金属性的变化规律概括于表 1-12 中。

2. 主族元素电负性的递变

把原子在分子中吸引成键电子的能力叫作元素的电负性。电负性用来确定化合物中的原子对电子吸引能力的相对大小。例如，在 HF 分子中有一对共用电子对 H∶F，事实表明，HF 分子是极性分子，氢原子带正电，氟原子带负电，表明氟原子吸引电子的能力大于氢原子，即氟的电负性比氢的电负性大。元素电负性（X）越大，该元素原子在分子中吸引成键电子的能力越强，反之越弱。

表 1-12 主族元素金属性和非金属性的递变

主族名称 族 周期	碱金属族 ⅠA	碱土金属族 ⅡA	硼族 ⅢA	碳族 ⅣA	氮族 ⅤA	氧族 ⅥA	卤族 ⅦA
1							
2			B				
3			Al	Si			
4				Ge	As		
5					Sb	Te	
6						Po	At
7							

金属性逐渐增强 ← 金属性逐渐增强；非金属性逐渐增强 →；非金属性逐渐增强 ↑

1937 年鲍林提出了电负性的概念，他指定最活泼非金属元素氟的电负性为 4.0，并借助热化学数据计算求得其他化学元素的电负性，见表 1-13。

表 1-13 元素的电负性

H 2.2																
Li 1.0	Be 1.6										B 2.0	C 2.6	N 3.0	O 3.4	F 4.0
Na 0.9	Mg 1.3										Al 1.6	Si 1.9	P 2.2	S 2.6	Cl 3.2
K 0.8	Ca 1.0	Sc 1.4	Ti 1.5	V 1.6	Cr 1.7	Mn 1.6	Fe 1.8	Co 1.9	Ni 1.9	Cu 1.9	Zn 1.7	Ga 1.8	Ge 2.0	As 2.2	Se 2.6	Br 3.0
Rb 0.8	Sr 1.0	Y 1.2	Zr 1.3	Nb 1.6	Mo 2.2	Tc 1.9	Ru 2.2	Rh 2.3	Pd 2.2	Ag 1.9	Cd 1.7	In 1.8	Sn 2.0	Sb 2.1	Te 2.1	I 2.7
Cs 0.8	Ba 0.9	Lu 1.3	Hf 1.3	Ta 1.5	W 2.4	Re 1.9	Os 2.2	Ir 2.2	Pt 2.3	Au 2.5	Hg 2.0	Tl 2.0	Pb 2.3	Bi 2.0	Po 2.0	At 2.2
Fr 0.7	Ra 0.9															

元素电负性的大小可全面衡量原子得失电子的能力，进而判断元素金属性和非金属性的相对强弱。电负性大，原子易得电子；反之，易失电子。通常非金属元素的电负性在 2.0 以上，金属元素的电负性在 2.0 以下。

元素电负性呈周期性变化。同一周期从左往右，主族元素随核电荷数增加原子半径减小，原子核对电子的吸引能力增强，元素电负性递增；元素的非金属性增强，金属性减弱；同一主族，从上到下，虽然核电荷数有所增加，但原子半径增大起主导作用，因而原子吸引电子能力逐渐减弱，电负性依次变小，元素的非金属性减弱，金属性增强。过渡元素的电负性递变不明显，它们都是金属，但金属性都不及ⅠA、ⅡA两族元素。

 练一练：根据元素在元素周期表中的位置，将下列原子按电负性由低到高的次序排列：

O、F、S、Cl、Na。

3. 主族元素化合价的递变

化合价反映了元素在形成化合物时表现的性质，数值上等于形成化合物时原子得失电子或形成共用电子对的数目。元素的化合价是元素的重要性质。化合价有正价和负价。元素周期表中元素的化合价与原子的价电子构型关系密切相关（见表 1-14），呈周期性变化。

表 1-14 元素的化合价与原子的价电子构型关系

主族	ⅠA	ⅡA	ⅢA	ⅣA	ⅤA	ⅥA	ⅦA
价电子构型	ns^1	ns^2	ns^2np^1	ns^2np^2	ns^2np^3	ns^2np^4	ns^2np^5
价电子数	1	2	3	4	5	6	7
最高正化合价	+1	+2	+3	+4	+5	+6	+7
最低负化合价				−4	−3	−2	−1

由表 1-14 可知，ⅠA～ⅦA 族元素的最高正化合价等于价电子数，也等于其族序数。非金属元素的最高正化合价与其最低负化合价绝对值之和为 8。

 练一练：指出下列物质中带 * 元素原子的化合价。

(1) HN*O₃　　(2) K₂Cr*₂O₇　　(3) KCl*O₃

(4) Na₂S*₂O₃　　(5) N*H₄Cl　　(6) H₂O*₂　　(7) H₃P*O₄

五、元素周期律的应用

1. 可以判断元素的一般性质

元素周期表是元素周期律的具体表现形式，它能够反映元素性质的递变规律。根据元素在周期表中的位置，我们可以很容易地来推断某一个元素的性质。

例如：推断元素磷的性质。我们已知磷位于元素周期表中的第三周期，第ⅤA族，可以推断出：磷的最外层电子数是 5 个，在化学反应中容易得到电子，所以是一个非金属元素。它的最高正化合价为 +5 价，最高价氧化物的化学式是 P_2O_5，最高价氧化物对应水化物的化学式是 H_3PO_4，是中等强度的酸。它的负化合价为 -3，气态氢化物的化学式是 PH_3，热稳定性一般。

2. 预言和发现新元素

过去，门捷列夫曾用元素周期表来预言未知元素，并被后人用实验所证实。此后，人们运用元素周期律和元素周期表中的位置及相邻元素的性质关系，预言和发现新元素及修正原子量，在科学的发展上起了不可估量的作用。

例如：元素周期表创立后相继发现了原子序数为 10、31、34、64 等天然元素和 61 及 95 以后的人造放射性元素，使当时已经发现的元素从 60 多种迅速增加。

3. 寻找和制造新材料

由于在周期表中位置靠近的元素性质相似，这样就启发人们在周期表中一定区域内去寻找和制造新材料。如：在农药中通常含有氟、氯、硫、磷、砷等元素，这些元素都位于周期表的右上角。对于这一区域元素化合物的研究，有助于寻找对人畜安全的高效农药。又如：人们在长期的生产实践中，发现过渡元素对许多化学反应有良好的催化性能，于是，人们努力在过渡元素中寻找各种优良的催化剂。目前人们已能用铁、铬、铂熔剂作催化剂，使石墨在高温和高压下转化为金刚石，并在石油化工方面，如石油的催化裂化、重整等反应，广泛采用过渡元素作催化剂。我们还可以在周期表里金属与非金属的分界处找到半导体材料，如：硅、锗、硒、镓等。

元素周期表是概括元素化学知识的一个宝库，随着科学技术的不断进步和人类化学知识的增加，元素周期表的内容也将不断完善和丰富。

 想一想：元素周期表中什么元素的金属性最强？什么元素的非金属性最强？为什么？

【知识拓展】

门捷列夫与元素周期表

元素周期律是俄国化学家门捷列夫（1834～1907）在批判继承前人工作的基础上，对大量实验事实进行订正、分析和概括，于 1869 年总结出的一条规律。在总结出元素周期律后，他编制出了第一张元素周期表（当时只发现 63 种元素），它是元素周期表的最初形式。详细内容请扫描二维码阅读。

门捷列夫与元素周期表

> **知识窗**
>
> **全球青年化学家元素周期表硫元素代表——中国学者姜雪峰**
>
> 国际纯粹与应用化学联合会（IUPAC）以"青年化学家元素周期表"的形式，自 2018 年 7 月开始到 2019 年 7 月从世界范围征集提名，通过每月评选，向世界介绍 118 位优秀青年化学家，并形成一张"青年化学家元素周期表"。
>
> IUPAC 在澳大利亚悉尼举行的第 25 届国际化学教育会议上宣布：华东师范大学姜雪峰教授被遴选为"全球青年化学家元素周期表硫元素代表"。详细内容请扫描二维码阅读。

全球青年化学家元素周期表硫元素代表——中国学者姜雪峰

 【本章小结】

一、原子的结构

（1）构成原子的粒子间的关系式表示如下：

$$原子(_Z^A X) \begin{cases} 原子核 \begin{cases} 质子 & Z 个 \\ 中子 & (A-Z)个 \end{cases} \\ 核外电子 & Z 个 \end{cases}$$

（2）具有相同的质子数，而中子数不同的同种元素的不同原子互称为<u>同位素</u>。

二、原子核外电子的排布

1. 原子核外电子的运动状态

电子云：电子在核外空间的某区域出现的概率密度。

核外电子的运动状态：表征电子运动状态的一些特定物理量，通常用主量子数、角量子数、磁量子数和自旋量子数来描述。

原子轨道近似能级图反映了多电子原子中轨道能级的高低顺序。

2. 原子核外电子的排布

基态原子核外电子排布三原理：泡利不相容原理，能量最低原理，洪德规则。

三、元素周期律

元素的性质随着元素原子序数（核电荷数）的递增而呈周期性的变化的规律叫作元素周期律。

1. 周期

周期的划分与能级组的划分完全一致，每一个能级组都独自对应一个周期，共有七个能级组，所以共有七个周期。

2. 族

元素周期表中共有 16 个族，即 8 个 A 族（主族）和 8 个 B 族（副族），族序号用罗马数字表示。

3. 元素周期表分区

周期表中的元素按价电子构型划分为 s、p、d、ds、f 5 个区。

四、元素性质的周期性

(1) 随着原子序数的递增，元素原子的最外层电子排布呈现周期性的变化。

(2) 同一周期由左向右，主族的原子半径递减，副族元素的原子半径减小缓慢，且不规则；同一主族从上到下，随电子层数增加，原子半径明显增大，但副族元素的原子半径增大幅度减小，而且不规则。

(3) 同一周期从左到右，主族元素第一电离能逐渐增大；同一主族从上到下，元素的第一电离能逐渐减小；副族元素的第一电离能主要取决于原子半径，变化不规律。

(4) 同一周期从左往右，主族元素的非金属性增强，金属性减弱；同一主族，从上到下，元素的非金属性减弱，金属性增强。

同一周期从左往右，主族元素电负性递增；同一主族，从上到下，电负性依次变小。过渡元素的电负性递变不明显。

ⅠA～ⅦA族元素的最高正化合价等于价电子总数，也等于其族序数。

(5) 元素周期律的应用。

【思考与练习】

一、选择题

1. 关于原子轨道的下述观点，正确的是（　　）。
   A. 原子轨道是电子运动的轨道
   B. 某一原子轨道是电子的一种空间运动状态，即波函数
   C. 原子轨道表示电子在空间各点出现的概率
   D. 原子轨道表示电子在空间各点出现的概率密度

2. $3s^1$ 表示（　　）的一个电子。
   A. $n=3$
   B. $n=3, l=0$
   C. $n=3, l=0, m=0$
   D. $n=3, l=0, m=0, m_s=+1/2$ 或 $m_s=-1/2$

3. 下列电子构型中，电离能最小的是（　　）。
   A. ns^2np^3
   B. ns^2np^4
   C. ns^2np^5
   D. ns^2np^6

4. 下列有关化合价的叙述中，正确的是（　　）。
   A. 主族元素的最高化合价一般等于其所在族数
   B. 副族元素的最高化合价总等于其所在的族数
   C. 副族元素的最高化合价一定不会超过其所在的族数
   D. 元素的最低化合价一定是负值

5. 比较 O、S、As 三种元素的电负性和原子半径大小的顺序，正确的是（　　）。
   A. 电负性 O>S>As，原子半径 O<S<As
   B. 电负性 O<S<As，原子半径 O<S<As
   C. 电负性 O<S<As，原子半径 O>S>As
   D. 电负性 O>S>As，原子半径 O>S>As

6. 下列电子层中，包含 f 能级的是（　　）。
   A. K 电子层
   B. L 电子层
   C. M 电子层
   D. N 电子层

7. 下列元素中，第一电离能最大的是（　　）。
A. B　　　　　　　B. C　　　　　　　C. Al　　　　　　　D. Si
8. 下列哪一原子的原子轨道能量与角量子数无关？（　　）
A. Na　　　　　　B. Ne　　　　　　C. F　　　　　　　D. H
9. 用来表示核外某电子运动状态的下列各组量子数（n，l，m，m_s）中哪一组是合理的？（　　）。
A. (2,1,-1,-1/2)　　　　　　　　B. (0,0,0,+1/2)
C. (3,1,2,+1/2)　　　　　　　　D. (2,1,0,0)
10. 下列有关 n、l、m、m_s 四个量子数的说法中，正确的是（　　）。
A. 一般而言，n 越大，电子离核平均距离越远，能量越低
B. l 的数值多少，决定了某电子层不同能级的个数
C. 对于确定的 n 值，m 的取值共有 $2n+1$ 个
D. m_s 可取 ±1/2 两个数值，数值表示运动状态，正负号表示大小

二、填空题

1. 元素的金属性是指_____的能力；元素的非金属性是指_____的能力。
2. 元素的_____性和_____性的强弱，可用_____来衡量。_____越小，原子越容易_____电子，元素的_____性越强；元素的_____越大，原子越容易_____电子，元素的_____性越强。元素周期表中，同一周期从左至右，主族元素_____性递减，_____递增。同一主族从上到下，元素_____性递增，_____性递减。副族元素变化不规律。
3. 在量子力学中，同时用_____、_____、_____和_____这四个量子数，才能准确描述核外电子的运动状态。
4. 主量子数为 2 的一个电子，它的角量子数的可能取值有_____种，它的磁量子数的可能取值有_____种。
5. +3 价离子的电子层结构与 S^{2-} 相同的元素是_____。
6. 原子在分子中_____称之为元素电负性。第一电离能的_____用来衡量原子_____的难易程度，进而判断_____强弱。元素第一电离能_____，原子_____越容易，金属越_____。
7. 同一个原子中，不可能有两个_____处于_____的运动状态，这就是泡利不相容原理。换言之，每个原子_____最多只能容纳两个_____相反的电子。
8. 主量子数表示_____，n 越大，表示_____越远，n 相同的电子离核的平均距离比较接近，即所谓电子处于同一电子层。电子离核越_____，其能量就越_____，因此电子的能量随_____而升高。
9. 完成下表（不看周期表）：

价层电子构型	区	周期	族	原子序数	最高化合价	电负性相对大小
$4s^1$						
$3s^23p^5$						
$3d^34s^2$						
$3d^{10}4s^1$						

三、判断题

1. 磁量子数为 1 的轨道都是 s 轨道。（   ）
2. 每个电子层中，最多只能容纳两个自旋方向相反的电子。（   ）
3. 每个原子轨道必须同时用 n、l、m 和 m_s 四个量子数来描述。（   ）
4. 目前人们已经知道了 118 种元素，也就是说人们已经知道了 118 种原子。（   ）

四、简答题

1. 说明四个量子数的物理意义和取值要求，哪些量子数决定了原子中电子的能量？
2. 原子核外的电子排布遵循哪些原理？
3. 元素周期表中 1～36 号元素中哪些元素的电子层结构体现了半满、全满时能量较低的洪德规则？又有哪些例外？
4. 下列说法是否正确？为什么？
 (1) 主量子数为 1 时，有两个方向相反的轨道；
 (2) 主量子数为 2 时，有 2s、$2p^2$ 个轨道；
 (3) 主量子数为 2 时，有 4 个轨道，即 2s、2p、2d、2f；
 (4) 因为 H 原子中只有 1 个电子，故它只有 1 个轨道；
 (5) 当主量子数为 2 时，其角量子数只能取 1 个数，即 $l=1$；
 (6) 任何原子中，电子的能量只与主量子数有关。
5. 试讨论在原子的第 4 电子层（N）上：
 (1) 亚层数有多少？并用符号表示各亚层。
 (2) 各亚层上的轨道数分别是多少？该电子层上的轨道总数是多少？
 (3) 哪些轨道是等价轨道？
6. 写出与下列量子数相应的各类轨道的符号，并写出其在近似能级图中的前后能级所对应的轨道符号。
 (1) $n=2$，$l=1$；(2) $n=3$，$l=2$；(3) $n=4$，$l=0$；(4) $n=4$，$l=3$。
7. 在下列各题中，填入合适的量子数：
 (1) $n=?$，$l=2$，$m=0$，$m_s=\pm 1/2$；
 (2) $n=2$，$l=?$，$m=-1$，$m_s=\pm 1/2$；
 (3) $n=4$，$l=?$，$m=+2$，$m_s=\pm 1/2$；
 (4) $n=3$，$l=0$，$m=?$，$m_s=\pm 1/2$。
8. 指出下列假设的电子运动状态（依次为 n、l、m、m_s）哪几种不可能存在？为什么？
 (1) 3，2，+2，$\pm 1/2$；(2) 2，2，-2，$\pm 1/2$；(3) 2，0，+1，$\pm 1/2$；(4) 2，-1，0，$\pm 1/2$；(5) 4，3，-2，1。
9. 某元素的原子序数为 35，试回答：
 (1) 其原子中的电子数是多少？有几个未成对电子？
 (2) 其原子中填有电子的电子层、能级组、能级、轨道各有多少？价电子数有几个？
 (3) 该元素属于第几周期、第几族？是金属还是非金属？最高化合价是多少？
10. 写出下列元素的名称、符号和核外电子排布式，并指出它们在周期表中的位置：
 (1) 第一种副族元素；(2) 第一种 p 区元素；(3) 第一种 ds 区元素；(4) 第 4 周期的

第六种元素；（5）最外层为 5s，次外层 d 轨道半充满的元素；（6）4p 半充满的元素；（7）第一种 s 区元素；（8）电负性最大的元素；（9）原子半径最大的元素；（10）3d 轨道全充满，4s 轨道上有 2 个电子的元素。

11. 不看周期表，试推测下列每组原子中哪一个原子具有较大的电负性值：

(1) 17 和 19；(2) 17 和 35；(3) 8 和 14；(4) 11 和 16。

12. 已知元素原子的价电子层结构分别为 $3s^2$、$4s^2 4p^1$、$3d^5 4s^2$、$3s^2 3p^3$，它们分别属于第几周期？第几族？是金属还是非金属？最高化合价是多少？

第一章
思考与练习

第一章
在线自测

第二章

分子结构和晶体类型

知识目标

1. 理解离子键、共价键和金属键的本质、特征及共价键的类型。
2. 掌握 sp 型杂化轨道与分子构型关系。
3. 理解分子的极性，分子间力的类型及变化规律，氢键形成条件、本质、特征及其对物质性质的影响；掌握晶体基本类型、特征；理解不同晶体性质差异的原因。

第二章 PPT

能力目标

1. 能判断化学键的类型及说明各化学键的特征。
2. 能指出 sp 型杂化方式及其对应的分子空间构型。
3. 能判断分子的极性、氢键对物质物理性质影响；会判断晶体的类型。

素质目标

1. 通过分析 sp 型杂化与分子构型的关系，训练分析问题、解决问题的能力。
2. 通过认识物质结构，揭示化学反应的实质，进行辩证唯物主义世界观的教育。

自然界的物质除稀有气体是单原子分子外，其他物质都是原子之间通过一定的化学键结合成分子或晶体而存在。分子是由原子组成，它是保持物质基本化学性质的最小微粒，并且又是参与化学反应的基本单元。分子的性质除取决于分子的化学组成，还取决于分子的结构。分子的结构通常包括两方面的内容：一是化学键；二是空间构型。此外，相邻分子之间还存在一种较弱的相互作用，即分子间力或范德华力。物质的很多性质都与分子间的作用力和晶体的结构密切相关。

第一节 化学键

化学键是指分子或晶体中相邻的原子（或离子）之间强烈的相互作用，它对分子的性质有着决定性的影响。化学键的主要类型有离子键、共价键和金属键。

一、离子键

1. 离子键的形成

金属钠（Na）在氯气（Cl_2）中燃烧，生成氯化钠（NaCl）：

$$2Na + Cl_2 \xrightarrow{\text{点燃}} 2NaCl$$

氯化钠的形成过程

用 Na 和 Cl 的核外电子排布来解释离子键的形成过程：

Na 的电子排布式：$1s^2 2s^2 2p^6 3s^1$

Cl 的电子排布式：$1s^2 2s^2 2p^6 3s^2 2p^5$

从电子排布式可以看出，Na 原子的最外层只有 1 个电子，容易失去，使最外层达到 8 个电子的稳定结构，形成带一个单位正电荷的钠离子（Na^+）。Cl 原子的最外层有 7 个电子，容易得到 1 个电子，使最外层达到 8 电子的稳定结构，形成带一个单位负电荷的氯离子（Cl^-）。Na^+ 和 Cl^- 之间依靠静电吸引而相互靠近，同时，它们的电子与电子、原子核与原子核之间由于相互靠拢而产生了排斥力，当吸引力和排斥力达到平衡时，Na^+ 和 Cl^- 之间就形成了稳定的化学键。

NaCl 形成的过程可表示如下：

$$Na - e^- \longrightarrow Na^+$$
$$Cl + e^- \longrightarrow Cl^-$$

像 NaCl 这样，**凡由正、负离子（或阳、阴离子）间通过静电作用所形成的化学键叫作离子键**。以离子键结合形成的化合物叫作离子化合物。活泼金属元素（如 K、Na、Ca、Mg 等）和活泼非金属元素（如 F、Cl、Br、O 等）形成的化合物几乎都是离子化合物，如绝大多数的盐、碱和金属氧化物等。

由于化学反应一般是原子的最外层电子发生变化，所以，为了简便起见，在元素符号的周围常用小黑点（或×）来表示原子的最外层电子，这种式子叫作电子式。例如：

$$H\cdot \quad :\ddot{Cl}\cdot \quad ×Ca× \quad \cdot\ddot{S}\cdot \quad K×$$

离子化合物的形成过程可用电子式表示如下：

CaO　　　　　　　　　×Ca× + $\cdot\ddot{O}\cdot$ ⟶ $Ca^{2+}[:\ddot{O}:]^{2-}$

$MgCl_2$　　　　　　$:\ddot{Cl}\cdot$ + ×Mg× + $\cdot\ddot{Cl}:$ ⟶ $[:\ddot{Cl}:]^- Mg^{2+} [:\ddot{Cl}:]^-$

 练一练：用电子式表示下列离子化合物的形成过程。

1. 溴化镁（$MgBr_2$）　　2. 氯化钙（$CaCl_2$）　　3. 溴化钠（NaBr）

4. 氯化钾（KCl）

---

2. 离子键的特征

离子键的本质是正、负离子之间的静电作用，它具有以下特征：

（1）无方向性　　离子电荷分布是球形对称的，静电引力无方向性，因此阴阳离子可以在任意方向结合，即离子键无方向性。例如在 NaCl 晶体中，每个 Na^+ 周围等距离地排列着 6 个 Cl^-，每个 Cl^- 周围也同样等距离地排列着 6 个 Na^+。这说明只要空间条件许可，离子并非在一个方向上，而是在所有的方向上都可以与带相反电荷的离子发生电性吸引作用。所以说离子键没有方向性。

（2）无饱和性　只要空间条件允许，每个离子都将尽可能多地吸引异电荷离子，即离子键无饱和性。由于静电作用的平衡距离的限制，与某离子形成离子键的异电荷数并不是任意的，如 NaCl 晶体中，每个 Na^+（Cl^-）只能和 6 个 Cl^-（Na^+）相结合，化学式 NaCl 只代表晶体中 Na^+ 和 Cl^- 的数量比。通常使用的氯化钠分子量，仅仅是对化学式而言的。

> **知识窗**
>
> 离子键形成的重要条件是相互作用的原子的电负性差值较大。一般元素之间的电负性差越大，它们之间形成键的离子性成分也越高。在周期表中，碱金属的电负性较小，而卤族的电负性较大，它们之间相结合时形成的化学键是离子键。一般认为，若两原子电负性差值大于 1.7 时，可判断它们之间形成离子键。

3. 离子电荷

离子是带有电荷的原子或原子团。简单离子的电荷是由原子得到或失去电子形成的。例如

$$F + e^- \longrightarrow F^-$$
$$Mg - 2e^- \longrightarrow Mg^{2+}$$

离子电荷数目越大，正、负离子之间的静电引力越大，离子键的强度越大。

需要注意的是，离子电荷并不是离子的有效电荷（离子在静电作用中表现出来的电荷）。如：Na^+ 和 Ag^+ 的离子电荷都是 +1，但是，在它们周围呈现的正电场的强弱不相等，否则难以理解 NaCl 与 AgCl 在性质上为何有如此巨大的差别。由此可见，所谓离子电荷，在本质上只是离子的形式电荷。Na^+ 和 Ag^+ 的形式电荷相同，有效电荷却并不相等。Ag^+ 的有效电荷大大高于 Na^+。离子的有效电荷受其形式电荷、离子半径及离子的电子构型等影响。

4. 离子半径

由于电子云的分布没有一个明确的界面，因此无法准确地确定离子的半径。一般所了解的离子半径是根据实验测定离子晶体中正负离子平衡核间距估算得出的。认为离子晶体的核间距是正负离子的半径和，即 $d = r^+ + r^-$，如图 2-1 所示。离子晶体的核间距可用 X 射线衍射的实验方法十分精确地测定出来，但单有核间距不行，必须先给定其中一种离子的半径，才能算出另一种离子的半径。1927 年，鲍林根据原子核对外层电子的作用推算出一套离子半径数据，这是目前最常用的离子半径数据。表 2-1 列出了鲍林的离子半径数据。

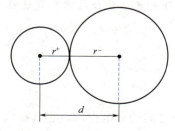

图 2-1　离子半径与核间距的关系

表 2-1 鲍林离子半径

离子	半径/pm	离子	半径/pm	离子	半径/pm	离子	半径/pm	离子	半径/pm	离子	半径/pm
H^+	208	Al^{3+}	50	Ti^{3+}	69	Cu^+	96	Y^{3+}	93	I^-	216
Li^+	60	Si^{4-}	271	Ti^{4+}	68	Zn^{2+}	74	Zr^{4+}	80	I^{7+}	50
Be^{2+}	31	Si^{4+}	41	V^{2+}	66	Ga^{3+}	62	Nb^{5+}	70	Cs^+	169
B^{3+}	20	P^{3-}	212	V^{5+}	59	Ge^{4+}	53	Mo^{6+}	62	Ba^{2+}	135
C^{4-}	260	P^{5+}	34	Cr^{3+}	64	As^{3-}	222	Ag^+	126	Au^+	137
C^{4+}	15	S^{2-}	184	Cr^{5+}	52	As^{3+}	47	Cd^{2+}	97	Hg^{2+}	110
N^{3-}	171	S^{6+}	29	Mn^{2+}	80	Se^{2-}	198	In^{3+}	81	Tl^+	144
N^{5+}	11	Cl^-	181	Mn^{7+}	46	Se^{6+}	42	Sn^{4+}	71	Tl^{3+}	95
O^{2-}	140	Cl^{7+}	26	Fe^{2+}	75	Br^-	195	Sb^{3-}	245	Pb^{2+}	121
F^-	136	K^+	133	Fe^{3+}	60	Br^{7+}	39	Sb^{5+}	62	Pb^{4+}	84
Na^+	95	Ca^{2+}	99	Co^{2+}	72	Rb^+	148	Te^{2-}	221	Bi^{5+}	74
Mg^{2+}	65	Sc^{3+}	81	Ni^{2+}	70	Sr^{2+}	113	Te^{3+}	56		

根据实验数据，归纳出离子半径的规律如下：

① 由同一元素形成的离子，负离子半径一般比正离子半径大，即 r(正离子)$<r$(原子)$<r$(负离子)。

② 同一元素不同价态的正离子，离子半径随电荷数增大而减小，例如 $r(Fe^{3+})<r(Fe^{2+})$，$r(O^-)<r(O^{2-})$ 等。

③ 同一主族电荷数相同的离子，离子半径随电子层数的增加而增大，例如 $r(F^-)<r(Cl^-)<r(Br^-)<r(I^-)$，$r(Li^+)<r(Na^+)<r(Rb^+)<r(Cs^+)$ 等。

④ 同周期元素的离子当电子构型相同时，随离子电荷数的增加，正离子半径减小，负离子半径增大，例如 $r(Na^+)>r(Mg^{2+})>r(Al^{3+})$，$r(F^-)<r(O^{2-})<r(N^{3-})$ 等。

离子半径的大小近似反映了离子的相对大小，是分析离子化合物物理性质的重要依据之一。

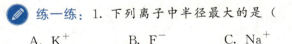

练一练：1. 下列离子中半径最大的是（   ）。

  A. K^+ B. F^- C. Na^+ D. Cl^-

 2. 下列离子晶体中，相邻离子间距离最大的是（   ）。

  A. KCl   B. NaF   C. NaCl   D. KI

二、共价键

活泼金属与非活泼金属之间，通过电子的得失形成阴、阳离子，以离子键相结合形成离子型化合物。对于非金属单质和非金属元素形成的化合物如 H_2、Cl_2、HCl、CO_2 等，由于都是非金属，显然不可能有电子的得失，因此不能用离子键理论来说明它们的形成，这类分子的形成要用共价键理论来解释。

共价键概念是 1916 年由美国化学家路易斯（G. N. Lewis）提出的。他认为在 H_2、O_2、N_2 等分子中，两个原子是由共用电子对吸引两个相同的原子核而结合在一起的，电子成对并共用之后，每个原子都达到稳定的稀有气体原子的 8 电子结构。共价键形成的本质于 1927 年由海特勒（W. Heitler）和伦敦（F. London）用量子力学处理氢分子的形成而得到进一步阐明，并在此基础上逐步形成了两种共价键理论：价键理论和分子轨道理论。本节仅对价键理论做初步介绍。

1. 共价键的形成

以 H_2 分子为例来说明共价键的形成：

当两个氢原子相互靠拢时，由于它们吸引电子的能力相等，所以，它们的 1s 电子不是从一个氢原子转移到另一个氢原子上，而是两个氢原子各提供一个电子，形成共用电子对。这两个共用的电子在两个原子核周围运动，使每个氢原子的 1s 轨道都好像具有类似氦原子的稳定结构。由于共用电子对受到两个氢原子核的吸引作用，两个氢原子形成了 H_2 分子。

用电子式表示 H_2 分子的形成：

$$H\cdot + \times H \longrightarrow H : H$$

像这种原子之间通过共用电子对所形成的化学键，叫作共价键。 以共价键形成的化合物叫作共价化合物。由同种或不同种非金属元素形成的分子，都是通过共价键形成的，称为共价分子，它包括单质分子和化合物分子，如 Cl_2、HCl、O_2、CH_4、C_2H_5OH 等。HCl 的形成过程用电子式表示为：

$$H\times + \cdot\ddot{\underset{\cdot\cdot}{Cl}}: \longrightarrow H:\ddot{\underset{\cdot\cdot}{Cl}}:$$

在化学上常用一根短线表示一对共用电子，因此，氢分子又可表示为：H—H，这种表示形式称为 H_2 的结构式。HCl 分子的结构式为 H—Cl。

下列分子由共价键结合而成，其对应的电子式和结构式表示如下。

分子式	电子式	结构式
Cl_2	:C̈l:C̈l:	Cl—Cl
HCl	H:C̈l:	H—Cl
H_2O	H:Ö:H	H—O—H
N_2	:N⋮⋮N:	N≡N
CO_2	:Ö::C::Ö:	O=C=O

上述分子内原子间只有一对共用电子对，又称为单键；CO_2 分子内的碳、氧原子间有两对共用电子对，则是双键，碳原子形成两个双键；N_2 分子内有三对共用电子对，形成三键。

2. 共价键的本质

共价键的本质是原子轨道的重叠。以 H_2 分子为例，图 2-2 是氢气分子能量（E）与核间距离（r）的关系曲线。当两个 H 原子相互靠近时，如果电子自旋相反，则两个 1s 轨道发生重叠，核间电子云密度增大，这既增强了两核对电子云的吸引，又削弱了核间的相互排斥，因而能形成稳定的 H_2 分子，当核间达到平衡距离（74pm）时，系统的能量降到最低点，此状态称为 H_2 分子的基态；反之，若两电子自旋相同，核间排斥增大，系统能量升高，则处于不稳定状态，称为排斥态，此时不能形成 H_2 分子。

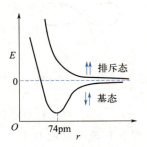

图 2-2　H_2 分子能量与核间距离的关系曲线

3. 价键理论要点

（1）**电子配对原理**　只有自旋方向相反且具有未成对电子（一个轨道只分布一个电子）的两个原子相互靠近时，才能形成稳定的共价键。即每个未成对电子只能与一个自旋方向相反的未成对电子配对成键，一个原子有几个未成对电子，就可以形成几个共价键。因此，价键理论又称电子配对理论。

例如，N 原子有三个未成对电子，若与另一个 N 原子的三个未成对电子自旋方向相反，则可以配对形成三键（N≡N）。

（2）**最大重叠原理**　成键时原子轨道将尽可能达到最大有效重叠，以使系统能量最低。

想一想：为什么水分子只能是 H_2O，而不是 H_3O？氦能形成 He_2 分子吗？

4. 共价键的特征

（1）**饱和性**　根据电子配对原理，原子间形成的共价键数，受未成对电子数限制，这称为共价键的饱和性。一个原子有几个未成对电子（包括激发后形成的未成对电子），便可与几个自旋方向相反的未成对电子配对成键。

例如，He、Ne、Ar 等稀有气体原子没有未成对电子，其单质只能为单原子分子。氯化氢的形成是因为氯原子最外层只有一个未成对电子，只能与一个氢原子的自旋方向相反的未成对电子配对形成一个共价单键，结合成 HCl，而不能与更多的氢原子结合。

（2）**方向性**　根据原子轨道最大重叠原理，原子间总是尽可能沿着使原子轨道发生最大重叠的方向成键。轨道重叠越多，形成的共价键就越稳定。原子轨道中，除 s 轨道呈球形对称没有方向性外，其他轨道在空间都有一定的伸展方向。在形成共价键时，原子轨道只有沿电子云密度最大的方向进行同号重叠，才能达到最大有效重叠，系统能量处于最低状态，这称为共价键的方向性。

例如，在形成 HCl 分子时，H 原子的 1s 电子与 Cl 原子的 1 个未成对电子（假设在 $3p_x$ 轨道上）配对成键时可能有三种重叠方式。只有 H 原子的 1s 原子轨道沿着 x 轴的方向与 Cl

原子的 $3p_x$ 轨道头碰头接近,才能达到最大的重叠,形成稳定的共价键。图 2-3 为 HCl 分子成键示意图。

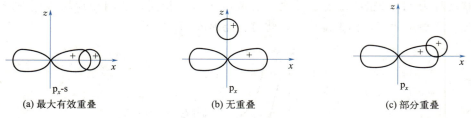

图 2-3　HCl 分子成键示意图

 练一练:每个 HF 分子中 1 个 F 原子只能与 1 个 H 原子结合,这是(　　)。
　　A. 由 F 和 H 原子的电子总数决定的　　B. 由 F 和 H 两元素的电负性决定的
　　C. 由 F 和 H 两原子的半径比决定的　　D. 由共价键的饱和性和方向性决定的

5. 共价键的类型

(1) 非极性和极性键　H_2、HCl 两分子虽然都是由共价键形成的分子,但这两个分子中的共价键是有区别的。H_2 分子是由同种元素的原子形成的共价化合物,由于两个原子吸引电子的能力相同,电负性相同(即 $\Delta\chi=0$),共用电子对不偏向任何一个原子,电子云在两核间均匀分布,因此成键原子不显电性。这样的共用电子对无偏向的共价键叫作非极性共价键,简称非极性键。如 Cl_2、O_2、N_2 等是由非极性键形成的分子。

而 HCl 分子中的共用电子对,由于两个元素原子的不同,吸引电子的能力也不相同,电负性不同(即 $\Delta\chi>0$),共用电子对必然会偏向吸引电子能力较强的 Cl 原子一方,而偏离吸引电子能力较弱的 H 原子,从而使 Cl 原子相应地显负电性,H 原子相应地显正电性。这种共用电子对发生偏移的共价键叫作极性共价键,简称极性键。如 CO_2、NH_3、H_2O 等都是极性共价键形成的分子。成键原子间的电负性之差越大,键的极性越强。键的极性对判断分子的极性很有意义。

知识窗

通常认为非极性键为 100% 共价性,而极性键则含有部分离子性,键的极性越大,离子性成分越多,当 $\Delta\chi>1.7$ 时,可以认为该化学键属于离子键(HF 除外)。同理,离子键也有部分共价性,且随阳离子电荷的增多、半径减小,阴离子半径的增大,原子轨道重叠增多,共价性成分增多。例如,卤化银从 AgF 到 AgI,由典型的离子键逐渐转变为共价键,致使其颜色、溶解度等性质发生很大变化。此外,阳离子的外层电子构型对化学键键型转变影响也很大。

绝大多数化学键,既不是纯粹的共价键,也不是纯粹的离子键,它们都具有双重性。对某一确定的化学键,只是其中一种性质占优势而已。

(2) 配位键　由一个原子提供共用电子对而形成的共价键,称为配位共价键,简称配位键。在配位键中，提供电子对的原子称为电子给予体，接受电子对的原子称为电子接受体。配位键用符号"→"表示，箭头指向电子接受体。

例如，CO 分子中 C、O 两原子的 2p 轨道上各有两个未成对电子，可以形成两个共价键；此外，C 原子的 2p 轨道上还有一个空轨道，O 原子的 2p 轨道上有一对成对电子（称孤对电子），可提供给 C 原子的空轨道共用而形成配位键，如图 2-4 所示。由于电子的不可区分性，CO 分子中的三个共价键具有相同的性质。

图 2-4　CO 分子中的配位键形成示意图

铵根离子（NH_4^+）中 N 原子与其中三个 H 原子各提供一个电子形成三个共价键，还有一个是 N 原子单方面提供的一对电子与 H 离子共用形成配位键，即 N→H。铵根离子中 4 个 N—H 是完全等价的。

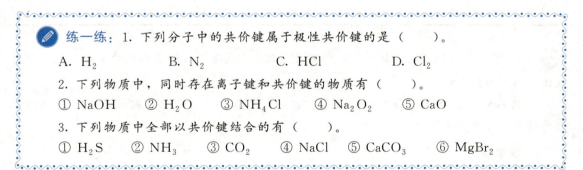

配位键的形成必须具备如下条件：电子给予体的价电子层有孤对电子；电子接受体的价电子层有空轨道。

配位键是共价键的一种，也具有方向性和饱和性的特征。此类共价键在无机化合物中是大量存在的，SO_4^{2-}、ClO_4^- 等离子中都有配位共价键。

> **练一练**：1. 下列分子中的共价键属于极性共价键的是（　　）。
> A．H_2　　　　B．N_2　　　　C．HCl　　　　D．Cl_2
> 2. 下列物质中，同时存在离子键和共价键的物质有（　　）。
> ① NaOH　　② H_2O　　③ NH_4Cl　　④ Na_2O_2　　⑤ CaO
> 3. 下列物质中全部以共价键结合的有（　　）。
> ① H_2S　　② NH_3　　③ CO_2　　④ NaCl　　⑤ $CaCO_3$　　⑥ $MgBr_2$

（3）**σ 键和 π 键**　原子轨道沿键轴（两原子核连线）方向，以"头碰头"方式同号重叠而形成的共价键，称为 **σ 键**。σ 键的特点是重叠部分集中于两核之间，通过并对称于键轴，即沿键轴旋转时，其重叠程度及符号不变。可重叠形成 σ 键的轨道有 s-s、p_x-s、p_x-p_x 等，例如 H—H 键、H—Cl 键、Cl—Cl 键等均为 σ 键，如图 2-5(a) 所示。

原子轨道沿键轴方向，以"肩并肩"方式同号重叠而形成的共价键，称为 π 键，见图 2-5(b)。π 键重叠部分在键轴的两侧并对称于与键轴垂直的平面。可重叠形成 π 键的轨道有 p_y-p_y、p_z-p_z、p-d 等。例如：N 原子的价电子构型为 $2s^2 2p^3$，3 个未成对的 2p 电子分布在三个互相垂直的 $2p_x$、$2p_y$、$2p_z$ 原子轨道上。当两个 N 原子形成 N_2 分子时，两个 $2p_x$ 轨道以"头碰头"方式重叠形成 σ 键，而垂直于 σ 键键轴的 $2p_y$、$2p_z$ 轨道只能分别以"肩

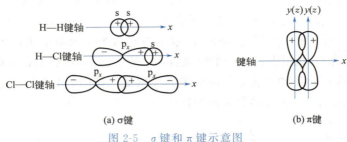

图 2-5 σ键和π键示意图

"并肩"方式重叠形成π键。因此，N_2分子的两个N原子是由一个σ键和两个π键相结合的。

形成π键的电子为π电子。由于π键重叠程度比σ键小，π电子能量较高，因此π键容易断裂而发生化学反应，如烯烃、炔烃、芳香烃及醛、酮等有机化合物发生加成反应时断裂的都是π键。

共价单键为σ键，而在共价双键和三键中，除σ键外，还有π键。当两个原子间形成重键时，最多只能形成1个σ键。表2-2列出了σ键和π键的特征。

表 2-2 σ键和π键的特征

特征	σ键	π键
原子轨道重叠方式	沿键轴方向相对重叠	沿键轴方向平行重叠
原子轨道重叠部位	两原子核之间，在键轴处	键轴上方和下方，键轴处为零
原子轨道重叠程度	大	小
键的强度	较大	较小
化学活泼性	不活泼	活泼

想一想：1. s轨道与s轨道形成的键是σ键，p轨道与p轨道形成的键是π键，这种说法对吗？为什么？

2. 有人认为Cl的电子排布式是$1s^2 2s^2 2p^6 3s^2 3p_x^2 3p_y^2 3p_z^1$，Cl—Cl键应该以$p_z$-$p_z$形成π键而结合，这个说法对吗？

6. 键参数

表征化学键性质的物理量，统称为键参数，常见键参数有键能、键长、键角等。键能是衡量共价键强弱的物理量；键长、键角是决定分子几何构型的物理量。

(1) 键能　以能量标志化学键强弱的物理量称键能，不同类型的化学键有不同的键能，如离子键的键能是晶格能，金属键的键能为内聚能等。本节仅讨论共价键。

在298.15K和100kPa下，断裂气态分子中单位物质的量的化学键（$6.02×10^{23}$个化学键）使其变成气态原子或原子团时所需的能量称为键能，单位kJ/mol^{-1}，用符号E表示。一般键能越大，共价键越牢固，由该键构成的分子也就越稳定。

(2) 键长　两成键原子核间的平衡距离（即核间距），称为键长（l），单位pm。键长的数据可通过分子光谱、X射线衍射、电子衍射等实验方法测得，也可用量子力学的近似方法计算而得。表2-3列出了一些共价键的键能和键长。

表 2-3 一些共价键的键长和键能

共价键	键长/pm	键能/(kJ·mol^{-1})	共价键	键长/pm	键能/(kJ·mol^{-1})
H—H	74.2	436	F—F	141.8	154.8
H—F	91.8	565±4	Cl—Cl	198.8	239.7
H—Cl	127.4	431.2	Br—Br	228.4	190.16
H—Br	140.8	362.3	I—I	266.6	198.96
H—I	160.8	294.6	C—C	154	345.6
O—H	96	458.8	C=C	134	602±21
S—H	134	363±5	C≡C	120	835.1
N—H	101	386±8	O=O	120.7	493.59
C—H	109	411±7	N≡N	109.8	941.69

键长是决定分子几何构型的物理量,也可以用键长比较共价键的相对稳定性,键长越短,共价键就越牢固。从表 2-4 的数据可见,H—F、H—Cl、H—Br、H—I 键长依次增大,键能依次减小,表示键的强度依次减弱,因而,H—F 到 H—I 分子的热稳定性逐渐减小。另外,相同的成键原子所组成的单键和多重键的键长和键能并不相等,如 C—C、C=C、C≡C,键长依次减小,键能依次增大,表示键的强度依次增强。

(3) 键角 分子内同一原子形成的两个化学键之间的夹角,称为**键角 (θ)**。键角也是决定分子几何构型的物理量。目前,一般通过光谱、衍射等结构实验求得键角。表 2-4 列出了部分分子的键长、键角和分子的几何构型。根据一个分子的键长和键角数据,大致可以确定分子的几何构型。例如,H_2S 分子中,两个 S—H 键的夹角为 93.3°,这就决定了 H_2S 分子是 V 形构型;而在 CO_2 分子中,两个 C=O 键的夹角是 180°,说明 CO_2 是直线形分子。

表 2-4 部分分子的键长、键角和分子构型

分子式	键长 l(实验值)/pm	键角 θ(实验值)/(°)	分子构型
H_2S	134	93.3	V 形
CO_2	116.2	180	直线形
NH_3	101	107.3	三角锥形
CH_4	109	109.5	正四面体形
SO_3	143	120	平面三角形

三、金属键

金属(除汞外)在常温下都是晶状固体。金属都有金属光泽、导电性、导热性以及良好的机械加工性能。金属具有这些共性,是由于金属有相似的内部结构。

金属原子的特征是最外层电子比较少，金属原子容易失去外层电子形成金属正离子。所以，在金属晶体中，排列着金属原子、金属正离子以及从金属原子上脱落下来的电子。这些电子不是固定在某一金属离子的附近，而是能够在晶体中自由运动，所以叫"自由电子"（如图2-6）。

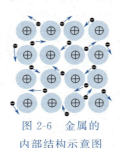

图 2-6　金属的内部结构示意图

金属晶体中，自由电子不停运动着，它时而在这一离子附近，时而又在另一离子附近，这种依靠自由电子的运动将金属原子和金属阳离子相互联结在一起的化学键叫金属键。金属中的自由电子，几乎均匀地分布在整个晶体中，所以也可以把金属键看成是许多原子共用许多电子的一种特殊形式的共价键。但自由电子可做自由运动，故金属键没有饱和性和方向性。

不论金属还是合金，在其晶体或熔融体中，自由电子都可移动。在一定条件下，自由电子向一个方向移动，就产生电流，所以一般金属是电的良好导体。金属的其他物理性质如光泽、延展性和导热性等都与金属键有关系。

金属单质的化学式通常用元素符号来表示，如 Fe、Zn、Na 等。不能根据此书写形式认为金属是单原子分子，这只能说明在金属单质中只有一种元素。

第二节　杂化轨道和分子构型

价键理论成功解释了共价键的形成及共价键的方向性和饱和性，但是却不能圆满解释某些分子的空间结构，例如 CH_4 分子的形成。为了更好地解释多原子分子的实际空间构型和性质，1931年，鲍林提出了杂化轨道理论，丰富和发展了价键理论。

一、杂化和杂化轨道

【实例分析】　C 原子的电子分布是 $1s^2 2s^2 2p_x^1 2p_y^1$，仅有 2 个未成对的 2p 价电子，根据价键理论，C 原子只能形成两个互相垂直的共价键。但事实上，甲烷分子式是 CH_4，而不是 CH_2。在 CH_4 分子中，有 4 个 C—H 键性质相同，键角为 109.5°，分子空间构型为正四面体。

鲍林的杂化轨道理论认为，在形成共价键的过程中，同一原子能级相近的某些原子轨道可以"混合"起来，重新组成相同数目的新轨道，这个过程称为杂化。杂化后所形成的新轨道称为杂化轨道。杂化轨道与原子轨道不同，其成键能力更强，形成的分子更稳定。

杂化轨道理论的基本要点如下：

① 同一原子中能量相近的原子轨道之间可以通过叠加混杂，形成成键能力更强的新轨道，即杂化轨道。

② 原子轨道杂化时，原已成对的电子可以激发到空轨道而成单个电子，其激发所需的能量完全由成键时放出的能量予以补偿。

③ 一定数目的原子轨道杂化后可得数目相同、能量相等的各杂化轨道。

④ 孤立原子轨道本身不会杂化形成杂化轨道。只有当原子要互相结合形成分子，需要满足原子轨道的最大重叠要求时，原子内的轨道才能发生杂化以获得更强的成键能力。

二、sp 型杂化与分子构型

1. sp³ 杂化

由同一原子的 1 个 s 轨道和 3 个 p 轨道发生的杂化的过程称为 sp³ 杂化。sp³ 杂化可形成 4 个完全等价的 sp³ 杂化轨道，每个杂化轨道含有 1/4s 轨道成分和 3/4p 轨道成分，轨道呈一头大、一头小，分别指向正四面体的 4 个顶点，各 sp³ 杂化轨道间的夹角为 109.5°，分子呈正四面体构型。图 2-7 为 sp³ 杂化轨道示意图。

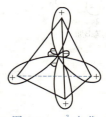

图 2-7　sp³ 杂化轨道示意图

例如，在 CH_4 分子的形成过程中，基态 C 原子价电子层的 1 个 2s 电子被激发到 2p 能级的空轨道中，随之与 3 个 2p 轨道发生杂化，形成 4 个等价的 sp³ 杂化轨道，每个 sp³ 杂化轨道含有 1 个未成对电子，且这 4 个 sp³ 杂化轨道能量相等。4 个 sp³ 杂化轨道与 4 个 H 原子的 1s 原子轨道重叠，形成 4 个 (sp³-s)σ 键，生成 CH_4 分子（见图 2-8）。4 个 C—H 键间的夹角为 109.5°，CH_4 的空间构型为正四面体（见图 2-9）。

碳原子轨道的 sp³ 杂化

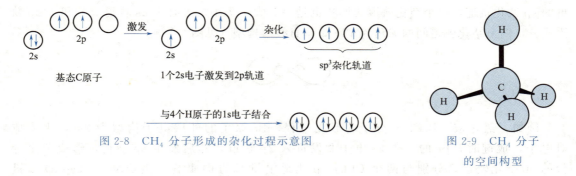

图 2-8　CH_4 分子形成的杂化过程示意图　　图 2-9　CH_4 分子的空间构型

想一想：原子间成键时，同一原子中能量相近的某些原子轨道要先杂化，其原因是什么？

2. sp² 杂化

碳原子轨道的 sp² 杂化

由同一原子的 1 个 s 轨道和 2 个 p 轨道发生的杂化，称为 sp² 杂化。sp² 杂化可形成 3 个等价的 sp² 杂化轨道，每个杂化轨道的形状也是一头大一头小，含有 1/3s 轨道成分和 2/3p 轨道成分，杂化轨道间的夹角为 120°，呈平面三角形（见图 2-10）。

例如，氟化硼（BF_3）分子的形成过程，成键时，基态 B 原子的价电子首先被激发成 $2s^1 2p^2$，然后杂化成能量相同的 3 个 sp² 杂化轨道，分别与 3 个 F 的 2p 轨道"头碰头"重叠，形成 3 个 (sp²-p)σ 键（见图 2-11），键角为 120°，BF_3 分子呈平面三角形构型（见图 2-12）。

图 2-10　sp² 杂化轨道示意图

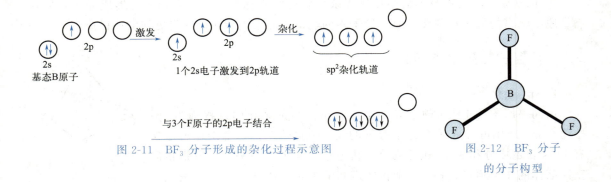

图 2-11 BF₃ 分子形成的杂化过程示意图

图 2-12 BF₃ 分子的分子构型

> **练一练**：在乙烯（C_2H_4）分子中，C 原子只有 2 个 2p 轨道参与形成 sp^2 杂化，另一个未参与杂化的 2p 轨道保持原状，并与 sp^2 轨道相垂直，试写出其杂化及分子的形成过程。

3. sp 杂化

由同一原子的 1 个 s 轨道和 1 个 p 轨道发生的杂化称为 sp 杂化。sp 杂化可形成 2 个等价的 sp 杂化轨道，每个杂化轨道的形状也是一头大一头小，含有 1/2s 轨道成分和 1/2p 轨道成分，两个杂化轨道间的夹角为 180°，呈直线形构型（见图 2-13）。

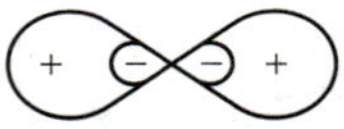

图 2-13 sp 杂化轨道示意图

例如，氯化铍（$BeCl_2$）分子的形成过程，Be 原子的外层电子构型为 $2s^2$，无未成对电子，成键时，Be 的一个 2s 电子激发进入 2p 轨道，然后发生 sp 杂化，形成两个等价的 sp 杂化轨道，分别与两个 Cl 的 3p 轨道沿键轴方向重叠，生成两个（sp-p）σ 键（见图 2-14），键角为 180°，$BeCl_2$ 分子呈直线形构型（见图 2-15）。

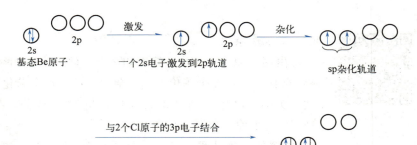

碳原子轨道的 sp 杂化

图 2-14 $BeCl_2$ 分子形成的杂化过程示意图

图 2-15 $BeCl_2$ 的分子构型

> **练一练**：在乙炔（C_2H_2）分子中，C 原子只有 1 个 2p 轨道参与形成 sp 杂化，另 2 个未参与杂化的 2p 轨道保持原状，并与 sp 轨道相垂直，试写出其杂化及分子的形成过程。

sp 型杂化各方式的性质及常见实例见表 2-5。sp 型杂化中 s 成分越多，能量越低，其成键能力越强。

表 2-5　sp 型杂化及其空间构型

杂化方式	杂化轨道数目	s 成分	p 成分	轨道夹角	空间构型	实例
sp	2	1/2	1/2	180°	直线形	CS_2、CO_2、$BeCl_2$、C_2H_2、$HgCl_2$
sp^2	3	1/3	2/3	120°	平面三角形	BF_3、BCl_3、C_2H_4、C_6H_6
sp^3	4	1/4	3/4	109.5°	正四面体	CH_4、CCl_4、SiH_4、SiF_4、NH_4^+

*4. 不等性杂化

以上讨论的三种 sp 型杂化方式中，每一种杂化方式所得的杂化轨道的能量、成分都相同，其成键能力必然相等，这样的杂化轨道称为等性杂化轨道。

但若中心原子有不参与成键的孤对电子占有的原子轨道也参与了杂化，就形成了能量不等、成分不完全相同的新的杂化轨道，这类杂化轨道称为不等性杂化轨道。

例如，在氨（NH_3）分子中，N 原子成键时进行 sp^3 杂化，参与杂化的 1 个 2s 轨道和 3 个 2p 轨道中，s 轨道有一对孤对电子，孤对电子参与形成的杂化轨道（如图 2-16 所示），其能量不完全等同（孤对电子所占据的杂化轨道 s 成分略多），称为不等性杂化轨道 [如图 2-17(a) 所示]。孤对电子占据的 1 个 sp^3 杂化轨道不参与成键，其电子云离核较近，对其余 3 个成键的 sp^3 杂化产生较大的排斥作用，使键角（∠HNH）由 109.5°缩小至 107.3°，因此 NH_3 分子呈三角锥形，如图 2-17(b) 所示。

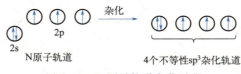

图 2-16　N 原子轨道杂化过程

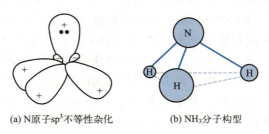

图 2-17　N 原子的 sp^3 不等性杂化和 NH_3 分子构型

在磷化氢（PH$_3$）与三氟化氮（NF$_3$）分子中，中心原子 P 和 N 均采取 sp^3 不等性杂化。此外，在 H$_2$O，H$_2$S 和 OF$_2$ 分子中，中心原子也都采取 sp^3 不等性杂化，只是各有被孤对电子占据的 2 个杂化轨道不参与成键，分子构型均为 V 形。

第三节 分子间作用力

化学键是分子内原子与原子之间强烈的相互作用，它是决定物质化学性质的主要因素。对于处于一定聚集状态的物质来说，除了化学键之外，分子和分子之间还有一些较弱的作用力。气体在温度足够低时，可以凝聚成液体，甚至固体。这表明分子和分子之间还存在着一种相互吸引力，即分子间作用力。1873 年荷兰物理学家范德华注意到这种作用力的存在并进行了卓有成效的研究，因此，分子间作用力也称为范德华力。1930 年伦敦应用量子力学原理阐明了分子间力的本质是一种电性引力，其产生与分子的极化有关。

一、分子的极性

分子的极性主要是由键的极性引起的。如由离子键形成的气态 NaCl 分子（见图 2-18）中有带正电荷的 Na$^+$ 和带负电荷的 Cl$^-$，显然，NaCl 分子是有极性的。那么，由共价键形成的分子是否有极性呢？这就取决于分子中正电荷中心与负电荷中心是否重合。

通过对原子结构、分子结构的学习，我们知道在任何一个分子中，都有带正电荷的原子核和带负电荷的电子，它们的电量相等，符号相反。假设分子中所有电子的负电荷集中于一点，代表整个分子负电荷的中心。同样原子核所带的正电荷也集中于一点，表示正电荷的中心。因此，在任何一个分子中应分别含有正电和负电两个中心。如果分子中正、负电荷的中心重合，从整个分子来看，电荷分布均匀、对称，整个分子不显极性，这样的分子叫非极性分子［如图 2-19(a)］；反之分子中两个电荷的中心不重合，分子显示极性，这样的分子叫极性分子［如图 2-19(b)］。

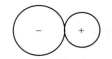
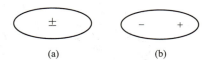

图 2-18　离子型分子 NaCl　　　图 2-19　极性分子和非极性分子示意图

由两个相同原子形成的分子，如 H$_2$、Cl$_2$、N$_2$ 等分子，由于共用电子对是对称分布在两个原子核之间的，整个分子中正、负电荷的中心重合，所以，它们都是非极性分子。

由两个不同原子形成的双原子分子，如 HCl 分子，由于氯原子对电子的电负性大于氢原子，共用电子对偏向了氯原子一方，也就是负电荷中心偏向氯原子，结果使氯原子一方显负电性，相当于有了一个"－"极。而正电荷中心偏向氢原子，使氢原子一方显正电性，相当于有了一个"＋"极。这样正、负电荷在分子中分布不均匀，即正、负电荷的中心不重合，形成了正负两极［见图 2-19(b)］，所以 HCl 是极性分子。

从以上分析可以知道，由非极性键形成的双原子分子是非极性分子，由极性键形成的双原子分子是极性分子。多原子分子的极性取决于分子的空间构型。若分子构型是对称性的，则为非极性分子；反之，则为极性分子。例如，在 CO_2 分子中，氧原子吸引共用电子对的能力比碳原子强，因此 C═O 键是极性键。但是由于 CO_2 分子的空间结构是直线形具有对称性（O═C═O），两个 C═O 键的极性相互抵消，正负电荷的中心重合（见图 2-20），因此 CO_2 是含有极性键的非极性分子。在 H_2O 分子中，共用电子对偏向氧原子，故 H—O 键是极性键，由于两个 H—O 键之间形成 104.5° 的角，其空间构型不对称，键的极性无法抵消，分子中正负电荷的中心不重合（见图 2-21），所以 H_2O 分子是含有极性键的极性分子。SO_2、NH_3 等也都属于含有极性键的极性分子。

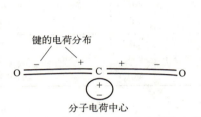

图 2-20　CO_2 分子中的正、负电荷中心分布　　图 2-21　H_2O 分子中的正、负电荷中心分布

由此可见，共价分子的极性不仅取决于键的极性，还与分子的空间构型有关。表 2-6 给出了多原子分子的对称性、空间构型、极性及常见实例。

表 2-6　多原子分子的对称性、空间构型、极性及常见实例

对称性	空间构型	极性	常见实例
对称	直线形 平面正三角形 正四面体形	非极性	CO_2、CS_2、$BeCl_2$、C_2H_2 BCl_3、BF_3 CH_4、$SnCl_4$、CCl_4
不对称	弯曲形 三角锥形 四面体形	极性	H_2O、SO_2、H_2S NH_3、NF_3 $CHCl_3$、CH_3Cl

总之，共价键是否有极性，决定于相邻两原子间共用电子对是否偏移；而分子是否有极性，决定于整个分子中正、负电荷中心是否重合。

练一练：试用已经学过的原子结构知识，来分析 H_2S 的形成过程，并解释由极性键形成的分子不一定是极性分子。

分子的极性大小常用偶极矩来衡量。偶极矩（μ）定义为分子中正电荷中心或负电荷中心上的荷电量（q）与正负电荷中心间距离（d）的乘积：

$$\mu = qd$$

d 又称偶极长度。偶极矩的单位是 C·m，它是一个矢量，规定方向是从正极到负极。双原子分子偶极矩示意如图 2-22。

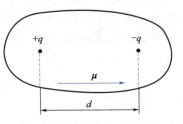

图 2-22　双原子分子的偶极矩示意图

分子的偶极矩可通过实验测定（但 q 和 d 还未能分别求得），一些分子的偶极矩见表 2-7。表中 $\mu=0$ 的分子为非极性分子，$\mu\neq 0$ 的分子为极性分子。μ 值越大，分子的极性越强。分子的极性既与化学键的极性有关，又与分子的几何构型有关，所以测定分子的偶极矩，有助于比较物质极性的强弱和推断分子的几何构型。

表 2-7 部分分子的偶极矩 μ 和分子的空间构型

分子		$\mu/(\times 10^{-30} C \cdot m)$	空间构型	分子		$\mu/(\times 10^{-30} C \cdot m)$	空间构型
双原子分子	HCl	3.43	直线形	三原子分子	H_2S	3.66	V 形
	HBr	2.63	直线形		CO_2	0	直线形
	HI	1.27	直线形		CS_2	0	直线形
	CO	0.40	直线形	四原子分子	NH_3	4.90	三角锥形
	H_2	0	直线形		BF_3	0	平面三角形
三原子分子	HCN	6.99	直线形	五原子分子	$CHCl_3$	3.37	四面体形
	H_2O	6.16	V 形		CH_4	0	正四面体形
	SO_2	5.33	V 形		CCl_4	0	正四面体形

- **知识窗**

极性分子本身存在的正、负极称为固有偶极。在外电场作用下，分子中的原子核和电子云会产生相对位移，正负电荷中心的位置发生改变，从而产生诱导偶极，分子则发生形变，极性增大，这种过程称为分子的极化。因电子云与原子核发生相对位移而使分子外形发生变化的性质称为分子的变形性。极化作用对分子间力的产生有重要影响。详细内容可扫描二维码阅读。

分子的极化

二、分子间作用力

化学键是分子内相邻原子之间存在的一种较强的相互作用。如氨分子是由 H 原子和 N 原子靠共价键构成的，而处于气体状态的氨气则是由氨分子组成的，那么这些氨分子为什么会形成氨气呢？1873 年荷兰物理学家范德华发现了分子之间也存在较弱的相互作用力，这个作用力称为分子间作用力，也称为范德华力。氨气就是由无数个氨气分子依靠分子间作用力集聚在一起而形成的。这种作用力能量大约有十几或几十 kJ/mol，是化学键能量的 1/10 或 1/100。而且只有当分子间距离小于 500pm 时，分子间作用力才能起作用，它包括色散力、诱导力和取向力。

1. 色散力

在非极性分子之间［如图 2-23(a)］，分子内部的电子总是不停地运动着，原子核也不断地振动。电子云和原子核在运动中会发生瞬时的相对位移，在这一瞬时正负电荷的中心要偏移，因而产生瞬时的偶极，这个偶极叫瞬时偶极。当两个非极性分子靠得较近，距离只有几

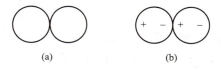

图 2-23 非极性分子相互作用的情况

百 pm 时，瞬时偶极总是采取异极相吸同极相斥的状态相互吸引［如图 2-23(b)］，这些由瞬时偶极之间的作用而产生的分子间力，称为色散力。

虽然瞬时偶极存在的时间极短，但是上述的情况在不断地重复，分子间的色散力始终存在着。任何分子都会产生瞬时偶极，因此色散力是普遍存在于各类分子之间的一种分子间力。色散力主要取决于分子的变形性。组成、结构相似的分子，分子量越大，分子变形性越大，色散力也越大。

2. 诱导力

当极性分子与非极性分子相互靠近时［如图 2-24(a)］，由于极性分子固有偶极（极性分子本身就具有的偶极）的影响，非极性分子的正负电荷中心发生偏离，产生了诱导偶极［如图 2-24(b)］。这种固有偶极和诱导偶极间的作用力叫诱导力。诱导力的大小与分子的偶极矩和极化率有关，极性分子的偶极矩越大，极性分子和非极性分子的极化率越大，则诱导力也越大。

图 2-24　极性分子与非极性分子相互作用的情况

在极性分子之间，由于固有偶极的相互诱导，分子的正负电荷偏离更远，偶极长度增加，从而进一步增强了它们之间的吸引。因此，极性分子之间也存在着诱导力。

诱导力除了存在于极性和非极性、极性和极性分子之间，也会出现在离子和离子、离子和分子之间。

3. 取向力

当极性分子相互靠近时，由于分子固有偶极之间的同极相斥、异极相吸，分子在空间的运动循着一定的方向，成为异极相邻的状态，这个过程叫作取向［如图 2-25(a)］。在已取向的分子之间按异极相邻的状态排列，通过静电引力而相互吸引［如图 2-25(b)］。这种由于固有偶极而产生的相互作用力叫作取向力。取向力使两个极性分子更加接近，两个分子相互诱导，使每个分子的正、负电荷中心分得更开，所以它们之间还存在诱导力［图 2-25(c)］。

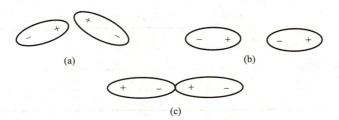

图 2-25　极性分子间相互作用的情况

取向力只存在于极性分子之间，其大小与分子的偶极矩和极化率均有关，但主要取决于极性分子固有偶极的大小，即分子的偶极矩越大，分子间的取向力也越大。

综上所述，分子间的作用力有三个来源，即色散力、诱导力和取向力。非极性分子之间只有色散力；非极性分子和极性分子之间有诱导力和色散力；极性分子之间有取向力、诱导力和色散力。分子间力的作用范围不大，一般作用范围在 300～500pm 之间。在各种情况下，这三种类型的作用力所占的比例取决于相互作用的分子极性的强弱。在一般分子中，色散力是主要的，它随着分子量的增加而增大，取向力次之，诱导力最小。当分子极性较强时，例如强极性分子 H_2O、HF 等，取向力所占比例较大。

  练一练：下列每组分子之间存在着什么形式的分子间力？
① I_2 和 CCl_4　　② H_2O 和 O_2　　③ H_2O 和 HCl

4. 分子间作用力对物质性质的影响

分子间作用力普遍存在于各种分子之间，对物质的性质，尤其是一些物理性质如熔点、沸点、溶解度等影响很大。

（1）对物质熔、沸点的影响　共价化合物的熔化与汽化，需要克服分子间力。分子间力越强，物质的熔、沸点越高。一般情况下，化学性质相似的同类型物质，分子间力的大小主要决定于色散力，故随分子量的增大，分子变形性增强，熔点、沸点升高。例如：稀有气体按 He、Ne、Ar、Kr、Xe 的顺序，分子量增加，分子体积增大，变形性或极化率升高，色散力增大，故熔点、沸点依次升高。卤素单质都是非极性分子，从 F_2 到 I_2 分子量逐渐增大，分子内电子的数目逐渐增多，瞬时偶极产生的相互吸引力也随着增大，因而色散力也增大，所以从 F_2 到 I_2 的熔点和沸点也相应增高（见表 2-8）。常温下，F_2 和 Cl_2 是气体，Br_2 是液体，而 I_2 是固体，也反映了卤素单质从 F_2 到 I_2 色散力依次增大这一事实。卤化氢分子是极性分子，从 HCl 到 HI，分子的偶极矩依次递增，变形性递增，分子间的取向力和诱导力依次减小，色散力明显增大，因此从 HCl 到 HI 的熔点、沸点依次升高（见表 2-9）。

表 2-8　卤素单质的熔点和沸点

卤素单质	F_2	Cl_2	Br_2	I_2
分子量	38.0	70.9	159.8	253.8
熔点/℃	−219	−101	−7	114
沸点/℃	−188	−34	59	184

表 2-9　卤化氢的熔点和沸点

卤化氢	HF	HCl	HBr	HI
分子量	20.0	36.46	80.9	127.9
熔点/℃	−83	−115	−87	−51
沸点/℃	19.4	−85	−67	−35

（2）对溶解度的影响　大量生产实验总结出"相似相溶"规律："结构相似的物质，易于相互溶解""极性分子易溶于极性溶剂之中，非极性分子易溶于非极性溶剂之中"。这是由于这样溶解前后，分子间力变化较小。例如，结构相似的乙醇（CH_3CH_2OH）和 H_2O 可以互溶；非极性的碘（I_2）单质，易溶于非极性的四氯化碳（CCl_4）溶剂中，而难溶于水。

根据"相似相溶"规律，在工业生产和实验室中可以选择合适的溶剂进行物质的溶解或混合物的萃取分离。

三、氢键

1. 氢键的形成

【实例分析】 对于组成和结构相似的同类物质而言，熔点和沸点随分子量增大而升高，在 HX 中，HF 的熔点、沸点应该最低，但事实并非如此，HF 的沸点反而偏高。

HF 沸点的反常现象，说明 HF 分子之间除了有分子间作用力以外，还存在一种比分子间作用力稍强的相互作用，使得 HF 在较高的温度下才能汽化。HF 分子之间存在的这种相互作用就是氢键，氢键的本质是静电引力。

在 HF 分子中，由于 F 原子吸引电子的能力远远大于氢原子，H—F 键的极性很大，共用电子对强烈地偏向 F 原子一边，致使 H 原子几乎成为"裸露"的质子。这个半径很小、带有正电荷的 H 核，与另一个 HF 分子中含有孤电子对的 F 原子相互吸引，从而产生静电引力，这种静电吸引作用就是氢键。即已经和电负性很大的原子形成共价键的 H 原子，又与另一个电负性很大且含有孤对电子的原子之间较强的静电作用称为氢键。通常氢键由"…"表示。图 2-26 所示为 HF 分子间的氢键。

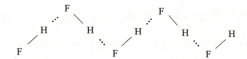

图 2-26　HF 分子间的氢键

H_2O、NH_3 分子间也存在氢键。氢键的存在，增大了分子间的吸引力，从而使得 H_2O、NH_3 的熔点、沸点比同族氢化物高。这是因为固体熔化或液体汽化时，除了要克服分子间作用力，还必须克服分子间的氢键，从而需要消耗较多的能量。

氢键的组成可用 X—H…Y 来表示，其中 X 和 Y 代表电负性大、半径小且有孤对电子的原子，一般是 F、O、N 等原子。X、Y 可以是不同原子，也可是相同原子。元素的电负性越大，形成的氢键越强；半径越小，氢键越强。例如：

F—H…F＞O—H…O＞O—H…N＞N—H…N＞O—H…Cl＞O—H…S

氢键结合能约在 $10\sim40\text{kJ}\cdot\text{mol}^{-1}$ 之间，比分子间力强得多，但远比化学键小，所以氢键属于分子间力范畴。例如，HF 分子间氢键的结合能为 $28\text{kJ}\cdot\text{mol}^{-1}$，仅为 H—F 键能的 1/20。氢键既可以在同种分子间（如 HF、H_2O、NH_3 等分子）或不同分子之间形成（见图 2-27），也可以存在于同一分子内部，如 HNO_3、邻硝基苯酚形成分子内氢键（见图 2-28）。

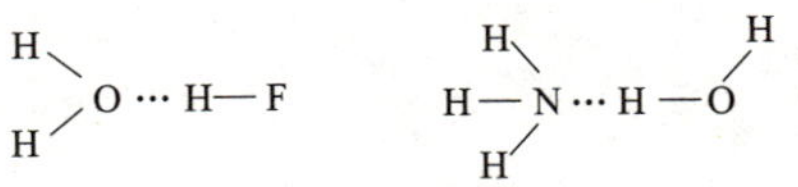

图 2-27　不同分子之间的氢键示意图

图 2-28　HNO_3、邻硝基苯酚分子内氢键示意图

低分子醇、酚、胺之间，以及醇、醚、醛、酮、胺与水分子之间也能形成氢键。

 想一想：为什么 HF 分子与 O_2 分子之间不能形成氢键？

2. 氢键的特征

氢键不是化学键，但也有方向性和饱和性。

（1）方向性　Y 与 H 形成氢键时，尽可能采取 X—H 键键轴的方向，使 X—H⋯Y 在一直线上。此时，Y 与 X 距离最远，两原子电子云之间的排斥力最小，从而形成较强的氢键。

（2）饱和性　每个 X—H 只能与一个 Y 原子相互吸引形成氢键。当 X—H⋯Y 形成氢键后，另一个电负性大的原子靠近时，这个原子的电子云受到氢键中 X 和 Y 电子云的排斥力远远大于 H 原子核的吸引力而很难与 H 靠近。

3. 键对物质性质的影响

（1）对熔点、沸点的影响　分子间氢键增强了分子之间结合力，使物质熔化或汽化时，需要更多的能量，因而其熔、沸点显著升高，如 NH_3、H_2O 和 HF 等均有比同族氢化物熔点、沸点反常高的现象。分子内氢键可使熔、沸点下降。例如，（邻硝基苯酚）和（水杨醛）都能形成分子内氢键，它们的熔点、沸点均比其同分异构体低，这是因为氢键具有饱和性特征，一旦形成分子内氢键，就不能再形成分子间氢键了，因此其分子间力明显低于其同分异构体，致使其熔点、沸点均比其同分异构体明显降低。HNO_3 熔点、沸点较低也是其分子内氢键引起的。

（2）对溶解度的影响　溶质分子与溶剂分子间能形成氢键，将有利于溶质的溶解。例如 NH_3、HF 极易溶于水；同样，低级醇、醚、醛、酮、胺也易溶于水。

（3）对水的密度影响　氢键可使水缔合成 $(H_2O)_n$，由于氢键具有方向性的特征，因此随缔合度（n）的增大，分子排列逐步规则，分子间隙增大，体积增大，密度减小。例如，4℃时，水的缔合度最小，密度最大；而冰的缔合度远大于液态水，因此其密度小于水。

第四节　晶体的类型

90% 的元素单质和大部分无机化合物在常温下均为固体，固体物质按其内部结构分为晶体和非晶体两类。构成物质的微粒（原子、离子、分子等）在空间一定的点上做有规律的周期性排列的固体物质称为晶体。固体物质中绝大多数是晶体。而像玻璃、石蜡、沥青和炉渣等物质内部的微粒是毫无规律排列的固体，叫非晶体，只有极少数固体物质是非晶体。

一、晶体的特征和结构

1. 晶体的宏观特征

晶体和非晶体都是固体，既然是固体，那么它们的可压缩性、扩散性均甚差。但是，由于内部结构的不同，晶体具备一些非晶体没有的特征，主要有以下三点。

(1) 晶体有规则的几何外形　这是指物质凝固或从溶液中结晶的自然生长过程中出现的外形。一块完整的晶体在显微镜下可以观察到其规则的几何外形，如 NaCl 晶体是立方体，明矾晶体是正八面体，晶体硼是正二十面体（如图 2-29）。非晶体往往是溶液温度降到凝固点以下，内部的微粒还来不及排列整齐，就固化成表面圆滑的无定形体，所以非晶体就没有一定的几何外形。

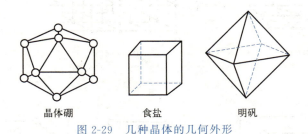

图 2-29　几种晶体的几何外形

(2) 晶体具有各向异性　晶体的导热性、介电系数、膨胀系数、折射率等物理性质在晶体的不同方向上会表现出差异，这就是晶体的各向异性。例如石墨的层向导电能力高出竖向导电能力的 10000 倍。非晶体的这些物理性质在各个方向上是相同的，表现出各向同性。

(3) 晶体具有固定的熔点　晶体加热到一定的温度就开始熔化，在熔化时温度保持不变，直到全部熔化，熔化时的温度称为熔点。例如，固体氧化镁（MgO）的熔点为 2852℃，金属铜的熔点为 1083℃。非晶体在熔化过程中，温度是不断升高的，没有固定的熔点。例如，石蜡受热渐渐软化成液体，有一段较宽的软化温度范围。

宏观上判断晶体与非晶体，应综合以上三方面的特征来考察，单从一个方面判断是不充分的。

2. 晶体的微观结构

晶体的宏观性质是由晶体的微观结构所决定的。组成晶体的微粒（原子、离子或分子）有规则地在空间排列，各种微粒排列的顺序和相对距离都是固定的，并呈现出一定的周期性。这一周期性是由几个微粒有规则排列构成一个小单元连续不断重复的结果。因此，我们只要研究这一小单元就可了解整个晶体的结构。

为了研究问题的方便，把晶体中的微粒简单地看成是一个点，很多点成行成列地排列起来就称作点阵。点与点之间用线连起来就成为格子（见图 2-30），这种格子称为晶格。而那些点就称为结点。从晶格中可以清楚地显示出晶体中微粒排列的规律。

由于晶格只是在不断地重复着某种顺序的排列，因此只需从中抽出一个基本单元就可以了解整个晶格，这个基本单元就是晶胞。晶胞由几个微粒构成，它包含了晶格的全部信息。晶胞在空间中不断地重复，就是整个晶体。

七大晶系中最简单的是立方晶系。立方晶系又分为简单立方晶格、体心立方晶格和面心立方晶格（见图 2-31）。

二、晶体的类型

随着原子结构、分子结构理论的发展，人们认识到晶格结点上排列的是原子、分子或离子，且结点之间以化学键或分子间力相结合而成晶体，晶体的性质不仅和粒子的排列规律有

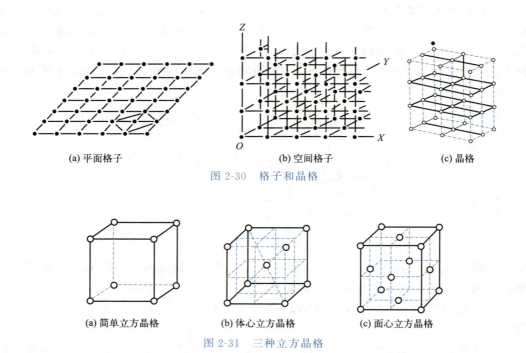

图 2-30 格子和晶格

图 2-31 三种立方晶格

关,更主要的是和粒子的种类及结合力的性质有密切的关系。按晶体中晶格结点上粒子的种类及粒子之间的作用力不同,可把晶体分为四大类,即金属晶体、离子晶体、分子晶体和共价晶体。四类晶体的内部结构及性质特征见表 2-10。此外还有混合型晶体,即晶体中存在着两种以上作用力的晶体,如链状晶体和层状晶体。

表 2-10 四类晶体的内部结构和性质特点

晶体类型	晶格结点上的粒子	粒子间的作用力	熔点	硬度	导电性、导热性	实例
离子晶体	正、负粒子	离子键	较高	大	固态不导电,熔融状态或水溶液导电	$NaCl$、MgO、CuO、$BaSO_4$
原子晶体	原子	共价键	很高	很大	不导电(半导体导电)	金刚石、SiO_2、SiC
分子晶体	分子	分子间力(有些有氢键)	低	小	不导电(极性分子水溶液导电)	Ar、CO_2、H_2O
金属晶体	金属原子	金属键	一般较高,有些较低	一般较大,有些较小	能导电、导热	Na、Cr、W、Hg

1. 离子晶体

离子晶体是指晶格结点上交替排列着正、负离子,且两者之间以离子键结合的晶体。像氯化钠($NaCl$)、氯化铯($CsCl$)、硝酸钾(KNO_3)、氟化钙(CaF_2)等离子化合物都是离子晶体。

由于离子键无方向性和饱和性，离子晶体中的正、负离子的电荷分布又是球形对称的，因此，一个离子总是尽可能在空间各个方向上吸引异性电荷的离子。如在 NaCl 晶体中，每个 Na^+ 同时吸引 6 个 Cl^-，每个 Cl^- 也同时吸引 6 个 Na^+，Na^+ 和 Cl^- 以离子键相结合。对于 NaCl 晶体，正离子被若干个负离子包围，而负离子也被若干个正离子包围，这样层层包围形成了一个非常大的 NaCl，也就是我们所见的 NaCl 晶体。因此在 NaCl 晶体中不存在单个的 NaCl，但是，在这种晶体里正、负离子的个数比都是 1∶1，所以严格来说 NaCl 不能叫分子式，而只能叫化学式。

晶体的特性主要取决于晶格结点上粒子的种类及其相互作用力。离子晶体主要有如下特征：

① 离子晶体晶格结点上粒子间的作用力为阴、阳离子以离子键相结合，结合力强。因此，离子晶体的硬度大，熔、沸点高，常温下均为固体。虽然离子晶体的硬度较大，但比较脆，延展性较差。

② 离子晶体因其极性强，故多数易溶于极性较强的溶液（如 H_2O）。离子晶体在水中的溶解性差别较大，如 NaOH、NaCl、KNO_3 等易溶于水，而碳酸钙（$CaCO_3$）、硫酸钡（$BaSO_4$）、氯化银（AgCl）等则难溶于水。

③ 离子晶体在熔融状态或在水溶液中都具有优良的导电性能。

> **知识窗**
>
> 在离子晶体中，离子排列形式要受到离子半径、离子电荷、离子的电子层结构的影响，因此是多种多样的，典型 AB 型离子晶体有 CsCl 型、NaCl 型和 ZnS 型。详细内容请扫描二维码阅读。
>
>
>
> 典型 AB 型离子晶体

离子晶体的牢固程度可以用晶格能来衡量。**在标准状态下，破坏 1mol 离子晶体使它变为气态正离子和气态负离子时所吸收的能量叫作晶格能（U）**。晶格能越大，离子键越强，晶体越稳定。通常晶格能较大的离子晶体有较高的熔点和较大的硬度（见表 2-11）。晶格能一般无法通过实验直接测定，大多数的晶格能都是间接计算得到的。

表 2-11　晶格能与熔点和硬度

化合物	晶格能/(kJ·mol^{-1})	熔点/℃	莫氏硬度
NaCl	780	801	2.5
NaF	920	996	3.0
BaO	3152	1920	3.3
CaO	3513	2570	4.5
MgO	3889	2852	6.5

注：莫氏硬度是由德国矿物学家莫氏提出的。他将常见的 10 种矿物按其硬度依次排列，将最软的滑石硬度定为 1，最硬的金刚石硬度定为 10。10 种矿物的硬度按由小到大的顺序排列为滑石、石膏、方解石、萤石、磷灰石、正长石、石英、黄玉、刚玉、金刚石。测定莫氏硬度用刻划法，例如，能被石英刻出划痕而不能被正长石刻出划痕的矿物，其硬度在 6～7 之间。

> **知识窗**
>
> 离子极化理论是离子键理论的重要补充。离子极化理论认为：离子化合物中除了起主要作用的静电引力外，诱导力也起着很重要作用。离子在电场中产生诱导偶极的现象称为离子极化现象。离子极化对化合物的性质也有着影响，例如，可使 AgI 的晶型发生转变。详细内容可扫描二维码阅读。

离子极化

2. 分子晶体

分子晶体是晶格结点上排列的是分子（非极性分子或极性分子），且分子间以分子间作用力相结合而形成的一类晶体，如固态 CO_2（干冰）、单质碘等。图 2-32 是干冰晶体的结构模型。

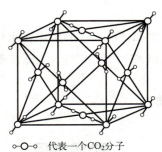

○—○ 代表一个CO_2分子

图 2-32　干冰晶体结构模型

在 CO_2 分子晶体中存在单个的 CO_2 分子，每个 CO_2 分子内部 C 与 O 原子之间是通过共价键结合的，但 CO_2 分子之间的作用力是分子间力。由于分子间作用力较共价键、离子键弱，只需较少的能量就能破坏其晶体结构，比较容易使分子晶体变成液体或气体，所以，分子晶体一般具有较低的熔点、沸点和较小的硬度，如 CO_2 的熔点为 $-56.6\,℃$。

由于分子晶体是由分子构成的，所以，这类固体一般不导电，熔化时也不导电，只有那些像 HCl 一样极性很强的分子型晶体溶解在水溶液中，由于水分子的作用发生电离而导电。

3. 原子晶体

原子晶体是指晶格结构上排列着原子，且原子之间以共价键结合的晶体。

原子晶体中分辨不出单个分子，整个晶体是个大分子。其结构特征是以共价键结合，结合力很强，且共用电子没有流动性。因此，原子晶体具有以下特点：硬度很大；熔点很高；导电性差，多为绝缘体或半导体；溶解性差，不溶于常见溶剂。

例如 SiO_2 晶体就是原子晶体。在 SiO_2 晶体中，1 个 Si 原子的周围有 4 个 O 原子，Si 原子与 O 原子之间形成 4 个共价键；同样，1 个 O 原子和 2 个 Si 原子之间也形成 2 个共价键。就这样，Si 原子和 O 原子按 1∶2 的比例，在空间各个方向上靠共价键相连接，形成立体的网状结构（如图 2-33），我们把这种相邻原子之间以共价键相结合而形成空间网状结构的晶体叫原子晶体。

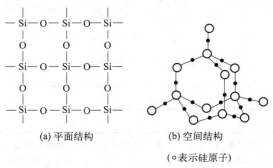

(a) 平面结构　　(b) 空间结构

(○表示硅原子)

图 2-33　SiO_2 的晶体结构示意图

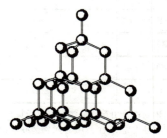

图 2-34　金刚石结构示意图

金刚石也是一种原子晶体，每个 C 原子都与相邻的 4 个 C 原子以共价键相结合，形成一个正四面体结构，由于正四面体向空间发展，构成彼此联结的立体网状晶体（如图 2-34）。金刚石的熔点为 3570℃，沸点为 4827℃，硬度为 10，是自然界存在的最硬物质。

> **想一想**：在稀有气体物质的晶体中，晶格结点上排列的是原子，稀有气体是否是原子晶体？

4. 金属晶体

金属晶体是指晶格结点上排列着金属原子或离子，并通过金属键结合而形成的晶体。 金属晶体示意图见图 2-35。

金属键的结合力比较大，所以金属晶体有较高的熔点、沸点。由于金属晶体内有自由电子的存在，在外电场的作用下，自由电子就沿着外电场定向流动而形成电流，显出良好的导电性。金属晶体内的原子和离子不是静止的，而是在晶格结点上做一定幅度的振动，这种振动对电子的流动起着阻碍的作用，加上正离子对电子的吸引构成了金属的电阻。加热时原子和离子的振动加剧，电子的运动便受到更多的阻力，故金属的导电性随温度升高而减小。金属的导热性是指当金属

图 2-35 金属晶体示意图

的某一部分受热后，获得能量的自由电子在高速的运动中将热能传递给邻近的原子和离子，使热运动扩展开来，很快使金属整体的温度均一化。金属晶体内的自由电子不属于某一特定原子所有，而是为整个金属所共有，正是由于自由电子的这种胶合作用，当金属受到机械外力时，金属离子间容易滑动而不破坏金属键，表现出良好的延展性，因此可以将金属加工成细丝或薄片。

> **思考题**：根据以上讨论，金属晶体中的自由电子决定了金属的哪些物理性质？

5. 混合型晶体

在离子晶体、原子晶体、分子晶体、金属晶体这四种基本类型的晶体中，同一类晶体晶格结点上粒子间的作用力都是相同的。另有一些晶体，其晶格结点上粒子间的作用力并不完全相同，这种晶体称为混合型晶体，如图 2-36 所示的石墨晶体。

石墨具有层状结构，又称层状晶体。同一层的 C—C 键长为 142pm，层与层之间的距离是 335pm。在这样的晶体中，C 原子采用 sp^2 杂化轨道，彼此之间以 σ 键联结在一起。每个 C 原子周围形成 3 个 σ 键，键角 120°，每个 C 原子还有 1 个未杂化的 2p 轨道，其中有 1 个 2p 电子。这些 2p 轨道都垂直于 sp^2 杂化轨道的平面，且互相平行，它们以"肩并肩"方式重叠，形成了由多个原子参与的一个 π 键整体。这种包含着很多个原子的 π 键叫作大 π 键。因此石墨中 C—C 比通常的 C—C（154pm）略短，比 C═C（134pm）略长。

大 π 键中的电子并不定域于两个原子之间，而是非定域的，可以在同一层中运动，类似于金属中的自由电子。大 π 键中的电子使石墨具有金属光泽，并具有良好的导电

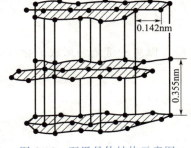

图 2-36 石墨晶体结构示意图

（层向电导率比垂直于层向的电导率高出 1×10^4 倍）和导热性，常作电极材料。石墨相邻两层之间的距离较远，它们是靠分子间力结合起来的。这种引力较弱，当受到与层相平行的外力作用时，层间容易滑动或裂成薄片，所以石墨又可作润滑剂和铅笔芯等。

总之，石墨晶体中既有共价键，又有类似于金属键那样的非定域大 π 键和分子间力在起作用，是兼有晶体、分子晶体和金属晶体特征的混合型的晶体。其他如云母、氮化硼（BN）等也是层状结构的混合型晶体，而一些既有离子键成分，又有共价键成分的过渡晶体，如 $AgCl$、$AgBr$ 等属于混合型晶体。

【知识拓展】

新材料之王——石墨烯

石墨烯被称为"新材料之王"，它是一种由碳原子构成的二维晶体，可以看作是石墨晶体的一个单层，其厚度仅为原子层厚度的 1/10000，因此也被称为二维材料。石墨烯具有导电性高、导热性高、韧性高、光学性质优异等特点，在物理、化学、材料、生物、环境、能源等领域都有极高的应用前景。

新材料之王——石墨烯

【新视野】

新型人工碳晶体

碳是自然界最常见的元素之一。碳原子之间能够通过不同排列方式形成多种结构，比如我们熟悉的石墨、金刚石和无定形碳，其已经广泛应用于各个领域。不断发现新结构、新性质，实现新应用，一直是材料学家的研究主题。

新型人工碳晶体

2023 年 1 月 12 日，朱彦武科研团队创造性地使用氮化锂对富勒烯 C_{60} 分子晶体进行电荷注入，并在温和温度和常压条件下进行热处理，最终得到大量的 C_{60} 聚合物晶体以及长程有序多孔碳晶体。详细内容请扫二维码阅读。

【本章小结】

一、化学键

1. 离子键

由正、负离子间通过静电作用所形成的化学键叫作离子键。以离子键结合形成的化合物叫作离子化合物。

离子键的本质是正、负离子之间的静电作用。

离子键的特征：无方向性，无饱和性。

2. 共价键

原子之间通过共用电子对所形成的化学键，叫作共价键。以共价键形成的化合物叫作共价化合物。共价键是通过共用电子对而形成的化学键,其本质是原子轨道的重叠。

共价键的特征:饱和性和方向性。

共价键的类型:非极性、极性键。

由一个原子提供共用电子对而形成的共价键,称为配位共价键。

表征化学键性质的物理量,统称为键参数,常见键参数有键能、键长、键角等。

3. 金属键

依靠自由电子的运动将金属原子和金属阳离子相互联结在一起的化学键叫金属键。

金属键没有饱和性和方向性。

二、杂化轨道与分子构型

1. 杂化和杂化轨道

鲍林的杂化轨道理论认为,在形成共价键的过程中,同一原子能级相近的某些原子轨道可以"混合"起来,重新组成相同数目的新轨道,这个过程称为杂化。杂化后所形成的新轨道称为杂化轨道。

2. sp 型杂化与分子构型

由 1 个 ns 轨道和 3 个 np 轨道发生的杂化称为 sp^3 杂化。

由 1 个 ns 轨道和 2 个 np 轨道发生的杂化称为 sp^2 杂化。

由 1 个 ns 轨道和 1 个 np 轨道发生的杂化称为 sp 杂化。

三、分子间作用力

1. 分子的极性

分子的极性主要是由键的极性引起的。如果组成分子的键是非极性键,则该分子一定是非极性分子。如果组成分子的键是极性键,对双原子分子来说,一定是极性分子;对多原子分子来说,则与分子的空间构型有关。

2. 分子间作用力

分子间作用力包括色散力、诱导力和取向力。

氢键是指已经和电负性很大的原子形成共价键的 H 原子,又与另一个电负性很大且含有孤对电子的原子之间较强的静电作用。氢键不是化学键,但也有方向性和饱和性。

四、晶体类型

按晶体中晶格结点上粒子的种类及粒子之间的作用力不同,可把晶体分为四大类,即金属晶体、离子晶体、分子晶体和共价晶体。

离子晶体是正负离子间通过静电引力(离子键)结合在一起的一类晶体。

分子晶体是分子之间以分子间作用力相结合而形成的一类晶体。

原子晶体是指相邻原子之间以共价键相结合而形成空间网状结构的晶体。

金属晶体是金属原子或金属离子彼此靠金属键结合而成。

【思考与练习】

一、填空题

1. 分子(或晶体)中相邻原子(或离子)间的_____称为化学键。其中,正、负离子间通过静电作用而形成的化学键称为_____,其本质是_____,特征是_____、_____。

2. 金属能导电的原因是_____；离子晶体在固态时不能导电的原因是_____，但在熔化状态下或水溶液中能导电的原因是_____。

3. 在 HF、HCl、HBr、HI 中，键的极性由强到弱的顺序是_____；沸点由高到低顺序是_____。

4. 在下列各变化过程中，不发生化学键破坏的是_____；仅离子键破坏的是_____；仅共价键破坏的是_____；既发生离子键破坏、又发生共价键破坏的是_____。

（1）I_2 升华　　　（2）氯化铵（NH_4Cl）受热挥发　　　（3）烧碱熔化
（4）石英熔化　　　（5）NaCl 熔化　　　　　　　　　　　　　（6）HCl 溶于水
（7）Br_2 溶于 CCl_4　（8）氧化钠（Na_2O）溶于水

5. 在短周期中，X、Y 两元素形成的化合物中共有 38 个电子，若 XY_2 是离子化合物，其化学式是_____；若 XY_2 是共价化合物，其化学式是_____。

6. 完成下表。

物质	晶体类型	晶格结点上的微粒	微粒之间的作用力	熔点（高或低）	导电性（好或差）	机械加工（好或差）
Na_2SO_4						
SiC						
NH_3						
Cu						
干冰						

7. 完成下表。

物质	杂化方式	空间构型	分子的极性
H_2O			
CO_2			
CH_2Cl_2			

8. 完成下表。

物质	晶格结点上的粒子	晶格结点上粒子间的作用力	晶体类型	熔点（高或低）	导电性
$BeCl_2$					
Cu					
SiC					
N_2					
H_2O					

9. 石墨晶体是兼有_____、_____和_____特征的混合型晶体。

10. 表征化学键性质的物理量统称为_____，常用的有____、____和____。

11. 由一个原子提供共用电子对而形成的共价键称为_____。在该化学键中，提供电子对的原子称为_____；接受电子对的原子称为_____。

二、选择题（每题只有一个答案）

1. 根据元素在元素周期表中的位置，指出下列化合物中化学键极性最大的是（   ）。
   A. H_2S B. H_2O C. CH_4 D. NH_3

2. 下列离子的电子构型，属于 18 电子型的是（   ）。
   A. Mg^{2+} B. Sn^{2+} C. Cu^+ D. Mn^{2+}

3. 下列离子半径最大的是（   ）。
   A. Ca^{2+} B. S^{2-} C. K^+ D. Cl^-

4. 下列物质的分子中，共用电子对数目最多的是（   ）。
   A. N_2 B. NH_3 C. CO_2 D. H_2O

5. 下列关于氢键说法正确的是（   ）。
   A. 氢键可看成是一种电性作用力   B. 氢键与共价键一样属于化学键
   C. 含氢的化合物都能形成氢键   D. 氢键只存在于分子之间

6. 下列物质只需克服范德华力就能沸腾的是（   ）。
   A. H_2O B. Br_2（液）   C. HF D. C_2H_5OH（液）

7. 在单质晶体中，一定不存在（   ）。
   A. 离子键   B. 分子间作用力   C. 共价键   D. 金属键

8. 下列不属于范德华力的是（   ）。
   A. 取向力   B. 诱导力   C. 色散力   D. 氢键

9. 下列分子中，既有极性键又有离子键的是（   ）。
   A. 硫酸钾（K_2SO_4） B. CO_2 C. 过氧化钠（Na_2O_2） D. CH_4

10. 下列物质中，中心原子采取 sp^2 杂化的是（   ）。
    A. $BeCl_2$ B. BF_3 C. H_2O D. NH_3

11. 下列分子中，偶极矩不为零的是（   ）。
    A. 二硫化碳（CS_2）   B. O_2
    C. 三氯甲烷（$CHCl_3$）   D. BF_3

12. 下列各组物质能形成氢键的是（   ）。
    A. HCl 和 H_2O B. CH_4 和 HCl C. N_2 和 HCl D. HF 和 H_2O

13. 下列各组化合物中，熔点最高的是（   ）。
    A. $AgBr$ B. $NaBr$（溴化钠）   C. $NaCl$ D. $AgCl$

14. 下列各微粒中，半径最大的一组是（   ）。
    A. Cs^+ 和 Ba^{2+} B. Cl 和 Cl^- C. Zn 和 Zn^{2+} D. S 和 Cl^-

三、简答题

1. 共价键是如何形成的？其本质和特征是什么？
2. 如何判断极性键和非极性键的强弱？
3. 指出配位键的形成条件及其表示方法。
4. 晶格与晶胞有何不同？它们之间有何联系？
5. 金属键与离子键和共价键比较，在哪些方面有异同点？
6. 为什么说晶体的缺陷是普遍的现象？
7. 晶体有哪些特征？怎样按晶体中微粒之间作用力来划分晶体类型？

8. 形成氢键的条件是什么？氢键对物质的性质有哪些影响？

9. 为什么水的沸点比同族元素氢化物的高？

10. 判断下列分子间存在哪些分子间力？分子之间能形成氢键吗？

（1） H_2O 和 CO_2　　（2） CCl_4 和 Cl_2　　（3） HCl 和 I_2　　（4） HF 和 NH_3

11. 比较下列各组物质，哪个熔点高？

（1） SiC 与 I_2　　（2） 干冰（CO_2）与冰（H_2O）　　（3） KI 与 $CuCl$

12. 根据结构解释下列事实：

（1） 石墨比金刚石软得多；

（2） 与 SO_2 相比，SiO_2 的熔、沸点高得多；

（3） $AgCl$、$AgBr$、AgI 的颜色依次加深；

（4） 常温下，F_2、Cl_2 是气体，Br_2 是液体而 I_2 是固体；

（5） HCl、HBr、HI 的熔点和沸点随分子量增大而升高。

13. 以电子式表示物质的形成过程：

（1） Na_2S　（2） $CaCl_2$　（3） MgO　（4） H_2O　（5） N_2　（6） CS_2

14. 写出下列分子的结构式：

（1） Cl_2　　（2） H_2S　　（3） NH_3　　（4） O_2

15. 下列说法哪些是正确的？哪些是不正确的？说明理由。

（1） 任何分子中都存在取向力、诱导力、色散力三种分子间作用力。

（2） 原子晶体只含有共价键。

（3） 以极性键结合的双原子分子一定是极性分子。

（4） 分子内原子之间的相互作用力叫作化学键。

（5） 离子化合物中可能含有共价键。

（6） 凡是以共价键结合的物质都可以形成原子晶体。

（7） 氢键不仅影响物质的物理性质，也影响物质的化学性质。

16. 某 +2 价的阳离子的电子排布式与氩相同，其同位素的质量数分别是 40 和 42，试回答：该元素的原子序数是多少？写出电子排布式。

17. 今有三种物质 AC、B_2C、DC，A、B、C、D 的原子序数分别为 20、1、8、14。这四种元素是金属元素，还是非金属元素？形成的三种化合物的化学键是共价键，还是离子键？指出各分子的类型及晶体的类型。

第二章
思考与练习

第二章
在线自测

第三章

化学基本量和化学计算

知识目标
1. 掌握物质的量、摩尔质量、气体摩尔体积等概念及计算。
2. 掌握理想气体、稀溶液依数性等概念以及气体分压定律、拉乌尔定律等定律。
3. 掌握化学进度的概念以及化学方程式的书写。

能力目标
1. 能进行物质的量、气体摩尔体积等计算。
2. 能熟练计算并转化物质的量浓度、稀溶液的依数性等指标。
3. 能熟练进行化学方程式有关计算。

素质目标
1. 通过探究物质的聚集状态及其互相转化，培养分析问题、解决问题的能力。
2. 通过探究化学相关计算，锻炼计算能力，培养严谨、认真、细致的工匠精神。

第三章PPT

无机化学在研究物质的结构、性质、变化规律、制备及应用过程中，会涉及物质的浓度、状态表征等问题。物质在参加化学反应时，是以一定比例的分子、原子或离子等微粒进行的，实际生产和科学实验中，取用的是宏观量的物质，因此需要一个桥梁将宏观物质和微观微粒进行连接。在物质内部，由于微观粒子之间距离的不同，导致不同状态的物质性质差别较大。本章将讨论物质的量、物质的集聚状态及化学反应方程式等无机化学中涉及的基本计算及相关理论。

第一节 物质的量

1971年，由41个国家参加的第14届国际计量大会（简称CGPM）正式宣布："物质的量"成为了国际单位制中的一个基本物理量，其单位为"摩尔"。

❓ **想一想**：水是大家非常熟悉的物质，它是由水分子构成的。一滴水（约0.05mL）大约含有$1.67×10^{21}$个水分子。如果一个个地去数，即使分秒不停，一个人一生也无法完成这项工作。那么，怎样才能既科学又方便地知道一定量的水中含有多少个水分子呢？

一、物质的量的单位——摩尔

1. 物质的量

物质的量是衡量系统中指定基本单元数的物理量,与质量、时间等一样,是国际单位制的七个基本物理量之一,用符号 n 表示,其单位名称是摩尔。使用物质的量时,基本单元应予指明,可以是原子、分子、离子、电子及其他微粒或者这些微粒的特定组合,基本单元要用化学式表示,例如,NaOH 的物质的量表示为 $n(NaOH)$。

2. 摩尔

摩尔是物质的量的单位,它表示一系统的物质的量,该系统中所包含的基本单元数与 $0.012kg$ ^{12}C 所含有的原子数目相等,符号为 mol。

在使用摩尔时应注意:单位名称不要与物理量名称相混淆,即不能将物质的量称为"摩尔数"。例如:氧原子的物质的量是 2mol,不能说氧原子的摩尔数是 2mol。

3. 阿伏伽德罗常数

根据实验测定:$0.012kg$ ^{12}C 中约含有 $6.02×10^{23}$ 个碳原子,这个数值称为阿伏伽德罗常数,用符号 N_A 表示。如果某物质所包含的基本单元数与阿伏伽德罗常数相等,其物质的量就是 1mol。1mol 任何物质中均含有 $6.02×10^{23}$ 个基本单元数。例如:2mol OH^- 含有 $2×6.02×10^{23}$ 个 OH^-。所以物质的量(n)、物质的基本单元数(N)、阿伏伽德罗常数(N_A)之间的关系如下:

$$n=\frac{N}{N_A} \tag{3-1}$$

> **知识窗**
>
> 用两块已知质量的铜片分别作为阴极和阳极,以硫酸铜($CuSO_4$)溶液作电解液进行电解,则在阴极上 Cu^{2+} 获得电子后析出金属铜,沉积在铜片上,使得其质量增加。通过测量的量(电流强度 I,通电时间 t,阴极增加的质量 m 及单个电子的电量 e)及阿伏伽德罗常数的估计公式($N_A=\frac{32It}{me}$)可计算阿伏伽德罗常数。详细内容可扫描二维码阅读。

电解法测阿伏伽德罗常数

二、摩尔质量

我们将**单位物质的量的物质所具有的质量,称为该物质的摩尔质量**,用符号 M 表示,常用单位为 $g·mol^{-1}$。

$$M=\frac{m}{n} \tag{3-2}$$

1 个 C 原子和 1 个 H 原子的质量之比约为 12∶1,即 1mol 碳原子和 1mol 氢原子的质量之比也约为 12∶1,因为 1mol ^{12}C 的质量是 12g,所以 1mol 氢原子的质量就是 1g。可以推知,当单位为 $g·mol^{-1}$ 时,任何原子、分子或离子的摩尔质量,在数值上等于其原子量、分子量或离子的式量。例如:氢氧化钠分子的摩尔质量 $M(NaOH)=40g·mol^{-1}$。

【例 3-1】 计算 49g 硫酸的物质的量是多少？含有多少个氧原子？

解 H_2SO_4 的分子量是 98，故 $M(H_2SO_4)=98\text{g}\cdot\text{mol}^{-1}$，根据式(3-2)，49g H_2SO_4 的物质的量为：

$$n(H_2SO_4)=\frac{m(H_2SO_4)}{M(H_2SO_4)}=\frac{49\text{g}}{98\text{g}\cdot\text{mol}^{-1}}=0.5\text{mol}$$

根据式(3-1)，其分子数为：

$$N(H_2SO_4)=N_A n(H_2SO_4)=0.5\text{mol}\times 6.02\times 10^{23} \text{个/mol}=3.01\times 10^{23} \text{个}$$

故 O 原子数为：$3.01\times 10^{23}\times 4=1.204\times 10^{24}$ 个

三、气体摩尔体积

1mol 任何物质的体积是否相同呢？如图 3-1 所示。

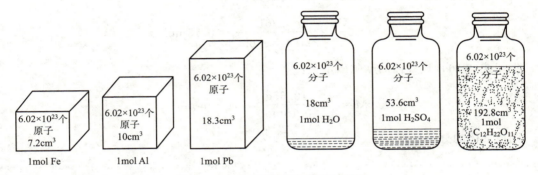

图 3-1　1mol 几种物质的体积示意图

由图 3-1 可知，1mol 固态或液态物质体积是不相同的。固态或液态物质体积的大小主要取决于构成物质的粒子数目、粒子的大小和粒子之间的距离三个因素。不同的固态或液态物质中，粒子之间的距离非常小，它们的体积主要是由粒子的大小决定。而气体则不同于液体和固体。为了便于研究，**规定温度为 273.15K（0℃）、压力为 1.01325×10^5Pa（1atm）时的状况为标准状况**。

单位物质的量气体所占有的体积称为气体摩尔体积。气体摩尔体积计算公式如式(3-3)所示。

$$n=\frac{V}{V_m} \tag{3-3}$$

式中　n——物质的量，mol；
　　　V——气体体积，L；
　　　V_m——气体摩尔体积，$\text{L}\cdot\text{mol}^{-1}$。

在标准状况下，气体分子间的平均距离（4×10^{-9}m）是气体分子直径（约为 4×10^{-10}m）的 10 倍左右，所以，任何一种气态物质的体积要比其在固态或液态时大约 1000 倍。由此可见，不同于固体或液体，气体的体积主要取决于气体分子间的平均距离，而不是粒子的大小。大量实验证明：在标准状况下，任何气体的摩尔体积都约为 $22.4\text{L}\cdot\text{mol}^{-1}$，

即 $V_m = 22.4 \text{L} \cdot \text{mol}^{-1}$。即在标准状况下，22.4L 任何气体中都含有约 6.02×10^{23} 个分子。同温同压下，不同气体分子间的平均距离是相同的，所以相同数目的气体分子占据的体积应相等，称为 阿伏伽德罗定律，该定律只适合于气体。

【例 3-2】 88g N_2 的物质的量是多少？在标准状况下所占的体积是多少？

解 N_2 的摩尔质量是 $M(N_2) = 28$，根据式(3-2)，N_2 的物质的量为：

$$n(N_2) = \frac{m(N_2)}{M(N_2)} = \frac{88\text{g}}{28\text{g} \cdot \text{mol}^{-1}} = 3.14 \text{mol}$$

根据式(3-3)，标准状况下氮气的体积为：

$$V(N_2) = n(N_2)V_m = 3.14 \text{mol} \times 22.4 \text{L} \cdot \text{mol}^{-1} = 70.34 \text{L}$$

【例 3-3】 已知在标准状况下，3.36L 某气体的质量为 10.65g，求其分子量是多少？

解 根据式(3-3)，标准状况下该气体的量为：

$$n = \frac{V}{V_m} = \frac{3.36 \text{L}}{22.4 \text{L} \cdot \text{mol}^{-1}} = 0.15 \text{mol}$$

根据式(3-2)，该气体的摩尔质量为：

$$M = \frac{m}{n} = \frac{10.65 \text{g}}{0.15 \text{mol}} = 71 \text{g} \cdot \text{mol}^{-1}$$

则该气体的分子量是 71。

> **练一练**：① 在标准状况下，4.48L 某气体的质量为 12.814g，求其分子量是多少？
>
> ② 0.5mol Na_2SO_4 中含有的 Na^+ 数目是多少？SO_4^{2-} 的数目是多少？

第二节 物质的聚集状态

人们日常接触的物质总是以一定的聚集状态存在。在自然界中，物质以气体、液体和固体三种聚集状态存在。在一定温度和压力下，这些不同的聚集状态可以相互转化。

一、气体

1. 理想气体及理想气体状态方程

对气体而言，在高温、低压条件下，分子间的距离非常大，分子间的作用力非常小，通常可以忽略不计；同时气体分子本身的体积与气体所占有的体积相比也可以忽略不计，以致气体分子可以看作是没有体积（大小）的质点。因此，根据高温、低压下的气体行为提出理想气体的概念，理想气体在微观上具有以下两个特征：a. 分子之间无相互作用力，将气体分子看作是无内部结构的刚性小球；b. 分子本身不占有体积，将气体分子看作是无体积的运动质点。

气体的基本特性是具有显著的扩散性和可压缩性，能够充满整个容器，不同气体可以按任意比例混合成均匀混合物。气体状态取决于温度、压力、气体的体积和物质的量。表示理想气体体积、温度、压力和物质的量之间关系的方程称理想气体状态方程。

$$pV = nRT \tag{3-4}$$

式中　p——气体压力，Pa；
　　　V——气体体积，m³；
　　　n——气体的物质的量，mol；
　　　R——摩尔气体常数，$R = 8.314 \text{J} \cdot \text{mol}^{-1} \cdot \text{K}^{-1}$；
　　　T——热力学温度，K。

在任何温度、压力下均严格服从式(3-4)的气体称为理想气体。真实气体在压力不太高和温度不太低的情况下，比较接近理想气体，可用理想气体状态方程近似计算。

【知识拓展】

根据物质的量及密度的定义，可由理想气体状态方程导出：

$$pV = \frac{m}{M}RT, \quad \rho = \frac{pM}{RT}$$

2. 道尔顿分压定律

实际遇到的气体成分复杂，多为混合气体。若混合气体各组分之间不发生任何化学反应，则在高温、低压下，可以将真实气体混合物看作理想气体混合物。

1801 年，英国科学家道尔顿根据实验总结出：理想气体混合物的总压力（p）等于其中各组分气体分压力（p_i）之和，如图 3-2，这就是道尔顿分压定律。

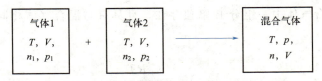

图 3-2　混合气体分压与总压示意图

以二组分气体为例，其数学表达式为：

$$p = p_1 + p_2 \tag{3-5}$$

理想气体混合物中任一组分 B 的分压力，等于该组分在相同温度下，单独占有整个容器时所产生的压力。根据理想气体状态方程，组分 B 的分压力为

$$p_B = \frac{n_B RT}{V} \tag{3-6}$$

理想气体混合物中，组分 B 的分压力与总压力之比为

$$\frac{p_B}{p} = \frac{\dfrac{RTn_B}{V}}{\dfrac{nRt}{V}} = \frac{n_B}{n} = y_B \tag{3-7}$$

$$p_B = y_B p \tag{3-8}$$

即理想气体在温度、体积恒定时，各组分的压力分数等于其摩尔分数 y_B，则理想混合气体中任一组分的分压力等于该组分的摩尔分数与总压力的乘积。

> **练一练**：① 某容器中含有 NH_3、O_2 与 N_2 等气体的混合物，取样分析得知，其中 $n(NH_3)=0.32\text{mol}$，$n(O_2)=0.18\text{mol}$，$n(N_2)=0.50\text{mol}$，混合气体的总压力 $p=200\text{kPa}$，试计算各组分气体的分压力。
> ② N_2 和 H_2 的物质的量之比为 1∶3 的混合气体，在压力为 300kPa 的容器中，N_2 和 H_2 的分压力各为多少？

3. 阿玛格分体积定律

理想气体混合物的总体积等于组成该气体混合物各组分的分体积之和（见图 3-3），这一经验规律称为阿玛格分体积定律。

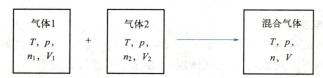

图 3-3　混合气体分体积与总体积示意图

即
$$V = V_1 + V_2 \tag{3-9}$$

分体积是指混合气体中一组分 B 单独存在，且具有与混合气体相同温度、压力条件下所占有的体积 V_B。

$$V_B = \frac{n_B RT}{p} \tag{3-10}$$

则由理想气体状态方程得，理想气体的体积分数等于压力分数，等于摩尔分数。

$$\frac{V_B}{V} = \frac{p_B}{p} = \frac{n_B}{n} = y_B \tag{3-11}$$

$$V_B = y_B V \tag{3-12}$$

严格来说，阿玛格分体积定律只适用于理想气体混合物，但高温、低压下的真实气体混合物也可以近似使用。

练一练：1. 在 300K 时，将 200kPa 的 $10m^3$ O_2，50kPa 的 $5m^3$ N_2，混合为相同温度的 $15m^3$ 混合气，试求：

① 各气体的摩尔分数；

② 各气体的分压力和混合气体的总压力；

③ 各气体的分体积。

【知识拓展】

混合气体的摩尔质量为：$M=y_1M_1+y_2M_2$。

二、溶液及液体

1. 溶液

（1）溶液的组成　一种物质以分子或离子状态均匀地分布于另一种物质中，所形成的均匀而稳定的系统称为溶液。通常溶液指的是液态溶液，由溶质和溶剂组成，习惯用 A 代表溶剂，用 B 代表溶质。水是最常用的溶剂。

（2）表示方法

① 质量分数。溶质 B 的质量与混合物（或溶液）的总质量之比，称为溶质 B 的质量分数。

$$w_B = \frac{m_B}{m} \tag{3-13}$$

式中　w_B——溶质 B 的质量分数，%；

m_B——溶质的质量，g 或 kg；

m——混合物（或溶液）的总质量，g 或 kg。

其中

$$m = m_A + m_B \tag{3-14}$$

$$w_A + w_B = 1 \tag{3-15}$$

质量分数用小数或百分数表示。例如，100g Na_2CO_3 溶液中含有 10.1g Na_2CO_3，则 Na_2CO_3 的质量分数可表示为 0.101 或 10.1%。

② 物质的量浓度。单位体积溶液中所含溶质 B 的物质的量，称为溶质 B 的物质的量浓度，简称浓度。

$$c_B = \frac{n_B}{V} \tag{3-16}$$

式中　c_B——溶质 B 的物质的量浓度，$mol·L^{-1}$；

n_B——溶质 B 的物质的量，mol；

V——溶液的体积，L 或 m^3。

表示物质的量浓度时，必须指明基本单元。例如，1L 溶液中含有 0.05mol H_2SO_4，可表示为 $0.05mol·L^{-1}$ H_2SO_4 溶液或 $c(H_2SO_4)=0.05mol·L^{-1}$。

③ 摩尔分数。溶质 B 的物质的量与系统总物质的量之比称为溶质 B 的摩尔分数。

$$x_B = \frac{n_B}{n} \tag{3-17}$$

式中　x_B——溶质 B 的摩尔分数（若为气相，用 y_B 表示），％；
　　　n_B——溶质 B 的物质的量，mol；
　　　n——系统总物质的量，$n = n_A + n_B$，mol。

④ 质量摩尔浓度。每千克溶剂中所溶有溶质 B 的物质的量，称为溶质 B 的质量摩尔浓度，单位 $mol \cdot kg^{-1}$。

$$b_B = \frac{n_B}{m_A} \tag{3-18}$$

式中　b_B——溶质 B 的质量摩尔浓度，$mol \cdot kg^{-1}$；
　　　m_A——溶剂的质量，kg。

⑤ 换算关系。市售的液体试剂一般只标明密度和质量分数，但是，实际工作中往往是量取溶液的体积。因此，就需要质量分数和物质的量浓度的换算。

【例 3-4】 现有质量分数为 35％、密度为 $1.19g \cdot mL^{-1}$ 的盐酸。试求盐酸的物质的量浓度。

解　设该溶液的物质的量浓度为 c。

用质量分数或物质的量浓度两种方法表示该溶液的组成时，同体积盐酸中所含 HCl 的质量相等。设体积为 V。

那么　　　　$1000V \times 1.19g \cdot mL^{-1} \times 35\% = c(HCl)V \times 36.5g \cdot mol^{-1}$

则

$$c(HCl) = \frac{1000V \times 1.19g \cdot mL^{-1} \times 35\%}{V \times 36.5g \cdot mol^{-1}} = 11.41 mol \cdot L^{-1}$$

该盐酸的物质的量浓度为 $11.41 mol \cdot L^{-1}$。

将上述计算过程中的各物理量用符号表示，则可以得出质量分数和物质的量浓度的换算式（密度为已知量）：

$$c = \frac{1000\rho w}{M} \tag{3-19}$$

式中　ρ——溶液的密度，$g \cdot mL^{-1}$；
　　　w——溶质的质量分数，％；
　　　M——溶质的摩尔质量，$g \cdot mol^{-1}$；
　　　c——溶质的物质的量浓度，$mol \cdot L^{-1}$。

> **练一练**：已知盐酸溶液的浓度为 $5.078 mol \cdot L^{-1}$，密度为 $1.016 g \cdot mL^{-1}$，试用下面几种方法表示溶液的组成。
>
> （1）$w(HCl)$　　　　（2）$x(HCl)$　　　　（3）$b(HCl)$

2. 液体

液体内部分子之间的距离比气体小很多，分子之间的作用力要强。与气体相比较，液体的可压缩性要小很多。液体具有流动性，有一定的体积而无固定的形状。

在一定温度下，纯溶剂加入难挥发化合物形成稀溶液（通常稀溶液的浓度小于 $0.02\text{mol}\cdot\text{L}^{-1}$）后，其性质将发生变化，如产生蒸气压下降、沸点升高、凝固点降低等现象。这些与溶质的本性无关，只取决于溶质粒子数目的性质，统称为稀溶液的依数性。

（1）蒸气压下降　若将液体置于密闭容器中，在液体中，分子的运动存在两种趋势：一方面，液体表面某些分子所具有的能量足以克服分子间的吸引力而逸出液面，成为气态分子，这个过程叫作蒸发；另一方面，与液体蒸发现象相反，一些气态分子撞击液体表面会重新返回液体，这个过程叫作凝聚。初始时，由于气态分子数为零，凝聚速度为零，随着气态分子逐渐增多，凝聚速度逐渐增大，直到凝聚速度等于蒸发速度，即在单位时间内，脱离液面变成气体的分子数等于返回液面变成液体的分子数，达到蒸发与凝聚的动态平衡。此时，在液体上部的蒸气量不再改变，蒸气便具有恒定的压力。在恒定温度下，与液体平衡的蒸气称为**饱和蒸气**，饱和蒸气所具有的压力就是该温度下的**饱和蒸气压**，简称蒸气压。若在纯溶剂中加入难挥发物质，难挥发物质的分子占据了一定的液体表面，因而阻挡了溶剂分子的挥发，从而导致了稀溶液蒸气压的下降（见图 3-4）。

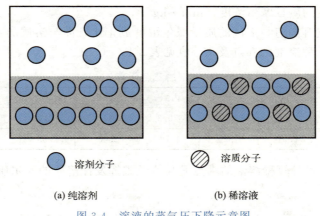

(a) 纯溶剂　　　　　(b) 稀溶液

图 3-4　溶液的蒸气压下降示意图

纯溶剂蒸气压与稀溶液中溶剂的蒸气压之差，称为**稀溶液中溶剂的蒸气压下降值**。

$$\Delta p = p_A^* - p_A \tag{3-20}$$

式中　Δp——蒸气压下降值，Pa；

　　　p_A^*——纯溶剂的蒸气压，Pa；

　　　p_A——稀溶液中溶剂的蒸气压，Pa。

1887 年，法国物理学家拉乌尔在实验基础上提出：一定温度下，稀溶液中溶剂的蒸气压等于纯溶剂的蒸气压与溶剂的摩尔分数之积，称为**拉乌尔定律**。

$$p_A = p_A^* x_A \tag{3-21}$$

由拉乌尔定律可推得　　$p_A = p_A^* x_A = p_A^* (1 - x_B)$

即

$$\Delta p = p_A^* - p_A = p_A^* x_B \tag{3-22}$$

对于稀溶液，由于 $n_A \gg n_B$，$x_B = \dfrac{n_B}{n_A + n_B} \approx \dfrac{n_B}{n_A} = \dfrac{n_B}{\dfrac{m_A}{M_A}} = b_B M_A$。

因此
$$b_B = \dfrac{n_B}{m_A}$$

式(3-22)适用于难挥发、难电离的非电解质稀溶液。蒸气压的降低，必然导致沸点升高，凝固点降低。

(2) 沸点升高　液体的沸点是指液体的蒸气压等于外压时的温度。显然，液体的压力随外界压力的变化而变化，如在高海拔地区，外界大气压力降低，水的沸点不到100℃，难以煮熟食物。

由于稀溶液蒸气压下降，必然导致其沸点升高。稀溶液的沸点高于纯溶剂的沸点，可由式(3-23)计算。

$$\Delta T_b = T_b - T_b^* = K_b b_B \tag{3-23}$$

式中　ΔT_b——沸点升高值，K；

T_b——稀溶液的沸点，K；

T_b^*——纯溶剂的沸点，K；

K_b——溶剂的沸点升高常数，$K \cdot kg \cdot mol^{-1}$；

b_B——溶质的质量摩尔浓度，$mol \cdot kg^{-1}$。

即稀溶液的沸点升高值与溶液的质量摩尔浓度成正比，而与溶质的本性无关，K_b 仅与溶剂的性质有关。几种溶剂的沸点及 K_b 值见表3-1。

表3-1　几种溶剂的沸点及沸点升高常数

溶剂	水	乙醇	丙酮	环己烷	苯	氯仿	四氯化碳
T_b^*/K	373.15	351.48	329.3	354.15	353.25	334.35	349.87
$K_b/(K \cdot kg \cdot mol^{-1})$	0.51	1.20	1.72	2.60	2.53	3.85	5.02

应用式(3-23)，可计算稀溶液的沸点升高值及难挥发性溶质的摩尔质量。

 练一练：3.20g 萘溶于50.0g CS_2 中，溶液的沸点升高1.17K。已知 CS_2 的沸点升高常数为 $2.34 K \cdot kg \cdot mol^{-1}$，试求萘的摩尔质量。

(3) 凝固点降低　在一定外压下，稀溶液的凝固点就是溶液与纯固态溶剂两相平衡共存时的温度。如果溶入的溶质为非电解质，凝固时仅有溶剂析出，则溶液的凝固点低于纯溶剂。即

$$\Delta T_f = T_f^* - T_f = K_f b_B \tag{3-24}$$

式中　ΔT_f——凝固点降低值，K；

T_f^*——稀溶液的凝固点，K；

T_f——纯溶剂的凝固点，K；

K_f——溶剂的凝固点降低常数，$K \cdot kg \cdot mol^{-1}$；

b_B——溶质的质量摩尔浓度，$mol \cdot kg^{-1}$。

同 K_b 一样，K_f 也是仅与溶剂性质有关的常数，几种溶剂的 K_f 值见表 3-2。

表 3-2　几种溶剂的凝固点及凝固点降低常数

溶剂	水	乙酸	环己烷	苯	萘	三溴甲烷
T_f^*/K	273.15	289.75	279.65	278.65	353.5	280.95
K_f/(K·kg·mol^{-1})	1.86	3.90	20.0	5.10	6.90	14.4

> **练一练**：① 在 0.50kg 水中溶入 1.95×10^{-2}kg 葡萄糖，实验测得溶液的凝固点降低值为 0.402K，求葡萄糖的摩尔质量。
> ② 常压下，溶解 2.76g 甘油于 200g 水中，试求稀溶液的凝固点。

【知识拓展】

在寒冷的冬天，为防止汽车水箱冻裂，常在水箱的水中加入甘油或乙二醇来降低水的凝固点，以防止水箱因水结冰而胀裂。冬天下雪后，在道路上撒上盐或融雪剂，可降低水的凝固点，使冰尽快融化。

（4）渗透压　只允许溶液中溶剂分子透过而溶质分子不能透过的膜，称为半透膜。许多天然及人造膜，都具有这种性质，如膀胱、肠衣及人造高分子膜等。溶剂分子通过半透膜单向扩散的现象，称为渗透。渗透现象的产生有两个条件：半透膜的存在和浓度差。渗透方向为溶剂由稀向浓，直至达到渗透平衡。

如图 3-5 所示，当渗透作用达平衡时，半透膜两边的静压差，称为渗透压。

在溶液一侧若是施加的外压大于渗透压力，则溶液中会有更多的溶剂分子通过半透膜进入溶剂一侧，这种使渗透作用逆向进行的过程称为反渗透。

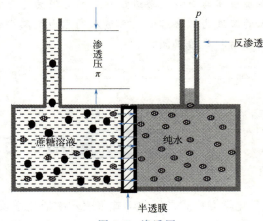

图 3-5　渗透压

渗透压也是为了阻止渗透现象或利用反渗透原理分离溶剂而对溶液施加的最小额外压力。

1886 年，化学家范特霍夫（Van't Hoff）提出，在一定温度下，溶液的渗透压与溶液浓度有关。

$$\pi V = n_B RT \tag{3-25}$$

$$\pi = c_B RT \tag{3-26}$$

式中　π——渗透压，Pa；
　　　V——溶液的体积，m^3；
　　　n_B——溶质 B 的物质的量，mol；

R——摩尔气体常数，$R = 8.314 \text{J} \cdot \text{mol}^{-1} \cdot \text{K}^{-1}$；

T——热力学温度，K；

c_B——溶质 B 的物质的量浓度，$\text{mol} \cdot \text{m}^{-3}$。

应用式(3-25) 和式(3-2)，可以推导出溶质的摩尔质量：

$$M = \frac{mRT}{\pi V} \tag{3-27}$$

由于 π 可在常温下测定（π 值较大，易测准），所以对易受热分解的天然物质、蛋白质、人工合成的高聚物等，常通过测定 π 来求分子量 M。

【例 3-5】 1L 溶液中含 5.0g 马血红素，在 298K 时测得溶液的渗透压为 0.182kPa，求马血红素的分子量。

解 $M = \dfrac{mRT}{\pi V} = \dfrac{5.0 \times 8.314 \times 298}{0.182 \times 1} = 6.8 \times 10^4 (\text{g} \cdot \text{mol}^{-1})$

想一想：医生常劝患有高血压的病人"别吃得太咸"，饮食要清淡些，以有利于控制血压。这种说法对不对？试用渗透压解释。

知识窗

在医疗实践中，溶液的等渗、低渗或高渗是以血浆总渗透压为标准。即渗透压与血浆总渗透压相等的溶液为等渗溶液。渗透压低于血浆总渗透压的溶液为低渗溶液。渗透压高于血浆总渗透压的溶液为高渗溶液。详细内容请扫二维码阅读。

渗透压在医学上的意义

第三节 化学方程式及其有关计算

化学方程式是用化学式来表示物质化学反应的式子，都是以实验为依据建立的。化学方程式可以反映化学反应中"质"和"量"两方面的含义。不仅表示反应前后物质的质的变化，同时也表示了反应时各物质之间量的关系。本节主要介绍化学方程式的基本概念和相关计算。

一、化学方程式的基本概念

1. 化学方程式的书写原则

书写化学方程式要遵守两个原则：一是要依据客观事实，不能主观臆造；二是要遵守质量守恒，即方程式两边的原子种类和个数必须相等，方程式必须配平。

2. 化学计量数

研究化学反应的过程，常需了解物质的量的变化情况，例如，在合成氨反应中：

$$N_2 + 3H_2 \longrightarrow 2NH_3$$

如果消耗 1mol N_2，就消耗 3mol H_2，而 NH_3 则增加 2mol，这就是化学反应的底层逻辑：物质的守恒。对于上述反应可做如下变换：

$$0 = 2NH_3 + (-N_2) + (-3H_2)$$

一般的化学反应均可进行这一变换，得到反应通式：

$$0 = \sum_B v_B B \tag{3-28}$$

式中　B——参与反应的反应物或生成物；

v_B——化学计量数，反应物取负值，生成物取正值；

$\sum_B$—— 表示各项相加。

3. 反应进度

对于某一反应 $0 = \sum_B v_B B$，当物质的量从开始的 $n_B(0)$ 变为 $n_B(\xi)$ 时：

$$\xi = \frac{n_B(\xi) - n_B(0)}{v_B} = \frac{\Delta n_B}{v_B} \tag{3-29}$$

式中，ξ 为反应进度，由于 v_B 是无量纲数值，所以 ξ 的单位是 mol。

由于反应进度 ξ 是将反应式中某物质的变化量除以其化学计量数，这样就消除了因化学计量数不同而引起的差异。因此，用不同物质的变化计算出的反应进度都是一样的。例如，上述反应中，消耗了 2mol N_2 和 6mol H_2，生成了 4mol NH_3，其反应进度用 N_2、H_2、NH_3 表示都是一样的值：

$$\xi = \frac{\Delta n(N_2)}{v(N_2)} = \frac{-2\text{mol}}{-1} = 2\text{mol}$$

$$\xi = \frac{\Delta n(H_2)}{v(H_2)} = \frac{-6\text{mol}}{-3} = 2\text{mol}$$

$$\xi = \frac{\Delta n(NH_3)}{v(NH_3)} = \frac{4\text{mol}}{2} = 2\text{mol}$$

因此，只要测出反应中某一物质的物质的量的变化，就可以计算出该反应的进度。

需要注意，ξ 的数值与反应方程式与化学计量数有关，在上例中，如果合成氨的反应方程式写成：

$$\frac{1}{2}N_2 + \frac{3}{2}H_2 \longrightarrow NH_3$$

即

$$0 = NH_3 + \left(-\frac{1}{2}\right)N_2 + \left(-\frac{3}{2}\right)H_2$$

则

$$v(N_2) = -\frac{1}{2}, v(H_2) = -\frac{3}{2}, v(NH_3) = 1$$

当消耗 2mol N_2 和 6mol H_2，生成 4mol NH_3 时反应进度为：

$$\xi = \frac{-2\text{mol}}{-\frac{1}{2}} = \frac{-6\text{mol}}{-\frac{3}{2}} = \frac{4\text{mol}}{1} = 4\text{mol}$$

所以反应进度的数值必须对应于某一具体的反应式才有意义。

利用反应进度可以进行化学方程式有关的计算。

【例 3-6】 50mL $c(H_2SO_4) = 0.30\text{mol} \cdot \text{L}^{-1}$ 的 H_2SO_4 恰能与 20mL KOH 溶液完全

中和，试求 KOH 溶液的浓度。

解 已知 $c(H_2SO_4) = 0.30 \text{mol} \cdot \text{L}^{-1}$，$V(H_2SO_4) = 50\text{mL} = 0.050\text{L}$，$V(KOH) = 20\text{mL} = 0.020\text{L}$。

设反应方程式为：$H_2SO_4 + 2KOH \longrightarrow K_2SO_4 + 2H_2O$

因有

$$\xi = \frac{\Delta n(H_2SO_4)}{\nu(H_2SO_4)} = \frac{\Delta n(KOH)}{\nu(KOH)}$$

上式中

$$\Delta n(H_2SO_4) = 0 - c(H_2SO_4)V(H_2SO_4) = -c(H_2SO_4)V(H_2SO_4)$$
$$\Delta n(KOH) = 0 - c(KOH)V(KOH) = -c(KOH)V(KOH)$$

又从反应式知：

$$\nu(H_2SO_4) = -1$$
$$\nu(KOH) = -2$$

代入上式得

$$\frac{-c(H_2SO_4)V(H_2SO_4)}{\nu(H_2SO_4)} = \frac{-c(KOH)V(KOH)}{\nu(KOH)} = \frac{-0.3 \text{mol} \cdot \text{L}^{-1} \times 0.050\text{L}}{-1}$$

$$= \frac{-c(KOH) \times 0.020\text{L}}{-2}$$

解得 $c(KOH) = 1.50 \text{mol} \cdot \text{L}^{-1}$

> **练一练**：1. 什么是反应进度？使用反应进度在化学计算中有什么方便之处？
>
> 2. 1957 年，为响应国家大炼钢铁的号召，白河县成立了硫铁矿开采筹建委员会，在厚子河源头的卡子东西二坝开采硫铁矿。然而，由于当时经济和开采技术落后，加之环境保护意识不强，废弃矿体和矿渣长期裸露地面，致使地表氧化层被破坏，经空气氧化和雨水冲刷，汇合矿井涌水形成含三价铁等金属离子的酸性废水，也叫"磺水"。写出相关反应方程式。

二、根据化学方程式的计算

化学方程式可以明确地表示出化学反应中微粒之间的数目关系，即化学计量数的关系。化学方程式中，各物质的化学计量数之比既表示它们基本单元数之比，也表示物质的量之比。由此，还可以得到各物质间其他多种数量关系。例如：

	Zn	+	2HCl （稀）	⟶	$ZnCl_2$	+	$H_2 \uparrow$
摩尔质量/$(g \cdot mol^{-1})$	65		73		143.3		2
物质的量/mol	1		2		1		1
质量/g	65		73		143.3		2
气体体积(标准状况)/L							22.4

在生产和科学实验中，常常利用化学方程式来解决实际的计算问题。

【例 3-7】 112g Fe 与足量的稀硫酸（H_2SO_4）反应，产生的硫酸亚铁（$FeSO_4$）的物质的量是多少？

解 **方法一** 设能生成 $FeSO_4$ 的质量为 x：

$$Fe\ +\ H_2SO_4\ \longrightarrow\ FeSO_4\ +\ H_2\uparrow$$

$$56g\qquad\qquad\qquad\qquad 152g$$

$$112g\qquad\qquad\qquad\qquad x$$

$$x = 304g$$

$$n = \frac{m}{M} = \frac{304g}{152g \cdot mol^{-1}} = 2mol$$

方法二 设能生成 $FeSO_4$ 的物质的量为 x：

$$Fe\ +\ H_2SO_4\ \longrightarrow\ FeSO_4\ +\ H_2\uparrow$$

$$56g\qquad\qquad\qquad\qquad 1mol$$

$$112g\qquad\qquad\qquad\qquad x$$

$$x = 2mol$$

根据化学方程式进行计算时，各物质的单位不一定都要统一，可根据已知条件具体分析。但同种物质的单位必须一致。

【例 3-8】 将足量的碳酸钠（Na_2CO_3）与 500mL 盐酸（密度为 $1.12g \cdot mL^{-1}$）完全反应后，在标准状况下收集到 41.44L CO_2。求此盐酸的物质的量浓度和质量分数。

解 设盐酸的物质的量浓度为 x：

$$2HCl\ +\ Na_2CO_3\ \longrightarrow\ 2NaCl\ +\ H_2O\ +\ CO_2\uparrow$$

$$2mol\qquad\qquad\qquad\qquad\qquad\qquad\qquad 22.4L$$

$$x \times 0.5L\qquad\qquad\qquad\qquad\qquad\qquad 41.44L$$

$$\frac{2mol}{x \times 0.5L} = \frac{22.4L}{41.44L}$$

$$x = 7.4mol \cdot L^{-1}$$

根据式(3-20)，利用已求得的盐酸的物质的量浓度，可以建立如下关系式：

$$w(HCl) = \frac{m(HCl)}{m} \times 100\% = \frac{c(HCl)M(HCl)V}{\rho V} \times 100\%$$

$$= \frac{c(HCl)M(HCl)}{\rho} \times 100\% = \frac{7.4mol \cdot L^{-1} \times 36.5g \cdot mol^{-1}}{1.12 \times 10^3 g \cdot L^{-1}} \times 100\%$$

$$= 24.1\%$$

由以上计算可知，根据化学方程式计算时应注意：
① 化学方程式必须配平。
② 列比例式时，必须注意同种物质单位相同。
③ 在已知两种或两种以上反应物的量时，首先根据化学方程式确定哪种反应物过量，在列计算比例式时应使用不过量的物质。

根据化学方程式计算所得的结果只是理论量,在实际生产和实验中,由于原料不纯、反应进行是否完全和物料的损失等方面的原因,产品的实际产量总是低于理论产量;原料的实际消耗量总是高于理论用量。它们之间的关系可用原料利用率和产品的产率来表示:

$$纯度 = \frac{某组分纯净物的质量}{原料总质量} \times 100\%$$

$$产品产率 = \frac{实际产量}{理论产量} \times 100\%$$

$$原料利用率 = \frac{理论消耗量}{实际消耗量} \times 100\%$$

【例 3-9】 工业上用赤铁矿炼铁。问:

(1) 若赤铁矿含氧化铁(Fe_2O_3)的质量分数为 75%,共 2000t,能制得多少吨 Fe?

(2) 实际得到 Fe1000t,Fe 的产率是多少?

(3) 实际消耗质量分数为 75% 的赤铁矿 2100t,赤铁矿的利用率是多少?

解 (1) 设能制得 Fe 的质量为 x。

2000t 赤铁矿中 Fe_2O_3 的质量为:$m = 2000t \times 75\% = 1500t$。

$$\begin{array}{ccccccc}
Fe_2O_3 & + & 3CO & \longrightarrow & 2Fe & + & 3CO_2 \\
160t & & & & 112t & & \\
1500t & & & & x & &
\end{array}$$

$$\frac{160t}{1500t} = \frac{112t}{x}$$

$$x = 1050t$$

(2) Fe 的理论产量为 1050t,所以

$$Fe 的产率 = \frac{实际产量}{理论产量} \times 100\% = \frac{1000t}{1050t} \times 100\% = 95.23\%$$

(3) 由(1)知理论消耗质量分数为 75% 的赤铁矿 2000t,所以

$$赤铁矿的利用率 = \frac{理论消耗量}{实际消耗量} \times 100\% = \frac{2000t}{2100t} \times 100\% = 95.23\%$$

【知识拓展】

理想气体状态方程在工业测量中的应用

$pV = nRT$,这是理想气体状态方程表达式。它描述了在一定条件或理想状态下,气体的压力、体积与气体质量、气体常数及热力学温度之间的关系。根据这个公式,可以得出这样的结论:在气体的质量、性质及热力学温度不变的情况下,气体的压力与体积成反比。因此,可以利用这一结论,在工业上测量某个异形容器的容积或者是研究容器的气密性问题。详细内容请扫二维码阅读。

理想气体状态方程在工业测量中的应用

> **知识窗**
>
> ### 中国晶体与结构化学的主要奠基人——唐有祺院士
>
> 唐有祺（1920～2022），中国科学院院士。青少年时期先后在同济大学、美国加利福尼亚州理工学院深造，师从诺贝尔奖获得者鲍林，主攻X射线晶体学和化学键本质，以及量子力学和统计力学工作，并成为最早涉及蛋白质晶体学的研究者之一。20世纪80年代中后期，唐有祺在中国首次提出并阐述化学生物学的概念，在唐有祺的努力下，中国晶体学会成功地加入了国际晶体学会。唐有祺为中国化学学科的发展做了重要的奠基和启蒙工作，影响深远，被称为中国晶体化学和结构化学的主要奠基人、中国分子工程学的开拓者和中国化学生物学的倡导者。详细内容请扫二维码阅读。

中国晶体与结构化学的主要奠基人——唐有祺院士

【本章小结】

一、物质的量

（1）物质的量表示的是物质基本单元数量的多少，符号为 n。

（2）摩尔是物质的量单位，符号为 mol。

（3）0.012 kg ^{12}C 中约含有 6.02×10^{23} 个碳原子，这个数值称为阿伏伽德罗常数，用符号 N_A 表示。

（4）摩尔质量是指单位物质的量的物质所具有的质量（符号 M）。

（5）通常把标准状况下，单位物质的量的气体所占有的体积叫作气体摩尔体积（V_m），常用单位是 $L\cdot mol^{-1}$。

二、物质的聚集状态

1. 气体

理想气体遵循道尔顿分压定律和阿玛格分体积定律。

2. 液体和溶液

（1）溶液的组成表示方法有质量分数、物质的量浓度、摩尔分数以及质量摩尔浓度等。

（2）在一定温度下，纯溶剂溶入难挥发化合物形成稀溶液后，其性质将发生变化，这些与溶质的本性无关，只取决于溶质粒子数目的性质，统称为稀溶液的依数性。

三、化学反应方程式及其有关计算

1. 化学反应方程式

（1）化学反应方程式是用化学式来表示物质化学反应的式子。

（2）化学反应方程式中，分子式前面的系数称为化学计量数。

（3）反应进度。对于某一反应 $0=\sum_{B}\nu_B B$，当物质的量从开始的 $n_B(0)$ 变为 $n_B(\xi)$ 时：

$$\xi=\frac{n_B(\xi)-n_B(0)}{\nu_B}=\frac{\Delta n_B}{\nu_B}$$

2. 有关化学反应的计算

$$产品产率 = \frac{实际产量}{理论产量} \times 100\%，原料利用率 = \frac{理论消耗量}{实际消耗量} \times 100\%$$

【思考与练习】

一、选择题

1. 将 0.2mol Na_2CO_3 固体溶解于水，制得 500mL 溶液，所得溶液中 Na_2CO_3 的物质的量浓度为（　　）。
   A. $0.1mol \cdot L^{-1}$　　B. $0.25mol \cdot L^{-1}$　　C. $0.4mol \cdot L^{-1}$　　D. $1mol \cdot L^{-1}$

2. 将 0.5mol NaCl 固体溶解于水，制得 NaCl 的物质的量浓度为 $2mol \cdot L^{-1}$ 溶液，则溶液的体积为（　　）。
   A. 100mL　　B. 250mL　　C. 400mL　　D. 1000mL

3. 100mL $0.1mol \cdot L^{-1}$ 的氢氧化钠（NaOH）溶液中溶质的量为（　　）。
   A. 质量为 4.0g
   B. 质量为 0.4g
   C. 物质的量为 0.1mol
   D. 物质的量为 10mol

4. 在相同体积、相同物质的量浓度的酸中，必然相等的是（　　）。
   A. 溶质的质量
   B. 溶质的质量分数
   C. 溶质的物质的量
   D. 氢离子的物质的量

5. 下列对"摩尔"的理解正确的是（　　）。
   A. 摩尔是国际科学界建议采用的一种物理量
   B. 摩尔是物质的量的单位，简称摩，符号 mol
   C. 摩尔可以把物质的宏观数量与微观粒子的数量联系起来
   D. 国际上规定，0.012kg ^{14}C 原子所含的碳原子数为 1mol

6. 下列说法中正确的是（　　）。
   A. 摩尔既是物质的数量单位又是物质的质量单位
   B. 物质的量是国际单位制中七个基本单位之一
   C. 阿伏伽德罗常数是 12kg ^{12}C 中含有的碳原子数目
   D. 1mol H_2O 中含有 2mol H 和 1mol O

7. 下列说法正确的是（　　）。
   A. 物质的量是一个基本单位
   B. 1mol 水分子中含有 1mol 氢分子和 1mol 氧原子
   C. 1mol H_2O 的质量等于 N_A 个 H_2O 质量的总和
   D. 摩尔就是物质的量

8. 下列叙述错误的是（　　）。
   A. 1mol 任何物质都含有约 6.02×10^{23} 个原子
   B. 0.012kg ^{12}C 含有约 6.02×10^{23} 个碳原子
   C. 在使用摩尔为物质的量的单位时，应用化学式指明粒子的种类

D. 物质的量是国际单位制中七个基本物理量之一

9. 0.5mol K_2SO_4 中所含的 K^+ 数为（　　）。

A. $3.01×10^{23}$　　　B. $6.02×10^{23}$　　　C. 0.5　　　D. 1

10. 下列物质中氧原子数目与 11.7g Na_2O_2 中氧原子数一定相等的是（　　）。

A. 6.72L CO　　B. 6.6g CO_2　　C. 8g SO_3　　D. 9.6g H_2SO_4

二、填空题

1. 0.1mol 硫酸铝 $[Al_2(SO_4)_3]$ 溶液中 Al^{3+} 的物质的量浓度是_____，SO_4^{2-} 的物质的量浓度是_____。

2. 有 5 瓶溶液分别是①10mL 0.60mol·L^{-1} NaOH 水溶液，②20mL 0.50mol·L^{-1} H_2SO_4 水溶液，③30mL 0.40mol·L^{-1} HCl 水溶液，④40mL 0.30mol·L^{-1} 乙酸（CH_3COOH）水溶液，⑤50mL 0.20mol·L^{-1} 蔗糖（$C_{12}H_{22}O_{11}$）水溶液。以上各瓶溶液所含分子、离子总数的大小顺序为_____。

3. 在标准状况下有：① 6.72L CH_4，② $3.01×10^{23}$ 个 HCl 分子，③ 13.6g H_2S，④ 0.2mol NH_3。对这四种气体的物质的量从大到小表达顺序是_____。

4. 在相同状况下，相同体积的 CO 和 CO_2 具有相同_____。

5. 有一种气体在标准状况下体积是 4.48L，质量是 14.2g，则该气体的摩尔质量是_____。

6. 如果 ag 某气体中含有的分子数为 b，则 cg 该气体在标准状况下占有的体积应表示为_____。

7. 0.5L 1mol·L^{-1} 氯化铁（$FeCl_3$）溶液与 0.2L 1mol·L^{-1} KCl 溶液中的 Cl^- 的浓度之比为_____。

8. 用 10mL 的 0.1mol·L^{-1} 氯化钡（$BaCl_2$）溶液恰好可使相同体积的硫酸铁 $[Fe_2(SO_4)_3]$、硫酸锌（$ZnSO_4$）和硫酸钾（K_2SO_4）三种溶液中的硫酸根离子完全转化为硫酸钡（$BaSO_4$）沉淀，则三种硫酸盐溶液的物质的量浓度之比是_____。

三、计算题

1. 取 0.749g 谷氨酸溶于 50.0g 水中，测得其凝固点为 −0.188℃，已知水的 K_f 为 1.86，计算谷氨酸的 M_B。

2. 用质量相同的下列化合物作为防冻剂，哪一种防冻效果最好？为什么？

(1) 乙二醇（$C_2H_6O_2$）；　　(2) 甘油（$C_3H_8O_3$）；

(3) 葡萄糖（$C_6H_{12}O_6$）；　　(4) $C_{12}H_{22}O_{11}$。

3. 今有 $C_6H_{12}O_6$、NaCl、$CaCl_2$ 三种溶液，c_B 均为 0.1mol·L^{-1}，试比较三者渗透压的大小。

第三章
思考与练习

第三章
在线自测

第四章

化学热力学基础

知识目标
1. 理解热力学基本概念、热力学第一定律和热力学第二定律。
2. 掌握物理变温过程和相变化过程热的计算方法。
3. 掌握化学反应热的计算方法及反应进行的方向和限度的判断方法。

能力目标
1. 能理解热力学能、焓、熵、吉布斯函数等状态函数的定义和物理意义。
2. 能对物理变温过程和相变化过程的热进行计算。
3. 能利用热力学数据计算化学反应标准摩尔焓变,判断反应进行的方向和限度。

素质目标
1. 通过探索热力学第一定律,使学生了解到唯物辩证法的巨大力量,树立务实求真的科学态度。
2. 通过热储能技术开拓创新思维,培养探究能力,构建科学素养。

第四章PPT

热力学是研究宏观系统的热现象与其他形式能量之间转换关系的一门科学。热力学的主要基础是热力学第一定律和热力学第二定律,两者均为经验定律,有着坚实的实验基础和严密的逻辑推理方法,具有普遍性和可靠性。用热力学基本原理来研究化学现象以及与化学有关的物理现象,称为化学热力学。内容根据热力学第一定律来计算化学变化以及相关物理变化过程中的热效应,根据热力学第二定律来研究变化的方向和限度问题。

化工生产涉及各种各样的物理变化和化学变化,热力学是解决实际问题的一种非常有效的工具。本章主要介绍热力学的基本概念和定律、物理变化和化学变化过程中热效应的计算,以及化学反应方向和限度的判断。

第一节 化学热力学基本概念

热力学中的基本概念,具有严格的定义,对其准确理解是学习热力学的基础。

一、系统和环境

1. 系统和环境的定义

在进行热力学研究时,首先要确定研究的对象,把一部分物质与其余的划分开,这种被人为划定的研究对象称为系统,系统之外与之密切相关的部分称为环境。例如研究容器中溶液的化学反应,则这个溶液就是系统,容器及容器周围的相邻部分就是环境。系统和环境之间存在界面,这种界面可以是实际存在的物理界面,也可以是不存在的假想界面。

2. 系统的分类

按系统与环境之间有无物质和能量传递,可以将系统分为三类:

(1) 隔离系统 隔离系统也称为孤立系统,系统与环境之间既没有物质交换,也没有能量交换。

(2) 封闭系统 系统与环境之间没有物质传递,但有能量传递。

(3) 敞开系统 系统与环境之间既有物质传递,也有能量传递。

世界上一切事物总是互相联系,因此不存在绝对的隔离系统,但是为了方便研究,在适当的条件下,可以近似地把一个系统视为隔离系统。热力学中最常用的系统是封闭系统,以后若未特别注明,所研究的对象均为封闭系统。

二、状态和状态函数

系统中宏观可测的物理量,如温度、压力、质量、体积、黏度等所描述的状态称为系统的状态。只要系统中所有物理量是确定的,系统的状态就是确定的。如果其中任意一个发生变化,那系统的状态也随之发生变化。而用来描述系统状态的这些物理量就叫做状态函数,如 P、V、T 等。当系统处于某一状态时,各状态函数之间是相互关联的。例如,对于某一状态下的纯水,若温度和压力一定,则密度、黏度也有确定值。

状态函数的特征指的是,当系统从一种状态(始态)变化到另一种状态(终态)时,状态函数的变化值仅取决于系统的始态和终态,而与系统状态的变化过程无关。

三、过程与途径

1. 过程

在一定环境条件下,系统发生了由始态到终态的变化,称系统发生了一个热力学过程,简称过程。过程通常分为单纯 pVT 变化、相变化和化学变化等。

常见的过程有以下几种:

(1) 等温过程 由始态到终态的变化过程中,系统的温度始终保持不变,且等于环境温度。

(2) 等压过程 由始态到终态的变化过程中,系统的压力始终保持不变,且等于环境的压力。

(3) 等外压过程 由始态到终态的变化过程中,系统所对抗的环境压力始终保持不变。

(4) 等容过程 由始态到终态的变化过程中,系统的体积始终保持不变。

(5) 绝热过程 由始态到终态的变化过程中,系统与环境之间没有热的交换。

(6) 循环过程 循环过程也称为环状过程,系统由始态出发,经过一系列的变化后又回到原来的状态。

(7) 可逆过程　在热力学中,可逆过程是以无限小的变化进行的过程,整个过程由一连串非常接近于热力学平衡态的状态所构成。某一过程进行之后,可使系统恢复原状,同时消除原来过程对环境所产生的一切影响,即系统和环境同时复原,则该过程称为可逆过程。反之,若用任何方法都不可能使系统和环境完全复原,则称为不可逆过程。

2. 途径

系统从始态到终态的变化可以经由一个或多个不同的步骤来完成,这种变化的具体步骤称为途径。例如,理想气体由始态(298K,1×10^5Pa)变化到终态(373K,5×10^5Pa),如图 4-1 所示,可采用两种不同的途径。途径 I 先经过等压过程,再经过等温过程;途径 II 先经过等温过程,再经过等压过程。虽然两种途径是不同的,但是状态函数的变化值是相同的。

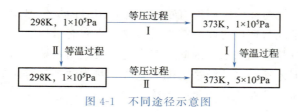

图 4-1　不同途径示意图

四、热和功

热和功是系统与环境之间交换或传递能量的两种不同形式。

1. 热

热是物质运动的一种表现形式,它是由大量质点以无序运动而交换的能量。热力学的研究是宏观的,不考虑热的本质,其定义如下:系统与环境之间因温度不同而交换或传递的能量称为热,以符号 Q 表示,单位为焦耳(J)。热力学规定:系统从环境吸热,Q 取正值,即 $Q>0$;系统向环境放热,Q 取负值,即 $Q<0$。

当系统的始态和终态确定后,热的数值会随着途径的改变而变化。由于热与具体的变化途径有关,因此热不是系统的状态函数,而是过程变量。状态函数的微小量用微分符号表示,如 dT。热是过程变量,其无限小量用 δQ 表示。热只有在过程中才具有物理意义,不同过程所伴随的热,常冠以不同的名称,如汽化热、熔化热、反应热等。

2. 功

系统与环境之间除热以外其他各种形式交换的能量都称为功,以符号 W 表示,单位为 J。热力学规定:环境对系统做功,W 取正值,即 $W>0$;系统对环境做功,W 取负值,即 $W<0$。热力学中涉及的功可以分为两类:体积功和非体积功。体积功是指系统因其体积变化而与环境交换的功,用符号 W_v 来表示。

$$W_v = -p_{环} \Delta V \tag{4-1}$$

式中,$p_{环}$ 为系统的环境压;ΔV 为系统的体积变化。如果 $p_{环}<p_{内}$,则系统体积膨胀,$\Delta V>0$,此时,体积功 $W_v<0$,系统对环境做功;如果 $p_{环}>p_{内}$,则系统体积被压缩,$\Delta V<0$,此时,体积功 $W_v>0$,环境对系统做功。

除体积功以外的所有其他形式的功统称为非体积功,如电功、表面功等,以符号 W' 表示。本章仅涉及体积功。

热和功的数值不仅决定于系统始态和终态的状态变化，还决定于变化的途径，因此热和功都是非状态函数。

第二节　热力学第一定律及化学反应热

无论是化工生产还是科学研究，对于变化过程中热的研究都有着重要的意义。热与变化经历的具体途径有关，这给热的计算带来了复杂性。但在某些特定的条件下，变化过程的热只取决于系统的始态和终态。本节主要介绍热力学第一定律、等容和等压两种特定过程中的热与其他状态函数的关系，以及物理变化过程中热的计算方法。

一、热力学第一定律的表述

1. 热力学能

热力学能也称为内能，它是指系统内部所有粒子全部能量的总和，以符号 U 表示，单位为 J。热力学能包括系统内分子运动的平动能、转动能、振动能、电子及核的能量，以及分子之间相互作用的势能等。

热力学能是状态函数，为广度性质，其变化 ΔU 只取决于系统的始态 U_1 和终态 U_2，即

$$\Delta U = U_2 - U_1 \tag{4-2}$$

由于系统内部物质结构的复杂性和相互作用的多样性，尚无法测定热力学能的绝对值，但这并无碍于解决实际问题，热力学关心的并不是绝对值，而是系统状态变化时热力学能的变化值。

此外，热力学已证明，对于一定量的理想气体，其热力学能只是温度的函数。

2. 热力学第一定律

早在 19 世纪中叶，经过迈耶尔（J. R. von Mayer）、焦耳（J. P. Joule）和亥姆霍兹（H. V. Helmholtz）等科学家的共同努力，能量守恒定律成为科学界公认的自然规律，它是人类长期经验的总结。

能量守恒和转化定律表述为："自然界的一切物质都具有能量，能量有各种不同形式，能够从一种形式转化为另一种形式，在转化中，能量的总值不变。"将能量守恒与转化定律应用到具体的热力学系统，就得到了热力学第一定律。

在热力学第一定律确定之前，有人想要制造一种不消耗能量却能不断地对外做功的机器，这种假想的机器称为第一类永动机。这种机器显然违背了能量守恒定律。因此，热力学第一定律也可以表述为："第一类永动机是不可能制造出来的。"

3. 热力学第一定律的数学表达式

在封闭系统中，系统由始态变化到终态的过程中，系统从环境中吸收的热为 Q，环境对系统做的功为 W，根据能量守恒定律，热力学能的变化：

$$\Delta U = Q + W \tag{4-3}$$

式 (4-3) 为封闭系统热力学第一定律的数学表达式。该公式表明，当封闭系统的状态发生变化时，系统热力学能的变化值等于系统与环境之间交换的热和功的总和。必须指出的

是，公式中 Q 和 W 的取号是以系统为主体考虑的，凡是系统得到的，取正号；凡是系统失去的，取负号。对于隔离系统，由于 $Q=0$，$W=0$，所以 $\Delta U=0$，即隔离系统的热力学能是守恒的。

式(4-5)不适用于敞开系统，因为敞开系统除能量交换外还存在物质交换，物质包含能量，此时系统本身发生了变化。

【例 4-1】 (1) 已知在压力 101.325kPa 下，1.0g 水的温度由 298.15K 变成 300K，系统从环境吸热 3.35J，并得功 2.12J，求系统热力学能的变化。(2) 若在绝热条件下，使 1.0g 水发生与 (1) 同样的变化，需要对其做多少功？

解 (1) 根据热力学第一定律：
$$\Delta U = Q + W = 3.35\text{J} + 2.12\text{J} = 5.47\text{J}$$

(2) 此过程绝热，$Q=0$。由于系统的始态、终态与 (1) 相同，故热力学能变相同，即
$$\Delta U = 5.47\text{J}$$
$$W = \Delta U - Q = 5.47\text{J} - 0\text{J} = 5.47\text{J}$$

所以需要对系统做 5.47J 的功。

此例题表明，虽然 (1) 和 (2) 的始态、终态、ΔU 都相同，但 Q 与 W 却因过程的不同而异。

知识窗

焦耳（J.P.Joule）在 1843 年设计了如下实验：将两个体积较大且容量相等的导热容器，放在水浴中，两容器之间由旋塞连通，其一容器装满气体（可看作理想气体），另一容器抽成真空，视气体为系统。实验时打开旋塞，气体由装满气体的容器膨胀到了抽成真空的容器中，最后达到平衡。观察实验前后气体本身和水浴的温度，发现都没有变化，所以 $Q=0$；同时气体对外没有做功，$W=0$；根据热力学第一定律，此过程 $\Delta U=0$。

这就是著名的焦耳实验，实验结论：理想气体向真空膨胀过程中，温度不变，热力学能不变。

二、等容热

系统进行等容且非体积功为零的过程中与环境交换的热称为**等容热**，以符号 Q_V 表示。

由于等容过程 $\Delta V=0$，则过程的体积功和非体积功都为 0，所以总的功为零。根据热力学第一定律 $\Delta U=Q+W$，可以得出：

$$Q_V = \Delta U \tag{4-4}$$

式(4-4)表明，等容热 Q_V 与过程的热力学能变化值相等。由于热力学能变化值只取决于系统的始态和终态，因此，等容热 Q_V 也只取决于系统的始态和终态。该式的物理意义是：在没有非体积功的条件下，系统在等容过程中所吸收的热全部用来增加热力学能。

三、等压热及焓

系统进行等压且非体积功为零的过程中与环境交换的热称为**等压热**，以符号 Q_p 表示。

该变化过程中系统的压力始终保持不变,并等于环境压力,即 $p_1=p_2=p_{环}=$ 常数,则等压过程的体积功为:

$$W=-p_{环}(V_2-V_1)=-(p_2V_2-p_1V_1)=p_1V_1-p_2V_2 \tag{4-5}$$

又由于非体积功为 0,所以总的功就等于体积功 W。根据热力学第一定律 $\Delta U=Q+W$ 可以得出:

$$U_2-U_1=Q_p+(p_1V_1-p_2V_2)$$

移项整理得:

$$Q_p=(U_2+p_2V_2)-(U_1+p_1V_1) \tag{4-6}$$

由于 U、p、V 均为状态函数,故 $(U+pV)$ 也一定是状态函数。热力学把 $(U+pV)$ 这个组合定义为新的函数,称为焓,以符号 H 表示。焓的定义式:

$$H=U+pV \tag{4-7}$$

由于无法确定热力学能的绝对值,因此焓的绝对值也不能确定。焓是状态函数,也是广度性质,具有能量的单位 J,但它没有确切的物理意义。之所以要定义出这个新函数,是因为焓为热力学的研究带来了很大的方便。

将式(4-7)代入式(4-6)中,可得:

$$Q_p=H_2-H_1$$

即

$$Q_p=\Delta H \tag{4-8}$$

式(4-8)表明,等压热 Q_p 与系统的焓变值相等,因此,等压热 Q_p 只取决于系统的始态和终态,与具体的途径无关。该式的物理意义是:在没有非体积功的条件下,系统在等压过程中所吸收的热全部用来增加系统的焓。对于吸热反应,$\Delta H > 0$;对于放热反应,$\Delta H < 0$。

需要说明的是,若一个过程符合 $p_1=p_2=p_{环}=$ 常数,但该过程仅仅始态压力 p_1、终态压力 p_2 与环境压力 $p_{环}$ 三者相等,而由始态压力 p_1 变到终态压力 p_2 过程中系统的压力却不一定恒定。对于这样的过程,由于 $p_{环}$ 始终保持不变,所以计算体积功的公式式(4-5)同样成立,故式(4-8)也同样成立。

此外,对于一定量的理想气体,在等温过程中,$pV=nRT=$ 常数,则 $\Delta(pV)=0$。由于热力学能只是温度的函数,所以 $\Delta U=0$。则理想气体在等温过程中的焓变为:

$$\Delta H=\Delta U+\Delta(pV)=0$$

因此,理想气体的焓也只是温度的函数,与体积或压力的变化无关。

【例 4-2】 若一定量的气体在恒定压力 1.0×10^5 Pa 下加热,体积由 2.5m^3 膨胀到 4.0m^3,已知系统吸热 5.16×10^5 J,求该过程的 ΔH、W 和 ΔU 的值。

解 此过程等压,$p_{环}=1.0\times10^5$ Pa,$Q_p=5.16\times10^5$ J

$$\Delta H=Q_p=5.16\times10^5 \text{ J}$$

$$W=-p_{环}(V_2-V_1)=-1.0\times10^5\text{Pa}\times(4.0\text{m}^3-2.5\text{m}^3)=-1.5\times10^5 \text{ J}$$

根据热力学第一定律:

$$\Delta U=Q+W=5.16\times10^5\text{J}+(-1.5\times10^5\text{J})=3.66\times10^5 \text{ J}$$

计算 ΔH 时,还可以采用焓的定义式 $H=U+pV$:

$$\Delta H=\Delta U+\Delta(pV)=\Delta U+p_{环}\Delta V$$

$$= 3.66 \times 10^5 \text{J} + 1.0 \times 10^5 \text{Pa} \times (4.0 \text{m}^3 - 2.5 \text{m}^3)$$
$$= 5.16 \times 10^5 \text{J}$$

因此，采用焓的定义式计算的结果与由 $\Delta H = Q_p$ 求得的值相同。

四、化学反应的热效应

化工生产离不开化学反应，而化学反应常伴随着吸热或放热现象。把热力学第一定律应用到化学反应中，研究化学反应与热效应关系的热力学分支称为热化学。化学反应在不做非体积功的条件下，使产物的温度回到反应物的起始温度，系统所吸收或放出的热，称为该反应的热效应，也称为反应热。确定（测定或计算）化学反应的热效应对于实际生产是极为重要的。

在实际生产中，化学反应常常是在等压或等容条件下进行的，因此对等容反应热 Q_V 和等压反应热 Q_p 进行讨论是非常有必要的。

热力学研究证明，Q_p 与 Q_V 之间存在下列关系：

$$Q_p - Q_V = \Delta_r H - \Delta_r U = \Delta n_{(g)} RT = \xi \sum_B v_{B(g)} RT \tag{4-9}$$

式中 $\Delta n_{(g)}$ ——反应前后气体物质的量的变化；

$\sum_B v_{B(g)}$ ——反应式中气体物质化学计量数的代数和；

$\Delta_r U$ ——化学反应内能变，J；

$\Delta_r H$ ——化学反应的焓变，J。

由上式可以发现：对于反应物和产物都是液体或固体的反应，$\Delta_r H = \Delta_r U$。对于有气体参加的反应，当 $\Delta n_{(g)} > 0$ 时，$\Delta_r H > \Delta_r U$；当 $\Delta n_{(g)} = 0$ 时，$\Delta_r H = \Delta_r U$；当 $\Delta n_{(g)} < 0$ 时，$\Delta_r H < \Delta_r U$。

由于 Q_p 与 Q_V 存在式(4-12)所示的定量关系，所以这里只需讨论 Q_p，也就是 $\Delta_r H$。通常反应热如不特别说明，都是指反应焓变。

化学反应的 $\Delta_r H$ 与反应进度 ξ 有关，因此引入反应的摩尔焓变的概念。若一个反应进度为 ξ 的焓变为 $\Delta_r H$，则摩尔焓变 $\Delta_r H_m$ 为：

$$\Delta_r H_m = \frac{\Delta_r H}{\xi} \tag{4-10}$$

$\Delta_r H_m$ 实际上是指按所给反应式，进行反应进度 $\xi = 1 \text{mol}$ 时的焓变。$\Delta_r H_m$ 的单位通常为 $\text{kJ} \cdot \text{mol}^{-1}$。下标 "r" 表示化学反应，下标 "m" 表示 $\xi = 1\text{mol}$。$\Delta_r H_m$ 的数值与反应式的写法有关。例如：

反应式： $H_2(g) + \frac{1}{2} O_2(g) \longrightarrow H_2O(g)$

在 100kPa 和 298.15K 时，$\Delta_r H_m = -241.8 \text{kJ} \cdot \text{mol}^{-1}$。

若把反应式写作：$2H_2(g) + O_2(g) \longrightarrow 2H_2O(g)$

在相同条件下，该反应式 $\Delta_r H_m = -483.6 \text{kJ} \cdot \text{mol}^{-1}$。

由此可见，要计算一个反应的焓变，必须要明确反应方程式，不写反应方程式，只给出 $\Delta_r H_m$ 是没有意义的。

五、热化学方程式

1. 标准状态

热力学能 U、焓 H 以及后面要讲的熵 S、吉布斯函数 G 等状态函数的绝对值是无法确定的。为了比较它们的相对值,需要规定共同的比较标准。热力学标准状态是指在温度 T 和标准压力 $p^{\ominus}$(100kPa)下该物质的状态,简称标准态。热力学中标准态规定为:

(1) 气体的标准态 压力为标准压力 $p^{\ominus}$ 且表现出理想气体性质的纯气体状态。理想气体实际上并不存在,当实际气体在压力为 $p^{\ominus}$ 时,其行为并不理想,故气体的标准态是假想的。

(2) 液体或固体的标准态 压力为标准压力 $p^{\ominus}$ 的纯液体或纯固体状态。

(3) 溶液的标准态 溶质的浓度为 $1\text{mol}\cdot\text{L}^{-1}$,标准态浓度的符号为 $c^{\ominus}$。

需要注意的是,标准态明确规定了标准压力 $p^{\ominus}=100\text{kPa}$,但没有规定温度 T,即物质在任何温度下都有各自的标准态。不过,热力学常用 298.15K 作为参考温度,因此从手册查到的热力学数据基本都是 298.15K 时的数据。标准态的符号是在右上角加注符号"$\ominus$",例如标准摩尔焓变的符号是 $\Delta_r H_m^{\ominus}$。

2. 热化学方程式

表示化学反应与其热效应关系的方程式称为热化学方程式。由于化学反应的热效应与系统的状态有关,因此书写热化学方程式时,需要注意以下几点:

① 正确写出反应的计量方程式,热效应需与计量方程式对应,写在反应式的右侧,同时写明数值和单位。

② 注明反应的温度及压力。因反应热随温度及压力的改变而有所不同。例如,$\Delta_r H_m^{\ominus}$(298.15K) 表示该反应的温度为 298.15K,各物质的压力均为标准压力 $p^{\ominus}$。

③ 注明反应各物质的聚集状态。通常以"g"表示气态,"l"表示液态,"s"表示固态;对于具有多种晶型的固态,还要注明晶型;溶液中的反应要注明物质的浓度,稀溶液可用"aq"表示。例如:

$$H_2(g) + \frac{1}{2}O_2(g) \longrightarrow H_2O(g), \Delta_r H_m^{\ominus}(298.15K) = -241.8\text{kJ}\cdot\text{mol}^{-1}$$

$$H_2(g) + \frac{1}{2}O_2(g) \longrightarrow H_2O(l), \Delta_r H_m^{\ominus}(298.15K) = -285.8\text{kJ}\cdot\text{mol}^{-1}$$

上列两个热化学方程式,由于产物 H_2O 的聚集状态不同,$\Delta_r H_m^{\ominus}$ 不相等,由此可知注明物质状态的重要性。

④ 热化学方程式表示反应各物质按给定的计量方程式完全进行的反应。例如:

$$I_2(g) + H_2(g) \longrightarrow 2HI(g), \Delta_r H_m^{\ominus}(298.15K) = -51.8\text{kJ}\cdot\text{mol}^{-1}$$

该方程式表示 1mol 纯的 $I_2(g)$ 和 1mol 纯的 $H_2(g)$ 完全反应生成了 2mol 纯的 HI(g)。其实这是一个想象的过程,因为如果把 1mol $I_2(g)$ 和 1mol $H_2(g)$ 混合,实际上不会有 $51.8\text{kJ}\cdot\text{mol}^{-1}$ 热量放出。因该反应进行到一定程度就达到了平衡,在"宏观上停止"了,实际上 1mol $I_2(g)$ 需要加入至少 100mol $H_2(g)$ 才能生成 2mol HI(g)。这里多余的 $H_2(g)$ 并没有发生反应,所以也不会产生热效应,因而与热化学方程式没有关系。

六、标准摩尔生成焓

在温度为 T 的标准态下,由最稳定的单质生成 1mol 物质 B 时的标准摩尔焓变 $\Delta_r H_m^{\ominus}$,称为物质 B 的标准摩尔生成焓,以符号 $\Delta_f H_m^{\ominus}$(B,相态,T)表示,单位通常为 kJ·mol^{-1}。下标"f"表示生成反应。一些物质在 298.15K 下的 $\Delta_f H_m^{\ominus}$ 见附录三。

热力学规定:最稳定单质的标准摩尔生成焓为零。表 4-1 列出了一些常见的稳定单质的标准摩尔生成焓。

表 4-1 几种常见的稳定单质的标准摩尔生成焓

物质	状态	$\Delta_f H_m^{\ominus}$/kJ·mol^{-1}
Ag	s	0
Mg	s	0
Al	s	0
Hg	l	0
H$_2$	g	0
O$_2$	g	0
Cl$_2$	g	0
I$_2$	s	0
C	s(石墨)	0
S	s(斜方)	0

在书写物质 B 的生成反应计量方程式时,应使物质 B 的化学计量数 $v_B=1$。例如:已知下列反应的标准摩尔焓变 $\Delta_r H_m^{\ominus}$:

$$C(石墨)+O_2(g) \longrightarrow CO_2(g), \quad \Delta_r H_m^{\ominus}(298.15K)=-393.5 kJ·mol^{-1}$$

$$\frac{1}{2}H_2(g)+\frac{1}{2}Cl_2(g) \longrightarrow HCl(g), \quad \Delta_r H_m^{\ominus}(298.15K)=-92.3 kJ·mol^{-1}$$

则 $\Delta_f H_m^{\ominus}$(CO$_2$,g,298.15K)$=-393.5$ kJ·mol^{-1},$\Delta_f H_m^{\ominus}$(HCl,g,298.15K)$=-92.3$ kJ·mol^{-1}。

一般来说,比较相同类型物质的标准摩尔生成焓数据,可以推断这些物质的相对稳定性。例如,$\Delta_f H_m^{\ominus}$(CaO,s,298.15K)$=-634.9$ kJ·mol^{-1},$\Delta_f H_m^{\ominus}$(HgO,红、斜方,298.15K)$=-90.8$ kJ·mol^{-1},可见 HgO 生成时放热较少,因而比较不稳定,受热易分解。

七、标准摩尔燃烧焓

在温度为 T 的标准态下,1mol 物质 B 完全氧化成相同温度下的稳定相态氧化物时的标准摩尔焓变 $\Delta_r H_m^{\ominus}$,称为物质 B 的标准摩尔燃烧焓,以符号 $\Delta_c H_m^{\ominus}$(B,相态,T)表示,单位通常为 kJ·mol^{-1}。下标"c"表示燃烧反应。一些物质在 298.15K 下的 $\Delta_c H_m^{\ominus}$ 见附录二。

"完全氧化"是指在没有催化剂下的自然燃烧。如:C、H、S、N、P、Cl 元素完全氧化的稳定相态氧化物依次为 $CO_2(g)$、$H_2O(l)$、$SO_2(g)$、$N_2(g)$、$P_2O_5(s)$、$HCl(aq)$。根据标准摩尔燃烧焓 $\Delta_c H_m^{\ominus}$ 的定义,稳定相态氧化物已完全氧化,不能再燃烧,故氧气及稳定相态氧化物的 $\Delta_c H_m^{\ominus}=0$。例如,$\Delta_c H_m^{\ominus}(CO_2, g, T)=0$,$\Delta_c H_m^{\ominus}(H_2O, l, T)=0$。

在书写物质 B 的燃烧反应计量方程式时,应使物质 B 的化学计量数 $v_B=-1$。例如:已知下列两个反应的标准摩尔焓变 $\Delta_r H_m^{\ominus}$:

$$C(石墨)+O_2(g) \longrightarrow CO_2(g), \quad \Delta_r H_m^{\ominus}(298.15K)=-393.5 \text{kJ} \cdot \text{mol}^{-1}$$

$$CH_3OH(l)+\frac{3}{2}O_2(g) \longrightarrow CO_2(g)+2H_2O(l), \quad \Delta_r H_m^{\ominus}(298.15K)=-726.1 \text{kJ} \cdot \text{mol}^{-1}$$

则在 298.15K 时,C(石墨)的标准摩尔燃烧焓 $\Delta_c H_m^{\ominus}$ 为 $-393.5 \text{kJ} \cdot \text{mol}^{-1}$,$CH_3OH(l)$ 的标准摩尔燃烧焓 $\Delta_c H_m^{\ominus}$ 为 $-726.1 \text{kJ} \cdot \text{mol}^{-1}$。

? 想一想:所有生成反应、燃烧反应都是氧化还原反应吗?

八、盖斯定律

俄国化学家盖斯(G. H. Hess)于 1840 年通过实验总结出一条规律:对任何一个化学反应,反应热效应只与反应的始态和终态有关,而与反应中间所经历的途径无关。这一规律就是盖斯定律,也称为热效应总值一定定律。盖斯定律只适用于等容或等压过程。盖斯定律发表在热力学第一定律建立之前,待热力学第一定律建立后,该定律就成为了热力学第一定律的必然结果。

为了求出某一反应的热效应,可以设计一些中间的辅助反应,只要不影响始态和终态即可,不必考虑这些辅助反应是否真正发生。盖斯定律为求算难以测定的热效应建立了可行方法。

根据盖斯定律,热化学方程式可以互相进行加减运算,可以通过已知热效应的反应来计算那些难以测定的反应热。例如:$C(s)$ 和 $O_2(g)$ 化合成 $CO(g)$ 的反应,因为反应不能得到纯净的 $CO(g)$,产物中总会混有 $CO_2(g)$,因此无法直接测定 $\Delta_f H_m^{\ominus}(CO, g)$,但可通过已知反应热的反应来间接求得。

【例 4-3】 已知 298.15K 时下列两个反应:
(1) $C(石墨)+O_2(g) \longrightarrow CO_2(g)$, $\Delta_r H_m^{\ominus}(1)=\Delta_f H_m^{\ominus}(CO_2, g)=-393.5 \text{kJ} \cdot \text{mol}^{-1}$
(2) $CO(g)+\frac{1}{2}O_2(g) \longrightarrow CO_2(g)$, $\Delta_r H_m^{\ominus}(2)=\Delta_c H_m^{\ominus}(CO, g)=-282.98 \text{kJ} \cdot \text{mol}^{-1}$

求反应(3) $C(s)+\frac{1}{2}O_2(g) \longrightarrow CO(g)$ 的标准摩尔焓变 $\Delta_r H_m^{\ominus}(3)$。

解 热化学方程式(1)-(2)得到(3),所以
$$\begin{aligned}
\Delta_r H_m^{\ominus}(3) &= \Delta_r H_m^{\ominus}(1)-\Delta_r H_m^{\ominus}(2) \\
&= -393.5 \text{kJ} \cdot \text{mol}^{-1}-(-282.98 \text{kJ} \cdot \text{mol}^{-1}) \\
&= -110.52 \text{kJ} \cdot \text{mol}^{-1}
\end{aligned}$$

需要注意的是,利用盖斯定律计算热效应时,各反应式中的相同物质应处在相同的状态,如温度、压力、聚集状态等。

第三节 热力学第二定律及化学反应方向的判断

大量事实表明，自然界中发生的任何变化都具有方向性。在化学热力学的研究中，对化学反应方向和限度的预测是至关重要的。然而，热力学第一定律研究的是变化过程的热效应，对变化的方向并没有给出任何限制，解决这类问题需要用到热力学第二定律。

一、自发过程

系统不需要任何外力的影响（如对系统做功）就能自动发生的过程，称为自发过程。例如，水从高处自动地流向低处；电流从高电位自动地流向低电位；气体从高压自动地流向低压等。

在 1878 年，法国化学家贝特洛（M. Berthelot）和丹麦化学家汤姆森（J. Thomsen）提出：自发的化学反应趋向于使系统释放出最多的热，即放热反应（$\Delta H < 0$）能自发进行。这种以反应焓变 ΔH 作为判断化学反应方向的依据，称为焓判据。从能量变化来看，放热反应会使系统的能量降低。也就是说，在化学反应过程中，系统总趋向于最低能量状态。事实上，大多数的放热反应是自发进行的。因此，能量降低的趋势是反应自发的一种推动力。

但是研究发现，有些吸热反应（$\Delta H > 0$）也能自发进行。例如氯化铵的溶解：

$$NH_4Cl(s) \longrightarrow NH_4^+(aq) + Cl^-(aq), \quad \Delta_r H_m^\ominus = 9.76 \text{kJ} \cdot \text{mol}^{-1}$$

可见能量降低的趋势并不是决定反应自发性的唯一因素。通过深入研究这些自发进行的吸热反应或变化，发现它们都有一个共同特点，就是系统中微观粒子的混乱度增大了。因此，混乱度增大的趋势是反应自发的又一种推动力。

二、热力学第二定律的表述

热力学第二定律与热力学第一定律一样，是大量经验事实的总结。至今还未发现违反热力学第二定律的事实，因此被普遍接受及应用。热力学第二定律有多种表述方式，其中德国物理学家克劳修斯（R. Clausius）和英国物理学家开尔文（L. Kelvin）的两种经典说法被人们广泛采用。

克劳修斯说法："不可能把热从低温物体传到高温物体，而不引起其他变化。"也就是说，要使热由低温物体传递到高温物体，必须要借助外力的作用，否则不能进行。

开尔文说法："不可能从单一热源取出热使之完全变为功，而不发生其他的变化。"该说法是指在不引起其他变化的条件下，热不能完全转变为功。

开尔文说法也可以表述为："第二类永动机是不可能制造出来的。"所谓第二类永动机，是指一种能够从单一热源吸热并将其全部转变为功而不产生其他影响的机器。它是一种假想的机器，虽然并不违反能量守恒定律，但却永远无法实现。倘若这类机器可以造成，那么就可以把一个物体的能量以热的形式无限制地提取出来，并将其变为功。例如把海洋作为单一热源，从海洋中提取热来做功，这样航海就不需要燃料了。但第二类永动机永远不可能制造出来。

克劳修斯说法指明了热传导的方向性及不可逆性；开尔文说法指明了热与功转化的方向性及不可逆性。虽然两种说法的不可逆过程所指的具体内容不同，但这两种不可逆过程的单向性是可以互相推断出来的。即克劳修斯说法成立，开尔文说法一定也成立。反之，克劳修斯说法不成立，开尔文说法一定也不成立。因此这两种说法实质上是等效的。

*三、熵和熵变

1. 熵的概念

在热力学中，熵是表示系统混乱度大小的物理量，以符号 S 表示，单位为 $J \cdot K^{-1}$。熵与热力学能 U、焓 H 一样是状态函数，是系统的广度性质。系统的混乱度越大，熵值就越大。系统的状态确定，熵值就为定值。

将某纯物质从 0K 升高温度至 TK，则该过程的熵变 ΔS 为：

$$\Delta S = S_T - S_0 \tag{4-11}$$

式中，S_T 为该物质的规定熵（或绝对熵）。在温度为 T 的标准态下，1mol 纯物质的规定熵称为标准摩尔熵，以符号 $S_m^\ominus$（B，相态，T）表示，单位为 $J \cdot K^{-1} \cdot mol^{-1}$。一些物质在 298.15K 下的 $S_m^\ominus$ 见附录三。

所有物质在 298.15K 的标准摩尔熵 $S_m^\ominus$ 均大于零，因此单质的 $S_m^\ominus$ 不等于零。需要注意的是，$S_m^\ominus$ 与标准摩尔生成焓 $\Delta_f H_m^\ominus$ 不同。$\Delta_f H_m^\ominus$ 是以指定单质的 $\Delta_f H_m^\ominus$ 为零而得到的相对值，而 $S_m^\ominus$ 有绝对值。离子的 $S_m^\ominus$ 除外，因为它们是以指定 $S_m^\ominus(H^+, aq, 298.15K) = 0$ 计算得到的相对值，而这些并不影响熵变 ΔS 的计算。

通过对某些物质的标准摩尔熵 $S_m^\ominus$ 的分析，可以看出一些规律：

① 熵与物质的聚集状态有关。固态物质的粒子（原子、分子或离子）在各自确定的位置上振动；液态物质的粒子间距离比固态稍大，运动较为自由；气态物质分子间的距离较远，粒子做高速的不规则运动，比液态粒子的分布更为混乱。因此，对于同一物质，$S_m^\ominus(s) < S_m^\ominus(l) < S_m^\ominus(g)$。例如，在 298.15K 下，$S_m^\ominus(H_2O, s) = 39.3 J \cdot K^{-1} \cdot mol^{-1}$；$S_m^\ominus(H_2O, l) = 70.0 J \cdot K^{-1} \cdot mol^{-1}$；$S_m^\ominus(H_2O, g) = 188.8 J \cdot K^{-1} \cdot mol^{-1}$。

② 物质的熵值随温度升高而增大。温度升高，分子运动加剧，故混乱度增大。例如，气态水在 400K 时 $S_m^\ominus = 198.6 J \cdot K^{-1} \cdot mol^{-1}$，在 500K 时 $S_m^\ominus = 208.5 J \cdot K^{-1} \cdot mol^{-1}$。

③ 压力增大，物质被限制在更小的空间内运动，故熵值降低。但压力对液态、固态物质的熵值影响很小，对气态的熵值影响较大。

④ 分子结构相似的物质，分子量相近，$S_m^\ominus$ 也相近。例如，在 298.15K 下，$S_m^\ominus(CO, g) = 197.7 J \cdot K^{-1} \cdot mol^{-1}$，$S_m^\ominus(N_2, g) = 191.6 J \cdot K^{-1} \cdot mol^{-1}$。分子结构相似的物质，分子量越大，$S_m^\ominus$ 越大。例如：HF、HCl、HBr、HI 在 298.15K 时的 $S_m^\ominus$ 依次增大。

⑤ 分子量相近的物质，分子构型越复杂，$S_m^\ominus$ 越大。例如：乙醇与二甲醚的分子量相同，但在 298.15K 下，$S_m^\ominus(C_2H_5OH, g) = 281.6 J \cdot K^{-1} \cdot mol^{-1}$，$S_m^\ominus(CH_3OCH_3, g) = 266.4 J \cdot K^{-1} \cdot mol^{-1}$，这是由于二甲醚分子中 C 和 H 以 O 为对称中心，而乙醇分子中没有对称中心，故乙醇的 $S_m^\ominus$ 较大。

2. 化学反应的熵变

与计算化学反应焓变一样，盖斯定律同样适用于化学反应的熵变的计算。由物质的标准摩尔熵变 $S_m^\ominus$，可以计算任一化学反应的标准摩尔熵变 $\Delta_r S_m^\ominus$。$\Delta_r S_m^\ominus$ 可根据下式计算：

$$\Delta_r S_m^\ominus(T) = \sum v_B S_m^\ominus(B, 相态, T) \tag{4-12}$$

式(4-12)表明，化学反应的标准摩尔熵变 $\Delta_r S_m^\ominus$，等于同温度下参加反应各物质的标准摩尔熵变 $S_m^\ominus$ 与其化学计量数 v_B 乘积的代数和。

一般来说，对于有气体参加的反应，当反应结果增加了气体的物质的量，$\Delta_r S_m^\ominus > 0$；当反应结果减少了气体的物质的量，$\Delta_r S_m^\ominus < 0$。反应中消耗固体产生液体时，$\Delta_r S_m^\ominus > 0$。对于不涉及气体的反应，当反应前后总物质的量增加（足够大）时，$\Delta_r S_m^\ominus > 0$。

【例 4-4】 计算碳酸钙分解反应 $CaCO_3(s) \longrightarrow CaO(s) + CO_2(g)$ 在 298.15K 下的标准摩尔熵变 $\Delta_r S_m^\ominus$。

解 由附录三查得：

$$S_m^\ominus(CaCO_3, s) = 91.7 \text{ J} \cdot \text{K}^{-1} \cdot \text{mol}^{-1}$$
$$S_m^\ominus(CaO, s) = 38.1 \text{ J} \cdot \text{K}^{-1} \cdot \text{mol}^{-1}$$
$$S_m^\ominus(CO_2, g) = 213.8 \text{ J} \cdot \text{K}^{-1} \cdot \text{mol}^{-1}$$

由式(4-12)得：

$$\Delta_r S_m^\ominus = S_m^\ominus(CaO, s) + S_m^\ominus(CO_2, g) - S_m^\ominus(CaCO_3, s)$$
$$= 38.1 \text{ J} \cdot \text{K}^{-1} \cdot \text{mol}^{-1} + 213.8 \text{ J} \cdot \text{K}^{-1} \cdot \text{mol}^{-1} - 91.7 \text{ J} \cdot \text{K}^{-1} \cdot \text{mol}^{-1}$$
$$= 160.2 \text{ J} \cdot \text{K}^{-1} \cdot \text{mol}^{-1}$$

分析上述计算结果，由于碳酸钙分解反应后的气体分子数增加，系统的混乱度增大，故反应 $\Delta_r S_m^\ominus > 0$，有利于反应自发进行，但该反应在常温下并不能自发进行，可见以化学反应的熵变 ΔS 作为判断化学反应自发性的依据是不充分的。

练一练：不查附录，预测下列反应的熵是增加还是减少？

(1) $2CO(g) + O_2(g) \longrightarrow 2CO_2(g)$

(2) $2O_3(g) \longrightarrow 3O_2(g)$

(3) $2NH_3(g) \longrightarrow N_2(g) + 3H_2(g)$

(4) $2Na(s) + Cl_2(g) \longrightarrow 2NaCl(s)$

能量降低的趋势（$\Delta H < 0$）和混乱度增大的趋势（$\Delta S > 0$）是化学反应自发的两种推动力。而对于隔离系统，化学反应自发的推动力只有熵增加。因此，热力学第二定律又有熵表述：隔离系统内任何自发过程总是向着熵增大的方向进行，也称为熵增加原理。然而，大多数化学反应是在封闭系统中进行的，应用热力学第二定律判断反应自发性时，可以将封闭系统以及与其密切相关的部分（环境）加在一起，当作一个大的隔离系统，此隔离系统的总熵变 $\Delta S_{总}$ 等于封闭系统与环境熵变的总和，则有：

$$\Delta S_{总} = \Delta S_{系统} + \Delta S_{环境} \geq 0 \tag{4-13}$$

$\Delta S_{总} > 0$　　　　自发变化
$\Delta S_{总} = 0$　　　　平衡状态
$\Delta S_{总} < 0$　　　　非自发变化

以上就是系统中过程能否自行发生的熵判据。但应用熵判据比较麻烦,既要计算系统的熵变,又要计算环境的熵变,才能判断过程的可能性。

*四、吉布斯函数

1. 吉布斯函数的概念

为了更方便地判断化学反应的方向,美国化学家吉布斯(J. W. Gibbs)从等温等压条件和热力学第二定律的熵表述出发引入了一个新的函数——吉布斯函数(也称为吉布斯自由能),以符号 G 表示。吉布斯函数的定义式为:

$$G = H - TS \tag{4-14}$$

由定义式可知,吉布斯函数 G 是状态函数,是系统的广度性质,具有能量的单位 J。由于焓的绝对值无法确定,因此吉布斯函数 G 的绝对值也无法确定。

2. 吉布斯函数判据

在等温等压且非体积功为零的条件下,系统状态发生变化时,吉布斯函数变 ΔG(也称为吉布斯自由能变)可通过下式计算:

$$\Delta G = \Delta H - T\Delta S \tag{4-15}$$

热力学研究证明,ΔG 可以判断某过程或化学变化的自发性,即

$\Delta G < 0$　　　　反应自发正向进行
$\Delta G = 0$　　　　反应处于平衡状态
$\Delta G > 0$　　　　反应自发逆向进行

以上就是吉布斯函数判据,该判据应用非常广泛。因为很多化学反应都是在等温等压且非体积功为零的条件下进行的,而且该判据不需要考虑环境,仅由系统的 ΔG 就能判断过程的可能性。

由式(4-15)可以看出,温度对 ΔG 影响比较明显,相对来说,很多化学反应的 ΔH 和 ΔS 随温度变化的改变值较小,故一般不考虑温度对 ΔH 和 ΔS 的影响。

五、化学反应方向的判断与限度

1. 标准摩尔吉布斯函数变

温度一定时,某化学反应在标准状态下按照给定的反应式,进行反应进度 $\xi = 1\text{mol}$ 时的吉布斯函数变,称为该反应的标准摩尔吉布斯函数变,以符号 $\Delta_r G_m^{\ominus}$ 表示,单位为 $\text{kJ} \cdot \text{mol}^{-1}$。由式(4-15)可得:

$$\Delta_r G_m^{\ominus} = \Delta_r H_m^{\ominus} - T\Delta_r S_m^{\ominus} \tag{4-16}$$

$\Delta_r H_m^{\ominus}$、$\Delta_r S_m^{\ominus}$ 分别表示同一温度下化学反应的标准摩尔焓变、标准摩尔熵变。

【例 4-5】 已知 298.15K 时,反应 $N_2(g) + 3H_2(g) \longrightarrow 2NH_3$ 的 $\Delta_r H_m^{\ominus} = -92.22\text{kJ} \cdot \text{mol}^{-1}$,$\Delta_r S_m^{\ominus} = -198.76\text{J} \cdot \text{mol}^{-1} \cdot \text{K}^{-1}$。判断该反应自发进行的方向。

解 由式(4-16)得:

$$\Delta_r G_m^\ominus = \Delta_r H_m^\ominus - T\Delta_r S_m^\ominus$$
$$= -92.22 \text{kJ} \cdot \text{mol}^{-1} - 298.15\text{K} \times (-198.76 \times 10^{-3} \text{kJ} \cdot \text{mol}^{-1} \cdot \text{K}^{-1})$$
$$= -32.96 \text{kJ} \cdot \text{mol}^{-1}$$

由于 $\Delta_r G_m^\ominus < 0$，所以该反应自发正向进行。

2. 标准摩尔生成吉布斯函数

在温度为 T 的标准态下，由最稳定的单质生成 1mol 物质 B 时的标准摩尔吉布斯函数变，称为标准摩尔生成吉布斯函数，以符号 $\Delta_f G_m^\ominus$（B，相态，T）表示，单位为 $\text{kJ} \cdot \text{mol}^{-1}$。一些物质在 298.15K 下的 $\Delta_f G_m^\ominus$ 见附录三。最稳定单质与前面 $\Delta_f H_m^\ominus$ 的定义是一致的，故任何温度下最稳定单质的 $\Delta_f G_m^\ominus = 0$。

由标准摩尔生成吉布斯函数 $\Delta_f G_m^\ominus$，可以计算出化学反应的标准摩尔吉布斯函数变 $\Delta_r G_m^\ominus$。对于标准态下的任一化学反应，$\Delta_r G_m^\ominus$ 可根据下式求得：

$$\Delta_r G_m^\ominus(T) = \sum v_B \Delta_f G_m^\ominus(\text{B},\text{相态},T) \tag{4-17}$$

【例 4-6】 在 100kPa、298.15K 下，求反应 $4NH_3(g) + 5O_2(g) \longrightarrow 4NO(g) + 6H_2O(l)$ 的标准摩尔吉布斯函数变，并判断反应能否自发进行。

解 由附录三查得：
$$\Delta_f G_m^\ominus(NH_3, g) = -16.4 \text{kJ} \cdot \text{mol}^{-1}$$
$$\Delta_f G_m^\ominus(O_2, g) = 0$$
$$\Delta_f G_m^\ominus(NO, g) = 87.6 \text{kJ} \cdot \text{mol}^{-1}$$
$$\Delta_f G_m^\ominus(H_2O, l) = -237.1 \text{kJ} \cdot \text{mol}^{-1}$$

由式(4-17) 得：
$$\Delta_r G_m^\ominus = 4\Delta_f G_m^\ominus(NO, g) + 6\Delta_f G_m^\ominus(H_2O, l) - 4\Delta_f G_m^\ominus(NH_3, g) - 5\Delta_f G_m^\ominus(O_2, g)$$
$$= 4 \times 87.6 \text{kJ} \cdot \text{mol}^{-1} + 6 \times (-237.1 \text{kJ} \cdot \text{mol}^{-1}) - 4 \times (-16.4 \text{kJ} \cdot \text{mol}^{-1}) - 0$$
$$= -1006.6 \text{kJ} \cdot \text{mol}^{-1}$$

由于 $\Delta_r G_m^\ominus < 0$，所以该反应是自发进行的。

想一想： 计算一个化学反应的标准摩尔吉布斯函数变 $\Delta_r G_m^\ominus$，有哪些方法？

3. 标准摩尔吉布斯函数变 $\Delta_r G_m^\ominus$ 与标准平衡常数的关系

在热力学中，化学反应的方向可以通过吉布斯函数进行判断，标准平衡常数 $K^\ominus$ 不仅可以通过反应各物质的平衡浓度或分压来计算，还可以利用热力学 $\Delta_r G_m^\ominus$ 的数据来获得。

在热力学中，化学反应的标准摩尔吉布斯函数变 $\Delta_r G_m^\ominus$ 与标准平衡常数 $K^\ominus$ 之间的关系如下：

$$\ln K^\ominus = -\frac{\Delta_r G_m^\ominus}{RT} \tag{4-18}$$

利用式(4-18) 可由标准摩尔吉布斯函数变 $\Delta_r G_m^\ominus$ 计算标准平衡常数 $K^\ominus$（$K^\ominus$ 的意义将在第五章详细介绍）。特别是对于一些反应的平衡常数难以用实验测定时，就可以利用热力学函数计算求得。

【例 4-7】 计算反应 $2SO_2(g)+O_2(g) \rightleftharpoons 2SO_3(g)$ 在 298.15K 时的标准摩尔吉布斯函数变 $\Delta_r G_m^{\ominus}$ 及标准平衡常数 $K^{\ominus}$。

解 由附录三查得：

$$\Delta_f G_m^{\ominus}(SO_2,g)=-300.1 \text{kJ} \cdot \text{mol}^{-1}$$

$$\Delta_f G_m^{\ominus}(O_2,g)=0$$

$$\Delta_f G_m^{\ominus}(SO_3,g)=-371.7 \text{kJ} \cdot \text{mol}^{-1}$$

由式(4-17)得：

$$\Delta_r G_m^{\ominus}=2\Delta_f G_m^{\ominus}(SO_3,g)-2\Delta_f G_m^{\ominus}(SO_2,g)-5\Delta_f G_m^{\ominus}(O_2,g)$$

$$=2\times(-371.7 \text{kJ} \cdot \text{mol}^{-1})-2\times(-300.1 \text{kJ} \cdot \text{mol}^{-1})-0$$

$$=-143.2 \text{kJ} \cdot \text{mol}^{-1}$$

由式(4-18)得：

$$\ln K^{\ominus}=-\frac{\Delta_r G_m^{\ominus}}{RT}=-\frac{-143.2\times 10^3 \text{J} \cdot \text{mol}^{-1}}{8.314 \text{J} \cdot \text{mol}^{-1} \cdot \text{K}^{-1}\times 298.15\text{K}}=57.77$$

$$K^{\ominus}=1.23\times 10^{25}$$

【知识拓展】

热力学的主要
奠基人之一
——克劳修斯

热力学理论的奠基者之一克劳修斯（1822 年 1 月 2 日—1888 年 8 月 24 日），一生研究广泛，最著名的成就是提出了热力学第二定律，成为热力学理论的奠基人之一。克劳修斯是德国的物理学家和数学家，主要从事分子物理、热力学、蒸汽机理论、理论力学、数学等方面的研究，特别是在热力学理论、气体动理论方面建树卓著。1850 年克劳修斯发表《论热的动力以及由此推出的关于热学本身的诸定律》的论文，首先从焦耳确立的热功当量出发，将热力学过程遵守的能量守恒定律归结为热力学第一定律，并首次明确指出热力学第二定律的基本概念（克劳修斯表述）。克劳修斯为人诚挚、勤奋，对科学孜孜不倦的追求精神一直是后人学习的榜样。

详情请扫描二维码阅读。

【新视野】

热化学储能技术

热化学储能技术

热化学储能技术主要是基于一种可逆的热化学反应，分为三个步骤：储热过程、储存过程和热释放过程。例如：反应 $A+\Delta_r H \longrightarrow B+C$，储能材料 A 吸收能量（如太阳能）转化成 B 和 C 单独储存起来。当需要供能时，只要将 B 和 C 充分接触发生逆向反应生成 A，同时将储存的化学能逆转成热能并释放出来。详细内容请扫二维码阅读。

【本章小结】

本章是比较独特的一章，知识点多且抽象，公式繁多，一些公式只有在某些特定的条件下才能应用。

一、化学热力学基本概念

系统：在进行热力学研究时，被人为划定的研究对象。

环境：系统之外与之密切相关的部分。

状态：指系统所有宏观性质的综合表现。

状态函数：这些描述系统状态的宏观性质。

过程：在一定环境条件下，系统发生了由始态到终态的变化，称系统发生了一个热力学过程，简称过程。

途径：系统从始态到终态的变化可以经由一个或多个不同的步骤来完成，这种变化的具体步骤称为途径。

热：系统与环境之间因温度不同而交换或传递的能量。

功：系统与环境之间除热以外其他各种形式交换的能量都称为功。

二、物理过程热的计算

提出了实质为能量守恒的热力学第一定律，在此基础上引出了等容热、等压热及焓的概念，并在物理变温过程、相变化过程予以应用。

封闭系统热力学第一定律的数学表达式：$\Delta U = Q + W$。

等容热：系统进行等容且非体积功为零的过程中与环境交换的热。

等压热：系统进行等压且非体积功为零的过程中与环境交换的热。

热力学把 $(U+pV)$ 这个组合定义为新的函数，称为焓。等压热与焓变相等，即 $Q_p = \Delta H$。对于吸热反应，$\Delta H > 0$，对于放热反应，$\Delta H < 0$。

三、化学反应热效应

热化学是热力学第一定律在化学反应中的应用，提出了热化学方程式的概念，介绍了盖斯定律，推导出利用物质的标准摩尔生成焓和标准摩尔燃烧焓计算反应热效应的方法。

盖斯定律：对任何一个化学反应，反应热效应只与反应的始态和终态有关，而与反应中间所经历的途径无关。根据盖斯定律，热化学方程式可以互相进行加减运算，可以通过已知热效应的反应来计算那些难以测定的反应热。

四、化学反应热效应

通过自发过程和非自发过程，提出了热力学第二定律，并引申出熵、熵变、吉布斯函数的概念，并利用吉布斯函数来判断化学反应进行的方向和限度。

吉布斯函数判据：$\Delta G = \Delta H - T\Delta S$。

$\Delta G < 0$，反应自发正向进行；$\Delta G = 0$，反应处于平衡状态；$\Delta G > 0$，反应自发逆向进行。

【思考与练习】

一、填空题

1. 热力学中，可将系统分为 _____、_____、_____ 三种。
2. 封闭系统热力学第一定律的数学表达式为 _____。
3. 焓 H 的定义式为 _____；对于任何宏观物质，其焓 H 一定 _____ 热力学能 U；对于有气体参加的反应，若反应后分子数增多，则焓变 ΔH 一定 _____ 热力学能变 ΔU。
4. 封闭系统中，在 _____ 和 _____ 条件下，$Q_V = \Delta U$；在 _____ 和 _____ 条件下，$Q_p = \Delta H$。
5. 热力学第二定律的克劳修斯说法是 _____；开尔文说法是 _____。
6. 在 298.15K 时，C（石墨）的标准摩尔生成焓 $\Delta_f H_m^\ominus =$ _____ kJ·mol^{-1}，标准摩尔生成吉布斯函数 $\Delta_f G_m^\ominus =$ _____ kJ·mol^{-1}。
7. 根据吉布斯函数判据：当 $\Delta G < 0$ 时，反应向 _____ 进行；当 $\Delta G = 0$ 时，反应处于 _____；当 $\Delta G > 0$ 时，反应向 _____ 进行。
8. 在 25℃ 时，1mol 苯完全燃烧 $2C_6H_6(l) + 15O_2(g) \longrightarrow 12CO_2(g) + 6H_2O(l)$，则该反应 Q_p 与 Q_V 的差值为 _____ kJ·mol^{-1}。
9. 已知反应 $CaCO_3(s) \longrightarrow CaO(s) + CO_2(g)$ 在 298K 时 $\Delta_r G_m^\ominus = 130$ kJ·mol^{-1}，在 1200K 时 $\Delta_r G_m^\ominus = -15.3$ kJ·mol^{-1}，则该反应的 $\Delta_r H_m^\ominus =$ _____，$\Delta_r S_m^\ominus =$ _____。

二、选择题

1. 下列物理量中，不属于状态函数的是（　　）。
   A. 焓 H　　　B. 热 Q　　　C. 热力学能 U　　　D. 熵 S
2. 下列物理量中，属于强度性质的是（　　）。
   A. 压力 p　　　B. 体积 V　　　C. 吉布斯函数 G　　　D. 物质的量 n
3. 当理想气体反抗一定的压力做绝热膨胀时，则（　　）。
   A. 焓总是不变　　　B. 热力学能总是增加
   C. 焓总是增加　　　D. 热力学能总是减少
4. 对热力学第一定律的理解，下列说法正确的是（　　）。
   A. 适合任意系统的理想气体
   B. 适合封闭系统的任意过程
   C. 仅适合封闭系统不做非体积功的过程
   D. 不适合有化学反应发生的系统
5. 关于焓，下列说法不正确的是（　　）。
   A. 焓是系统与环境进行交换的能量
   B. 焓是人为定义的一种具有能量量纲的热力学量
   C. 焓是系统的状态函数
   D. 焓只有在某些特定条件下，才与系统吸热相等
6. 下列物质中，$\Delta_f H_m^\ominus$ 不等于零的是（　　）。

A. C(石墨)　　　B. Cu(s)　　　C. I_2(s)　　　D. Cl_2(l)

7. 下列反应中，$\Delta_r H_m^\ominus$ 与产物 $\Delta_f H_m^\ominus$ 相同的是（　　）。

A. $2H_2(g) + O_2(g) \longrightarrow 2H_2O(l)$　　　B. C(金刚石)$\longrightarrow$C(石墨)

C. $H_2(g) + \frac{1}{2}O_2(g) \longrightarrow H_2O(g)$　　　D. $CO(g) + \frac{1}{2}O_2(g) \longrightarrow CO_2(g)$

8. 以下热力学第二定律的表述，说法错误的是（　　）。

A. 第二类永动机服从能量守恒原理

B. 从第一定律的角度看，第二类永动机允许存在

C. 热不能全部转化为功

D. 热不能全部转化为功而不引起其他变化

9. 在一定的温度和压力下，反应 A $\longrightarrow$ 2B 的标准摩尔焓变为 $\Delta_r H_m^\ominus(1)$，反应 2A $\longrightarrow$ C 的标准摩尔焓变为 $\Delta_r H_m^\ominus(2)$，则反应 C $\longrightarrow$ 4B 的 $\Delta_r H_m^\ominus(3)$ 为（　　）。

A. $2\Delta_r H_m^\ominus(1) - \Delta_r H_m^\ominus(2)$　　　B. $\Delta_r H_m^\ominus(1) - 2\Delta_r H_m^\ominus(2)$

C. $2\Delta_r H_m^\ominus(1) + \Delta_r H_m^\ominus(2)$　　　D. $\Delta_r H_m^\ominus(1) + 2\Delta_r H_m^\ominus(2)$

10. 下列反应中，$\Delta_r S_m^\ominus$ 最大的是（　　）。

A. $CaCO_3(s) \longrightarrow CaO(s) + CO_2(g)$　　　B. $NH_4Cl(s) \longrightarrow NH_3(g) + HCl(g)$

C. $C(s) + O_2(g) \longrightarrow CO_2(g)$　　　D. $2CO(g) + O_2(g) \longrightarrow 2CO_2(g)$

三、计算题

1. 气缸总压力为 100kPa 的 H_2 和 O_2 混合物经点燃化合成液体水时，体积在恒定压力 100kPa 下增加了 $2.36dm^3$，同时向环境放热 500J，求此过程热力学能的变化。

2. 若 4.0mol H_2 和 2.0mol O_2 混合，经一段时间反应后生成 0.6mol H_2O，试根据以下两个反应方程式，分别计算反应的进度。

(1) $H_2(g) + \frac{1}{2}O_2(g) \longrightarrow H_2O(l)$

(2) $2H_2(g) + O_2(g) \longrightarrow 2H_2O(l)$

3. 已知下列两个方程式：

(1) S(单斜,s) + $O_2(g) \longrightarrow SO_2(g)$，$\Delta_r H_m^\ominus(1) = -297.16 kJ \cdot mol^{-1}$

(2) S(正交,s) + $O_2(g) \longrightarrow SO_2(g)$，$\Delta_r H_m^\ominus(2) = -296.83 kJ \cdot mol^{-1}$

计算反应 S(单斜,s) $\longrightarrow$ S(正交,s) 的标准摩尔焓变 $\Delta_r H_m^\ominus$，并判断单斜硫和正交硫哪一种更稳定。

4. 氨基酸是蛋白质的构造单元，已知：氨基乙酸 $\Delta_f G_m^\ominus(298.15K) = -528.8 kJ \cdot mol^{-1}$，试利用相关物质的标准摩尔生成吉布斯函数，计算反应 $NH_3(g) + 2CH_4(g) + \frac{5}{2}O_2(g) \longrightarrow NH_2CH_2COOH(s) + 3H_2O(l)$ 在 298.15K 时的标准摩尔吉布斯函数变，并预测反应自发的可能性。

5. 利用 298.15K 时的标准摩尔生成焓 $\Delta_f H_m^\ominus$ 和标准摩尔熵 $S_m^\ominus$，判断碳酸钙分解反应 $CaCO_3(s) \longrightarrow CaO(s) + CO_2(g)$ 在 298.15K、标准状态下正向能否自发进行。

四、问答题

1. 什么是状态函数？状态函数有哪些特点？

2. 热力学平衡态必须同时满足哪些平衡？
3. 热力学标准状态的含义是什么？简述气体、液体或固体的标准态规定。
4. 热力学能、焓、熵、吉布斯函数的物理意义及量纲分别是什么？
5. 简述热化学方程式与化学方程式的不同之处。
6. 自发过程有哪些特征？
7. 化学反应自发的推动力有哪些？
8. 物质的标准摩尔熵的值有哪些规律？
9. 什么是吉布斯函数判据？
10. 下列叙述是否正确？试解释之。
（1）$H_2O(l)$ 的标准摩尔生成焓等于 $H_2(g)$ 的标准摩尔燃烧焓。
（2）对于封闭体系来说，系统与环境之间既有能量交换又有物质交换。
（3）$Q_V = \Delta U$，U 是状态函数，所以 Q_V 也是状态函数。
（4）石墨和金刚石的标准摩尔燃烧焓相等。

第四章
思考与练习

第四章
在线自测

第五章

化学反应速率与化学平衡

知识目标

1. 掌握化学反应速率的表示方法、影响因素和反应速率方程的基本形式。
2. 理解平衡常数的意义及表示方法。
3. 理解浓度、压力和温度对化学平衡的影响。

第五章 PPT

能力目标

1. 能运用速率理论解释浓度、温度和催化剂等因素对反应速率的影响。
2. 能利用平衡常数进行有关化学平衡的计算，会利用勒夏特列原理分析浓度、温度和压力对化学平衡的影响。
3. 能综合运用化学反应速率和化学平衡知识分析生产实践中遇到的问题。

素质目标

1. 通过反应速率的控制及化学平衡的移动引导学生学以致用，学会运用科学知识指导生产、生活和实际。
2. 通过平衡常数表达式的书写及相关计算培养学生科学、严谨的思维。

对于化学反应的研究，人们最关注两个问题，即化学反应进行的快慢和反应进行的方向和程度。化学反应速率与化学反应进行的具体途径息息相关，这两者均属于化学动力学研究的范畴。对化学反应进行方向的判断，对反应达到最大限度的理论预测，对产率产生影响的外界条件的研究等，这些问题都属于化学平衡的问题，即化学热力学研究的范畴。

不同化学反应进行的速率千差万别，有些反应几乎在瞬间就能完成，如炸药的爆炸、气体燃烧、酸碱中和反应等。而反应釜中乙烯的聚合反应速率按小时计，也有些反应进行得非常缓慢，需要几天、几年甚至更长的时间，如塑料和橡胶的老化速率按年计，我国现代出土的商代青铜器表面锈迹斑斑，也是经过地下几千年的缓慢氧化，地壳内煤和石油的形成要经过几十万年的时间等。在实际生产中往往需要加快反应速率，以缩短生产时间，增加反应的完成程度，提高原料的转化率。有时对于一些不利的反应，如钢铁的腐蚀、塑料和橡胶的老化等，又要设法抑制进行。因此研究化学反应速率和化学平衡对生产实践和人类的生活和发展意义重大。

第一节 化学反应速率的表示

在化学反应中，随着反应的不断进行，反应物浓度逐渐减小，生成物浓度逐渐增大。因此常用单位时间内反应物浓度的减少或生成物浓度的增加来表示反应物或生成物的反应速率。浓度单位常用 $mol \cdot L^{-1}$，时间单位则根据具体反应的快慢用 s（秒）、min（分）或 h（时）表示，因此常用反应速率单位为 $mol \cdot L^{-1} \cdot s^{-1}$、$mol \cdot L^{-1} \cdot min^{-1}$ 或 $mol \cdot L^{-1} \cdot h^{-1}$。

一、平均速率

平均反应速率是指某一段时间内反应的速率，可表示为：

$$\bar{v} = -\frac{\Delta c(\text{反应物})}{\Delta t} \quad \text{或} \quad \bar{v} = \frac{\Delta c(\text{生成物})}{\Delta t} \tag{5-1}$$

式中 $\bar{v}$——平均反应速率，$mol \cdot L^{-1} \cdot s^{-1}$；

Δt——时间间隔，s；

Δc——Δt 时间内反应物或生成物的浓度变化值，$mol \cdot L^{-1}$。

因为反应物浓度随时间增加而减小，Δc（反应物）为负值，为使反应速率为正值，需要在表示式中加一个负号。

如 NO_2 分解为 NO 和 O_2 的反应：

$$2NO_2(g) \rightleftharpoons 2NO(g) + O_2(g)$$

$$\bar{v}(NO_2) = -\frac{\Delta c(NO_2)}{\Delta t} \tag{5-2}$$

$$\bar{v}(NO) = \frac{\Delta c(NO)}{\Delta t} \tag{5-3}$$

$$\bar{v}(O_2) = \frac{\Delta c(O_2)}{\Delta t} \tag{5-4}$$

对于气相反应，化学反应速率也可用单位时间内气体分压的变化来表示。

二、瞬时速率

实际上，大多数化学反应都不是匀速进行的，反应过程中，系统中各组分的浓度和反应速率均随时间而改变，某一时刻的真实速率即为瞬时速率。若要准确表示 t 时刻的反应速率，只有当 Δt 趋向于零时，反应的平均速率才趋近于瞬时速率，上述反应的瞬时速率用微分式表示为：

$$v(NO_2) = \lim_{\Delta t \to 0} -\frac{\Delta c(NO_2)}{\Delta t} = -\frac{dc(NO_2)}{dt} \tag{5-5}$$

$$v(NO) = \lim_{\Delta t \to 0} \frac{\Delta c(NO)}{\Delta t} = \frac{dc(NO)}{dt} \tag{5-6}$$

$$v(O_2) = \lim_{\Delta t \to 0} \frac{\Delta c(O_2)}{\Delta t} = \frac{dc(O_2)}{dt} \tag{5-7}$$

上述三个式子都表示同一化学反应的反应速率，但采用不同物质的浓度变化来表示同一化学反应的速率时，其数值不一定相同，因此要标明物质的名称。

如在 NO_2 的分解反应中，每生成 1mol O_2，就消耗 2mol NO_2，同时产生 2mol NO，即 $v(NO_2) : v(NO) : v(O_2) = 2 : 2 : 1$。

可见，某一化学反应，用各组分的浓度变化表示的反应速率之比，等于各组分化学计量数的绝对值之比。

> **想一想**：1. 平均反应速率与瞬时反应速率有何区别？
> 2. 同一反应中，不同物质分别以浓度的变化，来表示的反应速率是否相同，为什么？

第二节　化学反应速率方程

同一条件下进行的不同化学反应的反应速率不一定相同，同一化学反应在不同条件下进行的化学反应速率则不相同，影响反应速率的因素除了反应物本身之外，还有浓度、温度、催化剂等外界因素。要探讨这些因素是如何影响反应速率的，首先需要对反应本身进行研究。

一、基元反应

一步能完成的反应称为基元反应，也称简单反应。例如：
$$NO_2(g) + CO(g) \longrightarrow NO(g) + CO_2(g)$$
分几步进行的反应称为非基元反应或复杂反应。例如：
$$I_2(g) + H_2(g) \longrightarrow 2HI(g)$$
该反应实际是一个分步进行的非基元反应，每一分步都是一个基元反应。如：
(1) $I_2(g) \longrightarrow 2I(g)$　　　　（快反应）
(2) $2I(g) \longrightarrow I_2(g)$　　　　（第一个基元反应的逆反应，快反应）
(3) $2I(g) + H_2(g) \longrightarrow 2HI(g)$（慢反应）

一个化学反应是否为基元反应是通过实验确定的。在已知的化学反应中，基元反应为数较少。

反应速率主要决定于速度最慢的基元反应（或称决速步骤）。因此，研究反应机理，深入探讨反应是经过哪些步骤完成，掌握各个步骤的特征和相互联系，才能揭示反应速率的本质。

二、化学反应速率方程的基本形式

1. 质量作用定律

对于基元反应，在一定温度下，反应速率与各反应物浓度幂（幂指数为反应物化学计量数的绝对值)的乘积成正比,这一规律称为质量作用定律,其相应的数学表达式称为速率方程式。该定律是19世纪中期由挪威化学家古德贝格（Guldberg）和瓦格（Waage）在总结前人工作,并结合他们自己的大量实验而提出的,这里质量原意指浓度。

2. 基元反应的速率方程

若反应 $a\text{A}+b\text{B} \longrightarrow g\text{G}+h\text{H}$ 为基元反应,依据质量作用定律,则有

$$v = kc^a(\text{A})c^b(\text{B}) \tag{5-8}$$

此式为该反应的速率方程式。式中指数项 a、b 分别为方程式中反应物 A、B 化学式计量数的绝对值,比例系数 k 称为速率常数,k 值取决于反应物的本性、反应温度、反应介质（溶剂）、催化剂等,甚至随反应器的形状、性质而异,但与浓度无关。

如基元反应:$2\text{NO}_2 \longrightarrow 2\text{NO} + \text{O}_2$

$$v = kc^2(\text{NO}_2)$$

在书写速率方程时,还须注意以下问题:

① 对于一定反应,速率常数 k 与温度、催化剂等有关,而与浓度无关,因此实验测得的速率常数要注明测定时的温度。

② 固态或纯液体反应物的浓度不写入速率方程表达式中,因其浓度固定不变。如基元反应:$\text{C}(s) + \text{O}_2(g) \longrightarrow \text{CO}_2(g)$,$v = kc(\text{O}_2)$。

③ 稀溶液进行的反应,若溶剂参与反应,其浓度不写入表达式。如蔗糖的水解反应:$\text{C}_{12}\text{H}_{22}\text{O}_{11} + \text{H}_2\text{O} \longrightarrow \text{C}_6\text{H}_{12}\text{O}_6 + \text{C}_6\text{H}_{12}\text{O}_6$（果糖）,$v = kc(\text{C}_{12}\text{H}_{22}\text{O}_{11})$。

3. 非基元反应的速率方程

非基元反应的速率与浓度之间关系不符合质量作用定律,不能由化学反应方程式直接写出速率方程,而需通过实验确定。非基元反应的速率方程中,浓度的指数与方程式中反应物的系数不一定相同。

如对于某一非基元反应:

$$a\text{A} + b\text{B} \longrightarrow g\text{G} + h\text{H}$$

反应速率方程式为:

$$v = kc^\alpha(\text{A})c^\beta(\text{B}) \tag{5-9}$$

式中　α——反应物 A 浓度的指数;

　　　β——反应物 B 浓度的指数。

α 和 β 是通过实验测出,与方程式中反应物 A 和 B 的系数不一定相同。

4. 反应级数

式(5-9)中反应物浓度的指数 α、β 分别称为反应物 A 和 B 的反应分级数,反应的总级数（简称反应级数,用 n 表示）为反应物分级数的代数和（$n = \alpha + \beta$）。对于基元反应,各反应物的分级数等于方程式中该组分的系数,反应级数等于反应物分子数之和。非基元反应的反应物分级数和反应级数需通过实验确定。

由实验来确定速率方程的方法很多,其中改变反应物浓度的比例法比较直观简单。实验时,保持反应物 A 的浓度不变,测得反应速率随反应物 B 浓度的变化率,由此可确定 β,保持 B 的浓度不变,测得反应速率随 A 浓度的变化率,由此可确定 α。

【例 5-1】　在 298K 时,测得反应 $2\text{NO} + \text{O}_2 \longrightarrow 2\text{NO}_2$ 的反应速率及有关实验数据如下:

初始浓度/(mol·L^{-1})		初始速率/(mol·L^{-1}·s^{-1})
c(NO)	c(O$_2$)	
0.10	0.10	0.012
0.10	0.20	0.024
0.20	0.10	0.048

求上述反应的速率方程式、反应级数和速率常数。

解 (1) 设反应的速率方程式为：$v = kc^\alpha(\text{NO})c^\beta(\text{O}_2)$。

当 c(NO) 不变时，有

$$\frac{0.012}{0.024} = \frac{k(0.1)^\alpha(0.1)^\beta}{k(0.1)^\alpha(0.2)^\beta}，则 \beta = 1$$

当 c(O$_2$) 不变时，有

$$\frac{0.012}{0.048} = \frac{k(0.1)^\alpha(0.1)^\beta}{k(0.2)^\alpha(0.1)^\beta}，则 \alpha = 2$$

反应的速率方程为：$v = kc^2(\text{NO})c(\text{O}_2)$

(2) 依据速率方程，反应级数 = 2 + 1 = 3，为三级反应。

(3) 将任一组实验数据代入速率方程式，即

$$0.012 \text{mol·L}^{-1}\cdot\text{s}^{-1} = k(0.10 \text{mol·L}^{-1})^2 \times (0.10 \text{mol·L}^{-1})$$
$$k = 12 \text{mol}^{-2}\cdot\text{L}^2\cdot\text{s}^{-1}$$

反应级数的大小表示浓度对反应速率的影响程度，级数越大，则反应速率受浓度影响越大。非基元反应的反应级数和反应分级数可以是正整数、分数或零，也可能是负数，如表 5-1。

表 5-1　一些反应及其反应速率方程和反应级数

反应方程式	反应速率方程	反应级数
N$_2$O $\xrightarrow{\text{Au}}$ N$_2$ + 1/2O$_2$	$v = kc^0(\text{N}_2\text{O}) = k$	0
2H$_2$O$_2$ $\longrightarrow$ 2H$_2$O + O$_2$	$v = kc(\text{H}_2\text{O}_2)$	1
CH$_3$CHO $\longrightarrow$ CH$_4$ + CO	$v = kc^{3/2}(\text{CH}_3\text{CHO})$	1.5
2NO$_2$ $\longrightarrow$ 2NO + O$_2$	$v = kc^2(\text{NO}_2)$	2
2NO + 2H$_2$ $\longrightarrow$ N$_2$ + 2H$_2$O	$v = kc^2(\text{NO})c(\text{H}_2)$	3

反应速率的单位一般为 mol·L^{-1}·s^{-1}，因此速率常数 k 的单位与反应级数有关。零级反应的速率常数单位为 mol·L^{-1}·s^{-1}，一级反应的速率常数单位为 s^{-1}，二级反应的速率常数单位为 (mol·L^{-1})$^{-1}$·s^{-1}，n 级反应的速率常数单位为 (mol·L^{-1})$^{1-n}$·s^{-1}。从反应速率常数的单位，可以推测反应级数。

【例 5-2】 A(g) $\longrightarrow$ B(g) 为二级反应，当 A 的浓度为 0.050mol·L^{-1} 时，其反应速率为 1.2mol·L^{-1}·min^{-1}。

(1) 写出该反应的速率方程；
(2) 计算速率常数；
(3) 温度不变时，欲使反应速率加倍，A 的浓度是多少？

解 （1）速率方程为：$v=kc^2(A)$

（2）　　　$k=v/c^2(A)=\dfrac{1.2\,\text{mol}\cdot\text{L}^{-1}\cdot\text{min}^{-1}}{(0.050\,\text{mol}\cdot\text{L}^{-1})^2}=480\,\text{mol}^{-1}\cdot\text{L}\cdot\text{min}^{-1}$

（3）　$v=kc^2(A)=480\,\text{mol}^{-1}\cdot\text{L}\cdot\text{min}^{-1}c^2(A)=2\times1.2\,\text{mol}\cdot\text{L}^{-1}\cdot\text{min}^{-1}$

$$c(A)=\left(\dfrac{2.4\,\text{mol}\cdot\text{L}^{-1}\cdot\text{min}^{-1}}{480\,\text{mol}^{-1}\cdot\text{L}\cdot\text{min}^{-1}}\right)^{\frac{1}{2}}=0.071\,\text{mol}\cdot\text{L}^{-1}$$

> **想一想**：1. 反应级数就是反应分子数吗？
> 2. 若反应 $A(g)+2B(g)\longrightarrow C(g)$ 为基元反应，确定反应级数，并写出其速率方程式的表达式。

第三节　影响化学反应速率的因素

化学反应速率首先取决于反应物本身的性质，此外，温度、反应物浓度或分压、催化剂等均对反应速率有影响。因此，我们可以通过改变反应条件来改变化学反应速率。

一、浓度对化学反应速率的影响

> **【演示实验5-1】**　在两支放有锌粒的试管中，分别加入 10mL $2\,\text{mol}\cdot\text{L}^{-1}$ 盐酸和 10mL $0.2\,\text{mol}\cdot\text{L}^{-1}$ 盐酸，观察现象。
> 现象表明，加入 10mL $2\,\text{mol}\cdot\text{L}^{-1}$ 盐酸的试管中，产生的气泡更多，更快。即反应物的浓度越大，反应速率越快。

浓度对化学反应速率的影响

事实证明，一定温度下的化学反应的速率主要取决于反应物的浓度，浓度越大，反应速率越快。反应速率方程体现了反应物的浓度对反应速率的影响程度和定量关系，但不能直接体现反应物浓度随时间的变化情况。各级反应的反应物都有特定的浓度-时间关系，下面对一些简单级数反应的浓度-时间关系进行探讨。

1. 零级反应

反应速率与物质浓度无关的反应，为零级反应。

$$v=-\dfrac{\mathrm{d}c_B}{\mathrm{d}t}=k$$

$$\mathrm{d}c_B=-k\,\mathrm{d}t$$

两边积分得：

$$c_B=c_0-kt \tag{5-10}$$

式中　c_B——反应物B在 t 时刻的浓度；

c_0——反应物B的初始浓度（即 $t=0$ 时刻的浓度）；

k——速率常数，$\text{mol}\cdot\text{L}^{-1}\cdot\text{s}^{-1}$。

当反应进行到 $c_B=1/2c_0$ 时，即反应物浓度为初始浓度一半的时刻称为半衰期（half

life)，用 $t_{1/2}$ 表示。

$$t_{1/2}=\frac{c_0}{2k} \tag{5-11}$$

零级反应的特征如下：

① 速率常数的单位为 $mol \cdot L^{-1} \cdot s^{-1}$；

② 以 c_B 对时间 t 作图为一直线，直线斜率为 $-k$（如图 5-1 所示）；

③ 零级反应的半衰期 $t_{1/2}$ 与反应物初始浓度成正比，与速率常数 k 成反比。

某反应若符合三个特征的一个，即可确定该反应为零级反应。

反应级数为零的反应并不多，常见的零级反应多为表面催化反应。例如氨气在金属钨表面上的分解反应：

$$2NH_3 \xrightarrow{W} N_2 + 3H_2$$

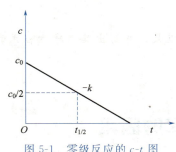

图 5-1　零级反应的 c-t 图

由于反应只在催化剂金属钨的表面进行，反应速率与表面状态有关，若钨的表面已被吸附的氨所饱和，再增加氨的浓度对反应速率不再有影响，反应此时呈现为零级反应。

2. 一级反应

反应速率与反应物的浓度的一次方成正比，为一级反应。一级反应较为常见，如放射性同位素的衰变、一些热分解反应和分子重排反应等多属于一级反应，一级反应方程式的通式可表示为：B ⟶ 产物。

其反应速率与反应物浓度的关系为：

$$v = -\frac{dc_B}{dt} = k_1 c_B$$

即

$$-\frac{dc_B}{c_B} = k_1 dt$$

两边积分得：

$$\ln\frac{c_B}{c_0} = -k_1 t \quad 或 \quad \lg\frac{c_B}{c_0} = -\frac{k_1 t}{2.303} \tag{5-12}$$

或者

$$\ln c_B = \ln c_0 - k_1 t \tag{5-13}$$

式中，c_B 为反应物 B 在 t 时刻的浓度；c_0 为反应物 B 的初始浓度。

当反应进行到 $c_B = 1/2 c_0$ 时，该反应的半衰期 $t_{1/2}$ 为：

$$t_{1/2} = \frac{\ln 2}{k_1} = \frac{0.693}{k_1} \tag{5-14}$$

一级反应的特征是：

① 速率常数的单位为 s^{-1}；

② 以 $\ln c$ 对时间 t 作图为一直线，直线斜率为 $-k_1$（如图 5-2 所示）；

③ 半衰期 $t_{1/2}$ 与反应物初始浓度无关，与速率常数 k_1 成反比。

某反应若符合三个特征的一个，即可确定该反应为一级反应。

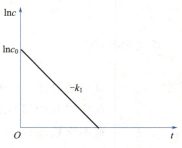

图 5-2　一级反应的 $\ln c$-t 图

放射性同位素的衰变属于一级反应，衰变掉一半的数量，或放射性同位素浓度减少到一半所需的时间称为放射性同位素的半衰期，常用 $t_{1/2}$ 表示，它是放射性同位素的特征常数。例如 ^{235}U 的半衰期约为 $7×10^8$a，^{223}Fr 的半衰期为 22min，^{14}C 的半衰期约为 5730a。^{14}C 的衰变可用于确定考古学发现物和化石的年龄。1947~1949 年间美国科学家利比（Libby）发明用 ^{14}C 确定地质和考古来源物的地质年代的方法，并因此贡献而获得 1960 年诺贝尔化学奖。

【例 5-3】 ^{203}Hg 可用于肾脏扫描，某医院购入 0.200mg ^{203}Hg(NO$_3$)$_2$ 试样，半年（182d）后，未发生衰变而剩余的试样为多少？已知 ^{203}Hg 的半衰期为 46.1d。

解 $t_{1/2}=46.1$d，衰变反应为一级反应，$m_0=0.200$mg。

$$t_{1/2}=\frac{0.693}{k}, \text{则} \quad k=\frac{0.693}{t_{1/2}}$$

$$\lg\frac{m}{m_0}=-\frac{kt}{2.303}=-\frac{0.693t}{2.303t_{1/2}}=-\frac{0.693×182\text{d}}{2.303×46.1\text{d}}=-1.19$$

剩余试样的质量 $m=0.0129$mg。

【例 5-4】 双氧水（H_2O_2）是一种重要的氧化剂，医药上 3% H_2O_2 用作消毒剂，在工业上用于漂白毛、丝和羽毛等。H_2O_2 的分解反应 $2H_2O_2(l)\longrightarrow 2H_2O(l)+O_2(g)$ 为一级反应，其速率常数 $k=0.041\text{min}^{-1}$。

① 若 H_2O_2 的起始浓度为 $0.400\text{mol}\cdot\text{L}^{-1}$，10min 后其浓度为多少？

② H_2O_2 在溶液中分解一半所需时间为多少？

解 ① H_2O_2 的起始浓度 $c_0=0.400\text{mol}\cdot\text{L}^{-1}$，反应时间 $t=10$min。

将数据代入公式

$$\ln\frac{c_B}{c_0}=-kt$$

则

$$\ln\frac{c_B}{0.400\text{mol}\cdot\text{L}^{-1}}=-0.041\text{min}^{-1}×10\text{min}$$

$$c_B=0.265\text{mol}\cdot\text{L}^{-1}$$

② $$t_{1/2}=\frac{0.693}{k}=\frac{0.693}{0.041\text{min}^{-1}}=16.9\text{min}$$

3. 二级反应

反应速率与反应物的浓度的二次方成正比，为二级反应。二级反应最为常见，如 HI、NaClO$_3$（氯酸钠）的分解，C_2H_4、C_3H_6（丙烯）的二聚反应等。

二级反应的通式有两种类型，即

(1) A+B⟶产物，$v=kc(A)c(B)$；

(2) 2B⟶产物，$v=kc^2(B)$。

类型（1）中若 A 与 B 的起始浓度相等，则可转化为类型（2）；若 A 与 B 的起始浓度不相等，则其浓度与时间关系的数学处理较复杂。下面以 2B⟶产物这种类型为例探讨浓度与时间的关系。

$$v=-\frac{dc_B}{dt}=k_2c_B^2$$

$$\frac{dc_B}{c_B^2} = -k_2 dt$$

两边积分得：
$$\frac{1}{c_B} - \frac{1}{c_0} = k_2 t \tag{5-15}$$

式中，c_B 为反应物 B 在 t 时刻的浓度；c_0 为反应物 B 的初始浓度。当反应进行到 $c_B = 1/2 c_0$ 时，该反应的半衰期 $t_{1/2}$ 为：

$$t_{1/2} = \frac{1}{k_2 c_0} \tag{5-16}$$

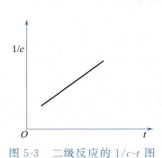

图 5-3 二级反应的 $1/c$-t 图

二级反应的特征是：
① 速率常数的单位为 L·mol^{-1}·s^{-1}；
② 以 $1/c$ 对时间 t 作图为一直线，直线斜率为 k_2（如图 5-3 所示）；
③ 半衰期 $t_{1/2}$ 与反应物初始浓度成反比，与速率常数 k_2 成反比。

某反应若符合三个特征的一个，即可确定该反应为二级反应。

【例 5-5】 某反应的速率常数 k 为 1.0×10^{-2} L·mol^{-1}·min^{-1}，若反应物 B 的初始浓度为 1.0 mol·L^{-1}，求反应 1h 后 B 的浓度和反应的半衰期。

解 ① 从速率常数 k 的单位可知反应为二级反应，浓度与时间关系为：

$$\frac{1}{c_B} - \frac{1}{c_0} = kt$$

上式移项整理后得：$c_B = \left(kt + \frac{1}{c_0}\right)^{-1}$

将 B 的起始浓度 $c_0 = 1.0$ mol·L^{-1}，反应时间 $t = 60$ min 代入上式得

$$c_B = \left(1.0 \times 10^{-2} \text{mol}^{-1} \cdot \text{L} \cdot \text{min}^{-1} \times 60 \text{min} + \frac{1}{1.0 \text{mol} \cdot \text{L}^{-1}}\right)^{-1}$$
$$= 0.63 \text{mol} \cdot \text{L}^{-1}$$

② 二级反应的半衰期 $t_{1/2}$ 为：

$$t_{1/2} = \frac{1}{kc_0} = \frac{1}{1.0 \times 10^{-2} \text{mol}^{-1} \cdot \text{L} \cdot \text{min}^{-1} \times 1.0 \text{mol} \cdot \text{L}^{-1}} = 100 \text{min}$$

二、压力对化学反应速率的影响

对于液相或者固相反应，改变压力对反应速率几乎不产生影响。对于有气体参加的反应，由于气体分压与浓度呈正比 $[p(B) = c(B)RT]$，若其他条件不变，增大压力，相当于增加单位体积内反应物的物质的量，即增加反应物的浓度，因而增大化学反应速率。减小压力，相当于减少了反应物浓度，反应速率减慢。如工业合成氨时，常采用压力为 20～50MPa 的高压原料混合气来加快反应进行。

在密闭容器中进行有气体参加的反应，一定温度下，若保持容积不变，充入不参与反应的惰性气体，使系统总压增大。因气体反应物的分压仍保持不变，反应速率不受影响。若充

入惰性气体后,保持总压不变,则容积增大,而气体反应物的分压减少,则速率减慢。

三、温度对化学反应速率的影响

温度是影响化学反应速率的重要因素,升高温度,往往能加快反应的进行,这一事实早早为人们所熟知。

表 5-2 的数据表明温度对 $NO_2+CO \longrightarrow NO+CO_2$ 反应速率常数的影响,当温度从 600K 升至 800K 时,速率常数 k 值几乎增大上千倍。

表 5-2 温度对速率常数的影响

T/K	600	650	700	750	800
$k/mol^{-1} \cdot L \cdot s^{-1}$	0.028	0.22	1.3	6.0	23

反应温度与速率之间定量关系较复杂,大多数化学反应速率随着温度升高而加快,只有极少数反应(如 $2NO+O_2 \longrightarrow 2NO_2$)例外。根据实验,荷兰物理学家范特霍夫(Van't Hoff)归纳出一个经验规律:对一般反应,在常温范围内,每升高 10K,反应速率或反应速率常数一般增大到原来的 2~4 倍。

1889 年瑞典科学家阿伦尼乌斯(Arrhenius)在总结大量的实验事实的基础上指出,很多反应速率常数与温度存在定量关系,即

$$k = Ae^{-E_a/RT} \tag{5-17}$$

上式称为阿伦尼乌斯公式。式中,A 为给定反应的特征常数,或称频率因子;E_a 为反应的活化能(反应物分子能发生反应所需吸收的最低能量);R 为理想气体常数(8.314J·$mol^{-1} \cdot K^{-1}$)。当反应的温度区间变化不大时,E_a 和 A 均可视为常数。k 与温度 T 呈指数关系,温度的细微变化将导致 k 值较大的变化。

阿伦尼乌斯公式作为经验式,适用范围较广,但也有一定局限性。温度对化学反应速率的影响比较复杂,温度对反应速率的关系大致如图 5-4 所示。

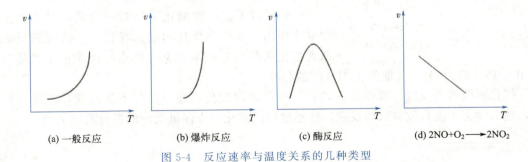

(a) 一般反应　　(b) 爆炸反应　　(c) 酶反应　　(d) $2NO+O_2 \longrightarrow 2NO_2$

图 5-4　反应速率与温度关系的几种类型

类型(a)是反应速率随温度升高而逐渐加快,两者之间有指数关系,符合阿伦尼乌斯公式,这种类型反应最为常见。类型(b)属于有爆炸极限的反应,开始时温度影响不大,当达到一定温度极限时,反应以极快的速率进行。类型(c)属于有催化剂参与的反应,当温度不高时,反应速率随温度升高而增大,当温度上升到一定高度时,若继续上升温度,反应速率逐渐下降,可能是高温不利于催化剂发挥其催化性能的缘故,比如一些酶催化反应就属于这种类型。类型(d)较为反常,反应速率随温度升高而减小,如 NO 被氧化成 NO_2 的反应。

四、催化剂对化学反应速率的影响

【演示实验 5-2】 在两支试管中，分别加入 5mL 3% 的 H_2O_2 溶液，向其中一支试管中加入少许二氧化锰（MnO_2）粉末，观察两支试管中的反应现象。

实验证明：MnO_2 加速了 H_2O_2 的分解，起到催化作用。

$$2H_2O_2 \xrightarrow{MnO_2} 2H_2O + O_2 \uparrow$$

催化剂对化学反应速率的影响

催化剂（旧称触媒）能显著地改变化学反应速率，而本身的组成、质量和化学性质在反应前后保持不变。催化剂在现代化学工业中有非常重要地位，据统计，现代工业中将近 85% 的化学反应需要使用催化剂。如无机化工原料硝酸、硫酸、氨的生产，汽油、柴油的精制，塑料、橡胶、合成纤维的单体的合成和聚合等都离不开工业催化剂的推广和使用。

催化剂改变反应速率的作用称为催化作用。增大反应速率的催化剂称为正催化剂，降低反应速率的催化剂称为负催化剂，负催化剂常称为抑制剂。例如减缓橡胶老化而加入的防老剂就是一种负催化剂。通常所说的催化剂均指正催化剂。

某些微量杂质能使催化剂的催化活性迅速降低，甚至失去活性，这种现象称为催化剂中毒。如石油化工行业中的催化重整、催化加氢都要使用催化剂（如 Pt、Ni 等），而原料油品中往往含有的微量硫、氮化合物会使催化剂中毒，给炼化过程带来很大影响，因此对油品进行脱硫、脱氮等处理十分重要。

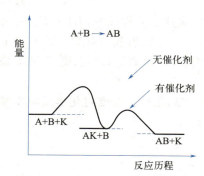

图 5-5 催化剂对反应历程的影响

研究证明，催化剂之所以能改变化学反应速率，是因为催化剂参与了化学反应，改变了反应的历程（见图 5-5）。催化剂能同等改变正逆反应的速率，缩短反应达到平衡的时间，但不能改变平衡状态。

一定条件下，一种催化剂只对一个或者某几个反应起催化作用，这称为催化剂的选择性。如合成氨反应中的铁催化剂对 SO_2 的氧化毫无作用，而 MnO_2 既能催化 $KClO_3$ 热分解为 O_2，又能催化 H_2O_2 的分解。

催化剂能参与反应，改变反应途径，显著地改变反应速率，但不能改变反应进行的方向，热力学上不能自发进行的反应，想通过加入催化剂来促进反应的进行是徒劳的。

五、其他因素

影响化学反应速率的因素除了浓度、压力、温度和催化剂外，还有一些其他因素。

对于多相反应系统，如气-固反应、固-液反应等，反应在相界面上进行。多相反应的速率还与相界面的面积大小有关，界面面积越大，反应速率越快。例如将固体反应物颗粒粉碎，可以增大反应接触面。例如，磨细的煤粉与空气的混合物不但燃烧迅速，而且还会发生爆炸；对于气-液反应，可将液态物质采用喷淋方式来扩大与气态物质的接触面。

扩散作用是影响多相反应的速率的另一个重要因素，反应物通过扩散不断到达界面，产物通过扩散不断离开界面。对反应体系进行搅拌、振摇、鼓风等方式以强化扩散作用，进而加快反应速率。另外，某些反应也受光照、超声波、磁场等影响而改变速率。

> **知识窗**
>
> 生物体内进行的生化反应都离不开催化剂——酶的参与，酶是动植物和微生物产生的具有高效催化能力的蛋白质。酶催化比一般催化反应更具特色，酶在催化反应专一性、催化效率以及对温度、pH 的敏感等方面表现出一般工业催化剂所没有的特性。

酶催化

想一想：1. 浓度、温度和催化剂是如何影响化学反应速率的？

2. 采取哪些措施可以加快反应 $CaCO_3(s) \longrightarrow CaO(s) + CO_2(g)$ 的反应速率？

第四节 反应速率理论

化学反应速率的快慢除了与反应本身有关，还受外界条件，如温度、反应物浓度或分压、催化剂等的影响，那么外界条件是怎样影响反应速率的呢？为了解释这些问题，前人在反应速率理论的发展过程中，先后形成了简单碰撞理论、过渡状态理论等基本理论。

一、简单碰撞理论

1918 年，英国科学家路易斯提出了双分子反应的碰撞理论，该理论将气体分子视为没有内部结构的硬球，双分子反应可看成两个分子激烈碰撞的结果。

反应物分子间发生碰撞，是发生化学反应的先决条件。但并非次次碰撞都能发生反应，只有具有足够高能量的反应物分子，在一定方向上发生碰撞，才能克服分子无限接近时电子云的电性排斥力，从而导致反应分子内旧的化学键的断裂和新化学键的形成。能发生化学反应的碰撞称为有效碰撞。

能发生有效碰撞的分子称为活化分子，活化分子的平均能量（$\overline{E}$）与反应物分子的平均能量（$\overline{E_0}$）之差称为活化能（E_a），即 $E_a = \overline{E} - \overline{E_0}$。

E_a 单位为 $kJ \cdot mol^{-1}$，一般化学反应的活化能在 $40 \sim 400 kJ \cdot mol^{-1}$ 之间，活化能 E_a 是具有平均能量的 1mol 反应物分子变成活化分子所吸收的最低能量。

如图 5-6 为一定温度下分子能量分布示意图。横坐标表示分子的能量，纵坐标表示具有一定能量的分子百分数。图中 $\overline{E_0}$ 表示所有分子的平均能量，E_0 表示活化分子的最低能量，$\overline{E}_{活化}$ 表示活化分子的平均能量。从图可知，活化能 E_a 越大，活化分子所占百分数就越小，单位时间内有效碰撞的次数越少，反应速率越慢；反之，活化能越小，活化分子所占百分数就越大，反应速率

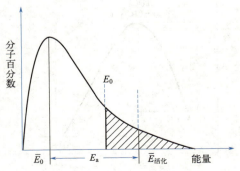

图 5-6 分子能量分布示意图

越快。

除了能量因素之外，相互发生碰撞的分子在空间彼此间的取向必须适当，反应才能进行。例如：$NO_2(g)+CO(g) \longrightarrow NO(g)+CO_2(g)$。反应分子碰撞见图5-7。

图5-7　分子碰撞的去向

如图5-7所示，只有当CO分子中的碳原子与NO_2中的氧原子相互碰撞时才有可能发生反应，为有效碰撞；若CO分子中的碳原子与NO_2中的氮原子相互碰撞则不会发生反应。

频繁碰撞中的反应物分子，能同时满足能量条件和方位取向条件的往往较少，即发生有效碰撞的次数不多。

碰撞理论形象、直观、明了，能从分子角度解释一些重要的实验事实，对反应速率理论的建立和发展意义重大，但将反应分子看成没有内部结构的刚性小球过于简单。

二、过渡状态理论

随着人们对原子分子内部结构认识的深化，1935年艾林（H. Eyring）等提出了化学反应速率的过渡状态理论。

过渡状态理论认为：反应物分子并不只是通过简单碰撞直接形成产物，而是必须经过一个形成高能量活化配合物的过渡状态，再转化成产物，达到这个过渡状态需要一定的活化能。

$$A+BC \rightleftharpoons A\cdots B\cdots C \longrightarrow AB+C$$
$$\text{始态} \qquad \text{过渡态} \qquad \text{终态}$$

如反应$CO+NO_2 \longrightarrow CO_2+NO$的过渡状态：

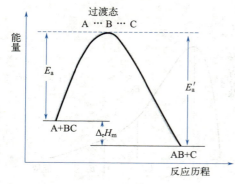

图5-8　过渡状态能量示意图

从图5-8可知，过渡状态的能量比反应物的能量高出E_a（正反应活化能），E_a'为逆反应活化能，$\Delta_r H_m = E_a - E_a'$，$\Delta_r H_m$为反应的热效应，在图5-8的例子中，$E_a' > E_a$，则$\Delta_r H_m < 0$，反应为放热反应。

以上两种速率理论相互补充，都可用来解释浓度、温度对反应速率的影响。在一定温度下，增加反应物的浓度或者分压，随着分子总数增加，单位体积内活化分子数也相应增加，从而增加了单位时间、单位体积内反应物分子的有效碰撞次数,导致反应速率加快。升高反应温度,反应物分子的平均能量增加,较多具有平均能量的分子获得能量后转变为活化分子,增加了单位体积内活化分子百分数,同时升高温度使反应物分子的运动速率加快,单位时间内反应物分子的有效碰撞次数增加,反应速率也相应增大。

近来,随着新技术的应用,化学反应速率的实验工作和理论研究都在快速发展,成为当今活跃的研究领域。

三、反应速率与活化能的关系

在阿伦尼乌斯公式中,当反应的温度区间变化不大时,指数项中活化能 E_a 可看成与温度无关的常数,但 E_a 值大小对反应速率影响很大。依据碰撞理论,普通分子在吸收足够的能量后变成活化分子,发生有效碰撞后转变成产物分子,因此反应速率与活化分子数成正比。一定温度下 E_a 值越小,普通分子变成活化分子所吸收的能量越小,相当于跨越的"门槛"越低,活化分子的百分数越大,反应速率越快;反之,活化能 E_a 越大,反应速率越慢。通常化学反应的活化能大致在 $40\sim400 kJ \cdot mol^{-1}$ 之间。一般说来,$E_a <40 kJ \cdot mol^{-1}$,反应在室温下即可瞬间完成,若 $E_a > 100 kJ \cdot mol^{-1}$,则需要适当加热才能进行。

研究表明,对于温度 300K 发生的反应,若 E_a 值下降 $4 kJ \cdot mol^{-1}$,反应速率快 5 倍,E_a 值下降 $8 kJ \cdot mol^{-1}$,反应速率快 25 倍,所以工业上总是选用合适的催化剂改变反应历程,降低活化能,使反应速率大大提高。

例如反应 $A+B \longrightarrow AB$,活化能为 E_a,当加入催化剂 K,改变了反应历程,使上述反应分两步进行:

(1) $A+K \longrightarrow AK$ 活化能为 E_1
(2) $AK+B \longrightarrow AB+K$ 活化能为 E_2

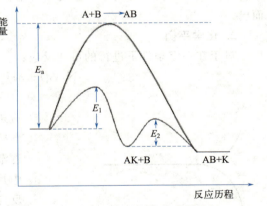

图 5-9 催化剂对活化能的影响

从图 5-9 可知,E_1 和 E_2 均小于 E_a,所以催化剂能降低反应活化能,使反应速率显著加快。

想一想:1. 运用碰撞理论解释增加反应物浓度、升高温度能加快反应速率的原因。
2. 反应速率与活化能的大小之间有何关系?

查一查:NO 和 CO 是汽车尾气中的有毒成分,若能发生下述反应:$2NO(g)+2CO(g) \longrightarrow N_2(g)+2CO_2(g)$,该反应产物 N_2 和 CO_2 是无毒的,则可解决汽车尾气的污染问题。实际上该反应能进行,且反应进行的程度大,但反应速率极慢,不能付诸实施。研制该反应的催化剂是当今人们非常感兴趣的课题。请利用网络、书籍和文献查一查目前汽车尾气处理装置中采用何种催化剂,及其研究进展。

第五节 化学平衡与平衡常数

在实际生产中,要研究和利用一个化学反应,除了控制反应条件,加快反应的进行,还需知道化学反应进行的程度,即有多少反应物能转化为生成物。因此我们还要研究化学反应的限度——化学平衡,以及影响化学平衡的因素。

一、化学平衡

1. 可逆反应

各种化学反应中,反应进行程度不一致,有些反应的反应物能全部转化为生成物,如盐酸与氢氧化钠的中和反应。这类只能向一个方向进行的反应称为不可逆反应。

在同一条件下,反应既能按反应方程式从左向右进行,也可以从右向左进行,称为可逆反应。如合成氨的反应:

$$N_2(g) + 3H_2(g) \rightleftharpoons 2NH_3(g)$$

通常把从左向右进行的反应称为正反应,从右向左进行的反应称为逆反应,反应方程式中符号"$\rightleftharpoons$"表示反应为可逆反应。完全不可逆反应其实并不存在,只是可逆程度非常小而已。

2. 化学平衡

对于在一定条件下进行的可逆反应:

$$N_2(g) + 3H_2(g) \rightleftharpoons 2NH_3(g)$$

反应开始时,体系中只有氮气和氢气,随着反应进行,反应物浓度逐渐减小,正反应速率随之逐渐减小,而生成物浓度逐渐增大,逆反应速率随之逐渐增大。当正反应速率等于逆反应速率时,体系中反应物和产物的浓度均不再随时间变化而变化,反应达到最大限度,此时体系所处的状态称为化学平衡状态(如图 5-10 所示)。

如果条件不发生改变,这种状态可以维持下去,表面上反应似乎停止,实际上正逆反应仍在进行,只是速率相等。单位时间内正反应消耗的分子数恰好等于逆反应生成的分子数,所以化学平衡是一种动态平衡。化学平衡是有条件的,相对的,当外界条件发生改变时,原有平衡被破坏,在新的条件下建立新的平衡。

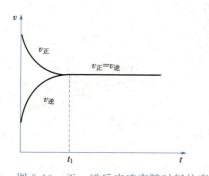

图 5-10 正、逆反应速率随时间的变化

二、化学平衡常数

化学平衡是建立在可逆反应基础上的,为了定量地研究化学平衡,必须找到平衡时反应体系中各组分之间的关系,因此,引入化学平衡常数。

1. 实验平衡常数

对于任一可逆反应：

$$a\text{A} + b\text{B} \rightleftharpoons g\text{G} + h\text{H}$$

在一定温度下达到平衡，反应物平衡浓度的幂的乘积与生成物平衡浓度的幂的乘积之比为一常数，该常数用 K_c 表示，称为浓度平衡常数，其表达式为：

$$K_c = \frac{[c(\text{G})]^g [c(\text{H})]^h}{[c(\text{A})]^a [c(\text{B})]^b} \tag{5-18}$$

式中，K_c 为浓度平衡常数，因从实验中得到，也称为浓度实验平衡常数；$c(\text{A})$、$c(\text{B})$、$c(\text{G})$、$c(\text{H})$ 分别为物质 A、B、G、H 的平衡浓度，$\text{mol} \cdot \text{L}^{-1}$。

在一定温度下，不论起始浓度如何，或者反应从哪个方向开始进行，只要达到平衡状态，K_c 均为一常数。

实验平衡常数的单位由其平衡常数的表达式决定，若浓度单位为 $\text{mol} \cdot \text{L}^{-1}$，则 K_c 单位为 $(\text{mol} \cdot \text{L}^{-1})^{\Delta n}$，$\Delta n = (g+h) - (d+e)$。

对于有气体参与的可逆反应，平衡常数表达式中气体的浓度可用其平衡分压来表示。

对于任一气相可逆反应：

$$a\text{A}(g) + b\text{B}(g) \rightleftharpoons g\text{G}(g) + h\text{H}(g)$$

$$K_p = \frac{[p(\text{G})]^g [p(\text{H})]^h}{[p(\text{A})]^a [p(\text{B})]^b}$$

式中，K_p 为分压平衡常数，也称为分压实验平衡常数，若分压单位为 Pa，则 K_p 单位为 $\text{Pa}^{\Delta n}$；$p(\text{A})$、$p(\text{B})$、$p(\text{G})$、$p(\text{H})$ 分别为物质 A、B、G、H 的平衡分压，Pa 或 kPa。

如可逆反应：

$$2\text{SO}_2(g) + \text{O}_2(g) \rightleftharpoons 2\text{SO}_3(g)$$

在一定温度下达到平衡，其实验平衡常数表达式为：

$$K_c = \frac{[c(\text{SO}_3)]^2}{[c(\text{SO}_2)]^2 c(\text{O}_2)} \quad \text{或} \quad K_p = \frac{[p(\text{SO}_3)]^2}{[p(\text{SO}_2)]^2 p(\text{O}_2)}$$

一定条件下，同一反应的 K_c 和 K_p 可以相互换算，在工业生产中，对于有气体参与的反应，运用 K_p 进行计算比较方便，下面对 K_c 和 K_p 的关系进行推导。

设在一定温度下，容积为 V 的密闭容器中进行下列反应：

$$a\text{A}(g) + b\text{B}(g) \rightleftharpoons g\text{G}(g) + h\text{H}(g)$$

A、B、G、H 均视为理想气体，依据理想气体状态方程：

$$p = \frac{n}{V}RT = cRT$$

设 $p(\text{A}) = c(\text{A})RT$、$p(\text{B}) = c(\text{B})RT$、$p(\text{G}) = c(\text{G})RT$、$p(\text{H}) = c(\text{H})RT$。

$$K_p = \frac{[p(\text{G})]^g [p(\text{H})]^h}{[p(\text{A})]^a [p(\text{B})]^b} = \frac{[c(\text{G})]^g [c(\text{H})]^h}{[c(\text{A})]^a [c(\text{B})]^b} (RT)^{(g+h)-(a+b)} = K_c (RT)^{\Sigma v} \tag{5-19}$$

式中，Σv 为化学计量数之和，$\Sigma v = (g+h) - (a+b)$。

当 $\Sigma v = 0$ 时，则 $K_c = K_p$，均无单位。当压力单位为 Pa，体积单位为 L，浓度单位为 $\text{mol} \cdot \text{L}^{-1}$ 时，R 的取值为 $8.314 \times 10^3 \text{Pa} \cdot \text{L} \cdot \text{mol}^{-1} \cdot \text{K}^{-1}$。

【例 5-6】 反应 $\text{N}_2(g) + 3\text{H}_2(g) \rightleftharpoons 2\text{NH}_3(g)$ 在 673K 时的 $K_c = 0.51 \text{L}^2 \cdot \text{mol}^{-2}$，

求 K_p。

解 $\Sigma v = 2-(1+3) = -2$

$$K_p = K_c(RT)^{\Sigma v} = 0.51\,\mathrm{mol^{-2} \cdot L^2} \times (8.314 \times 10^3\,\mathrm{Pa \cdot L \cdot mol^{-1} \cdot K^{-1}} \times 673\,\mathrm{K})^{-2}$$
$$= 1.62 \times 10^{-14}\,\mathrm{Pa^{-2}}$$

对于同一类型可逆反应，一定条件下，K 值越大，表示反应进行越完全。平衡常数与反应系统的浓度（或分压）无关，与温度有关。对同一反应，温度不同时 K 值亦不同，因此，使用时必须注明温度。

2. 标准平衡常数

标准平衡常数是根据标准热力学函数计算得到的平衡常数，又称热力学平衡常数，以 $K^{\ominus}$ 表示。热力学中对物质的标准态做了规定（见第四章），在标准平衡常数表达式中，各物质均以各自的标准态作为参考态，物质的浓度或分压分别用相对平衡浓度或相对平衡分压表示。即相对平衡浓度为平衡浓度与标准浓度 $c^{\ominus}$（$c^{\ominus} = 1\,\mathrm{mol \cdot L^{-1}}$）的比值，本教材使用 [B] 表示 B 组分的相对平衡浓度，$[B] = c(B)/c^{\ominus}$；相对平衡分压为气体平衡分压与标准压力 $p^{\ominus}$（$p^{\ominus} = 100\,\mathrm{kPa}$）的比值，常用 $p'(B)$ 表示 B 组分的相对平衡分压，$p'(B) = p(B)/p^{\ominus}$。因此标准平衡常数单位为 1。

如以下反应在一定温度下达到平衡。

(1) 气相反应：

$$a\mathrm{A}(g) + b\mathrm{B}(g) \rightleftharpoons g\mathrm{G}(g) + h\mathrm{H}(g)$$

$$K^{\ominus} = \frac{[p(G)/p^{\ominus}]^g [p(H)/p^{\ominus}]^h}{[p(A)/p^{\ominus}]^a [p(B)/p^{\ominus}]^b} = \frac{[p'(G)]^g [p'(H)]^h}{[p'(A)]^a [p'(B)]^b} \tag{5-20}$$

将式(5-20) 移项整理得

$$K^{\ominus} = \frac{[p(G)]^g [p(H)]^h}{[p(A)]^a [p(B)]^b} (p^{\ominus})^{(a+b)-(g+h)} = K_p (p^{\ominus})^{-\Sigma v} \tag{5-21}$$

式中 $\Sigma v = (g+h)-(a+b)$，当 $\Sigma v = 0$ 时，$K^{\ominus} = K_p$。

(2) 液相反应：

$$a\mathrm{A}(aq) + b\mathrm{B}(aq) \rightleftharpoons g\mathrm{G}(aq) + h\mathrm{H}(aq)$$

$$K^{\ominus} = \frac{[c(G)/c^{\ominus}]^g [c(H)/c^{\ominus}]^h}{[c(A)/c^{\ominus}]^a [c(B)/c^{\ominus}]^b} = \frac{[G]^g [H]^h}{[A]^a [B]^b} \tag{5-22}$$

(3) 非均相反应：

$$a\mathrm{A}(s) + b\mathrm{B}(aq) \rightleftharpoons g\mathrm{G}(g) + h\mathrm{H}(s)$$

$$K^{\ominus} = \frac{[p(G)/p^{\ominus}]^g}{[c(B)/c^{\ominus}]^b} = \frac{[p'(G)]^g}{[B]^b} \tag{5-23}$$

【例 5-7】 298K 时，反应 $\mathrm{Fe^{2+}(aq)} + \mathrm{Ag^+(aq)} \rightleftharpoons \mathrm{Fe^{3+}(aq)} + \mathrm{Ag(s)}$ 的 $K^{\ominus} = 2.98$，若 $\mathrm{Fe^{2+}}$、$\mathrm{Ag^+}$ 的初始浓度为 $0.2\,\mathrm{mol \cdot L^{-1}}$，计算 $\mathrm{Fe^{2+}}$、$\mathrm{Ag^+}$、$\mathrm{Fe^{3+}}$ 的平衡浓度。

解 设反应达到平衡时，$\mathrm{Fe^{2+}}$ 的转化浓度为 x，用 x' 表示相对浓度，即 $x' = x/c^{\ominus}$。

	$\mathrm{Fe^{2+}(aq)}$	+ $\mathrm{Ag^+(aq)}$	$\rightleftharpoons \mathrm{Fe^{3+}(aq)} + \mathrm{Ag(s)}$
开始浓度/(mol·L^{-1})	0.2	0.2	0
变化浓度/(mol·L^{-1})	x'	x'	x'
平衡浓度/(mol·L^{-1})	$0.2-x'$	$0.2-x'$	x'

$$K^{\ominus} = \frac{[Fe^{3+}]}{[Fe^{2+}][Ag^+]} = \frac{x'}{(0.2-x')^2} = 2.98$$

$x' = 0.0591$,即 $x = 0.0591 \text{mol} \cdot \text{L}^{-1}$。

则 Fe^{2+}、Ag^+ 的平衡浓度均为 $0.141 \text{mol} \cdot \text{L}^{-1}$,$Fe^{3+}$ 的平衡浓度为 $0.0591 \text{mol} \cdot \text{L}^{-1}$。

> **练一练**:写出下列反应的实验平衡常数(K_c)和标准平衡常数($K^{\ominus}$)的表达式
>
> (1) $C(s) + H_2O(g) \rightleftharpoons CO(g) + H_2(g)$
>
> $K_c = $ _____,$K^{\ominus} = $ _____。
>
> (2) $CH_4(g) + 2O_2(g) \rightleftharpoons CO_2(g) + 2H_2O(l)$
>
> $K_c = $ _____,$K^{\ominus} = $ _____。

在书写平衡常数表达式时,应注意以下几点:

① 平衡常数表达式中各物质的浓度(或分压),必须是达到平衡状态时相应的值。

② 平衡常数表达式要与化学方程式相对应。同一个化学反应,用不同化学方程式表示时,平衡常数表达式不同,得到的数值也不相同。如下列反应:

$N_2(g) + 3H_2(g) \rightleftharpoons 2NH_3(g)$ $\qquad K_1^{\ominus} = \dfrac{[p'(NH_3)]^2}{p'(N_2)[p'(H_2)]^3}$

$1/2 N_2(g) + 3/2 H_2(g) \rightleftharpoons NH_3(g)$ $\qquad K_2^{\ominus} = \dfrac{p'(NH_3)}{[p'(N_2)]^{1/2}[p'(H_2)]^{3/2}}$

$2NH_3(g) \rightleftharpoons N_2(g) + 3H_2(g)$ $\qquad K_3^{\ominus} = \dfrac{p'(N_2)[p'(H_2)]^3}{[p'(NH_3)]^2}$

则 $K_1^{\ominus} = (K_2^{\ominus})^2 = \dfrac{1}{K_3^{\ominus}}$

③ 纯固体、纯液体参与反应时,其浓度不写入 K_c 或 K_p 的表达式。

$$CaCO_3(s) \rightleftharpoons CaO(s) + CO_2(g)$$

$$K^{\ominus} = p'(CO_2) \quad \text{或} \quad K_p = p(CO_2)$$

④ 稀溶液中的进行的反应,如有水参加,其浓度不写入平衡表达式中;若非水溶液中的反应,有水参与,则需要写入平衡常数表达式中。例如:

$$Cr_2O_7^{2-}(aq) + H_2O(l) \rightleftharpoons 2H^+(aq) + 2CrO_4^{2-}(aq)$$

$$K^{\ominus} = \frac{[H^+]^2[CrO_4^{2-}]^2}{[Cr_2O_7^{2-}]}$$

$$CH_3COOH(l) + C_2H_5OH(l) \rightleftharpoons CH_3COOC_2H_5(l) + H_2O(l)$$

$$K^{\ominus} = \frac{[CH_3COOC_2H_5][H_2O]}{[C_2H_5OH][CH_3COOH]}$$

3. 平衡常数的意义

① 平衡常数是可逆反应的特征常数,它只是温度的函数。平衡常数只随温度的变化而改变,与物质的初始浓度无关。

② 平衡状态是可逆反应进行的最大限度，平衡常数则是表明限度的特征值，平衡常数的大小可用于判断反应进行的程度。

如反应：
$$N_2(g)+O_2(g) \rightleftharpoons 2NO(g) \quad K^{\ominus}=1.0\times10^{-30}(298K)$$

该反应平衡常数很小，意味着 298K 时，上述反应几乎不能正向进行，而逆向进行的程度很大，这表明理论上用这个反应在常温下固定氮是不可能的。但并非该反应不能进行，改变反应条件，如升高反应温度，使反应在新的条件下进行得比较完全。该问题将在本章第六节化学平衡移动中进行讨论。

而反应：
$$2SO_2(g)+O_2(g) \rightleftharpoons 2SO_3(g) \quad K^{\ominus}=3.16\times10^{25}(298K)$$

该反应平衡常数很大，说明反应正向进行的程度很大，但并不能预示反应达到平衡所需时间。上述反应在常温下速率太慢，几乎不反应。可以通过提高反应温度，增大反应气体的分压，选择合适的催化剂等措施来加快反应的进行。该问题将在本章第七节化工生产中反应速率与化学平衡的综合应用中进行讨论。

③ 依据平衡常数判断反应进行的方向。在平衡状态下，各物质浓度不再随时间改变，可以改变各组分的浓度来改变平衡点，但一定温度下平衡常数不会改变。对于任一化学反应

$$aA+bB \rightleftharpoons gG+hH$$

将任意时刻各生成物相对浓度幂的乘积与各反应物相对浓度幂的乘积之比定义为反应商，用 Q 表示，则

$$Q=\frac{[c(G)/c^{\ominus}]^g[c(H)/c^{\ominus}]^h}{[c(A)/c^{\ominus}]^a[c(B)/c^{\ominus}]^b}$$

式中，$c'(A)$、$c'(B)$、$c'(G)$、$c'(H)$ 分别为反应系统中 A、B、G、H 的相对浓度，量纲为 1。

如果反应物或生成物为气体，则反应商的表达式中，以各物质的相对分压表示。

当 $Q=K^{\ominus}$ 时，体系达到平衡；若 $Q \neq K^{\ominus}$，则可能存在以下两种情况：

① $Q<K^{\ominus}$，正反应速率大于逆反应速率，反应向正反应方向进行；

② $Q>K^{\ominus}$，正反应速率小于逆反应速率，反应向逆反应方向进行。

因此，在一定温度下，可以通过比较 Q 与 $K^{\ominus}$ 的大小判断反应是否处于平衡状态和反应的方向。

Q 和 $K^{\ominus}$ 的表达式形式相似，但两者概念不一致，前者表达式中的数据为任意状态下的数据，其比值也是变化的。后者表达式中的数据为平衡时的数据，其比值在一定温度下为常数。

想一想：1. 如何判断化学反应是否达到平衡状态？

2. 某反应：$A(aq)+B(aq) \rightleftharpoons G(aq)+H(aq)$，已知在某温度下 $K_c=2$。问当 A、B、G、H 的浓度均为 $1mol \cdot L^{-1}$ 时，系统是否处于平衡状态？正反应、逆反应反应速率哪一方较大？

三、有关化学平衡常数的计算

化学反应在一定条件达到平衡状态,平衡体系中各物质的浓度彼此制约于平衡常数。工业生产中可根据这种平衡关系来计算有关物质的平衡浓度、平衡常数以及反应物的平衡转化率。

某一反应物的平衡转化率是指反应达到平衡时,该反应物的转化量在该反应物的起始量中所占的百分数,常用 a 表示。其数学表达式为:

$$a = \frac{\text{平衡时某反应物的转化量}}{\text{该反应物的起始量}} \times 100\% \tag{5-24}$$

对气体恒容或在溶液中进行的反应,可以用浓度变化来计算

$$a = \frac{\text{平衡时某反应物的转化浓度}}{\text{该反应物的起始浓度}} \times 100\% \tag{5-25}$$

【例 5-8】 某温度下,反应 A+B $\rightleftharpoons$ G+H 在溶液中进行,平衡后各物质浓度如下:[A]=[B]=0.1 mol·L^{-1},[G]=[H]=0.3 mol·L^{-1}。若反应开始时 A 和 B 的浓度都是 0.02 mol·L^{-1},求此条件下反应的标准平衡常数 $K^{\ominus}$ 和 A 的最大转化率。

解 (1) 计算标准平衡常数

$$K^{\ominus} = \frac{[G][H]}{[A][B]} = \frac{0.3 \times 0.3}{0.1 \times 0.1} = 9.0$$

(2) 平衡状态下 A 的转化率为理论转化率,也是最大转化率。设平衡时生成的 G 和 H 的浓度为 x,$x' = x/c^{\ominus}$,则

$$\text{A} + \text{B} \rightleftharpoons \text{G} + \text{H}$$

	A	B	G	H
初始浓度/mol·L^{-1}	0.02	0.02	0	0
平衡浓度/mol·L^{-1}	0.02−x'	0.02−x'	x'	x'

$$K_c = \frac{c(G)c(H)}{c(A)c(B)} = \frac{x'^2}{(0.02-x')^2} = 9.0$$

$x' = 0.015$,即 $x = 0.015$ mol·L^{-1}。

$$\text{A 的转化率} = \frac{0.015}{0.02} \times 100\% = 75\%$$

【例 5-9】 在上例中若反应开始时 A 的浓度仍为 0.02 mol·L^{-1},而 B 的浓度增加到 0.06 mol·L^{-1},则此条件下反应的 A 的最大转化率为多少?

解 设平衡时 G 和 H 的浓度为 x,$x' = x/c^{\ominus}$,则

$$\text{A} + \text{B} \rightleftharpoons \text{G} + \text{H}$$

	A	B	G	H
初始浓度/mol·L^{-1}	0.02	0.06	0	0
平衡浓度/mol·L^{-1}	0.02−x'	0.06−x'	x'	x'

$$K_c = \frac{c(G)c(H)}{c(A)c(B)} = \frac{x'^2}{(0.02-x')(0.06-x')} = 9.0$$

$x' = 0.019$,即 $x = 0.019$ mol·L^{-1}。

$$A \text{ 的转化率} = \frac{0.019}{0.02} \times 100\% = 95\%$$

以上计算表明，当 B 的浓度增大到原来 3 倍时，A 的平衡转化率由 75% 提高到 95%（但 B 的转化率降低了，读者可自行计算）。这说明在一定温度下，提高一种反应物的浓度，可以提高另一种反应物的转化率，工业上常常提高一种易得且相对廉价的原料的浓度，来提高另一种成本较高的原料的转化率。

如在工业制备硫酸时中有下列反应：

$$2SO_2(g) + O_2(g) \rightleftharpoons 2SO_3(g)$$

用过量的氧气（空气中的氧气）来提高成本较高的 SO_2 的转化率，实际工业生产中的它们的配比为 1:1.6，而方程式中化学计量数之比为 1:0.5。

四、同时平衡规则

在一个反应系统中，如果同时发生多个化学反应，当达到平衡时，这些反应同时达到平衡，此时系统处于同时平衡状态。这些反应同处一个平衡系统中，它们之间必然要相互影响。

如 700℃ 时，平衡系统中同时进行两个反应：

反应 1 　　　　　　　　$SO_2(g) + 1/2 O_2(g) \rightleftharpoons SO_3(g)$

$$K_1^\ominus = \frac{p'(SO_3)}{p'(SO_2)[p'(O_2)]^{1/2}}$$

反应 2 　　　　　　　　$NO_2(g) \rightleftharpoons NO(g) + 1/2 O_2(g)$

$$K_2^\ominus = \frac{p'(NO)[p'(O_2)]^{1/2}}{p'(NO_2)}$$

若将反应 1、反应 2 相加得：

反应 3 　　　　　　　　$SO_2(g) + NO_2(g) \rightleftharpoons SO_3(g) + NO(g)$

$$K_3^\ominus = \frac{p'(NO)p'(SO_3)}{p'(NO_2)p'(SO_2)} = \frac{p'(SO_3)}{p'(SO_2)[p'(O_2)]^{1/2}} \times \frac{p'(NO)[p'(O_2)]^{1/2}}{p'(NO_2)}$$

$$= K_1^\ominus K_2^\ominus$$

即 $K_3^\ominus = K_1^\ominus K_2^\ominus$

通常情况下，如果一个反应是其他两个或多个反应的总和（或总差），则总反应的平衡常数等于其他各个反应的平衡常数之积（或商）。这个关系称为同时平衡规则。应用同时平衡规则，可以由已知的平衡常数计算相关反应的平衡常数。

应用同时平衡规则要注意以下两点：
① 所有平衡常数必须在同一个温度，因为 $K^\ominus$ 随温度而变化；
② 如果反应 3 = 反应 2 − 反应 1，则 $K_3^\ominus = K_2^\ominus / K_1^\ominus$。

? 想一想：已知某温度下，下列两反应及其 $K^\ominus$ 值：

$$Fe(s) + CO_2(g) \rightleftharpoons FeO(s) + CO(g) \qquad K_1^{\ominus} = 1.47$$
$$FeO(s) + H_2(g) \rightleftharpoons Fe(s) + H_2O(g) \qquad K_2^{\ominus} = 0.42$$

问该温度下反应 $H_2(g) + CO_2(g) \rightleftharpoons CO(g) + H_2O(g)$ 的 $K^{\ominus} = $ _____。

第六节　影响化学平衡的因素

化学平衡是相对的、暂时的。当条件改变时，原有平衡就会被破坏，各物质的浓度（或分压）就会改变，直到建立新的平衡。这种由于条件变化导致由原平衡状态转变到新平衡状态的过程，称为化学平衡的移动。影响化学平衡移动的因素主要有浓度、压力和温度等。下面分别探讨浓度、压力或温度对化学平衡的影响。

一、浓度对化学平衡的影响

【演示实验5-3】向 100mL 烧杯中先后加入 5mL 0.01mol·L^{-1} FeCl$_3$ 溶液和 5mL 0.01mol·L^{-1} KSCN 溶液，再加入 15mL 水稀释，振摇后将溶液均分于三支试管中，在其中两支试管中分别加入几滴 1mol·L^{-1} FeCl$_3$ 溶液和 1mol·L^{-1} KSCN 溶液，另一支试管留作对照，振摇后观察试管中溶液颜色变化。

可以看到，加入试剂的两支试管里，溶液的红色都加深了。说明增大反应物浓度，使平衡正反应方向移动。该反应的反应式为：

$$6SCN^- + Fe^{3+} \rightleftharpoons [Fe(SCN)_6]^{3-}$$
（血红色）

由此类推，对于任意可逆反应，浓度对化学平衡的影响可归纳为：在其他条件不变的情况下，增加反应物的浓度或降低生成物的浓度，化学平衡朝正反应方向移动；增加生成物浓度或降低反应物的浓度，化学平衡向逆反应方向移动。

浓度对化学平衡的影响

以合成氨反应为例进行具体分析：

$$N_2(g) + 3H_2(g) \rightleftharpoons 2NH_3(g)$$

一定温度下，$K^{\ominus}$ 保持不变。平衡状态时 $Q = K^{\ominus}$。同一温度下，当反应物或生成物的浓度改变时，反应商 $Q = \dfrac{[c(NH_3)/c^{\ominus}]^2}{[c(N_2)/c^{\ominus}][c(H_2)/c^{\ominus}]^3}$ 则发生变化。

① 增加平衡系统中反应物 N$_2$ 或者 H$_2$ 浓度，则 $Q < K^{\ominus}$，平衡被破坏，反应向右进行，随着反应进行，NH$_3$ 浓度逐渐增加，N$_2$ 和 H$_2$ 浓度逐渐降低，Q 值增大，当 $Q = K^{\ominus}$，反应达到新的平衡（如图 5-11 所示）。

② 当平衡系统中产物 NH$_3$ 浓度增加时，$Q > K^{\ominus}$，平衡被破坏，反应向左进行，随着反应进行，NH$_3$ 浓度逐渐降低，N$_2$ 和 H$_2$ 浓度逐渐增加，Q 值减小，当 $Q = K^{\ominus}$，反应达到新的平衡（如图 5-12 所示）。

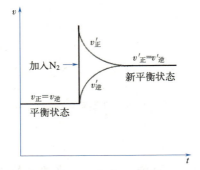
图 5-11 增加反应物浓度对平衡系统的影响

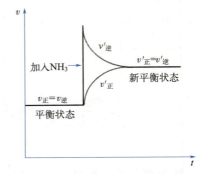
图 5-12 增加生成物浓度对平衡系统的影响

改变浓度只能改变平衡点，平衡常数不变，在化工生产中，可依据实际情况增大或降低某一物质的浓度来提高另一物质的转化率。

如石灰石（$CaCO_3$）高温煅烧成生石灰（CaO）的反应：
$$CaCO_3(s) \rightleftharpoons CaO(s) + CO_2(g)$$

实际生产中将生成的 CO_2 不断从平衡体系中排出，即降低 CO_2 的浓度，使平衡向右移动，使石灰石分解更充分。

对于气体参加的反应，也可以用各气体物质的分压代替浓度。

二、系统总压力对化学平衡的影响

改变液相或固相反应系统的总压力，对平衡几乎没有影响，但改变有气体参与的反应系统的压力，有可能引起化学平衡的移动。平衡移动的方向由产物气体分子数与反应物气体分子数之差 Δn 决定。对于全部由气体参与的反应，Δn 也可以用 $\sum v$ 表示。

以合成氨反应为例进行具体分析。
$$N_2(g) + 3H_2(g) \rightleftharpoons 2NH_3(g)$$

$\sum v = 2-(1+3) = -2 < 0$，即正反应为气体分子数减少的反应。

当反应在一定温度下达到平衡时，$K^{\ominus}$ 保持不变。

当系统总压力改变时，各组分分压也相应增加或者减少，原来平衡被破坏，此时反应商 $Q = \dfrac{[p(NH_3)/p^{\ominus}]^2}{[p(N_2)/p^{\ominus}][p(H_2)/p^{\ominus}]^3}$ 则发生变化。

(1) 当系统总压力增加到原来 2 倍，各组分分压也相应增加到原来的两倍，即 $2p(N_2)$、$2p(H_2)$、$2p(NH_3)$。将改变后的分压代入 Q 表达式中，$Q < K^{\ominus}$，反应向右进行，即平衡朝气体分子数减小方向移动，随着反应进行，NH_3 分压增大，N_2 和 H_2 分压减小，Q 值增大，当 $Q_p = K^{\ominus}$，反应达到新的平衡。

(2) 当系统总压力降低到原来的一半，各组分分压也相应减小到原来的一半，即 $1/2\,p(N_2)$、$1/2\,p(H_2)$、$1/2\,p(NH_3)$。将改变后的分压代入 Q 表达式中，$Q > K^{\ominus}$，反应向左进行，即平衡朝气体分子数增大方向移动，随着反应进行，NH_3 分压减小，N_2 和 H_2 分压增大，Q 值较小，当 $Q = K^{\ominus}$，反应达到新的平衡。

如果产物气体分子数与反应物气体分子数相等，即 $\Delta n = 0$，改变系统总压，各组分分压按方程式中的化学计量数同倍数增大或减小，则 $Q=K^{\ominus}$，平衡不发生移动。如下列反应：
$$CO(g)+H_2O(g) \rightleftharpoons CO_2(g)+H_2(g)$$
$\Sigma v=2-2=0$，一定温度下达到平衡时，改变系统总压力，平衡不发生移动。

压力对化学平衡的影响可归纳为：

对于有气体参加的反应，若 $\Delta n \neq 0$，其他条件不变，增大压力，平衡向气体分子数减小的方向移动；降低压力，平衡向气体分子数增加的方向移动。

若 $\Delta n=0$，平衡不随压力的变化而移动。

在密闭容器中进行有气体参加的反应，一定温度下，若保持容积不变，充入不参与反应的惰性气体，使系统总压增大，因气体反应物的分压保持不变，平衡不移动。若充入惰性气体后，保持总压不变，但气体反应物的分压减少，相当于降低了反应体系的总压，则平衡向气体分子数增大的方向移动。

三、温度对化学平衡的影响

【演示实验 5-4】 将 NO_2 平衡球分别放在装有热水和冷水的两个烧杯中，片刻后观察两球颜色变化（如图 5-13）。

图 5-13　温度对化学平衡的影响

温度对化学平衡的影响

平衡球中发生如下反应：
$$2NO_2 \rightleftharpoons N_2O_4$$
（红棕色）（无色）

实验现象表明，热水中的小球内气体颜色加深，平衡向生成 NO_2 的方向移动，冷水中的小球内气体颜色变浅，平衡向生成 N_2O_4 的方向移动。温度是怎样影响化学平衡的呢？

温度对化学平衡的影响与浓度、压力的影响有本质的区别。浓度、压力变化时，标准平衡常数不变，而温度的变化会引起 $K^{\ominus}$ 的改变，从而平衡发生移动。

标准平衡常数 $K^{\ominus}$ 与热力学温度 T 的关系如下：
$$\ln \frac{K_2^{\ominus}}{K_1^{\ominus}} = \frac{\Delta_r H_m^{\ominus}}{R} \times \frac{T_2-T_1}{T_1 T_2} \tag{5-26}$$

式中，$\Delta_r H_m^{\ominus}$ 为一定温度下标准摩尔焓变，在温度变化不大时，可视为常数。体系放热时，$\Delta_r H_m^{\ominus}<0$；体系吸热时，$\Delta_r H_m^{\ominus}>0$。$K_1^{\ominus}$、$K_2^{\ominus}$ 分别为温度 T_1、T_2 时的标准平衡

常数。R 为气体常数。

从上式可知，温度对标准平衡常数和化学平衡的影响如下：

(1) 若正反应为放热反应，$\Delta_r H_m^\ominus < 0$，当温度升高时 ($T_2 > T_1$)，则 $K_2^\ominus < K_1^\ominus$，即平衡常数随温度升高而减小，此时 $Q > K^\ominus$，平衡向逆方向（即向左）移动，即向吸热方向移动，在较高温度下建立新的平衡（如图 5-14 所示）。

(2) 若正反应为吸热反应，$\Delta_r H_m^\ominus > 0$，当温度升高时 ($T_2 > T_1$)，则 $K_2^\ominus > K_1^\ominus$，即平衡常数随温度升高而增大，此时 $Q < K^\ominus$，平衡向正方向（即向右）移动，即向吸热方向移动，在较高温度下建立新的平衡（如图 5-15 所示）。

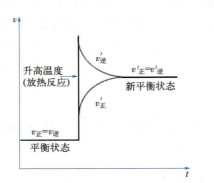 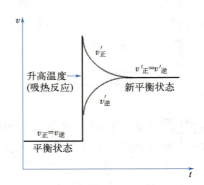

图 5-14 升高温度对平衡系统的影响（一）　　图 5-15 升高温度对平衡系统的影响（二）

综上所述，温度对化学平衡的影响为：温度降低时，平衡向放热方向移动；温度升高时，平衡向吸热方向移动。

温度对平衡常数数值的影响很大。例如反应：
$$N_2(g) + O_2(g) \Longleftrightarrow 2NO(g)$$

在 298K，$K^\ominus = 1 \times 10^{-30}$，而在 2273K，$K^\ominus = 0.10$。即常温下几乎不能进行的反应，在高温时则有部分 N_2 可转化为 NO（2273K 时，0.12mol·L^{-1} 的 N_2 和 O_2 反应，大约有 14% 的 N_2 转化为 NO）。这就是雷雨后大气可生成 NO 及电弧法制备 HNO_3 的原理。

四、平衡移动原理

综合以上影响化学平衡移动的因素，1884 年法国科学家勒夏特列（Le Chatelier）从实验中总结出一条普遍规律：**如果改变平衡体系的条件之一，如浓度、压力或温度，平衡会向减弱这个改变的方向移动。这个规律被称为勒夏特列原理，也叫平衡移动原理。**

根据这个原理：

当升高温度时，平衡就向降低温度（即吸热）的方向移动；当降低温度时，平衡就向升高温度（即放热）方向移动。

当增加反应物浓度时，平衡就向能降低反应物浓度的方向（即正反应方向）移动；降低反应物浓度时，平衡就向增加反应物浓度的方向（即逆反应方向）移动。

当增加系统总压力时，平衡就向能减小压力的方向（即减少气体分子数方向）移动，当降低压力时，平衡就向能增大压力的方向（即增加气体分子数方向）移动。

勒夏特列原理适应于所有的动态平衡体系，但必须注意，它只能用于已经建立平衡的体系，对非平衡体系则不适应。

想一想： 1. 已知反应 $2SO_2(g)+O_2(g) \rightleftharpoons 2SO_3(g)$ 为放热反应，采取以下哪些措施可以提高 SO_2 的转化率。

(1) 增加 O_2 的浓度　　(2) 增加 SO_2 的浓度　　(3) 升高反应温度
(4) 降低反应温度　　(5) 降低系统总压　　(6) 增加系统总压
(7) 加入催化剂

2. 下列说法是否正确？为什么？

(1) 平衡常数越大的反应的反应速率越快；
(2) 可逆反应达到平衡时，系统中反应物浓度与生成物浓度相等；
(3) 对于溶液中进行的反应，改变总压力对平衡几乎没有影响，改变有气体参加的反应平衡体系总压，一定能使平衡发生移动；
(4) 勒夏特列原理是一条普遍的规律，适用于任何过程；
(5) 在合成氨反应的平衡系统中，加入惰性气体氩气，若保持总压不变，平衡不发生移动。

第七节　化工生产中反应速率与化学平衡的综合应用

在化工生产实际中，如何选择最佳工艺条件，充分利用原料、提高产量、缩短生产周期，降低成本，需要综合考虑反应速率和化学平衡，采用最佳工艺条件，以取得最高的经济效益。下面以 SO_2 转化成 SO_3 为例，探讨最佳工艺条件的选择。

SO_2 转化成 SO_3 的反应为：

$$2SO_2(g)+O_2(g) \rightleftharpoons 2SO_3(g) \qquad \Delta_r H_m^{\ominus} < 0$$

该反应为气体分子数减少、正反应为放热反应的可逆反应。增大原料气 SO_2 和 O_2 的浓度（或分压），升高反应温度，选择合适的催化剂，均可加快反应的进行。依据勒夏特列原理，增大原料气的浓度（或分压），降低反应温度和增加系统压力都有利于 SO_3 产率的提高。但加快反应速率和提高 SO_3 产率所需的工艺条件并不完全一致，这就需要综合考虑，找出最佳条件。

一、提高贵重原料的转化率

SO_2 是硫铁矿燃烧而来，价格较贵，来自大气中的 O_2 量充足，相对成本较低，可以通过提高易得且相对廉价的 O_2 的浓度，来提高相对贵重的 SO_2 的转化率，但原料配比不可失当，否则 O_2 过量太多，会冲淡 SO_2 浓度，影响反应速率和产量。实际工业生产中的 SO_2 与 O_2 的配比为 1∶1.6。

二、选择适宜的反应温度

温度对反应的影响很大，温度的控制是关键。较低温度有利于 SO_2 的转化，如表 5-3 所示，但温度偏低，反应速率太慢。升高温度可加快反应速率，但会降低 SO_2 的转化率，还会增加能耗。选择温度时,还需考虑催化剂,所选温度不能超过催化剂的使用温度。实际生产中,采常用催化剂 V_2O_5,其最适宜的反应温度区间为 673~773K。

表 5-3　101kPa 时 SO_2 平衡转化率与温度的关系

T/K	673	723	773	823	873
$\alpha(SO_2)/\%$	99.2	97.5	93.5	85.6	73.7

三、选择合适的系统压力

增加系统总压力可以提高 SO_2 的转化率和反应速率。但压力过高,对设备的材质要求更高,且能耗也增大。表 5-4 表明,系统总压力的改变对 SO_2 的转化率影响不大,常压下就有较高的转化率。实际生产往往在常压下进行。

表 5-4　773K 时 SO_2 平衡转化率与压力的关系

p/kPa	101.3	506.5	1013	2533	5065
$\alpha(SO_2)/\%$	97.5	98.9	99.2	99.5	99.6

四、合理选用催化剂

使用催化剂能显著增加反应速率,使反应在常压、较低温度下也能快速进行,既降低了能耗,又增加单位时间内的产量。

实验表明,Pt、V_2O_5、Cr_2O_3、Fe_2O_3、CuO 等对 SO_2 的氧化均具有较好的催化性能,其中铂催化剂可以在较低温度下得到很高的转化率,但铂价格昂贵,易中毒,V_2O_5(五氧化二钒)在温度 673~773K 时催化性能好,且在此温度区间有较快的反应速率和较高的转化率,故工业生产中常用 V_2O_5 作催化剂。

综合以上各因素,SO_2 的转化最优条件为:压力:常压(101.3kPa);
催化剂:V_2O_5(主)、K_2O(助)、SiO_2 载体;温度:673~773K;
原料气组成:7%的 SO_2,11%的 O_2,82%的 N_2。

【知识拓展】

微波技术在化学中的应用

多数化学反应的进行需要一定的能量,通常是热能,微波技术就是一种新型、快速且高效的加热方法,而且在很多化学过程中呈现出神奇的效应,因此吸引了大批科技工作者从事这一领域的开发与研究。微波化学是研究在化学中应用微波的一门新兴的前沿交叉学科,它是在人们对微波场中物质的特性及其相互作用的深入研究基础上发展起来的。

微波技术在化学中的应用,主要是指利用微波来加速化学反应进行,通过微波的震动,它能对一些反应起到活化的作用,其活化机制的理论研究正处于方兴未艾的初级阶段。详细内容请扫描二维码阅读。

微波技术在化学中的应用

【新视野】

我国科学家实现化学反应立体动力学精准调控

　　面对无处不在的化学反应，如何精确调控是化学科学研究的核心目标之一。随着人类对化学反应的认识不断深入，研究进展已经达到原子、分子尺度和量子态层面，如何在微观水平上进一步发展精确调控化学反应的原理和方法，也成为科学家们孜孜以求的目标。

　　中国科学院大连化学物理研究所的科研人员，通过控制分子化学键方向，实现了化学反应的立体动力学精准调控。2023 年 1 月 13 日，这一研究成果发表在国际权威学术期刊《科学》杂志上。详细内容请扫描二维码阅读。

我国科学家实现化学反应立体动力学精准调控

【本章小结】

一、化学反应速率

（1）化学反应速率是以单位时间内反应物浓度的减少或生成物浓度的增加来表示的，常用单位是 $mol·L^{-1}·s^{-1}$、$mol·L^{-1}·min^{-1}$ 或 $mol·L^{-1}·h^{-1}$。

（2）基元反应的速率方程符合质量作用定律，速率常数 k 取决于反应物的本性、反应温度和催化剂等，与浓度无关。非基元反应的速率方程通过实验确定。

（3）影响反应速率的因素有内因和内因，内因为反应物自身的性质，外因包括浓度、压力、温度、催化剂等外界因素。

　　增大反应物浓度，或者气态反应物的分压，升高反应温度，一般能使反应速率加快，反之则反应速率减慢。催化剂能显著地改变化学反应速率，而本身的组成、质量和化学性质在反应前后保持不变，催化剂具有选择性和高效性。

（4）反应速率理论　在碰撞理论中，普通分子吸收足够能量后成为活化分子，活化分子按照一定取向发生有效碰撞后反应。

　　在过渡状态理论中，反应物分子吸收能量后，形成处于过渡状态的高能量活化配合物，再转化成产物。

二、化学平衡

（1）一定条件下，可逆反应的正逆反应速率相等时，反应体系所处的状态为化学平衡状态。化学平衡是一种动态平衡，也是相对平衡，当外界条件发生改变时，原有平衡被破坏，在新的条件下建立新的平衡。

（2）化学平衡常数　用物质的浓度或分压来表示的平衡常数称为实验平衡常数，用 K_c 或 K_p 表示。

　　根据标准热力学函数计算得到的平衡常数，称为标准平衡常数，用 $K^{\ominus}$ 表示。

　　平衡常数为可逆反应达到平衡的特征值，与浓度无关，受温度影响，其数值越大，表示反应进行越完全。

(3) 同时平衡规则　如果一个反应是其他两个或多个反应的总和，则总反应的平衡常数等于其他各个反应的平衡常数之积，应用同时平衡规则，可以由已知的平衡常数计算相关反应的平衡常数。

(4) 平衡常数的意义

① 根据平衡常数的大小判断反应进行的程度。

② 根据反应商（Q）与平衡常数（$K^{\ominus}$）的大小判断反应进行的方向。

$Q = K^{\ominus}$，体系达到平衡状态；

$Q < K^{\ominus}$，反应正向进行；

$Q > K^{\ominus}$，反应逆向进行。

(5) 有关平衡常数的计算　平衡体系中各物质的浓度彼此制约于平衡常数，可根据这种平衡关系来计算有关物质的平衡浓度、平衡常数以及反应物的平衡转化率。

(6) 影响化学平衡的因素　浓度、压力和温度等因素都可以引起化学平衡的移动，勒夏特列原理概括这些因素对于化学平衡的影响，即如果改变平衡体系的条件之一，如浓度、压力或温度，平衡就向减弱这个改变的方向移动。勒夏特列原理适应于所有的动态平衡体系，但必须注意，它只能用于已经建立平衡的体系，对非平衡体系则不适应。

【思考与练习】

一、填空题

1. 具有较高能量、能发生有效碰撞的分子称为_____分子。

2. 根据反应的具体步骤，化学反应可分为_____和_____。

3. 反应 $A(g)+B(g)\longrightarrow 2C(g)$ 为基元反应，则其反应速率方程式 $v=$_____；反应级数为_____。

4. 催化剂改变了_____，降低了_____，从而增大了_____，使反应速率显著加快。

5. 在一定条件下进行的反应 $A+B\longrightarrow C$，若保持 A 的浓度不变，当 B 的浓度增加一倍时，反应速率增大一倍。若保持 B 的浓度不变，当 A 的浓度增加到原来二倍时，反应速率增大到原来的四倍，则反应速率方程为_____。

6. 若反应 $2A+B\rightleftharpoons 2C$ 的平衡常数为 K_1，$2C\rightleftharpoons 2A+B$ 的平衡常数为 K_2，则 K_1、K_2 的关系为_____。

7. 若反应 $A+2B\rightleftharpoons C$ 的平衡常数为 K_1，反应 $A+2B+D\rightleftharpoons 2E$ 的平衡常数为 K_2，则反应 $C+D\rightleftharpoons 2E$ 的平衡常数 $K=$_____。

8. 反应 $2A+B\rightleftharpoons C$ 在一定温度下达到平衡，

① 若升高温度，平衡向逆反应方向移动，则正反应是_____热反应；

② 若 B 为气体，增加压力，平衡不发生移动，则 A 的状态是_____态；

③ 若将固态 B 的颗粒粉碎，则气体 A 的反应速率会_____，A 的转化率_____。

9. 在 100℃时，反应 $AB(g)\rightleftharpoons A(g)+B(g)$ 的平衡常数 $K_c=0.21\,\mathrm{mol\cdot L^{-1}}$，则标准平衡常数 $K^{\ominus}$ 的值为_____。

10. 某温度下 $2NO(g)+O_2(g)\rightleftharpoons 2NO_2(g)$ 的速率常数 $k=8.8\times 10^{-2}\,\mathrm{mol^{-2}\cdot L^2\cdot s^{-1}}$，已知反应对 O_2 是一级反应，则对 NO 为_____级反应，速率方程为_____；

当反应物的浓度都是 0.05mol·L^{-1} 时，反应的速率是_____。

11. 已知某温度下反应：$CaCO_3(s) \rightleftharpoons CaO(s) + CO_2(g)$ 的 $K_p = 50\text{kPa}$。问高温度下，下列各种情况中_____能建立化学平衡，_____不能建立化学平衡。

(1) 密闭容器中有 CaO，CO_2；$p(CO_2) = 101\text{kPa}$

(2) 密闭容器中有 $CaCO_3$，CaO

(3) 密闭容器中有 $CaCO_3$，CO_2；$p(CO_2) = 10\text{kPa}$

(4) 密闭容器中有 $CaCO_3$，CO_2；$p(CO_2) = 101\text{kPa}$

(5) 密闭容器中有 CaO，CO_2；$p(CO_2) = 10\text{kPa}$

二、选择题

1. 对于化学平衡状态的描述正确的是（   ）。

A. 反应已经停止

B. 加催化剂能使化学平衡正向移动

C. 外界条件如温度、浓度、系统总压等改变时，平衡一定会发生移动

D. 平衡时的反应物和生成物的浓度均不随时间而变

2. 可逆反应 $PCl_5(g) \rightleftharpoons PCl_3(g) + Cl_2(g)$ 在密闭容器中进行，正反应为放热反应。当达到平衡时，下列说法正确的是（   ）。

A. 温度不变，加入催化剂，使平衡向右移动

B. 保持体积不变，加入氮气使总压力增加一倍，平衡向右移动

C. 保持系统总压不变，加入氮气，平衡向右移动

D. 降低温度，平衡向左移动

3. 反应 $CO(g) + H_2O(g) \rightleftharpoons CO_2(g) + H_2(g)$，为了提高 CO 转化率，可采取的措施为（   ）。

A. 加压   B. 加催化剂

C. 增大 CO 的浓度   D. 增大 H_2O 的浓度

4. 有关碰撞理论的描述正确的是（   ）。

A. 反应物分子的每次碰撞都能发生化学反应

B. 活化能是所有分子的平均能量

C. 活化能越大，活化分子就越多

D. 活化能越小，活化分子就越多

5. 若反应 $A + 2B \longrightarrow C$ 的速率方程为 $v = kc(A)c^2(B)$，则此反应（   ）。

A. 一定是基元   B. 一定是非基元反应

C. 不能确定是否为基元反应   D. 反应为一级反应

6. 对已达到平衡的可逆反应体系，一定能使生成物浓度增大的措施是（   ）。

A. 增加反应物浓度   B. 升高温度

C. 增加系统压力   D. 加入催化剂

7. 催化剂是通过改变反应进行的历程来加快反应速率，这一历程影响（   ）。

A. 增大碰撞频率   B. 降低活化能

C. 减小速率常数   D. 增大平衡常数数值

8. 某化学反应进行 30min 反应后完成 50%，进行 60min 后完成 100%，则反应为（   ）。

A. 三级反应 B. 二级反应 C. 一级反应 D. 零级反应

9. 某一级反应的速率常数为 $9.5\times 10^{-2}\,\text{min}^{-1}$，则此反应的半衰期为（　　）。
   A. 3.65min B. 7.29min C. 0.27min D. 0.55min

10. 放射性衰变过程为一级反应，某同位素的半衰期为 10^4 年，问此同位素由 100g 减少到 1g 约需（　　）年。
    A. 4×10^4 B. 5×10^4 C. 6×10^4 D. 7×10^4

11. 已知下列反应及其平衡常数

$$N_2(g)+3H_2(g)\rightleftharpoons 2NH_3(g) \quad K_1$$
$$1/2N_2(g)+3/2H_2(g)\rightleftharpoons NH_3(g) \quad K_2$$
$$1/3N_2(g)+H_2(g)\rightleftharpoons 2/3NH_3(g) \quad K_3$$

则平衡常数 K_1、K_2、K_3 的关系是（　　）。
A. $K_1=K_2=K_3$
B. $K_1=1/2K_2=1/3K_3$
C. $K_1=K_2^{1/2}=K_3^{1/3}$
D. $K_1=K_2^2=K_3^3$

12. 某化合物 A 的水合物晶体 $A\cdot 3H_2O$ 脱水反应过程为：

$$A\cdot 3H_2O(s)\rightleftharpoons A\cdot 2H_2O(s)+H_2O(g) \quad K_1$$
$$A\cdot 2H_2O(s)\rightleftharpoons A\cdot H_2O(s)+H_2O(g) \quad K_2$$
$$A\cdot H_2O(s)\rightleftharpoons A(s)+H_2O(g) \quad K_3$$

为使 $A\cdot 2H_2O$ 晶体保持稳定（不发生潮解或风化），则容器中水蒸气压 $p(H_2O)$ 与平衡常数关系应满足（　　）。
A. $K_2>p(H_2O)>K_3$
B. $p(H_2O)>K_2$
C. $p(H_2O)>K_1$
D. $K_1>p(H_2O)>K_2$

三、计算题

1. 气体 A 的分解反应 $A(g)\longrightarrow$ 产物为零级反应，当 $c(A)=0.6\,\text{mol}\cdot L^{-1}$ 时，反应速率为 $0.014\,\text{mol}\cdot L^{-1}\cdot s^{-1}$，求该反应的速率常数 k，以及当 $c(A)=1.0\,\text{mol}\cdot L^{-1}$ 时的反应速率。

2. 已知某温度下，反应

$$Fe(s)+CO_2(g)\rightleftharpoons FeO(s)+CO(g) \quad K_1^{\ominus}=1.47$$
$$FeO(s)+H_2(g)\rightleftharpoons Fe(s)+H_2O(g) \quad K_2^{\ominus}=0.42$$

计算此温度下，反应 $CO_2(g)+H_2(g)\rightleftharpoons CO(g)+H_2O(g)$ 的 $K_3^{\ominus}$。

3. 某药物分解反应为一级反应，在 37℃ 时，反应速率常数为 $0.46\,h^{-1}$，若服用该药 0.16g，问该药在胃中停留多少时间才能分解 90%？

4. 放射线 ^{60}Co 所产生的强 γ 辐射，广泛用于癌症治疗。放射性物质的强度以 Ci（居里）表示。某医院一个 20 Ci 的钴源，经过一段时间后钴源的剩余量只有 5.3 Ci。问这一钴源在医院使用了多长时间？已知 ^{60}Co 的半衰期为 5.26 年。

5. 反应 $Sn+Pb^{2+}\rightleftharpoons Sn^{2+}+Pb$ 在 298K 达到平衡时的 $K_c=2.18$，若反应开始时 $c(Pb^{2+})=0.1\,\text{mol}\cdot L^{-1}$，$c(Sn^{2+})=0.1\,\text{mol}\cdot L^{-1}$，求平衡时 Pb^{+2}、Sn^{2+} 的浓度。

6. 反应 $2NO(g)+Br_2(g)\rightleftharpoons 2NOBr(g)$ 在 623K 时建立平衡，测得平衡混合物中 $c(NO)=0.30\,\text{mol}\cdot L^{-1}$，$c(Br_2)=0.11\,\text{mol}\cdot L^{-1}$，$c(NOBr)=0.046\,\text{mol}\cdot L^{-1}$，求反应的 K_c、K_p、$K^{\ominus}$。

7. N_2O_4 按下式解离：$N_2O_4(g) \rightleftharpoons 2NO_2(g)$。已知 52℃ 解离达到平衡时，有一半的 N_2O_4 解离，且知平衡系统的压力为 101kPa，求 $K^{\ominus}$。

四、问答题

1. 区别下列各组概念。

（1）反应级数与反应分子数　　　　（2）基元反应与非基元反应

（3）活化分子与活化能　　　　　　（4）浓度实验平衡常数与浓度商

2. 在多相反应体系中，常常采用将固体反应物粉碎，对反应体系进行搅拌、摇动，或者鼓风等方式来加快反应速率，试解释采取这些措施的原因。

3. V^{3+} 催化氧化成 V^{4+} 的反应机理，被认为是：

$$V^{3+} + Cu^{2+} \longrightarrow V^{4+} + Cu^{+} \text{（慢）}$$
$$Cu^{+} + Fe^{3+} \longrightarrow Cu^{2+} + Fe^{2+} \text{（快）}$$

（1）写出该反应的速率方程式。

（2）哪种物质作为催化剂？

（3）哪种物质为中间产物？

4. 一个反应的活化能为 $210 kJ \cdot mol^{-1}$，另一反应的活化能为 $46 kJ \cdot mol^{-1}$，在同一条件下，哪一个反应进行得较快？为什么？

5. NO 和 CO 是汽车尾气的主要污染物，人们设想利用下列反应消除其污染：

$$2NO(g) + 2CO(g) \longrightarrow N_2(g) + 2CO_2(g)$$

实际上该反应进行程度很大，但常温下反应速率很慢，不能付诸实用，采取哪些措施可以加快反应进行？

6. 平衡常数改变以后，化学平衡是否移动？平衡移动后，化学平衡常数是否改变？

7. 反应 $CO(g) + H_2O(g) \rightleftharpoons CO_2(g) + H_2(g)$ 为放热反应，在一定条件下达到平衡状态，其平衡状态特征是什么？采取哪些措施可以提高 CO 的转化率？

第五章
思考与练习

第五章
在线自测

第六章

电解质溶液

知识目标
1. 理解电解质的基本概念，理解盐类水解的概念、影响因素及同离子效应和缓冲溶液。
2. 掌握酸碱反应实质及共轭酸碱对解离常数 $K_a^{\ominus}$、$K_b^{\ominus}$ 间的定量关系，掌握一元弱酸（碱）在水溶液中的解离平衡及相关计算。
3. 掌握溶度积的概念、溶度积规则及其应用。

能力目标
1. 能利用平衡移动原理说明同离子效应和缓冲溶液的原理。
2. 能熟练给出质子酸碱的共轭对象，熟练计算共轭酸碱的 $K_a^{\ominus}$、$K_b^{\ominus}$ 值；能准确选用公式计算酸碱溶液的 pH 值。
3. 能够利用溶度积（溶解度）计算溶解度（溶度积）；能够利用溶度积规则解释沉淀的生成（或溶解）和分离某些离子（或进行沉淀的转化）。

第六章 PPT

素质目标
1. 通过探究沉淀溶解平衡在工业上的应用，树立工程思维和严谨求实的工匠精神。
2. 通过探究科学家的事迹等，培养不畏艰辛、精益求精的科学精神。

无机化学反应大多数是在水溶液中进行的，参与反应的物质主要是酸、碱、盐。酸、碱、盐都是电解质，在水溶液中能解离成自由移动的离子，因此它们在水溶液中的反应都是离子反应。离子反应包括酸碱反应、水解反应、沉淀反应、氧化还原反应、配位反应，这些反应都存在平衡问题。本章将应用化学平衡原理重点讨论酸碱反应、水解反应和沉淀反应。

第一节 电解质

在化学化工、湿法冶金、环境化学、生物化学、地球化学及盐湖卤水资源的开发利用等研究领域都涉及电解质溶液，明确电解质的基本概念是非常有必要的。

一、电解质的基本概念

1. 电解质与非电解质

在水溶液或熔化状态下，能够导电的化合物叫作电解质，不能导电的化合物叫作非电解质。酸、碱、盐是电解质，绝大多数有机物是非电解质，如酒精、蔗糖、甘油等。

2. 电解质的解离

电解质在水溶液或熔化状态下形成自由离子的过程叫解离。在酸、碱、盐的溶液中，受水分子作用，电解质解离为正、负离子，离子的运动是杂乱无章的。

溶剂的极性是电解质解离的一个不可缺少的条件。例如，氯化氢的苯溶液不能导电，而其水溶液可以导电。水是应用最广泛的溶剂，本章只讨论以水作溶剂的电解质溶液。

二、强电解质与弱电解质

电解质溶液之所以能导电，是由于溶液中有能够自由移动的离子存在，溶液的导电能力强弱与溶液中自由移动离子的多少有关，即同浓度的溶液中离子数目越多，其导电能力越强，反之，越弱。这说明电解质在溶液中解离的程度是不相同的。其原因可用电解质的结构来说明。

离子化合物是由阴离子和阳离子构成的。如果将离子化合物的晶体，如 NaCl 晶体放入水中，它一方面受到极性水分子的吸引，使离子间的键减弱；另一方面又受到不断运动的水分子的冲击，使离子脱离晶体表面进入溶液，成为能够自由移动的 Na^+ 和 Cl^-。在任何离子化合物的溶液中，它们的阴、阳离子都与 Na^+ 和 Cl^- 一样，受水分子的作用成为阴离子和阳离子。实验证明，大多数盐类和强碱（如 NaOH）都是离子化合物，它们在水溶液中以离子形式存在，而没有分子形式。

具有极性键的共价化合物是以分子状态存在的，例如，液态 HCl 中只有 HCl 分子，没有离子。但当 HCl 分子溶解于水时，由于本身的共价键具有很强的极性，故在极性水分子的作用下，分子中的共用电子对完全偏向氯原子，形成为自由移动的 Cl^-；氢原子失去电子成为自由移动的 H^+，以致水溶液中没有 HCl 分子存在，而只有 H^+ 与 Cl^-。其他强酸，如硫酸、硝酸也是具有强极性键的共价化合物，和 HCl 一样，它们的水溶液中也只有 H^+ 与酸根离子。但是一些极性较弱的共价化合物，如醋酸（CH_3COOH）、氨水（$NH_3 \cdot H_2O$）等，它们溶解于水时，虽然同样受水分子的作用，却只有一部分分子解离成离子，换言之，在这类电解质溶液中，既有离子存在，又有电解质的中性分子存在，所以导电能力较弱。

根据上述情况，可将电解质相对地分为强电解质和弱电解质。

在水溶液或熔融状态下，能完全解离的电解质称为强电解质。强酸、强碱、大多数的盐都是强电解质。强电解质的解离用单向箭头"$\longrightarrow$"表示其完全解离成离子。解离过程表示为：

$$HCl \longrightarrow H^+ + Cl^-$$
$$NaOH \longrightarrow Na^+ + OH^-$$

在水溶液或熔融状态下，仅部分解离的电解质称为弱电解质。弱酸、弱碱、极少数的盐属于弱电解质。弱电解质的解离用双向箭头"$\rightleftharpoons$"表示其部分解离。解离过程表示为：

$$NH_3 \cdot H_2O \rightleftharpoons NH_4^+ + OH^-$$

常见的弱电解质有：HAc、H_2CO_3、H_2S、HCN、HF、HClO、HNO_2、$NH_3·H_2O$、水。电解质的强弱与其物质结构有关。

第二节　离子反应

一、离子反应与离子方程式

电解质在溶液中全部或部分解离为离子，因此电解质在溶液中发生的反应实质上是解离出的离子间的反应，这类反应称为离子反应。

例如，Na_2SO_4 溶液与 $BaCl_2$ 溶液的反应，产生了 $BaSO_4$ 沉淀和 NaCl。

$$Na_2SO_4 + BaCl_2 \longrightarrow 2NaCl + BaSO_4 \downarrow$$

Na_2SO_4、$BaCl_2$、NaCl 是易溶、易解离的化合物，在溶液中以离子的形式存在。$BaSO_4$ 以固体的性质形式存在。因此，该反应可以表示为：

$$2Na^+ + SO_4^{2-} + Ba^{2+} + 2Cl^- \longrightarrow BaSO_4 \downarrow + 2Na^+ + Cl^-$$

式中 Na^+、Cl^- 反应前后不变，将它们从方程式中消去。

$$SO_4^{2-} + Ba^{2+} \longrightarrow BaSO_4 \downarrow$$

这种用实际参加反应的离子符号来表示离子反应的式子叫作离子方程式。该离子反应表示任何可溶性钡盐与硫酸或可溶性硫酸盐之间的反应。由此可见，离子方程式和一般化学方程式不同。离子反应不仅表示一定物质间的化学反应，而且可以表示同一类型的化学反应。所以，离子方程式更能说明化学反应的本质。

以 $AgNO_3$ 溶液与 NaCl 溶液的反应来说明离子方程式的书写步骤。

第一步　完成化学方程式。

$$AgNO_3 + NaCl \longrightarrow AgCl \downarrow + NaNO_3$$

第二步　将反应前后易溶于水、易解离的物质写成离子形式；难溶物、难解离的物质、气体以分子式表示。

$$Ag^+ + NO_3^- + Na^+ + Cl^- \longrightarrow AgCl \downarrow + Na^+ + NO_3^-$$

第三步　消去两边未参加反应的离子，即方程式两边相同数量的同种离子。

$$Ag^+ + Cl^- \longrightarrow AgCl \downarrow$$

第四步　检查离子方程式中，各元素的原子个数和电荷数是否相等。

书写离子方程式时，必须熟知电解质的溶解性（见附录四）和电解质的强弱，只有易溶、易解离的电解质以离子符号表示。

二、离子反应发生的条件

溶液中离子反应的发生是有条件的。例如 NaCl 溶液与 KNO_3 溶液混合：

$$NaCl + KNO_3 \longrightarrow NaNO_3 + KCl$$

$$Na^+ + Cl^- + K^+ + NO_3^- \longrightarrow Na^+ + NO_3^- + K^+ + Cl^-$$

实际上，Na^+、Cl^-、K^+、NO_3^- 四种离子都没有发生变化。可见，如果反应物、生成物都是易溶、易解离的物质，在溶液中均以离子的形式存在，它们之间不可能生成新物质，实质上没有发生反应。

溶液中离子反应的条件是：

(1) 能够生成沉淀 Na_2SO_4 溶液与 $BaCl_2$ 溶液反应，生成了 $BaSO_4$ 沉淀。

$$Na_2SO_4 + BaCl_2 \longrightarrow BaSO_4 \downarrow + 2NaCl$$

离子方程式为：$\quad SO_4^{2-} + Ba^{2+} \longrightarrow BaSO_4 \downarrow$

(2) 有易挥发物产生 如 $CaCO_3$ 固体与盐酸反应，生成 CO_2 气体。

$$CaCO_3 + 2HCl \longrightarrow CaCl_2 + CO_2 \uparrow + H_2O$$

离子方程式为：$\quad CaCO_3 + 2H^+ \longrightarrow Ca^{2+} + CO_2 \uparrow + H_2O$

(3) 生成水或其他弱电解质 例如，盐酸与烧碱溶液的反应，有水产生。

$$NaOH + HCl \longrightarrow NaCl + H_2O$$

离子方程式为：$\quad H^+ + OH^- \longrightarrow H_2O$

上述反应说明强酸与强碱的中和反应，实质是酸中的 H^+ 与碱中的 OH^- 之间生成难解离的 H_2O 的反应。

原来所学的复分解反应，实质就是两种电解质在溶液中相互交换离子，这类离子反应发生的条件就是复分解反应发生的条件。综上所述，离子互换反应进行的条件是生成物中有难溶物、易挥发物或弱电解质产生，否则反应不能进行。

例如，HAc 溶液与 NaOH 溶液反应

$$HAc + NaOH \longrightarrow NaAc + H_2O$$

$$HAc + OH^- \longrightarrow Ac^- + H_2O$$

HAc 是弱电解质，而产生的 H_2O 比 HAc 更难解离，所以反应能够进行。

总之，离子互换反应总是向着减少离子浓度的方向进行。

> **想一想**：为什么离子反应需要一定的条件才能进行？

第三节 酸碱理论

通常认为纯水是不导电的。但如果用精密仪器检验，发现水有微弱的导电性，说明纯水有微弱的解离，所以水是极弱的电解质。

一、酸碱解离理论

1887 年，瑞典化学家阿仑尼乌斯在解离学说的基础上提出了酸碱解离理论：在水溶液中解离出的正离子全部是氢离子（H^+）的化合物称为酸，如 HCl、HNO_3、HCN、H_3PO_4 等；在水溶液中解离出的负离子全部是氢氧根离子（OH^-）的化合物称为碱，如 NaOH、$Ba(OH)_2$、$Al(OH)_3$ 等。酸碱反应生成盐和水，从离子反应的角度看，酸碱反应的实质就是 H^+ 和 OH^- 结合生成 H_2O 的反应，即

$$H^+ + OH^- \longrightarrow H_2O$$

酸碱解离理论揭示了酸碱反应的实质，明确指出 H^+ 是酸的特征，OH^- 是碱的特征，为定量测定溶液的酸碱度提供了理论基础，因而推动了化学科学的发展。

但是，酸碱解离理论也有局限性。它将碱限制为氢氧化物，因而不能直接解释 NH_3、Na_2CO_3、NaH_2PO_4 等水溶液的酸碱性问题；又将酸、碱及酸碱反应限制在以水为溶剂的系统中，而对在非水溶剂中（如液氨、乙醇、苯、丙酮等）和气相中进行的某些反应不能做出解释。例如，酸碱解离理论不能解释 HCl 和 NH_3 在苯溶液或气相中反应生成 NH_4Cl 所表现出来的酸碱反应性质。

随着科学的发展，人们对酸碱的认识逐渐深入，酸碱质子理论的产生克服了酸碱解离理论的局限性，使酸碱的范围有了进一步的扩展。

二、酸碱质子理论

1. 酸碱概念

酸碱质子理论认为凡能给出质子（H^+）的物质是酸，凡能接受质子（H^+）的物质是碱。在一定条件下能给出质子、在另一条件下又能接受质子的物质是两性物质。当酸 HA 给出质子后形成 A^-，A^- 自然对质子具有一定的亲和力，故 A^- 是一种碱，亦即酸给出质子生成相应的碱。同理，碱（A^-）接受质子后又生成相应的酸（HA）。这种因一个质子的得失而相互转化的每一对酸碱（HA 和 A^-）称为共轭酸碱对。

$$\underset{\text{酸}}{HA} \rightleftharpoons \underset{\text{碱}}{A^-} + \underset{\text{质子}}{H^+}$$

例如：

$$NH_4^+ \rightleftharpoons NH_3 + H^+$$

$$H_2CO_3 \rightleftharpoons HCO_3^- + H^+$$

$$HCO_3^- \rightleftharpoons CO_3^{2-} + H^+$$

可见，在酸碱质子理论中，酸和碱可以是中性分子，也可以是阳离子或阴离子。酸和碱是决然对立的两类物质，其区别仅在于对质子亲和力的不同。

> **查一查**：人们在对酸碱的认识过程中，提出了许多酸碱理论，除酸碱质子理论外，还有哪些酸碱理论？请利用书籍文献查一查这些酸碱理论的要点及优缺点是什么。

> **练一练**：试判断下列物质是酸还是碱，并指出共轭酸碱对：H_2CO_3、HAc、H_3PO_4、Na_2CO_3、NaH_2PO_4、KH_2PO_4、NaAc、$(CH_2)_6N_4$、Na_3PO_4、$KHCO_3$、$(CH_2)_6N_4H^+$。

2. 酸碱反应

前面所述的各共轭酸碱对的质子得失反应称为酸碱半反应。质子理论认为，酸碱反应实质是酸碱之间的质子转移，质子从一种酸转移给另一种非共轭碱。因此，反应可在水溶液中进行，也可在非水溶剂或气相中进行。其反应结果就是各反应物分别转化为各自的共轭碱和共轭酸。例如，NH_3 与 HCl 之间的酸碱反应：

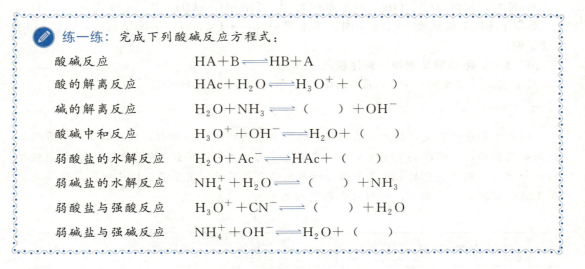

根据质子理论，解离理论中的各类酸、碱、盐反应均为质子转移的酸碱反应。

> **练一练**：完成下列酸碱反应方程式：
>
> 酸碱反应　　　　　　　$HA+B \rightleftharpoons HB+A$
>
> 酸的解离反应　　　　　$HAc+H_2O \rightleftharpoons H_3O^+ + (\quad)$
>
> 碱的解离反应　　　　　$H_2O+NH_3 \rightleftharpoons (\quad) +OH^-$
>
> 酸碱中和反应　　　　　$H_3O^+ +OH^- \rightleftharpoons H_2O+ (\quad)$
>
> 弱酸盐的水解反应　　　$H_2O+Ac^- \rightleftharpoons HAc+ (\quad)$
>
> 弱碱盐的水解反应　　　$NH_4^+ +H_2O \rightleftharpoons (\quad) +NH_3$
>
> 弱酸盐与强酸反应　　　$H_3O^+ +CN^- \rightleftharpoons (\quad) +H_2O$
>
> 弱碱盐与强碱反应　　　$NH_4^+ +OH^- \rightleftharpoons H_2O+ (\quad)$

三、水的解离和溶液的酸碱性

1. 水的解离和溶液的酸碱性

水是一种很弱的电解质，只发生微弱的解离，所以纯水中存在极微量的 H^+。H^+ 以水合氢离子的形式存在于水中，通常简写为 H_3O^+。但为了简便，在化学反应式中，仍然可用 H^+ 来表示，只有在必要的时候，才写成 H_3O^+ 的形式。

水的解离平衡：　　　　　　$H_2O \rightleftharpoons OH^- +H^+$

其标准平衡常数　　　　$K^\ominus =[H^+][OH^-]=K_w^\ominus$ 　　　　　　　　　(6-1)

式中，$K_w^\ominus$ 为水的离子积常数，简称水的离子积。

水的离子积与其他平衡常数一样，是温度的函数。例如，在 298K 时，纯水中 H^+ 和 OH^- 的浓度均为 $1.00×10^{-7} mol \cdot L^{-1}$，纯水的 $K_w^\ominus$ 为：

$$K_w^\ominus =[H^+][OH^-]=1.00×10^{-7}×1.00×10^{-7}=1.00×10^{-14}$$

不同温度条件下水的离子积列于表 6-1 中。

表 6-1　不同温度下水的离子积

$t/℃$	10	20	25	50	70	100
$K_w^\ominus /×10^{-14}$	0.36	0.69	1.00	5.5	15.8	55.0

2. 溶液的酸碱性和 pH 值

溶液的酸碱性取决于溶液中 $c(H^+)$ 和 $c(OH^-)$ 的相对大小，一般认为：

酸性溶液 $c(H^+) > c(OH^-)$，$c(H^+) > 1.00 \times 10^{-7}$ mol·L^{-1}；

中性溶液 $c(H^+) = c(OH^-)$，$c(H^+) = 1.00 \times 10^{-7}$ mol·L^{-1}；

碱性溶液 $c(H^+) < c(OH^-)$，$c(H^+) = 1.00 \times 10^{-7}$ mol·L^{-1}。

溶液中 $c(H^+)$ 越大，表示溶液的酸性越强；$c(OH^-)$ 越大，表示溶液的碱性越强。为方便起见，常用 pH 来表示溶液的酸碱性。

$$pH = -\lg[H^+] \quad pOH = -\lg[OH^-]$$

298K 时，根据 $[H^+][OH^-] = 1.00 \times 10^{-14}$ 可知 $pH + pOH = K_w^{\ominus} = 14$。

根据 pH 区分酸碱度：pH = 7 时，溶液呈中性；pH < 7 时，溶液呈酸性；pH > 7 时，溶液呈碱性。

pH 越大，溶液酸性越弱，碱性越强。

只要确定了溶液的 $c(H^+)$ 或 $c(OH^-)$，就可以计算其 pH。

知识窗

借助于颜色的改变来指示溶液的酸碱性的物质叫作酸碱指示剂。酸碱指示剂通常是有机弱酸或弱碱，当溶液的 pH 改变时，其本身结构发生变化而引起颜色改变。肉眼能观察到指示剂发生颜色变化的 pH 范围称为指示剂的变色范围。甲基橙、甲基红、酚酞、石蕊是几种常用的酸碱指示剂，它们的变色范围见下表。

常见酸碱指示剂的变色范围

指示剂	变色的 pH 范围		
甲基橙	<3.1 红色	3.1～4.4 橙色	>4.4 黄色
甲基红	<4.4 红色	4.4～6.2 橙色	>6.2 黄色
石蕊	<5.0 红色	5.0～8.0 紫色	>8.0 蓝色
酚酞	<8.0 无色	8.0～10 粉红	>10.0 红色

用酸碱指示剂可以粗略地测定溶液的酸碱性，在化工生产和科研中有广泛应用。需要精确测定溶液的酸碱性时，可用各种类型的酸度计。

---

3. 强酸、强碱溶液

强酸（或强碱）在水溶液中完全解离而给出或者接受质子，不存在解离平衡。因此，其 H^+（或 OH^-）的浓度按其完全解离的化学计量关系进行计算。例如

$$HCl + H_2O \longrightarrow H_3O^+ + Cl^-$$

或简写为 $\quad HCl \longrightarrow Cl^- + H^+$

则 $\quad c(H^+) = c(HCl)$

又如 $\quad KOH \longrightarrow K^+ + OH^-$

则 $\quad c(OH^-) = c(KOH)$

酸碱指示剂的发现

 练一练：1. 计算 0.1 mol·L^{-1} H$_2$SO$_4$ 溶液的 pH。

2. 计算 0.1 mol·L^{-1} NaOH 溶液的 pH。

> **知识窗**
>
> 酸碱滴定是以中和反应为基础,将已知准确浓度的强酸或强碱,滴加到一定量的未知浓度的碱或酸的溶液中,使中和反应完全定量进行,根据所消耗的强酸或强碱的体积可以计算出未知的碱或酸的浓度或含量。
>
> 已知准确浓度的强酸或强碱溶液为标准溶液(滴定剂),未知浓度的溶液为待测溶液。用滴定管将标准溶液滴加到待测溶液中的操作称为滴定。当滴入的标准溶液与待测组分的物质的量恰好符合化学反应式所表示的化学计量关系时,称反应达到化学计量点。化学计量点一般用酸碱指示剂的颜色改变来判断。滴定过程中指示剂颜色突变时停止滴定,称为滴定终点。滴定终点与化学计量点之间不一定吻合,由此引入的误差称为终点误差。

4. 弱酸、弱碱的解离常数和解离度

(1) 弱酸、弱碱的解离常数 根据酸碱质子理论,弱酸(或弱碱)溶于水即发生质子传递反应,并产生相应的共轭碱(或共轭酸),且两者存在动态平衡关系,在一定温度下,有一确定的平衡常数存在,称为弱酸(或弱碱)的解离常数,分别用 $K_a^{\ominus}$ 和 $K_b^{\ominus}$ 表示。

弱酸(HA)和弱碱(A^-)的解离常数是表示弱酸(或弱碱)解离程度的特征常数,$K_a^{\ominus}$(或 $K_b^{\ominus}$)越大,对应的弱酸(或弱碱)的解离程度越大。

例如,某一元弱酸 HA 在水溶液中发生的解离反应

$$HA + H_2O \rightleftharpoons H_3O^+ + A^-$$

$$K_a^{\ominus} = \frac{[A^-][H_3O^+]}{[HA]}$$

可简化成
$$HA \rightleftharpoons H^+ + A^-$$

该酸的解离常数为

$$K_a^{\ominus} = \frac{[A^-][H^+]}{[HA]} \tag{6-2}$$

同理,其共轭碱在水溶液中发生的解离反应为

$$A^- + H_2O \rightleftharpoons HA + OH^-$$

则该碱的解离常数为

$$K_b^{\ominus} = \frac{[HA][OH^-]}{[A^-]} \tag{6-3}$$

298K 时常见弱酸、弱碱在水中的解离常数见附录四。弱酸(或弱碱)的 $K_a^{\ominus}$(或 $K_b^{\ominus}$)越大,其解离程度越大。对于相同类型的弱酸(或弱碱),可用 $K_a^{\ominus}$(或 $K_b^{\ominus}$)的大小直接比较其相对强弱。例如,298K 时,$K^{\ominus}(HCN) = 6.2 \times 10^{-10}$,$K^{\ominus}(HClO) = 2.8 \times 10^{-8}$,说明 HCN 是比 HClO 更弱的一元酸。

(2) 共轭酸碱对的解离常数关系 对共轭酸碱对来说,其共轭酸碱的强弱是相互制约的。如果酸越易给出质子,即酸性越强,则其共轭碱对质子的亲和力越弱,就越不容易接受质子,其碱性就越弱。反之,酸越弱,其共轭碱越强。

由共轭酸碱对 $HA-A^-$ 的解离常数 $K_a^{\ominus}$ 和 $K_b^{\ominus}$ 的表达式即式(6-2)、式(6-3)推导可得

$$K_a^{\ominus} K_b^{\ominus} = \frac{[A^-][H^+]}{[HA]} \times \frac{[HA][OH^-]}{[A^-]} = [H^+][OH^-] = K_w^{\ominus}$$

即一元共轭酸碱对的 $K_a^\ominus$ 与 $K_b^\ominus$ 具有以下定量关系：

$$K_a^\ominus K_b^\ominus = K_w^\ominus \tag{6-4}$$

可见，共轭酸碱对中酸的解离常数 $K_a^\ominus$ 越大，酸越强，则其共轭碱的解离常数 $K_b^\ominus$ 越小，碱越弱；反之，共轭酸碱对中酸的 $K_a^\ominus$ 越小，则其共轭碱的 $K_b^\ominus$ 越大。因此，已知酸或碱的解离常数，就可根据式(6-4)计算其共轭碱或共轭酸的解离常数。

例如由附录四可查知 HAc 的 $K_a^\ominus = 1.75 \times 10^{-5}$，则其共轭碱 Ac^- 的 $K_b^\ominus = 10^{-14} \div (1.75 \times 10^{-5}) = 5.7 \times 10^{-10}$。同理，查附录四可知 NH_3、$C_6H_5NH_2$ 的 $K_b^\ominus$ 值，则计算出其共轭酸 NH_4^+、$C_6H_5NH_2H^+$ 的 $K_a^\ominus$ 值分别为 5.6×10^{-10} 和 2.3×10^{-5}，进而可判断其相对强弱。

> **知识窗**
>
> 对于多元共轭酸碱对，由共轭酸碱的各级解离平衡，可推导出各级之间的关系：
>
> 二元共轭酸碱对 $H_2A\text{-}A^{2-}$：$K_{a1}^\ominus K_{b2}^\ominus = K_{a2}^\ominus K_{b1}^\ominus = K_w$。
>
> 三元共轭酸碱对 $H_3A\text{-}A^{3-}$：$K_{a1}^\ominus K_{b3}^\ominus = K_{a2}^\ominus K_{b2}^\ominus = K_{a3}^\ominus K_{b1}^\ominus = K_w$。
>
> 对于多元共轭酸碱来说，在计算其解离常数时，应注意各级 $K_a^\ominus$、$K_b^\ominus$ 的对应关系。

【例 6-1】 已知 H_2S 水溶液的 $K_{a1}^\ominus = 1.3 \times 10^{-7}$，$K_{a2}^\ominus = 7.1 \times 10^{-15}$，计算 S^{2-} 的 $K_{b1}^\ominus$ 和 $K_{b2}^\ominus$ (298K)。

解 根据 H_2S 的解离平衡，可得

$$K_{a1}^\ominus(H_2S) K_{b2}^\ominus(S^{2-}) = K_w^\ominus \qquad K_{a2}^\ominus(H_2S) K_{b1}^\ominus(S^{2-}) = K_w^\ominus$$

$$K_{b1}^\ominus(S^{2-}) = \frac{K_w^\ominus}{K_{a2}^\ominus(H_2S)} = \frac{1.00 \times 10^{-14}}{7.1 \times 10^{-15}} = 1.4$$

$$K_{b2}^\ominus(S^{2-}) = \frac{K_w^\ominus}{K_{a1}^\ominus(H_2S)} = \frac{1.00 \times 10^{-14}}{1.3 \times 10^{-7}} = 7.7 \times 10^{-8}$$

> **练一练**：写出下列物质的共轭酸碱型体，分别比较几种酸、几种碱的强弱并说明理由。
>
> HF、HAc、HNO_2、HIO_3、HCNS。

在实际工作中，常用解离度表示弱酸、弱碱的解离程度。**解离度是弱酸（或弱碱）在溶液中达到解离平衡时，已解离的弱酸（或弱碱）的浓度与弱酸（或弱碱）的初始浓度之比的百分数。** 即

$$a = \frac{c_{\text{解离}}}{c_{\text{初始}}} \times 100\% \tag{6-5}$$

解离度是转化率的一种，根据解离度可定量弱酸、弱碱的相对强度。在相同条件下，解离度大的弱酸（或弱碱）较强，解离度小的弱酸（或弱碱）较弱。

解离常数和解离度是两个不同的概念，它们从不同角度解释弱电解质的强弱。弱酸（或

弱碱）的解离常数只随温度的变化而改变，而与其浓度无关。弱酸（或弱碱）的解离度不仅与物质的性质有关，还受温度、浓度的影响（见表6-2）。因此在使用弱酸（或弱碱）的解离度时，必须指明溶液的温度和浓度。但温度对解离度的影响比较小，通常若不注明温度，均视为298K。

表 6-2　298K 时，不同浓度 HAc 溶液的解离度

$c(HAc)/mol \cdot L^{-1}$	0.2	0.1	0.01	0.005	0.001
$a/\%$	0.934	1.33	4.19	5.85	12.4

 思考题：pH 为 2 的酸溶液和 pH 为 12 的碱溶液混合后，溶液一定呈中性吗？

第四节　酸碱解离平衡的计算

一、一元弱酸、弱碱的解离平衡计算

弱酸、弱碱解离平衡系统中的 [H$^+$] 和 [OH$^-$]，可由酸、碱的各存在型体间的关系计算得到。

1. 一元弱酸溶液

设一元弱酸 HA 的初始浓度为 c，解离度为 a。

$$HA \rightleftharpoons H^+ + A^-$$

初始浓度　　　　　　　　c　　　　0　　　　0
平衡浓度　　　　　$c(1-a)$　　　ca　　　ca

在一定温度下达到解离平衡

$$K_a^{\ominus} = \frac{[A^-][H^+]}{[HA]} = \frac{\left(\dfrac{ca}{c^{\ominus}}\right)^2}{\dfrac{c(1-a)}{c^{\ominus}}} = \frac{ca^2}{c^{\ominus}(1-a)} \tag{6-6}$$

弱酸、弱碱的解离常数一般为两位有效数字，实际分析工作中，计算酸碱系统的 [H$^+$]（或 pH）时，允许误差通常以 ±5% 计。因此，计算时可视情况做合理的近似处理。

当弱酸的解离度较小，$\dfrac{c}{c^{\ominus} K_a^{\ominus}} \geqslant 500$ 时，即 $a \leqslant 5\%$，可认为 $1-a \approx 1$，则式(6-6)可简化为

$$K_a^{\ominus} = \frac{ca^2}{c^{\ominus}}$$

则一元弱酸解离度与其解离常数的关系为

$$a = \sqrt{\frac{c^{\ominus} K_a^{\ominus}}{c}} \tag{6-7}$$

H^+ 浓度的简化计算式为

$$[H^+] = \frac{c\partial}{c^\ominus} = \sqrt{\frac{cK_a^\ominus}{c^\ominus}} \tag{6-8}$$

式（6-8）是计算一元弱酸水溶液中 H^+ 浓度的最简公式，也是最常用的公式。应用时须注意其使用条件，当 $\frac{c}{c^\ominus K_a^\ominus} < 500$ 时需根据式（6-6）解一元二次方程进行计算。

【例 6-2】 计算 $0.20 mol \cdot L^{-1}$ 乙酸（HAc）水溶液的 pH。

解 由附录四查得 HAc 的 $K_a^\ominus = 1.75 \times 10^{-5}$，因为 $\frac{c}{c^\ominus K_a^\ominus} = 0.2 \div (1 \times 1.75 \times 10^{-5}) > 500$，所以可用最简式计算

$$[H^+] = \sqrt{\frac{cK_a^\ominus}{c^\ominus}} = \sqrt{\frac{0.2 mol \cdot L^{-1} \times 1.75 \times 10^{-5}}{1 mol \cdot L^{-1}}} = 2.65 \times 10^{-3}$$

$$c(H^+) = 2.65 \times 10^{-3} mol \cdot L^{-1}$$

$$pH = -\lg[H^+] = 2.58$$

2. 一元弱碱溶液

一元弱碱的质子转移平衡及其水溶液中 OH^- 浓度的计算，也可采用上述一元弱酸类似的方法处理。

例如，一元弱碱 A^- 在水溶液中发生的解离反应为：

$$A^- + H_2O \rightleftharpoons HA + OH^-$$

$$K_b^\ominus = \frac{[HA][OH^-]}{[A^-]} = \frac{c\partial^2}{c^\ominus(1-\partial)} \tag{6-9}$$

当 $\frac{c}{c^\ominus K_b^\ominus} \geqslant 500$ 时，式（6-9）可简化为：

$$[OH^-] = \frac{c\partial}{c^\ominus} = \sqrt{\frac{cK_b^\ominus}{c^\ominus}} \tag{6-10}$$

【例 6-3】 计算 298K 时，$0.2 mol \cdot L^{-1} NH_3$ 溶液的 pH。

解 NH_3 溶液存在以下解离平衡：

$$NH_3 + H_2O \rightleftharpoons NH_4^+ + OH^-$$

由附录四查得 NH_3 的解离常数为 $K_b^\ominus = 1.8 \times 10^{-5}$。

因为 $\frac{c}{c^\ominus K_b^\ominus} = 0.2 \div (1 \times 1.8 \times 10^{-5}) > 500$

所以 $[OH^-] = \sqrt{\frac{cK_b^\ominus}{c^\ominus}} = \sqrt{\frac{0.2 mol \cdot L^{-1} \times 1.8 \times 10^{-5}}{1 mol \cdot L^{-1}}} = 1.89 \times 10^{-3}$

则 $pOH = -\lg[OH^-] = -\lg(1.89 \times 10^{-3}) = 2.72$

$$pH = 14 - pOH = 11.28$$

二、多元弱酸、多元弱碱溶液的解离平衡计算

能给出（或接受）两个或两个以上质子的酸（或碱），称为多元酸（或多元碱）。

多元弱酸（或弱碱）的解离是分级进行的，由于 $K_{a1}^{\ominus} \gg K_{a2}^{\ominus}$（或 $K_{b1}^{\ominus} \gg K_{b2}^{\ominus}$），所以第一级解离是主要的。通常多元弱酸水溶液可近似按一元弱酸水溶液处理，其 H^+ 浓度的计算只需将式(6-6)、式(6-8)及其使用条件中的 $K_a^{\ominus}$ 相应用 $K_{a1}^{\ominus}$ 代替即可。同理，对多元弱碱水溶液，其 OH^- 浓度的计算只需将式(6-9)、式(6-10)及其使用条件中的 $K_{b1}^{\ominus}$ 相应用 $K_b^{\ominus}$ 代替即可。

对两性物质 HA^-（如 $NaHCO_3$、Na_2HPO_4 等），其水溶液的酸碱平衡比较复杂，通常简化处理计算。当 $K_{a1}^{\ominus} \gg K_{a2}^{\ominus}$，$cK_{a2}^{\ominus} > 20K_w^{\ominus}$，$c/K_{a1}^{\ominus} > 20$ 时，则其水溶液中 H^+ 的浓度可按以下最简公式计算：

$$[H^+] = \sqrt{K_{a1}^{\ominus} K_{a2}^{\ominus}} \tag{6-11}$$

【例 6-4】 计算 298K 时 $0.1 mol \cdot L^{-1}$ 氢硫酸（H_2S）溶液的 pH 和 S^{2-} 的浓度。

解 由附录四查得

$$H_2S \rightleftharpoons HS^- + H^+ \quad K_{a1}^{\ominus} = 1.3 \times 10^{-7}$$
$$HS^- \rightleftharpoons S^{2-} + H^+ \quad K_{a2}^{\ominus} = 7.1 \times 10^{-15}$$

由于 $K_{a1}^{\ominus} \gg K_{a2}^{\ominus}$，近似按一元弱酸的解离进行计算，所以 $[H^+] \approx [HS^-]$。

由式(6-8)可知 $[H^+] = \sqrt{\dfrac{cK_{a1}}{c^{\ominus}}} = \sqrt{\dfrac{0.1 mol \cdot L^{-1} \times 1.3 \times 10^{-7}}{1 mol \cdot L^{-1}}} = 1.14 \times 10^{-4}$

即 $c(H^+) = 1.14 \times 10^{-4} mol \cdot L^{-1}$

$$pH = -\lg[H^+] = -\lg(1.14 \times 10^{-4}) = 3.94$$

$$HS^- \rightleftharpoons S^{2-} + H^+$$

$$K_{a2}^{\ominus} = \dfrac{[H^+][S^{2-}]}{[HS^-]}$$

因为 $[H^+] \approx [HS^-]$

则 $[S^{2-}] = K_{a2}^{\ominus} = 7.1 \times 10^{-15}$

即 $c(S^{2-}) = 7.1 \times 10^{-15} mol \cdot L^{-1}$

第五节 同离子效应和缓冲溶液

同离子效应

一、同离子效应

【演示实验 6-1】

在两支试管中分别加入 $5mL 0.1 mol \cdot L^{-1}$ HAc 溶液和 2 滴甲基橙，观察溶液的颜色。向其中一支试管中加入少量 NaAc 固体，振摇使之完全解离，对比两支试管中溶液颜色的差异。

实验现象表明，加入 NaAc 使 HAc 溶液的酸度降低了，这是由于 HAc 溶液中存在下列解离平衡：

$$HAc \rightleftharpoons H^+ + Ac^-$$

$$NaAc \longrightarrow Na^+ + Ac^-$$

在 HAc 溶液中加入 NaAc 固体后，增大了溶液中 Ac^- 的浓度，使 HAc 的解离平衡向左移动。HAc 的解离度降低，溶液中 H^+ 浓度减小，溶液的颜色变浅。

同理，在 NH_3 溶液中加入少量 NH_4Cl 或 NaOH 固体，由于 NH_4^+ 或 OH^- 的存在，亦可使 $NH_3 \cdot H_2O$ 的解离平衡向左移动，使 NH_3 溶液的解离度降低。

$$NH_3 \cdot H_2O \rightleftharpoons NH_4^+ + OH^-$$

$$NH_4Cl \longrightarrow NH_4^+ + Cl^-$$

这种在已建立了酸碱平衡的弱酸或弱碱溶液中，加入含有同种离子的易溶强电解质，使酸碱解离平衡向着降低弱酸或弱碱解离度方向移动的作用，称为**同离子效应**。

知识窗

若在 HAc 溶液中加入不含相同离子的易溶强电解质（如 NaCl、KNO_3 等），由于溶液中离子间相互牵制的作用增强，H^+ 和 Ac^- 结合成 HAc 分子的机会减小，使平衡向着 HAc 解离的方向移动，表现为其解离度略有增大。这种在弱电解质溶液中加入不含相同离子的强电解质，使弱电解质解离度增大的作用，称为**盐效应**。

在发生同离子效应时，往往总伴随盐效应的发生，但同离子效应通常比盐效应的影响要强得多，故在一般的酸碱平衡计算中，通常忽略盐效应的影响，而主要考虑同离子效应。

【例 6-5】 在 $0.10 mol \cdot L^{-1}$ HAc 溶液中，加入少量 NaAc 固体（不考虑体积的变化），使 NaAc 的浓度为 $0.10 mol \cdot L^{-1}$，计算加入 NaAc 固体前后 H^+ 浓度和 HAc 解离度。

解 由附录四查得 $K_a^{\ominus} = 1.75 \times 10^{-5}$。

$$\frac{c}{c^{\ominus} K_a^{\ominus}} = \frac{0.1 mol \cdot L^{-1}}{1 mol \cdot L^{-1} \times 1.75 \times 10^{-5}} > 500$$

加 NaAc 固体前（忽略水的解离），由式(6-7) 得

$$\alpha = \sqrt{\frac{c^{\ominus} K_a^{\ominus}}{c}} = \sqrt{\frac{1 mol \cdot L^{-1} \times 1.75 \times 10^{-5}}{0.1 mol \cdot L^{-1}}} = 0.0132$$

则解离度 $\alpha = 1.32\%$。

$$[H^+] = \sqrt{\frac{c K_a^{\ominus}}{c^{\ominus}}} = \sqrt{\frac{0.1 mol \cdot L^{-1} \times 1.75 \times 10^{-5}}{1 mol \cdot L^{-1}}} = 0.00132$$

则

$$c(H^+) = 0.00132 mol \cdot L^{-1}$$

$$pH = -\lg[H^+] = 2.88$$

加 NaAc 固体后（忽略水的解离），设平衡时溶液中 $[H^+]$ 为 x，则有

	HAc	$\rightleftharpoons$	H^+	+	Ac^-
平衡浓度/$mol \cdot L^{-1}$	$0.10-x$		x		$0.10+x$

$$K_a^{\ominus} = \frac{[Ac^-][H^+]}{[HAc]} = \frac{(0.1+x)x}{0.1-x}$$

因为同离子效应使 HAc 的解离度变得更小，因此，$0.1+x\approx 0.1-x\approx 0.1$，可近似进行如下的计算

$$K_a^{\ominus}=\frac{[Ac^-][H^+]}{[HAc]}=\frac{(0.1+x)x}{0.1-x}=x$$

$$x=1.75\times 10^{-5}$$

即 $c(H^+)=1.75\times 10^{-5}\text{ mol}\cdot L^{-1}$

$$a=\frac{[H^+]}{[HAc]}\times 100\%=\frac{1.75\times 10^{-5}}{0.10}\times 100\%=0.0175\%$$

从上述计算过程可总结出，同离子效应使弱电解质的解离度显著降低。在弱酸-共轭碱溶液中，$[H^+]$ 近似计算式为

$$[H^+]=K_a^{\ominus}\frac{[\text{酸}]}{[\text{共轭碱}]}$$

由于缓冲系统中使用的共轭酸碱对的浓度一般都较大，且有同离子效应的存在，故可将上式中的 [酸]、[共轭碱] 近似用相对分析浓度 $c_{\text{酸}}$、$c_{\text{共轭碱}}$ 代替，则得：

$$[H^+]=K_a^{\ominus}\frac{c_{\text{酸}}}{c_{\text{共轭碱}}} \tag{6-12}$$

$$pH=pK_a^{\ominus}-\lg\frac{c_{\text{酸}}}{c_{\text{共轭碱}}} \tag{6-13}$$

同理，弱碱-共轭酸溶液中 $[OH^-]$ 近似计算式为

$$[OH^-]=K_b^{\ominus}\frac{c_{\text{碱}}}{c_{\text{共轭酸}}} \tag{6-14}$$

$$pOH=pK_b^{\ominus}-\lg\frac{c_{\text{碱}}}{c_{\text{共轭酸}}} \tag{6-15}$$

二、缓冲溶液

1. 缓冲溶液的组成及缓冲作用

缓冲溶液是一种能对溶液的酸度起稳定（缓冲）作用的溶液。缓冲作用是指能够抵抗少量外来酸碱或溶液中的化学反应产生的少量酸碱，或将溶液适当稀释而溶液的 pH 无显著变化的作用。最常用的缓冲溶液是弱的共轭酸碱对组成的系统，是由一组浓度都较高的弱酸及其共轭碱（或弱碱及其共轭酸）构成，如 $HAc-Ac^-$、$NH_3-NH_4^+$、$HCO_3^- -CO_3^{2-}$、$(CH_2)_6NH_4^+ -(CH_2)_6N_4$ 等。

2. 缓冲作用原理

由于缓冲溶液中同时存在较大量的弱酸及其共轭碱，当加入少量强酸时，共轭酸碱对的弱碱与之反应起到抗酸的作用；当加入少量强碱时，共轭酸碱对的弱酸与之反应起到抗碱的作用。所以只要溶液中共轭酸碱对的浓度足够大，它就能"抵御"外来的少量强酸强碱，而使溶液的 pH 不发生明显变化。当将溶液适当稀释时，共轭酸碱对的浓度比值不会发生太大变化，因此溶液 pH 基本保持不变。

以 HAc-NaAc 缓冲溶液为例说明缓冲原理。

在 HAc-NaAc 缓冲溶中液中，NaAc 为强电解质，在溶液中全部解离成 Na^+ 和 Ac^-。HAc 为弱电解质，在溶液中部分解离。

$$NaAc \longrightarrow Na^+ + Ac^-$$
$$HAc \rightleftharpoons H^+ + Ac^-$$

由于 HAc 受 NaAc 产生 Ac^- 的同离子效应的影响，其解离平衡向左移动，使溶液中存在大量的 HAc 分子，并有大量的 Ac^-。

当加入少量强酸时，H^+ 浓度增加，溶液中存在的大量 Ac^- 生成 HAc，使 HAc 的解离平衡向左移动。达到新的平衡时，溶液 H^+ 浓度没有明显增加，pH 无明显降低，Ac^- 起到抗酸作用，称抗酸成分。

当加入少量强碱时，OH^- 浓度增加，溶液中存在的 HAc 与 OH^- 结合成 H_2O，使 HAc 的解离平衡向右移动，即 HAc 能把加入的 OH^- 的相当大一部分消耗掉。达到新的平衡时，H^+ 浓度不会明显降低，pH 无明显增加。HAc 起到抗碱作用，称抗碱成分。

任何缓冲溶液中，既有抗酸成分，又有抗碱成分。但是，任何缓冲溶液的缓冲能力都是有限的，若向其中加入大量的强酸或强碱，或加大量的水稀释，缓冲溶液的缓冲能力将丧失。

缓冲溶液的应用很广泛，维持生物体正常的生理活动、物质的分离提纯、物质的分析检验等，需要控制溶液的 pH，这都需要选择不同的缓冲溶液来维持。

> **思考题**：分析 $NH_3 \cdot H_2O + NH_4Cl$ 组成的缓冲溶液中，抗酸成分是什么？抗碱成分是什么？

3. 缓冲溶液的缓冲能力和缓冲范围

缓冲溶液抵御少量酸碱的能力称为缓冲能力。缓冲溶液的缓冲能力有一定的限度。以弱酸及其共轭碱形成的缓冲溶液为例，由式(6-10) 可知，缓冲溶液的 pH 主要取决于 $K_a^\ominus$ 的大小，同时也与共轭酸碱对的浓度比值 $c_{酸}/c_{共轭碱}$ 有关。对于同一种缓冲溶液而言，配制时通过适当调整 $c_{酸}$ 与 $c_{共轭碱}$ 的比例，就可配制具有不同 pH 的缓冲溶液。由式(6-10) 可看出，当缓冲系统中共轭酸碱对的浓度比为 1:1 时，缓冲溶液的 pH 就等于其 $pK_a^\ominus$，此时缓冲能力最强，且共轭酸碱对的浓度越大，缓冲溶液的缓冲能力越强。实验表明，当 $c_{酸}/c_{共轭碱}$ 在 $1/10 \sim 10$ 之间，其缓冲能力即可满足一般的实验要求，即 $pH = pK_a^\ominus \pm 1$ 为缓冲溶液的有效缓冲范围，超出此范围则系统就不再具有缓冲作用。显然，由不同共轭酸碱对组成的缓冲系统，其缓冲范围取决于它们弱酸的 $K_a^\ominus$ 值。一些常见的缓冲溶液如表 6-3 所示。

表 6-3 常用的缓冲溶液及其配制方法

缓冲系统及其 $pK_a^\ominus$		pH	配制方法
共轭酸	共轭碱		
NH_2CH_2COOH-HCl (2.35, $pK_{a1}^\ominus$)		2.3	取氨基乙酸 150.0g 溶于 500.0mL 水中后，加浓 HCl 80.0mL，用水稀释至 1L
$^+NH_3CH_2COOH$	$^+NH_3CH_2COO^-$		
$KHC_8H_4O_4$-HCl (2.95, $pK_{a1}^\ominus$)		2.9	取 $KHC_8H_4O_4$ 500.0g 溶于 500.0mL 水，加浓 HCl 80.0mL，用水稀释至 1L
$H_2C_8H_4O_4$	$HC_8H_4O_4^-$		
HAc-NaAc(4.74)		4.7	取无水 NaAc 83.0g 溶于水中后，加 HAc 60.0mL，用水稀释至 1L
HAc	Ac^-		

缓冲系统及其 p$K_a^\ominus$		pH	配制方法
共轭酸	共轭碱		
$(CH_2)_6N_4$-HCl （5.15）		165	取六亚甲基四胺 40.0g 溶于 200.0mL 水中后,加浓 HCl 10.0mL,稀释至 1L
$(CH_2)_6N_4H^+$	$(CH_2)_6N_4$	5.4	
NH_3-NH_4Cl （9.25）		9.5	取 NH_4Cl 54.0g 溶于水中后,加浓氨水 126.0mL,用水稀释至 1L
NH_4^+	NH_3		

注：共轭酸（碱）的相对浓度不同，其缓冲溶液的 pH 也有微小变化。如取 54.0g NH_4Cl 溶于水后，加浓 NH_3 溶液 350.0mL，加水稀释至 1L，则 pH 为 10.0。

【例 6-6】 298K 时若混合 10.00mL 0.4250mol·L^{-1} NH_3 溶液与 10.00mL 0.2250mol·L^{-1} HCl 溶液，试计算混合溶液的 pH。

解 由附录四查得，NH_3 的 $K_b^\ominus = 1.8 \times 10^{-5}$，则其共轭酸 NH_4^+ 的
$$K_a^\ominus = K_w / K_b^\ominus = 10^{-14} \div (1.8 \times 10^{-5}) = 5.6 \times 10^{-10}$$

混合反应后，NH_3 有剩余，则 NH_3 与生成的 NH_4^+ 构成缓冲溶液：
$$c(NH_4^+) = 0.2250 \times 10.00 \div (10.00 + 10.00) = 0.1125 (mol·L^{-1})$$
$$c(NH_3) = (0.4250 - 0.2250) \times 10.00 \div (10.00 + 10.00) = 0.1000 (mol·L^{-1})$$

由式(6-12) 得
$$pH = pK_a^\ominus - \lg \frac{c_{酸}}{c_{共轭碱}} = pK_a^\ominus - \lg \frac{c(NH_4^+)}{c(NH_3)} = -\lg(5.6 \times 10^{-10}) - \lg \frac{0.1125}{0.1000} = 9.20$$

第六节 盐类的水解与影响因素

水溶液的酸碱性，取决于溶液中 H^+ 和 OH^- 浓度的相对大小。但某些盐的组成中没有 H^+ 或 OH^-，其水溶液却显示出一定的酸性或碱性。原因是盐解离的阴离子或阳离子与水解离的 H^+ 或 OH^- 结合，生成了弱酸或弱碱，使水的解离平衡发生移动，所以盐溶液表现出一定的酸性或碱性。这种盐的离子与溶液中水解离出的 H^+ 或 OH^- 作用生成弱电解质的反应，叫作盐类的水解。

一、盐类的水解

1. 强碱弱酸盐的水解

NaAc 是由弱酸 HAc 和强碱 NaOH 反应所生成的盐，是强碱弱酸盐。在水溶液中存在如下解离

$$NaAc \longrightarrow Na^+ + Ac^-$$
$$+$$
$$H_2O \rightleftharpoons OH^- + H^+$$
$$\Updownarrow$$
$$HAc$$

NaAc 的水解反应离子方程式为：
$$Ac^- + H_2O \rightleftharpoons HAc + OH^-$$

由于 Ac^- 与水解离出的 H^+ 结合而生成弱电解质 HAc，随溶液中 H^+ 浓度的减小，促使水的解离平衡向右移动，OH^- 浓度随之增大，直到建立新的平衡。所以溶液中 OH^- 浓度大于 H^+ 浓度，溶液呈碱性。即强碱弱酸盐水解呈碱性，如 NaCN、Na_2CO_3、Na_2SiO_3 等溶液均显碱性。

2. 强酸弱碱盐的水解

NH_4Cl 是由强酸 HCl 和弱碱 $NH_3 \cdot H_2O$ 反应所生成的盐，是强酸弱碱盐。在水溶液中存在如下解离

$$NH_4Cl \longrightarrow NH_4^+ + Cl^-$$
$$+$$
$$H_2O \rightleftharpoons OH^- + H^+$$
$$\Updownarrow$$
$$NH_3 \cdot H_2O$$

NH_4Cl 的水解反应离子方程式为：
$$NH_4^+ + H_2O \rightleftharpoons NH_3 \cdot H_2O + H^+$$

NH_4^+ 与水解离出的 OH^- 结合生成弱电解质 $NH_3 \cdot H_2O$，随着溶液中 OH^- 浓度的减小，促使水的解离平衡向右移动，H^+ 浓度随之增大直到建立新的平衡。所以，溶液中 H^+ 浓度大于 OH^- 浓度，溶液显酸性。即强酸弱碱盐水解呈酸性，同理 NH_4NO_3、$CuSO_4$、$FeCl_3$ 等溶液显酸性。

3. 弱酸弱碱盐的水解

NH_4Ac 是由弱酸 HAc 和弱碱 $NH_3 \cdot H_2O$ 反应所生成的盐，是弱酸弱碱盐。在水溶液中存在如下解离

$$NH_4Ac \longrightarrow NH_4^+ + Ac^-$$
$$+ \qquad +$$
$$H_2O \rightleftharpoons OH^- + H^+$$
$$\Updownarrow \qquad \Updownarrow$$
$$NH_3 \cdot H_2O \quad HAc$$

NH_4Ac 的水解反应离子方程式为：
$$NH_4^+ + H_2O \rightleftharpoons NH_3 \cdot H_2O + HAc$$

由于分别形成了弱电解质 $NH_3 \cdot H_2O$、HAc，溶液中 H^+、OH^- 浓度都减小，水的解离平衡向右移动，且生成的 $NH_3 \cdot H_2O$ 和 HAc 的解离常数很接近，溶液中 H^+、OH^- 浓度几乎相等，溶液呈中性。

对于 $HCOONH_4$ 溶液，HCOOH 的 $K_a^{\ominus}$ 大于 $NH_3 \cdot H_2O$ 的 $K_b^{\ominus}$，$HCOONH_4$ 水解溶液呈酸性。对于 NH_4CN 溶液，HCN 的 $K_a^{\ominus}$ 小于 $NH_3 \cdot H_2O$ 的 $K_b^{\ominus}$，NH_4CN 水解溶液呈碱性。

4. 强酸强碱盐不水解

强酸强碱盐的阴、阳离子都不能与水解离的 H^+ 和 OH^- 结合，不破坏水的解离平衡。

因此，强酸强碱盐不水解，水溶液呈中性，如 KNO_3、NaCl 等。

综上所述，各类盐的水解规律概括如下：

强碱弱酸盐水解，溶液呈碱性，pH＞7；

强酸弱碱盐水解，溶液呈酸性，pH＜7。

弱酸弱碱盐的水解分三种情况：

$K_a^\ominus \approx K_b^\ominus$ 的盐水解，溶液呈中性，pH＝7；

$K_a^\ominus > K_b^\ominus$ 的盐水解，溶液呈酸性，pH＜7；

$K_a^\ominus < K_b^\ominus$ 的盐水解，溶液呈碱性，pH＞7。

二、影响盐类水解的因素

1. 盐的本性

影响盐类水解程度的因素首先与盐的本性，即形成盐的酸、碱的强弱有关。形成盐的弱酸、弱碱的解离常数越小，盐的水解程度越大。弱酸弱碱盐易水解，而强酸强碱盐不水解。当水解产物是难溶物或易挥发物时，难溶物的溶解度越小，或者挥发物越易挥发，盐的水解程度越大。

2. 盐的浓度

同一种盐，其浓度越小，盐的水解程度越大，将溶液稀释会促进盐的水解。

3. 溶液的酸碱度

由于盐类水解使溶液呈现一定酸碱性，根据平衡移动原理，调节溶液的酸碱度，能促进或抑制盐的水解。

实验室配制氯化亚锡（$SnCl_2$）溶液时，用盐酸溶解 $SnCl_2$ 固体而不是用蒸馏水作溶剂，就是用酸来抑制 Sn^{2+} 的水解。

4. 温度

盐的水解反应是酸碱中和反应的逆反应，是吸热反应，故升高温度会促进水解反应的进行。例如氯化铁（$FeCl_3$）在常温下水解不明显，将其水溶液加热后水解较彻底，溶液颜色逐渐加深，并变得浑浊。

三、盐类水解的应用

盐类水解在工农业生产、科学实验和日常生活中，都有广泛的应用。根据不同的要求，可以采取不同的手段来促进或抑制盐的水解。

实验室在配制 $SnCl_2$、三氯化锑（$SbCl_3$）、硝酸铋 $[Bi(NO_3)_3]$ 溶液时，为抑制水解的发生，将这些盐溶解在一定浓度的 HCl 或 HNO_3 中配制。否则水解产生难溶物，再加酸也难以溶解。

$$SnCl_2 + H_2O \longrightarrow Sn(OH)Cl \downarrow + HCl$$

Fe^{3+}、Al^{3+}、Cr^{3+}、Zn^{2+}、Cu^{2+} 等易水解的盐，在制备过程中要加入一定浓度的相应酸，抑制其水解，以保证产品的纯度。

在分析化学和无机制备中常采用升高温度促使水解进行完全，以达到分离和合成的目的。

利用明矾作净水剂，原理是明矾解离出的 Al^{3+} 水解生成的氢氧化铝 $[Al(OH)_3]$ 胶体，能吸附水中的悬浮杂质，从而使水澄清。在泡沫灭火器中，分别装有 $NaHCO_3$ 饱和溶

液和 $Al_2(SO_4)_3$ 饱和溶液，前者水解呈碱性，后者水解呈酸性，两者混合时相互促进水解，产生的 CO_2 和 $Al(OH)_3$ 胶体，喷射到着火物上，能隔绝空气达到灭火的目的。

> **思考题**：为什么不能用湿法制备 Al_2S_3？

第七节 沉淀与溶解平衡

水溶液中的酸碱反应是均相反应，除此之外，另一类重要的离子反应是难溶电解质在水中的生成或溶解。沉淀的生成和溶解现象在我们的周围经常发生。例如，自然界中石笋和钟乳石的形成与碳酸钙沉淀的生成和溶解反应有关；工业上许多化工产品的生产都涉及沉淀反应，如 $CaCO_3$、ZnS、$BaSO_4$、$MgCO_3$ 等的生产。

一、溶解度

溶解性是物质的重要性质之一。常以溶解度来定量表明物质的溶解性，固体物质的溶解度被定义为：**在一定温度下，固体物质在 100g 溶剂中达到饱和状态时所溶解的溶质的质量**。对水溶液来说，通常以饱和溶液中每 100g 水所含溶质质量来表示。电解质的溶解度往往有很大的差异，习惯上将其划分为易溶、可溶、微溶和难溶等不同的等级。如果在 100g 水中能溶解 10g 以上，这种溶质被称为易溶溶质；溶解度 $1 \sim 10 g \cdot (100 g H_2O)^{-1}$ 称为可溶；溶解度小于 $0.1 g \cdot (100 g H_2O)^{-1}$，称为难溶；溶解度介于可溶与难溶之间的，称为微溶。绝对不溶解的物质是不存在的。

利用溶解度的差异可以达到分离或提纯物质的目的。本节主要讨论微溶电解质和难溶电解质，统称难溶电解质。

二、溶度积

常见化合物的溶解性总结

在一定温度下，将难溶电解质晶体放入水中时，就发生溶解和沉淀两个过程。以硫酸钡为例，$BaSO_4(s)$ 是由 Ba^{2+} 和 SO_4^{2-} 组成的晶体，将其放入水中时，晶体中的 Ba^{2+} 和 SO_4^{2-} 在水分子的作用（碰撞和吸引）下，不断由晶体表面进入溶液中，成为无规则运动的水合离子，这是 $BaSO_4(s)$ 的溶解过程。与此同时，已经溶解在溶液中的 $Ba^{2+}(aq)$ 和 $SO_4^{2-}(aq)$ 在不断运动中相互碰撞或与未溶解的 $BaSO_4(s)$ 表面碰撞，一部分又被异电荷吸引而以固体 $BaSO_4(s)$ 沉淀的形式析出，这是 $BaSO_4(s)$ 的沉淀过程或结晶。任何难溶电解质的溶解和沉淀过程都是可逆的。

在一定温度下，难溶电解质的溶解速率与沉淀速率相等时的状态，称为沉淀溶解平衡。此时，溶液中各种离子的浓度不随时间而变，形成饱和溶液。

$BaSO_4(s)$ 的沉淀溶解平衡可表示如下：

$$BaSO_4(s) \rightleftharpoons Ba^{2+}(aq) + SO_4^{2-}(aq)$$

或简写为：

$$BaSO_4(s) \rightleftharpoons Ba^{2+} + SO_4^{2-}$$

$K_{sp}^{\ominus}$ 称为沉淀-溶解平衡常数或溶度积常数，简称溶度积。则有

$$K_{sp}^{\ominus} = [c(Ba^{2+})/c^{\ominus}][c(SO_4^{2-})/c^{\ominus}]$$

或简写为

$$K_{sp}^{\ominus} = [Ba^{2+}][SO_4^{2-}]$$

任意难溶电解质 A_mB_n 的沉淀溶解平衡通式为

$$A_mB_n(s) \rightleftharpoons mA^{n+} + nB^{m-}$$

$$K_{sp}^{\ominus}(A_mB_n) = [A^{n+}]^m[B^{m-}]^n \tag{6-16}$$

$[A^{n+}]$ 和 $[B^{m-}]$ 为饱和溶液中 A^{n+} 和 B^{m-} 的相对平衡浓度。

该式表明，在一定温度下，难溶电解质的饱和溶液中，其组成离子相对浓度幂的乘积是一个常数。

$K_{sp}^{\ominus}$ 只与难溶电解质的性质和温度有关，而与沉淀量无关。温度升高，多数难溶化合物的溶度积增大。通常，温度对 $K_{sp}^{\ominus}$ 的影响不大，若无特殊说明，可使用 298K 数据。

一些难溶化合物的溶度积常数，在附录五中可查得。

在多相离子平衡体系中，必须有未溶解的固相存在，否则就不能保证系统处于平衡状态。有时这种动态平衡需要有足够的时间（有些反应长达几天或更长）才能达到。

溶度积 $K_{sp}^{\ominus}$ 是反映难溶电解质溶解性的特征常数。对于相同类型的难溶电解质，溶度积大的溶解度较大，溶解能力强。因此，通过溶度积常数可以比较相同类型难溶电解质溶解度的大小。对于不同类型的电解质，则不能直接用溶度积数据比较其溶解性，而需要换算成溶解度后再比较。

三、溶度积和溶解度之间的换算

溶度积和溶解度都可以用来表示难溶电解质的溶解性。两者既有联系，又有区别。从相互联系考虑，它们之间可以相互换算，既可以从溶解度求得溶度积，也可以从溶度积求得溶解度。溶解度（s）指在一定温度下饱和溶液的浓度。在有关溶度积的计算中，离子浓度必须是物质的量浓度，其单位为 $mol \cdot L^{-1}$，而通常的溶解度的单位往往是 $g \cdot 100gH_2O^{-1}$，有时也使用 $g \cdot L^{-1}$。因此，计算时要先将难溶电解质的溶解度 s 的单位换算为 $mol \cdot L^{-1}$。对难溶电解质溶液来说，其饱和溶液是极稀的溶液，可将溶剂水的体积看作与饱和溶液的体积相等。这样就很便捷地计算出饱和溶液浓度，并进而计算出溶度积。

1. AB 型难溶电解质

【例 6-7】 计算 298K 时，AgCl 在水中的溶解度。

解 设 298K 时，AgCl 在水中的溶解度为 s，则

$$AgCl(s) \rightleftharpoons \underset{s}{Ag^+} + \underset{s}{Cl^-}$$

平衡浓度

$$K_{sp}^{\ominus} = [Ag^+][Cl^-] = (s/c^{\ominus})^2$$

查附录知 AgCl 的 $K_{sp}^{\ominus} = 1.8 \times 10^{-10}$。

则 $s = \sqrt{(c^{\ominus})^2 K_{sp}^{\ominus}} = c^{\ominus}\sqrt{K_{sp}^{\ominus}} = 1 \text{mol} \cdot \text{L}^{-1} \sqrt{1.8 \times 10^{-10}} = 1.34 \times 10^{-5} \text{mol} \cdot \text{L}^{-1}$

即 溶解度为 $1.34 \times 10^{-5} \text{mol} \cdot \text{L}^{-1}$

由上述计算过程可以总结出 AB 型难溶电解质溶度积与溶解度换算一般式为

$$s = c^{\ominus}\sqrt{K_{sp}^{\ominus}} \tag{6-17}$$

式中，s 为平衡溶解度，$\text{mol} \cdot \text{L}^{-1}$。

【例 6-8】 已知 $BaSO_4$ 在 298K 的水中溶解度为 $2.42 \times 10^{-4} \text{g} \cdot (100\text{gH}_2\text{O})^{-1}$，求 $K_{sp}^{\ominus}$。

解 $BaSO_4$ 饱和溶液很稀，100g 水看作 100mL 溶液。

设 298K 时，$BaSO_4$ 在水中溶解度为 s，则

$$BaSO_4(s) \rightleftharpoons Ba^{2+}(aq) + SO_4^{2-}(aq)$$

平衡浓度 $\qquad\qquad\qquad\qquad s \qquad\quad s$

$$K_{sp}^{\ominus} = [Ba^{2+}][SO_4^{2-}] = (s/c^{\ominus})^2$$

$$s = \frac{2.42 \times 10^{-4}}{233.4 \times 0.1} = 1.04 \times 10^{-5} (\text{mol} \cdot \text{L}^{-1})$$

$$K_{sp}^{\ominus} = \left(\frac{1.04 \times 10^{-5} \text{mol} \cdot \text{L}^{-1}}{1 \text{mol} \cdot \text{L}^{-1}}\right)^2 = 1.08 \times 10^{-10}$$

2. A_2B 型或 AB_2 型难溶电解质

【例 6-9】 25℃，已知 $K_{sp}^{\ominus}(Ag_2CrO_4) = 1.12 \times 10^{-12}$，求同温度下 Ag_2CrO_4 的溶解度。

解 Ag_2CrO_4 饱和溶液很稀，100g 水看作 100mL 溶液，设 Ag_2CrO_4 的溶解度为 s。

$$Ag_2CrO_4 \rightleftharpoons 2Ag^+(aq) + CrO_4^{2-}(aq)$$

$\qquad\qquad\qquad\qquad\qquad 2s \qquad\quad s$

平衡浓度

$$K_{sp}^{\ominus} = [Ag^+]^2[CrO_4^{2-}] = (2s/c^{\ominus})^2(s/c^{\ominus})$$

$$K_{sp}^{\ominus} = \frac{4s^3}{(c^{\ominus})^3} \qquad s = c^{\ominus}\sqrt[3]{K_{sp}^{\ominus}}$$

$$s = 1 \text{mol} \cdot \text{L}^{-1} \times \sqrt[3]{1.12 \times 10^{-12}} = 6.5 \times 10^{-5} \text{mol} \cdot \text{L}^{-1}$$

由上述计算过程可以总结出 AB_2 或 A_2B 型难溶电解质溶度积与溶解度换算一般式为

$$s = c^{\ominus}\sqrt[3]{\frac{K_{sp}^{\ominus}}{4}} \tag{6-18}$$

溶度积和溶解度的区别在于：溶度积是未溶解的固相与溶液中相应离子达到平衡时离子浓度的乘积，只与温度有关。溶解度不仅与温度有关，还与系统的组成、pH 的改变、配合物的生成等因素有关。

值得说明的是，难溶弱电解质和易水解的难溶电解质，如 $Fe(OH)_3$、$Co(OH)_3$、$Ni(OH)_3$、$PbCO_3$、$FeCO_3$、Ag_2S 等溶液中，还存在着解离平衡和水解平衡。多重平衡存

在的结果使溶度积与溶解度的换算更为复杂，为简便起见，本书中的计算忽略上述影响。

四、溶度积规则及其应用

1. 溶度积规则

在温度一定时，任意状态下的难溶电解质溶液中，其组成离子相对浓度幂的乘积，称为离子积，用符号 Q 表示。

对难溶电解质的多相离子平衡来说

$$A_n B_m(s) \rightleftharpoons n A^{m+}(aq) + m B^{n-}(aq)$$

沉淀溶解平衡时：$K_{sp}^{\ominus}(A_n B_m) = [A^{m+}]^n [B^{n-}]^m$（平衡状态）

非平衡态时：离子积 $Q(A_m B_n) = \left[\dfrac{c(A^{m+})}{c^{\ominus}}\right]^n \left[\dfrac{c(B^{n-})}{c^{\ominus}}\right]^m$（任意状态） (6-19)

难溶电解质的沉淀溶解平衡是一种动态平衡。一定温度下，当溶液中的离子浓度变化时，平衡会发生移动，直至离子积等于溶度积为止。因此，将 Q 与 $K_{sp}^{\ominus}$ 比较可判断沉淀的生成与溶解：

$Q < K_{sp}^{\ominus}$，溶液为不饱和溶液，无沉淀析出。若原来有沉淀存在，则沉淀溶解，直至饱和为止。

$Q = K_{sp}^{\ominus}$，溶液为饱和溶液，溶液中离子与沉淀之间处于动态平衡。

$Q > K_{sp}^{\ominus}$，平衡向左移动，溶液处于过饱和状态，沉淀从溶液中析出。

上述三种关系就是沉淀和溶解平衡的反应商判据，称其为溶度积规则，常用来判断沉淀的生成与溶解能否发生。

2. 同离子效应和盐效应

如果在难溶电解质的饱和溶液中，加入易溶的强电解质，则难溶电解质的溶解度与其在纯水中的溶解度有可能不相同。易溶电解质的存在对难溶电解质的溶解度的影响是多方面的。这里主要讨论影响溶解度的两种不同效应——同离子效应和盐效应。

（1）同离子效应　在 $BaSO_4$ 的饱和溶液中，存在如下平衡：

$$BaSO_4(s) \rightleftharpoons Ba^{2+} + SO_4^{2-}$$

如果在上述饱和溶液中加入适量的 Na_2SO_4，则 SO_4^{2-} 浓度增大。当 $Q > K_{sp}^{\ominus}$ 时，上述平衡向生成 $BaSO_4$ 沉淀的方向移动。达到新的平衡时，$[Ba^{2+}]$ 与 $[SO_4^{2-}]$ 之积仍然等于 1.08×10^{-10}，但此时 Ba^{2+} 的平衡浓度比原来小了，而 SO_4^{2-} 的平衡浓度则因加入 Na_2SO_4 而增大了。$BaSO_4$ 的溶解度可用达到新的平衡时 Ba^{2+} 的浓度来衡量。因此，$BaSO_4$ 在外加 SO_4^{2-} 存在时，溶解度比在纯水中小。

这种在难溶电解质的饱和溶液中，加入含有相同离子的易溶强电解质而使其溶解度减小的现象，称为沉淀溶解平衡中的同离子效应。

【例 6-10】 298K 时，在 $BaSO_4$ 饱和溶液中加入沉淀剂 $BaCl_2$，并使 $BaCl_2$ 的浓度为 $0.0101 mol \cdot L^{-1}$，计算 $BaSO_4$ 的溶解度。

解　设 298K 时，$BaSO_4$ 在水中溶解度为 s，$s' = s/c^{\ominus}$

$$BaCl_2 \longrightarrow Ba^{2+}(aq) + 2Cl^-(aq)$$

$$BaSO_4(s) \rightleftharpoons Ba^{2+}(aq) + SO_4^{2-}(aq)$$

平衡浓度/mol·L^{-1} $0.01+s'$ s'

$$K_{sp}^{\ominus} = [Ba^{2+}][SO_4^{2-}] = (0.01+s')s'$$

查附表，得 $BaSO_4$ 的溶度积为 1.1×10^{-10}，很小，因此可近似认为

$$0.01 + s' \approx 0.01$$

则 $1.1 \times 10^{-10} = (0.01+s')s' = 0.01s'$

$$s' = 1.1 \times 10^{-8}$$

即 $s = 1.1 \times 10^{-8}$ mol·L^{-1}

同离子效应在沉淀溶解平衡中有许多实际应用：

① 加入过量沉淀剂可使被沉淀离子沉淀完全。例如，用硝酸银和盐酸生产 AgCl 时，加入过量盐酸可使贵金属离子 Ag^+ 沉淀完全。所谓完全，并不是使溶液中的某种被沉淀离子浓度等于零，实际上这也是做不到的。一般情况下，只要溶液中被沉淀的离子浓度不超过某一限度，如 10^{-5} mol·L^{-1}，即认为这种离子沉淀完全了；而在定量分析中，则要求小于 10^{-6} mol·L^{-1}。

② 定量分离沉淀时，选择洗涤剂以使损耗降低。例如在洗涤 AgCl 沉淀时，可使用 NH_4Cl 溶液。

洗涤剂一般过量 20%~50%，过大会引起副反应，反而使溶解度加大。例如 $BaSO_4$ 沉淀中加入过量的 H_2SO_4 导致酸效应：

$$BaSO_4 + H_2SO_4 \longrightarrow Ba(HSO_4)_2$$

AgCl 沉淀中加入过量的 HCl 导致配位效应：

$$AgCl + Cl^- \longrightarrow AgCl_2^-$$

而使 $BaSO_4$、AgCl 溶解度增大，甚至能溶解。

(2) 盐效应 如果在 AgCl 的饱和溶液中，加入不含有相同离子的易溶强电解质，如 KNO_3，则 AgCl 的溶解度将比在纯水中略微增大。原因是：

$$AgCl \rightleftharpoons Ag^+ + Cl^-$$
$$KNO_3 \longrightarrow K^+ + NO_3^-$$

增大溶液中正、负离子的浓度，加剧了异电荷离子之间的相互吸引、牵制作用，从而降低了沉淀离子的有效浓度，使之在单位时间内碰撞到晶体表面重新生成沉淀的机会减少，因而破坏了沉淀溶解平衡，溶解度增大。**在难溶电解质饱和溶液中，加入不含共同离子的易溶强电解质而使难溶电解质的溶解度增大的作用称为盐效应。**

需要注意的是：

① 外加强电解质浓度和离子电荷越大，盐效应越显著。

② 在进行沉淀反应时，要使某种离子完全沉淀（一般来说，残留在溶液中被沉淀离子的浓度小于 1.0×10^{-5} mol·L^{-1} 时，可以认为沉淀完全），首先应选择适当的沉淀剂，使生成的难溶电解质的溶度积 K_{sp} 尽可能小；其次加入适当过量的沉淀剂（一般过量 20%~50%即可）以产生同离子效应。

③ 同离子效应也伴有盐效应，但通常忽略。若加入过多，溶解度反而增大。

④ 同离子效应和盐效应对难溶电解质溶解度的影响是相互矛盾的，当两者同时存在时，通常同离子效应起主导作用，盐效应影响较小。当沉淀剂过量不超过 0.01 mol·L^{-1} 时，溶

液较稀，盐效应可忽略不计。

3. 溶度积规则的应用

（1）沉淀的生成　根据溶度积规则，在难溶电解质溶液中，根据溶度积规则，在难溶电解质溶液中，若 $Q>K_{sp}^{\ominus}$，则有沉淀生成。

【例 6-11】　25℃下，等体积的 $0.2\,\text{mol}\cdot\text{L}^{-1}$ 的 $Pb(NO_3)_2$ 和 $0.2\,\text{mol}\cdot\text{L}^{-1}$ KI 水溶液混合是否会产生 PbI_2 沉淀？$K_{sp}^{\ominus}=7.1\times10^{-9}$。

解　稀溶液混合后，其体积有加和性，因此等体积混合后，体积增大一倍，浓度减小至原来的 1/2。

$$c(Pb^{2+})=c[Pb(NO_3)_2]=0.1\,\text{mol}\cdot\text{L}^{-1}$$

$$c(I^-)=c(KI)=0.1\,\text{mol}\cdot\text{L}^{-1}$$

$$PbI_2(s)\rightleftharpoons Pb^{2+}(aq)+2I^-(aq)$$

$$Q=[Pb^{2+}][I^-]^2=0.1\times(0.1)^2=1\times10^{-3}$$

$Q>K_{sp}^{\ominus}$，会产生 PbI_2 沉淀。

【例 6-12】　$0.1001\,\text{mol}\cdot\text{L}^{-1}$ 的 $MgCl_2$ 溶液和等体积同浓度的 NH_3 水溶液混合，会不会生成 $Mg(OH)_2$ 沉淀？已知 $K_{sp}^{\ominus}[Mg(OH)_2]=1.9\times10^{-11}$，$K_b^{\ominus}(NH_3)=1.77\times10^{-5}$。

解　有无 $Mg(OH)_2$ 沉淀生成的判断标准：Q 与 $K_{sp}^{\ominus}$ 的关系。

$$Mg(OH)_2\rightleftharpoons Mg^{2+}(aq)+2OH^-(aq)$$

$$Q=[Mg^{2+}][OH^-]^2$$

从已知条件中可以获得 $c(Mg^{2+})$，$c(OH^-)$ 由 NH_3 水溶液提供，可间接获得问题解答。

$MgCl_2$ 溶液与 NH_3 水溶液等体积混合，两者浓度均减半。

$$c(Mg^{2+})=c(NH_3)=0.100\div2=0.05(\text{mol}\cdot\text{L}^{-1}),[Mg^{2+}]=0.05$$

$$\frac{c(NH_3)}{c^{\ominus}K_b^{\ominus}}>500$$

$$[OH^-]=\sqrt{\frac{cK_b^{\ominus}}{c^{\ominus}}}=\sqrt{\frac{1.77\times10^{-5}\times0.05}{1}}=9.41\times10^{-4}$$

$$Q=[Mg^{2+}][OH^-]^2=0.05\times(9.41\times10^{-4})^2=4.4\times10^{-8}$$

$Q>K_{sp}^{\ominus}$，生成 $Mg(OH)_2$ 沉淀。

（2）沉淀溶解　浓度是影响沉淀-溶解平衡的重要因素。改变溶液中有关离子的浓度，可以引起沉淀溶解平衡的移动。改变溶液的 pH、生成配合物、发生氧化反应可以改变有关离子的浓度，引起沉淀溶解平衡的移动，则沉淀将溶解。其途径包括：

① 生成气体　难溶碳酸盐可与足量的盐酸、硝酸等发生作用生成 CO_2 气体，而不断降

低 CO_3^{2-} 浓度，使沉淀溶解。

【实例分析】 $CaCO_3$ 饱和溶液中加盐酸，$CaCO_3$ 沉淀逐渐消失。

② 生成弱电解质　难溶金属氢氧化物都能与强酸反应生成弱电解质而溶解。

【实例分析】 向氢氧化铜[$Cu(OH)_2$]饱和溶液中加盐酸，则 $Cu(OH)_2$ 沉淀逐渐消失。一些难溶电解质（如 CaC_2O_4、ZnS、FeS 等）能与强酸作用生成弱酸而溶解，而难溶氢氧化物 $Mg(OH)_2$ 能与 NH_4Cl 作用生成弱碱 $NH_3 \cdot H_2O$ 而溶解。

③ 生成配离子　某些试剂能与难溶电解质中的金属离子反应生成配合物，从而破坏沉淀溶解平衡，使沉淀溶解。

知识窗

"定影"时用硫代硫酸钠（$Na_2S_2O_3$）溶液冲洗照片，则未感光的 AgBr 将被溶解，原因就是 $Na_2S_2O_3$ 与 AgBr 作用生成了可溶的配离子[$Ag(S_2O_3)_2$]$^{3-}$。

再如 $AgCl(s) \rightleftharpoons Ag^+(aq) + Cl^-(aq)$

$Ag^+(aq) + 2NH_3(aq) \longrightarrow Ag(NH_3)_2^+(aq)$

④ 发生氧化还原反应　例如，硫化铜（CuS）的溶度积很小，既难溶于水，又难溶于稀盐酸，但与强氧化剂硝酸相遇时，则会发生氧化还原反应生成单质 S 而溶解。

可见，沉淀的溶解是涉及多种平衡的复杂过程。

(3) 沉淀的转化

【演示实验 6-2】

向含有 $PbCl_2$ 沉淀及其饱和溶液（约 5mL）的试管中，逐滴加入 $0.01mol \cdot L^{-1}$ KI，振荡试管，则白色沉淀 $PbCl_2$ 逐渐转变为黄色沉淀 PbI_2。

由实验现象可知，发生了如下反应：

$$PbCl_2 + 2KI \rightleftharpoons PbI_2 + 2KCl$$

由于 $K_{sp}^{\ominus}(PbI_2) < K_{sp}^{\ominus}(PbCl_2)$，所以向 $PbCl_2$ 饱和溶液中加入 KI 溶液后，将有更难溶解的 PbI_2 生成，溶液中 Pb^{2+} 浓度降低，致使 $Q(PbCl_2) < K_{sp}^{\ominus}(PbCl_2)$，其沉淀溶解平衡向右移动。随着 pbI_2 的不断加入，$PbCl_2$ 将逐渐溶解，并转化为 PbI_2 沉淀。

沉淀的转化

上述反应的平衡常数为

$$K^{\ominus} = \frac{[Cl^-]^2}{[I^-]^2} = \frac{[Pb^{2+}][Cl^-]^2}{[Pb^{2+}][I^-]^2} = \frac{K_{sp}^{\ominus}(PbCl_2)}{K_{sp}^{\ominus}(PbI_2)} = \frac{1.7 \times 10^{-5}}{9.8 \times 10^{-9}} = 1.73 \times 10^3$$

该沉淀转化反应的平衡常数很大，反应向右进行的趋势很强。

这种在某种沉淀中加入适当的沉淀试剂，使原有的沉淀溶解而生成另一种沉淀的过程，称为沉淀的转化。

沉淀转化是一种难溶电解质不断溶解，而另一种难溶电解质不断生成的过程。通常由溶解度大的沉淀向溶解度小的沉淀转化，两种沉淀的溶解度之差越大，沉淀转化越容易进行。对于相同类型的难溶电解质，则由较大的 $K_{sp}^{\ominus}$ 向 $K_{sp}^{\ominus}$ 较小的方向进行。溶解度相差不大时，一定条件下能使溶解度小的沉淀向溶解度大的沉淀转化。

（4）分步沉淀　实际工作中，经常遇到含有多种离子的混合溶液，此时若加入某种沉淀剂，就可能与几种离子发生沉淀反应，首先析出沉淀的是离子积最先达到溶度积的化合物。这种在混合溶液中加入某种沉淀剂时，离子发生先后沉淀的现象，称为分步沉淀。

根据溶度积规则，生成沉淀所需沉淀试剂浓度小的离子先被沉淀出来，即 Q 先达到 $K_{sp}^{\ominus}$ 的离子先被沉淀出来。对于同一类型的化合物，且离子浓度相同情况，$K_{sp}^{\ominus}$ 小的先成为沉淀析出，$K_{sp}^{\ominus}$ 大的后成为沉淀析出。对于离子浓度不同或不同类型的化合物，不能用 $K_{sp}^{\ominus}$ 的大小判断沉淀的先后次序，需要通过计算分别求出产生沉淀时所需沉淀剂的最低浓度，其值低者先沉淀。

应用分步沉淀原理，可以进行混合离子的分离、提纯。分步沉淀时，各种离子所需沉淀的浓度差越大，分离越完全。

【例 6-13】 在 $2.0\,mol\cdot L^{-1}$ $CuSO_4$ 溶液中，含有 $0.010\,mol\cdot L^{-1}$ Fe^{3+} 杂质，问能否通过控制溶液 pH 的方法达到除杂的目的？

解 由附录五查得　$Cu(OH)_2$　$K_{sp1}^{\ominus}=2.2\times 10^{-20}$

$$Fe(OH)_3 \quad K_{sp2}^{\ominus}=2.79\times 10^{-39}$$

欲使 Cu^{2+} 产生沉淀，所需最低 OH^- 浓度为

$$[OH^-]=\sqrt{\frac{K_{sp1}^{\ominus}}{[Cu^{2+}]}}=\sqrt{\frac{2.2\times 10^{20}}{2.0}}=1.05\times 10^{10}$$

则

$$c(OH^-)=1.05\times 10^{-10}\,mol\cdot L^{-1}$$
$$pOH=lg[OH^-]=lg(1.05\times 10^{-10})=10$$
$$pH=14-pOH=14-10.0=4.0$$

欲使 Fe^{3+} 产生沉淀，所需最低 OH^- 浓度为

$$[OH^-]=\sqrt[3]{\frac{K_{sp2}^{\ominus}}{[Fe^{3+}]}}=\sqrt[3]{\frac{2.79\times 10^{-39}}{0.01}}=6.53\times 10^{-13}$$

$$c(OH^-)=6.53\times 10^{-13}\,mol\cdot L^{-1}$$
$$pOH=-lg[OH^-]=-lg(6.53\times 10^{-13})=12.2$$
$$pH=14-pOH=14-12.2=1.8$$

沉淀 Fe^{3+} 所需 OH^- 浓度小，首先产生 $Fe(OH)_3$。

当 Fe^{3+} 浓度低于 $1.0\times 10^{-5}\,mol\cdot L^{-1}$ 时，认为已被沉淀完全。沉淀 Fe^{3+} 所需 OH^- 的最低浓度为：

$$[OH^-]=\sqrt[3]{\frac{K_{sp2}^{\ominus}}{[Fe^{3+}]}}=\sqrt[3]{\frac{2.79\times 10^{-39}}{1.0\times 10^{-5}}}=6.53\times 10^{-12}$$

$$pOH=-lg(6.53\times 10^{-12})=11.2$$
$$pH=14-POH=14-11.2=2.8$$

只要控制 $2.8<pH<4.0$ 就能实现除去杂质 Fe^{3+} 的目的。

利用分步沉淀分离混合离子时，当第二种沉淀刚好析出时，第一种离子应被沉淀完全，

即其浓度 $c \leq 1.0 \times 10^{-5} \text{mol} \cdot \text{L}^{-1}$，两者就可以被分离开。

【知识拓展】

沉淀溶解平衡的工业应用举例

沉淀溶解平衡在化工生产中有许多实际应用。除应用于 $CaCO_3$、$MgCO_3$ 等的生产外，另一个重要的应用是利用沉淀的生成除去某些杂质离子。在提纯无机盐溶液和分离少量杂质离子的工作中，溶度积原理得到了很好的应用。例如，无机盐工业中除去杂质 Fe^{3+}，制备锰盐时除去 Cu^{2+}、Pb^{2+}、Cd^{2+} 等杂质。详细内容可扫描二维码阅读。

知识窗

中国盐湖事业的拓荒者——柳大纲院士

在新中国建立之初，我国柴达木盆地还是一片人迹罕至的蛮荒之地。1957年秋，一支踌躇满志的科考队伍来到这里，叩响了青藏高原盐湖宝库的神秘大门，这支队伍的领导者名叫柳大纲（1904—1991）。柳大纲为代表的盐湖事业先驱们排除万难，坚持工作，在柴达木盆地的茫茫戈壁建立了一座大型的盐湖化工基地，其中有我国最大的钾肥厂和锂厂，为中国盐湖事业奠基立业。柳大纲倡导的"艰苦奋斗、无私奉献、团结协作、开拓创新"的盐湖精神也鼓舞着每一个盐湖科技工作者砥砺前行。详细内容可扫描二维码阅读。

中国盐湖事业的拓荒者——柳大纲院士

沉淀溶解平衡的工业应用举例

【本章小结】

一、电解质的基本概念

在水溶液或熔化状态下，能够导电的化合物叫电解质，不能导电的化合物叫非电解质。

在水溶液或熔融状态下，能完全解离的电解质称为强电解质，仅部分解离的电解质称为弱电解质。

二、离子反应和离子方程式

电解质在溶液中进行的反应就是离子间的反应，可以用离子方程式表示。离子反应进行的条件就是使溶液中离子浓度降低。

三、酸碱理论

1. 酸碱解离理论

在水溶液中解离出的阳离子全部是氢离子（H^+）的化合物称为酸；

在水溶液中解离出的阴离子全部是氢氧根离子（OH^-）的化合物称为碱。

2. 酸碱质子理论

酸碱质子理论实质是酸碱之间的质子转移，结果：生成各自酸碱反应对应共轭碱（酸）。

四、酸碱解离平衡和溶液的 pH 计算

1. 一元弱酸、弱碱的解离平衡的计算

$$\frac{c}{c^{\ominus}K_a^{\ominus}} \geqslant 500 \text{ 时}, [H^+] = \frac{c\partial}{c^{\ominus}} = \sqrt{\frac{cK_a^{\ominus}}{c^{\ominus}}}$$

$$\frac{c}{c^{\ominus}K_b^{\ominus}} \geqslant 500 \text{ 时}, [OH^-] = \frac{c\partial}{c^{\ominus}} = \sqrt{\frac{cK_b^{\ominus}}{c^{\ominus}}}$$

2. 多元弱酸、弱碱解离平衡的计算

$K_{a1}^{\ominus} \gg K_{a2}^{\ominus}$（或 $K_{b1}^{\ominus} \gg K_{b2}^{\ominus}$），多元弱酸（或弱碱）水溶液可近似按一元弱酸（或一元弱碱）水溶液处理。

五、同离子效应和缓冲溶液

（1）在已建立了酸碱平衡的弱酸或弱碱溶液中，加入含有同种离子的易溶强电解质，使酸碱解离平衡向着降低弱酸或弱碱解离度方向移动的作用，称为同离子效应。

（2）缓冲溶液是一种能够抵抗外加少量强酸、强碱或稀释作用，而能维持溶液 pH 基本不变的溶液。任何缓冲溶液中，既有抗酸成分，又有抗碱成分。

六、盐类的水解

强碱弱酸盐水解呈碱性；强酸弱碱盐水解呈酸性；弱酸弱碱盐的水解结果要根据弱酸、弱碱的解离常数决定。

七、沉淀溶解平衡

（1）在一定温度下，达到溶解平衡时，一定量的溶剂中含有的溶质质量。

在一定温度下，难溶电解质的饱和溶液中，其组成离子相对浓度幂的乘积是一个常数，称为溶度积。

（2）溶度积与溶解度之间的换算。

AB 型难溶电解质 $s = c^{\ominus}\sqrt{K_{sp}^{\ominus}}$；

AB_2 或 A_2B 型难溶电解质 $s = c^{\ominus}\sqrt[3]{\frac{K_{sp}^{\ominus}}{4}}$。

（3）溶度积规则。

① $Q < K_{sp}^{\ominus}$，溶液为不饱和溶液，无沉淀析出。若原来有沉淀存在，则沉淀溶解，直至饱和为止。

② $Q = K_{sp}^{\ominus}$，溶液为饱和溶液，溶液中离子与沉淀之间处于动态平衡。

③ $Q > K_{sp}^{\ominus}$，平衡向左移动，溶液处于过饱和状态，沉淀从溶液析出。

（4）难溶电解质的同离子效应和盐效应。

同离子效应使难溶电解质的溶解度减小，盐效应使难溶电解质的溶解度增大。

（5）溶度积规则的应用。

① 生成沉淀：$Q > K_{sp}^{\ominus}$。

② 沉淀溶解：$Q<K_{sp}^{\ominus}$。
③ 沉淀转化：一种难溶电解质转化为另一种更难溶的电解质。
④ 分步沉淀：离子积先达到溶度积的离子先沉淀。

【思考与练习】

一、填空题

1. NaCl 是_____电解质，在水中能_____解离，其解离方程式为_____。

2. 在 $NH_3 \cdot H_2O$ 溶液中加入酚酞呈_____色，再加入 NH_4Cl 固体后，溶液又呈_____色，其原因是_____。

3. 在一定温度下，弱电解质的分子解离为_____的速率等于_____的速率时，未解离的_____和_____之间建立起了_____平衡。

4. 解离度 = _____。

5. 同一弱电解质的浓度愈低，则解离度愈_____。

6. 在纯水中加入少量酸后，水的离子积_____1×10^{-14}，pH_____7。

7. 浓度为 $0.1 mol \cdot L^{-1}$ 的盐酸、醋酸、氢氧化钠、NH_3 溶液四种溶液的 pH 从小到大的顺序为_____。

8. NH_4Cl 水解的离子反应方程式为_____，NaAc 水解的离子方程式为_____。

9. $FeCl_3$ 晶体放入水中加热，溶液呈_____色，是因为_____。

10. 在纯水中加入少量盐酸，其 pH 会_____；若加入少量 NaOH，其 pH 会_____。

11. 写出下列电解质的解离方程式：
    $KClO_3$ _____ $NH_3 \cdot H_2O$ _____
    $Al_2(SO_4)_3$ _____ HF _____

12. 写出下列弱电解质的解离平衡常数表达式：
    HCN _____ $NH_3 \cdot H_2O$ _____

二、选择题

1. 下列物质属于强电解质的是（ ）。
   A. $BaSO_4$ B. NH_3 溶液   C. HCN   D. HClO

2. 盐酸与醋酸相比，正确的说法是（ ）。
   A. 盐酸的酸性比醋酸弱
   B. 盐酸的酸性比醋酸强
   C. 两者酸性强弱无法比较
   D. 在浓度相同时，盐酸的酸性比醋酸强

3. A、B、C 三种溶液，A 溶液的 pH 为 4，B 溶液中 $[H^+]=1\times10^{-3}$，C 溶液中 $[OH^-]=1\times10^{-12}$，则三种溶液的酸性由强到弱的顺序为（ ）。
   A. A、B、C   B. C、A、B   C. B、A、C   D. C、B、A

4. 下列说法正确的是（ ）。
   A. 某溶液中滴入甲基橙显黄色，则溶液的 pH 一定大于 7
   B. 在 pH 小于 8 的溶液中滴入酚酞时，溶液一定显红色

C. 某溶液的 pH 为 7，滴入紫色石蕊试液时显红色

D. 滴入酚酞显红色的溶液一定呈碱性

5. 为抑制 $(NH_4)_2SO_4$ 的水解，采用的方法是（　　）。

   A. 加硫酸　　　　　B. 加 NaOH　　　　C. 升温　　　　D. 加水稀释

6. 促进 $FeCl_3$ 水解采用的方法是（　　）。

   A. 升温　　　　　B. 降温　　　　C. 提高溶液的 pH　　D. 加盐酸

7. 关于沉淀的转化，下列说法正确的是（　　）。

   A. 难溶性电解质之间的转化在任何情况下都可进行

   B. 一般说，溶解度小的难溶性电解质转化为溶解度大的难溶性电解质是可以进行的

   C. 一般说，溶解度大的难溶性电解质转化为溶解度小的难溶性电解质是比较容易进行的

   D. 以上三个说法均不对

8. 下列说法正确的是（　　）。

   A. 在一定温度下 AgCl 水溶液中，Ag^+ 和 Cl^- 浓度的乘积是一个常数

   B. AgCl 的 $K_{sp}^\ominus = 1.8 \times 10^{-10}$，在任何含 AgCl 固体的溶液中，$c(Ag^+) = c(Cl^-)$ 且 Ag^+ 与 Cl^- 相对浓度的乘积等于 1.8×10^{-10}

   C. 温度一定时，当溶液中 Ag^+ 和 Cl^- 浓度的乘积等于 $K_{sp}^\ominus$ 时，此溶液为 AgCl 的饱和溶液

   D. 向饱和 AgCl 水溶液中加入盐酸，$K_{sp}^\ominus$ 值变大

9. 下列说法正确的是（　　）

   A. 两难溶电解质做比较时，$K_{sp}^\ominus$ 小的，溶解度一定小

   B. 欲使溶液中某离子沉淀完全，加入的沉淀剂应该是越多越好

   C. 所谓沉淀完全就是用沉淀剂将溶液中某一离子除净

   D. 欲使 Ca^{2+} 沉淀最完全，选择 $Na_2C_2O_4$ 作沉淀剂效果比 Na_2CO_3 好

10. 除去 $NaNO_3$ 溶液中混有的 $AgNO_3$，所用下列试剂中效果最好的是（　　）。

    A. NaCl 溶液　　　B. NaBr 溶液　　　C. NaI 溶液　　　D. Na_2S 溶液

11. 工业废水中常含有 Cu^{2+}、Cd^{2+}、Pb^{2+} 等重金属离子，可通过加入过量的难溶电解质 FeS、MnS，使这些金属离子形成硫化物沉淀除去。根据以上事实，可推知 FeS、MnS 具有的相关性质是（　　）。

    A. 在水中的溶解能力大于 CuS、CdS、PbS

    B. 在水中的溶解能力小于 CuS、CdS、PbS

    C. 在水中的溶解能力与 CuS、CdS、PbS 相同

    D. 二者均具有较强的吸附性

12. 对水垢的主要成分是 $CaCO_3$ 和 $Mg(OH)_2$ 而不是 $CaCO_3$ 和 $MgCO_3$ 的原因解释，其中正确的为（　　）。

    A. $Mg(OH)_2$ 的溶度积大于 $MgCO_3$ 的溶度积，且在水中发生了沉淀转化

    B. $Mg(OH)_2$ 的溶度积小于 $MgCO_3$ 的溶度积，且在水中发生了沉淀转化

    C. $MgCO_3$ 解离出的 CO_3^{2-} 发生水解，使水中 OH^- 浓度减小，对 $Mg(OH)_2$ 的沉淀溶解平衡而言，$Q < K_{sp}^\ominus$，生成 $Mg(OH)_2$ 沉淀

    D. $MgCO_3$ 是易溶电解质

13. 已知：25℃时，$K_{sp}^{\ominus}[Mg(OH)_2]=5.61\times10^{-12}$，$K_{sp}^{\ominus}(MgF_2)=7.42\times10^{-11}$。下列说法正确的是（   ）。

A. 25℃时，饱和 $Mg(OH)_2$ 溶液与饱和 MgF_2 溶液相比，前者的 $c(Mg^{2+})$ 大

B. 25℃时，在 $Mg(OH)_2$ 的悬浊液中加入少量的 NH_4Cl 固体，$c(Mg^{2+})$ 增大

C. 25℃时，$Mg(OH)_2$ 固体在 20mL $0.01mol·L^{-1}$ NH_3 溶液中的 $K_{sp}^{\ominus}$ 比在 20mL $0.01mol·L^{-1}$ NH_4Cl 溶液中的 $K_{sp}^{\ominus}$ 小

D. 25℃时，在 $Mg(OH)_2$ 悬浊液中加入 NaF 溶液后，$Mg(OH)_2$ 转化为 MgF_2

三、计算题

1. 计算 $0.1mol·L^{-1}$ H_2SO_4 溶液和 $0.1mol·L^{-1}$ HAc 溶液的 H^+ 浓度。

2. 计算 $0.02mol·L^{-1}$ $NH_3·H_2O$ 中 OH^- 的浓度和解离度。

3. 已知 $0.1mol·L^{-1}$ HAc 溶液的解离度为 1.34%，求其解离常数。

4. 在 1L $0.2mol·L^{-1}$ 的某弱电解质溶液中，有 0.15mol 溶质解离为离子。计算该电解质的解离度。

5. 计算下列溶液中各离子的浓度：

$0.01mol·L^{-1}$ H_2SO_4 $0.05mol·L^{-1}$ NaOH $0.3mol·L^{-1}$ $CaCl_2$

6. $0.2mol·L^{-1}$ 甲酸溶液的解离度为 3.2%，计算甲酸的解离常数和溶液中的 H^+ 浓度。

7. 计算下列溶液的 pH：

$0.25mol·L^{-1}$ NaOH $0.2mol·L^{-1}$ HCl

$0.05mol·L^{-1}$ $NH_3·H_2O$ $0.5mol·L^{-1}$ HCN

8. 将下列的 pH 换算为 H^+ 浓度：

pH=4.5   pH=8.3   pH=7.4

9. 将 2mL $14mol·L^{-1}$ HNO_3 溶液稀释至 500mL。计算稀释后溶液 pH。取 100mL 该溶液中和至 pH=7，需要加入多少克 KOH？

四、问答题

1. 强电解质与弱电解质有什么区别？

2. 电解质的解离和电离的概念一样吗？

3. 下列各组物质能否发生反应？能反应的写出离子方程式。

$CuSO_4$ 溶液和 NaOH 溶液 　　　　　　Na_2CO_3 溶液和盐酸

KOH 溶液和硝酸溶液 　　　　　　　　　KBr 溶液和 $AgNO_3$ 溶液

HAc 溶液和 NH_3 溶液 　　　　　　　　硫酸和 $BaCl_2$ 溶液

Na_2SO_4 溶液和 KCl 溶液 　　　　　　盐酸和 $NaNO_3$ 溶液

4. 实验室如何配制 Na_2S、$FeSO_4$、$FeCl_3$ 溶液？

5. NH_3 溶液和醋酸的导电能力都较弱，但将两者混合后，导电能力会增强，为什么？

6. 使用的泡沫灭火器中盛装的是 $Al_2(SO_4)_3$ 和 $NaHCO_3$ 两种溶液，从水解的角度说明泡沫灭火器的原理。

第六章　思考与练习

第六章　在线自测

第七章
氧化还原反应和电化学基础

知识目标
1. 掌握氧化还原反应的概念和配平。
2. 掌握原电池的组成、原理、电极反应和电池符号；了解化学电源、电解原理和金属防腐的相关知识。
3. 理解标准电极电势的意义，掌握能斯特方程的相关计算。

能力目标
1. 能够熟练配平氧化还原方程式。
2. 能够应用电极电势判断原电池的正、负极；比较氧化剂、还原剂氧化还原能力的相对强弱；能判断氧化还原反应进行的次序和方向。
3. 会用元素电势图判断元素及其化合物的氧化还原性。

第七章 PPT

素质目标
1. 通过氧化还原反应分析金属的腐蚀与防护，学以致用，提升分析问题解决问题的能力。
2. 通过了解新能源技术，让绿色理念根植心中，提升环保意识和创新意识。

氧化还原反应是化学反应的主要类型之一，与酸碱中和、水解及沉淀反应不同，氧化还原反应总是伴随着电子的转移。其广泛应用于化工、冶金等工业生产中，也是化学热能和电能的来源之一。以氧化还原反应为基础的电化学是化学学科的一个重要的分支学科。本章将对氧化还原反应的基本概念、电化学的基础知识做一初步讨论。

第一节 氧化还原反应

氧化还原反应的本质是：参加化学反应的某些元素在反应前后发生了电子的转移（电子得失或者电子对偏移）。为了更清楚地说明这个问题，引入氧化值的概念。

一、氧化值

化学上，为了便于讨论氧化还原反应，引入了氧化值的概念。1970 年，国际纯粹和应用化学联合会（IUPAC）将氧化值定义为：氧化值（又叫氧化数或氧化态），是指元素的一个原子所带的形式电荷数。这种形式电荷是假定把分子中成键的电子指定给电负性较大的原子之后，该原子所带的电荷。氧化值可为整数，也可为分数或小数。确定元素氧化值的一般原则如下：

① 在单质中，元素的氧化值为零；

② 单原子离子中，元素的氧化值等于该离子所带的电荷数；多原子离子中各元素氧化值的代数和等于该离子所带的电荷数；

③ 中性化合物分子中，各元素氧化值的代数和等于零；

④ 共价化合物中，把属于两原子共用的电子指定给其中电负性较大的那个原子后，各原子上的电荷数即为它的氧化值。如在 H_2S 中，S 的氧化值为 -2；H 的氧化值为 $+1$；

⑤ 氢在化合物中的氧化值一般为 $+1$，只有与电负性比它小的原子结合时，例如在金属氢化物（NaH、CaH_2）中，氢的氧化值为 -1；

⑥ 通常情况下，氧在化合物中的氧化值为 -2，但在 H_2O_2、Na_2O_2、Ba_2O_2 等过氧化物中，氧的氧化值为 -1；在超氧化物（如 KO_2）中氧的氧化值为 $-1/2$；在氧的氟化物中氧的氧化值可为正，例如氟化氧 OF_2 和 O_2F_2 中，氧的氧化值分别为 $+2$ 和 $+1$；

⑦ 氟在化合物中的氧化值都为 -1；碱金属、碱土金属在化合物中的氧化值分别为 $+1$、$+2$。

【例 7-1】 计算 CrO_3^{2-} 中 Cr 的氧化数。

解 已知氧的氧化值为 -2，假设 Cr 原子的氧化数为 x。

根据多原子离子中各元素氧化值的代数和等于该离子所带的电荷数规则，$x+3\times(-2)=-2$，则 $x=+4$。

> 练一练：计算 $K_2S_2O_3$、Fe_3O_4 中硫和铁的氧化值。

严格来说，氧化值和化合价是有区别的。从分子结构来看，化合价数值上等于形成化合物时原子得失电子或形成共用电子对的数目，所以不可能有分数。化合价虽比氧化值更能反映分子结构，但在分子式的书写和反应式的配平中，氧化值有其实用价值。

二、氧化剂和还原剂

在氧化还原反应中，元素的原子（或离子）失去电子而氧化值升高的过程称为氧化；反之获得电子而氧化值降低的过程称为还原。 可归结为：元素失去电子，氧化值升高，被氧化，含该元素的物质为还原剂；元素得到电子，氧化值降低，被还原，含该元素的物质为氧化剂。

在氧化还原反应中，氧化和还原的过程必定同时发生，氧化剂和还原剂总是同时存在，且相互依存。例如：

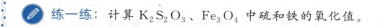

反应中，CuO 中 Cu 的氧化值由 +2 降低为 0，即 CuO 被还原，CuO 是氧化剂；同时，H_2 中 H 的氧化值由 0 升高为 +1，即 H 被氧化，H_2 是还原剂。

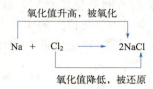

在 Na 与 Cl_2 的反应中，钠失去了一个电子成为 Na^+，氧化值从 0 升高为 +1，即 Na 被氧化，Na 是还原剂。Cl_2 中的 Cl 得到电子成为 Cl^-，氧化值从 0 降低为 -1，Cl 被还原，Cl_2 是氧化剂。

物质的氧化还原性是相对的。有时，同一种物质和强的氧化剂作用时，它表现出还原性；而和强的还原剂作用时，它又会表现出氧化性。例如 SO_2 与具有更强氧化性的 O_2 反应时，SO_2 作为还原剂；与具有更强还原性的 H_2S 反应时，SO_2 作为氧化剂。

$$2SO_2 + O_2 \longrightarrow 2SO_3$$
$$SO_2 + 2H_2S \longrightarrow 3S\downarrow + 2H_2O$$

常见的氧化剂：活泼的非金属单质、Na_2O_2、H_2O_2、HClO、$KClO_3$、HNO_3、$KMnO_4$、浓 H_2SO_4、$K_2Cr_2O_7$、MnO_2 等。

常见的还原剂：活泼的金属单质、C、H_2、H_2S、HI、CO 等。

判断一个物质是氧化剂还是还原剂一般可以依据以下原则：

① 当元素的氧化值是最高值时，该元素只能作氧化剂。反之，当元素的氧化值为其最低值时，该元素只能作还原剂。需要指出的是，元素氧化值的高低只是该物质能否作为氧化剂或还原剂的必要条件，但不是决定因素。如 H_3PO_4 中 P 虽达到最高氧化值 +5，但它不是氧化剂；F^- 中的 F 虽是最低氧化值，但它并不是还原剂。

② 处于中间氧化值的元素，它既可作氧化剂，也可作还原剂，视具体反应对象的氧化还原性而定。如 SO_2、H_2SO_3 及其盐、HNO_2 及其盐、H_2O_2、Fe^{2+} 等。

$$Zn + FeCl_2 \longrightarrow Fe + ZnCl_2$$
$$Cl_2 + 2FeCl_2 \longrightarrow 2FeCl_3$$

③ 反应条件及介质的酸碱性也会影响物质的氧化还原性。如单质 C 在高温时是强还原剂，但在常温下还原性不明显。

三、氧化还原电对

氧化还原反应中氧化和还原同时发生，反应可以分为两部分，例如：
$$Zn + Cu^{2+} \longrightarrow Zn^{2+} + Cu$$

可分为：$Zn \longrightarrow Zn^{2+} + 2e^-$　　氧化反应　　(a)

　　　　$Cu^{2+} + 2e^- \longrightarrow Cu$　　还原反应　　(b)

反应式 (a) 和 (b) 都称为半反应。式 (a) 中，Zn 失去了 2 个电子，氧化值由 0 升至 +2，Zn 发生了氧化反应；式 (b) 中，Cu^{2+} 得到了 2 个电子，氧化值由 +2 降低为 0，

Cu^{2+} 发生了还原反应。

可以看出,每一个氧化还原反应都是两个半反应之和,每个半反应中包含了同一种元素的两种不同氧化值形式,同一元素的不同氧化值物质,就组成一个氧化还原电对,简称电对。如 Zn 和 Zn^{2+}、Cu^{2+} 和 Cu。电对中氧化值大的物种为氧化型,氧化值较小的物种为还原型,通常用氧化型/还原型(氧化值高/氧化值低)表示电对,如 Zn^{2+}/Zn、Cu^{2+}/Cu、H^+/H_2、Sn^{4+}/Sn^{2+}、Fe^{3+}/Fe^{2+} 等。

半反应式表示为:氧化型$+ne^- \rightleftharpoons$还原型。

> **练一练**:写出下列反应的氧化还原半反应式和电对。
> 1. $2Fe^{3+} + Cu \longrightarrow 2Fe^{2+} + Cu^{2+}$
> 2. $2MnO_4^- + 5SO_3^{2-} + 6H^+ \longrightarrow 2Mn^{2+} + 5SO_4^{2-} + 3H_2O$(酸性介质)

第二节　氧化还原方程式的配平

氧化还原反应往往比较复杂,用观察法不容易配平。根据氧化还原反应的实质或特征,可以通过分析电子转移或氧化值的升降来配平氧化还原反应方程式。

氧化还原反应方程式的配平原则如下:
① 在氧化还原反应中,氧化剂得到电子的总数等于还原剂失去电子的总数。
② 反应前后各元素原子的总数相等。
③ 方程式两边的离子电荷总数相等。
常用的氧化还原反应的配平方法主要有氧化值法和离子-电子法。

一、氧化值法

氧化值法配平方程式的步骤如下:
① 写出反应物和生成物的化学式,标出氧化值有变化的元素。
② 列出反应前后元素氧化值的变化值。
③ 将氧化值升高数和氧化值降低数的最小公倍数定为电子转移总数。依据元素氧化值升高和降低总数必须相等的原则,确定氧化剂、还原剂、氧化产物、还原产物的化学计量数。
④ 用观察法配平其他物质的化学计量数,使方程式两边的各种原子总数相等。
⑤ 依据氧化还原反应方程式的配平原则,检查方程式两边是否平衡。

【例 7-2】　配平反应方程式 $KMnO_4 + H_2S + H_2SO_4 \longrightarrow MnSO_4 + S + K_2SO_4 + H_2O$。

解　① 写出反应物和生成物:
$$KMnO_4 + H_2S + H_2SO_4 \longrightarrow MnSO_4 + S + K_2SO_4 + H_2O$$
② 标出氧化值有变化的元素,计算出反应前后氧化值变化的数值。

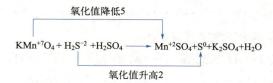

③ 调整系数，使氧化值升、降相等。

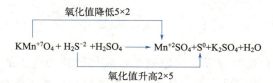

④ 在氧化剂和还原剂的化学式前面乘上适当的系数，得到下列没有配平的方程式。

$$2KMnO_4 + 5H_2S + H_2SO_4 \longrightarrow 2MnSO_4 + 5S\downarrow + K_2SO_4 + H_2O$$

⑤ 配平氧化值没有变化的原子的数目，使方程式两边的原子数目相等。

一般先配平除氢和氧以外的其他原子数，通过观察发现，要使 SO_4^{2-} 数目两边一致，方程式左边的 H_2SO_4 的化学计量数应该是 3。这样，方程式左边就有 16 个 H 原子，所以右边 H_2O 的化学计量数应该是 8。配平的方程式为：

$$2KMnO_4 + 5H_2S + 3H_2SO_4 \longrightarrow 2MnSO_4 + 5S\downarrow + K_2SO_4 + 8H_2O$$

最后，核对方程式两边的 O 原子数，都等于 20，证实方程式已经配平。

对于反应前后氧原子数不等的情况，配平时，往往需要添加 H^+、OH^- 或 H_2O。但在添加时必须考虑介质的性质，在酸性条件下的反应，不能加入 OH^- 或生成 OH^-；在碱性条件下的反应，则不能加入 H^+ 或生成 H^+。

【例 7-3】 配平 MnO_2 与盐酸的反应。

$$MnO_2 + HCl \longrightarrow MnCl_2 + Cl_2 + H_2O$$

解 ① 写出反应物和生成物：

$$MnO_2 + HCl \longrightarrow MnCl_2 + Cl_2 + H_2O$$

② 标出氧化值有变化的元素，计算出反应前后氧化值变化的数值。

$$Mn^{+4}O_2 + 2HCl^{-1} \longrightarrow Mn^{+2}Cl_2 + Cl_2^0 + H_2O$$

（氧化值升高 1×2，氧化值降低 2）

因为方程式右边是 Cl_2，Cl 原子数目是 2，所以 HCl 前面化学计量数先写成 2，此时，氧化值升高数也是 2。

③ 氧化值升高数和氧化值降低数的最小公倍数是 2，得到下列没有配平的方程式。

$$MnO_2 + 2HCl \longrightarrow MnCl_2 + Cl_2 + H_2O$$

④ 配平氧化值没有变化的原子的数目，使方程式两边的原子数目相等。

先配平方程式两边的 Cl 原子数目，然后配平方程式两边的 H 原子数目，最后检查 O 原子的数目。配平的方程式为：

$$MnO_2 + 4HCl \longrightarrow MnCl_2 + Cl_2\uparrow + 2H_2O$$

练一练：用氧化值法配平下列方程式：

1. $KMnO_4 + K_2SO_3 + H_2SO_4(稀) \longrightarrow MnSO_4 + K_2SO_4 + H_2O$
2. $NH_3 + O_2 \longrightarrow NO + H_2O$

二、离子-电子法

离子-电子法配平氧化还原方程式的原则是：氧化剂获得电子的总数等于还原剂失去电子的总数，各元素原子总数在反应前后相等，方程式两边的离子电荷总数相等。

离子-电子法的具体配平步骤如下：

① 将氧化还原反应式改写成离子方程式；

② 将未配平的离子方程式写为两个"半反应式"；

③ 分别配平两个半反应式，使半反应式两边的原子数和电荷数相等，并分析介质的酸碱性，写出介质的物种；

④ 根据氧化剂获得电子的总数与还原剂失去电子的总数相等的原则，将两个半反应式乘上适当的化学计量数，然后将两式相加，消去电子和重复项，得到配平的离子方程式；

⑤ 将离子方程式改为分子或化学式的方程式。

【例 7-4】 配平高锰酸钾和亚硫酸钾在稀硫酸溶液中的反应。

$$KMnO_4 + K_2SO_3 + H_2SO_4(稀) \longrightarrow MnSO_4 + K_2SO_4$$

解 ① 将氧化还原反应式改写成离子方程式：

$$MnO_4^- + SO_3^{2-} \longrightarrow Mn^{2+} + SO_4^{2-}$$

② 将未配平的离子方程式写为两个"半反应式"：

$$氧化剂的还原反应 \quad MnO_4^- \longrightarrow Mn^{2+}$$
$$还原剂的氧化反应 \quad SO_3^{2-} \longrightarrow SO_4^{2-}$$

③ 分别配平两个半反应式，使半反应式两边的原子数和电荷数相等。

首先配平原子数，然后在半反应的左边或右边加上适当的电子数来配平电荷数。

还原反应的配平：该半反应式中反应物 MnO_4^- 比生成物 Mn^{2+} 多 4 个 O 原子，因该反应在酸性介质中进行，所以生成物一边应加 4 个 H_2O 分子，则反应物一边应加 8 个 H^+。反应物一边 MnO_4^- 和 8 个 H^+ 的总电荷数为 +7，生成物一边 Mn^{2+} 的总电荷数为 +2，所以反应物一边应加 5 个电子，使半反应式两边的原子数和电荷数均相等。

配平后的还原反应 $\quad MnO_4^- + 8H^+ + 5e^- \longrightarrow Mn^{2+} + 4H_2O$

氧化反应的配平：该半反应式中生成物 SO_4^{2-} 比反应物 SO_3^{2-} 多 1 个 O 原子，所以反应物一边应加 1 个 H_2O 分子，同时生成 2 个 H^+。反应物一边 SO_3^{2-} 的总电荷数为 -2，生成物一边 SO_4^{2-} 和 2 个 H^+ 的总电荷数为 0，所以生成物一边应加 2 个电子，使半反应式配平。

配平后的氧化反应 $\quad SO_3^{2-} + H_2O \longrightarrow SO_4^{2-} + 2H^+ + 2e^-$

④ 根据氧化剂获得电子的总数必须与还原剂失去电子的总数相等的原则，将两个半反

应式乘上适当的系数,然后将两式相加,得配平的离子方程式。

$$MnO_4^- + 8H^+ + 5e^- \longrightarrow Mn^{2+} + 4H_2O \quad | \quad \times 2$$
$$+) \quad SO_3^{2-} + H_2O \longrightarrow SO_4^{2-} + 2H^+ + 2e^- \quad | \quad \times 5$$
$$\overline{2MnO_4^- + 5SO_3^{2-} + 6H^+ \longrightarrow 2Mn^{2+} + 5SO_4^{2-} + 3H_2O}$$

⑤ 加上未参与氧化还原反应的离子,改写成分子方程式。

$$2KMnO_4 + 5K_2SO_3 + 3H_2SO_4(稀) \longrightarrow 2MnSO_4 + 5K_2SO_4 + 3H_2O$$

最后核对方程式两边的氧原子数相等,完成方程式的配平。

由于这个方法基于分别配平氧化和还原两个半反应,所以又称为半反应法。

需要注意的是,配平氧化还原半反应时,对于反应物和生成物氧原子数不等的情况,可结合溶液的酸碱性,在半反应式中加入 H^+ 或 OH^- 以及 H_2O 以使方程式两边的氧原子数相等。

> **练一练**:用离子-电子法配平下列方程式(必要时添加反应介质):
> 1. $Cl_2 + NaOH \xrightarrow{\triangle} NaClO_3 + NaCl$
> 2. $Ag + HNO_3 \longrightarrow AgNO_3 + H_2O + NO_2$
> 3. $KMnO_4 + HCl \longrightarrow MnCl + Cl_2$

氧化值法和离子-电子法各有特点。氧化值法配平简单的氧化还原反应比较迅速,它的适用范围比较广泛,不限于水溶液中的反应,对于高温反应以及熔融态物质间的反应更为适用。离子-电子法配平时不需要知道元素的氧化值,特别对有介质参与的复杂反应的配平比较方便,但这种方法只适用于配平水溶液中的反应。

第三节 原电池及电极电势

从能量转化角度看,原电池是将化学能转化为电能的装置;从化学反应角度看,原电池的原理是氧化还原反应中的还原剂失去的电子经外接导线传递给氧化剂,使氧化还原反应分别在两个电极上进行。本节主要介绍原电池的构成原理及电对的电极电势。

一、原电池

1. 原电池的组成

将锌片放入 $CuSO_4$ 溶液中,$CuSO_4$ 溶液的蓝色逐渐变浅,析出紫红色的 Cu,此现象表明 Zn 与 $CuSO_4$ 溶液之间发生了氧化还原反应:

$$Zn + CuSO_4 \longrightarrow Cu + ZnSO_4$$

Zn 与 Cu^{2+} 之间发生了电子转移。但这种电子转移不是电子的定向移动,不能产生电流。反应中的化学能转变成热能，并在溶液中耗散掉了。

【演示实验 7-1】 将上述氧化还原反应，按图 7-1 装置所示，在一个烧杯中放入 $ZnSO_4$ 溶液和锌片，在另一个烧杯中放入 $CuSO_4$ 溶液和铜片，用盐桥❶将两个烧杯中的溶液联通起来，用串联有检流计（电位计）的导线连接锌片和铜片，会发生什么情况呢？

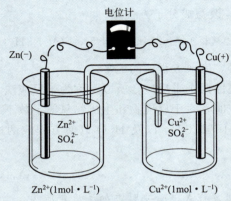

图 7-1 铜锌原电池的装置图　　　演示实验　铜锌原电池

通过实验可以观察到以下现象。

（1）按图 7-1 装置连接后，电位计指针发生偏转，说明金属导线上有电流通过。根据指针偏转方向，可知电子流动的方向是从锌片经过导线流向铜片。所以，锌片是负极，铜片是正极。

（2）铜片上有金属铜沉积上去，锌片不断溶解。

（3）取出盐桥，电位计指针回到零点；放入盐桥，电位计指针偏转。

这样由于电子的定向运动，从而产生了电流，实现了化学能向电能的转化。**这种借助于氧化还原反应，将化学能转变为电能的装置叫作原电池。**从理论上讲，任何一个氧化还原反应都能组成原电池。事实上，将由导线连接的两种不同金属插入同一种电解质溶液中，就组成了一个原电池。

原电池由两个半电池组成，每个半电池包含一个氧化还原电对。在铜锌原电池中电对分别为 Zn^{2+}/Zn 和 Cu^{2+}/Cu。半电池中应有一种固态物质作为导体，称为电极。有些电极既起导电作用，又参与氧化还原反应，如铜锌原电池中的锌片和铜片。有些固体物质只起导电作用，而不与电池系统中的物质发生反应，这种物质称为惰性电极，常用的有金属铂和石墨。如对 Fe^{3+}/Fe^{2+}、O_2/OH^-、Sn^{4+}/Sn^{2+} 等无固体电极的电对，可采用惰性电极。

半电池所发生的反应称为半电池反应或电极反应。在原电池中，给出电子的电极称为负极，发生氧化反应，对应于电池氧化还原反应的还原剂与其氧化产物；接受电子的电极称为正极，发生还原反应，对应于电池氧化还原反应的氧化剂与其还原产物。在铜锌原电池中，原电池的电极反应如下。

$$负极\quad Zn - 2e^- \longrightarrow Zn^{2+}（氧化反应）$$
$$正极\quad Cu^{2+} + 2e^- \longrightarrow Cu（还原反应）$$

---

❶ U形管中装有用饱和 KCl 溶液和琼胶做成的冻胶，称为盐桥。通过盐桥，Cl^- 向锌盐溶液运动，K^+ 向铜盐溶液运动，保持溶液电荷平衡，使反应能继续进行。

以上两个反应相加得到电池反应：

$$Zn + Cu^{2+} \longrightarrow Zn^{2+} + Cu$$

2. 原电池的表示方法

为了科学方便地表示原电池的结构和组成，原电池装置可用电池符号表示。Cu-Zn 原电池可表示为：

$$(-)Zn|ZnSO_4(c_1)\|CuSO_4(c_2)|Cu(+)$$

电池符号书写有如下规定：

（1）负极写在左边，正极写在右边。

（2）金属材料写在外面，电解质溶液写在中间。

（3）单竖线"|"表示不同相界面；同相不同物质用","分开表示；双虚线"‖"表示盐桥。

（4）电极物质是溶液时，需要注明其浓度；若是气体，需要注明其分压。如不注明，一般指 $1mol \cdot L^{-1}$ 或 $100kPa$。

（5）若电极反应中无金属导体，需要用惰性电极 Pt 或 C，它只起导电作用但不参与电极反应。

例如：$(-)Pt,H_2(p)|H^+(c_1)\|CuSO_4(c_2)|Cu(+)$

（6）电极中含有同种元素不同氧化态的离子时，高氧化态离子靠近盐桥，低氧化态离子靠近电极，中间用","分开。

例如：$(-)Pt,H_2(p)|H^+(c_1)\|Fe^{3+}(c_2),Fe^{2+}(c_3)|Pt(+)$

（7）组成电极中既有气体又有溶液时，气体物质写在靠近导体这一边，并应注明压力，溶液靠近盐桥。因为气体是依附于惰性电极上的，所以在书写电池符号时，气体与惰性电极之间用单垂线"|"或","分开。

例如：$H^+(c_1)|H_2(p)|Pt(+)$ 或者 $H^+(c_1)|H_2(p),Pt(+)$

 练一练：根据下列电池反应写出相应的电池符号

(1) $H_2 + 2Ag^+ \longrightarrow 2H^+ + 2Ag$

(2) $Cu + 2Fe^{3+} \longrightarrow Cu^{2+} + 2Fe^{2+}$

3. 原电池电动势

用导线连接原电池的两个电极时，电流则从正极流向负极，说明两极之间有电势差，而且正极的电势一定比负极的高。原电池正、负极之间的电势差就是原电池的电动势。用符号"E"表示。

$$E = \varphi(+) - \varphi(-) \tag{7-1}$$

其中，$\varphi(+)$ 和 $\varphi(-)$ 分别表示正极和负极的电极电势。

原电池的电动势可以通过精密电位计测得。原电池的电动势大小不仅与电池反应中各物质的本性有关，还与溶液的浓度和温度等因素有关。通常在标准状态所测得的电动势称为标准电动势（$E^\ominus$）。原电池的标准电动势是一个重要的物理量，它定量地表示了在标准状态下，氧化还原反应中还原剂失去电子和氧化剂得到电子的能力，反映了氧化还原反应进行的趋势，$E^\ominus$ 值越大，得、失电子的趋势就越大，即发生反应的趋势就越大。

> **知识窗**
>
> 从理论上讲，用电池装置把化学能直接转化为电能是完全可能的。日常用的干电池、蓄电池就属于这一类装置，不过商业电池均不用盐桥，其外壳锌皮是负极，中间石墨棒是正极。

二、电极电势

1. 电极电势的产生

一定条件下，当把金属浸入其盐溶液时，则会出现两种倾向：一种是金属表面的原子以离子形式进入溶液（金属越活泼或溶液中金属离子浓度越小，这种倾向越大），达到平衡时金属表面带负电荷，靠近金属附近的溶液带正电荷，如图 7-2(a) 所示；另一种是溶液中的金属离子沉积在金属表面上（金属越不活泼或溶液中金属离子浓度越大，这种倾向就越大），达到平衡时金属表面带正电荷，靠近金属的溶液带负电荷，如图 7-2(b) 所示。金属和金属离子建立了动态平衡：

$$M(s) \rightleftharpoons M^{n+} + ne^-$$

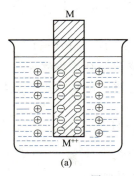 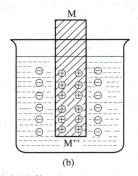

图 7-2 金属的电极电势

这样，金属表面与其盐溶液就形成了带异种电荷的双电层。由于双电层的存在，金属与溶液之间产生了电势差，这种金属表面与其盐溶液形成的电势差叫作该金属的电极电势，用符号 φ 表示，单位为伏特。电极电势的大小主要取决于电极材料的本性，同时还与溶液浓度、温度、介质等因素有关。

2. 标准氢电极与标准电极电势

电极电势的绝对值无法测定。通常的处理方法是：选定标准氢电极（或甘汞电极）作为参比标准，人为地规定标准氢电极的电势为零。将标准氢电极和欲测电极组成原电池后，测定其原电池的电动势 E，就可得出各种电极的相对电极电势值。

（1）标准氢电极　标准氢电极的装置如图 7-3 所示。将镀有海绵状铂黑的铂片（图中黑色阴影部分，它能吸附氢气）插入 $c(H^+)=1\ mol\cdot L^{-1}$ 的酸溶液（如 H_2SO_4）中。在 298.15K 时不断通入压力为 100kPa 的纯氢气流，使铂黑电极吸附的氢气达到饱和。此时，被铂黑表面吸附的 H_2 与溶液中的 H^+ 建立起如下平衡：

$$2H^+ + 2e^- \rightleftharpoons H_2$$

规定标准氢电极的电极电势为零（零的有效数字随测定值的有效数字而定），即 $\varphi^{\ominus}_{298.15K}$

$(H^+/H_2)=0V$。

(2) **标准电极电势** 将标准状态下的待测电极与标准氢电极组成原电池，测定该原电池的标准电动势。由于标准氢电极的电极电势为零，所以根据测得的原电池的标准电动势即可求出待测电极的标准电极电势，以符号 $\varphi^{\ominus}$（氧化型/还原型）表示。通常的测定温度为 25℃。

【例 7-5】 测铜电极的标准电极电势。

解 将处于标准态的铜电极与标准氢电极组成原电池，如图 7-4 所示。

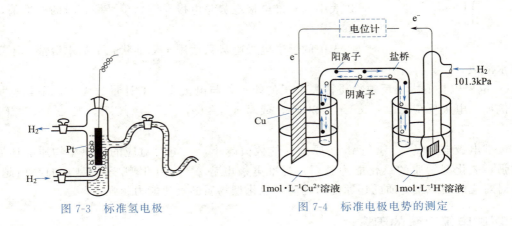

图 7-3 标准氢电极　　　图 7-4 标准电极电势的测定

根据电位计指针偏转方向，可知电流由氢电极通过导线流向铜电极，所以标准氢电极为正极，标准锌电极为负极。

则应组成如下原电池：

$$(-)Pt, H_2(100kPa)|H^+(1mol \cdot L^{-1})\|Cu^{2+}(1mol \cdot L^{-1})|Cu(+)$$

测得此电池的标准电动势为 $E^{\ominus}=0.3419V$。

$$E^{\ominus}=\varphi^{\ominus}(+)-\varphi^{\ominus}(-)=\varphi^{\ominus}(Cu^{2+}/Cu)-\varphi^{\ominus}(H^+/H_2)=0.3419V$$

因为 $\varphi^{\ominus}(H^+/H_2)=0.0000V$

所以 $\varphi^{\ominus}(Cu^{2+}/Cu)=0.3419V$

用同样方法可以测得锌电极（Zn^{2+}/Zn）或其他电极的标准电极电势。

如欲测定锌电极的标准电极电势，应组成如下原电池：

$$(-)Zn|Zn^{2+}(1mol \cdot L^{-1})\|H^+(1.0mol \cdot L^{-1})|H_2(100kPa), Pt(+)$$

测得此电池的标准电动势为 $E^{\ominus}=0.7618V$。

由 $E^{\ominus}=\varphi^{\ominus}(+)-\varphi^{\ominus}(-)=\varphi^{\ominus}(H^+/H_2)-\varphi^{\ominus}(Zn^{2+}/Zn)=0.7618V$

得 $\varphi^{\ominus}(Zn^{2+}/Zn)=-0.7618V$

实际工作中，使用标准氢电极很不方便，所以通常用甘汞电极（如图 7-5 所示）来代替标准氢电极。以饱和甘汞电极为例，它是由 Hg 和糊状 Hg_2Cl_2 及 KCl 饱和溶液组成的（这种类型的电极称为金属-金属难溶盐电极）。

电极反应：$Hg_2Cl_2+2e^- \rightleftharpoons 2Hg+2Cl^-$

在常温下，饱和甘汞电极具有稳定的电极电势（0.2681V），且容易制备，使用方便。

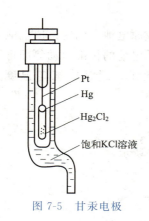

图 7-5　甘汞电极

用类似的方法可测得许多电极的标准电极电势,把各种标准电极电势由低到高排成顺序,连同电极反应（氧化型 $+n\mathrm{e}^- \rightleftharpoons$ 还原型）,即为标准电极电势表（见附录六）。查阅标准电极电势数据时,要与所给条件相符。使用电极电势表时要注意以下几点:

① 电极反应中各物质均为标准态,温度为 298.15K。

② 要注意介质的酸碱度,不同的酸碱度对应不同的表。通常,电极反应中出现 OH^- 时或在碱性溶液中进行的反应,查碱表（$\varphi_B^\ominus$）,否则查酸表（$\varphi_A^\ominus$）。

③ 表中的标准电极电势是电极反应处于平衡态时的标准值,与反应速率无关。

④ 表中的标准电极电势只适用于标准状态下的水溶液,不适用于非水溶液。

⑤ 电极电势的大小反映物质得失电子的能力,与电极反应的计量数无关,不具有加和性。例如,电极反应 $Cl_2 + 2e^- \rightleftharpoons 2Cl^-$,或写成 $1/2Cl_2 + e^- \rightleftharpoons Cl^-$,其 $\varphi^\ominus(Cl_2/Cl^-)$ 都等于 1.358V。

标准电极电势 $\varphi^\ominus$（氧化型/还原型）的数值越小,该电对对应的还原型物质的还原能力越强,氧化型物质的氧化能力越弱;标准电极电势 $\varphi^\ominus$（氧化型/还原型）的数值越大,该电对对应的还原型物质的还原能力越弱,氧化型物质的氧化能力越强。

三、影响电极电势的因素

电极电势的大小首先取决于构成电极的物质本性。例如活泼金属的电极电势都很小,而非活泼金属的电极电势都很大。此外,也受温度和溶液中离子浓度（气体分压）的影响。对于某个指定的电极,其影响关系可用能斯特方程表示。

$$a\text{ 氧化型} + n\mathrm{e}^- \rightleftharpoons b\text{ 还原型}$$

$$\varphi(\text{氧化型/还原型}) = \varphi^\ominus(\text{氧化型/还原型}) + \frac{RT}{nF}\ln\frac{[\text{氧化型}]^a}{[\text{还原型}]^b} \quad (7\text{-}2)$$

式中　φ（氧化型/还原型）——电极在任一温度、浓度下的电极电势,V;

$\varphi^\ominus$（氧化型/还原型）——电极的标准电极电势,V;

R——摩尔气体常数,$R = 8.314 \mathrm{J \cdot K^{-1} \cdot mol^{-1}}$;

T——热力学温度;

n——电极反应中转移的电子数;

F——法拉第常数,$96485 \mathrm{C \cdot mol^{-1}}$。

$[\text{氧化型}]^a$、$[\text{还原型}]^b$ 分别表示电极反应中在氧化型、还原型一侧各物质的相对浓度幂的乘积。$[\text{氧化型}] = c(\text{氧化型})/c^\ominus$,$[\text{还原型}] = c(\text{还原型})/c^\ominus$。各物质相对浓度或者相对分压的指数 a、b 等于电极反应中各相应物质的化学计量数。

将自然对数换为常用对数,温度为 298.15K,则

$$\varphi(\text{氧化型/还原型}) = \varphi^\ominus(\text{氧化型/还原型}) + \frac{0.0592\mathrm{V}}{n}\lg\frac{[\text{氧化型}]^a}{[\text{还原型}]^b} \quad (7\text{-}3)$$

由能斯特方程可知,氧化型物质浓度增大或者还原型物质浓度减小,都会使电极电势值增大。相反,电极电势值减小。

应用能斯特方程时，应注意以下几点：
① 电极反应中出现的固体或纯液体，其浓度为常数，不列入方程式中；若为气体组分时，用相对分压代替相对浓度。

例如：
$$Zn^{2+} + 2e^- \rightleftharpoons Zn$$

$$\varphi(Zn^{2+}/Zn) = \varphi^{\ominus}(Zn^{2+}/Zn) + \frac{0.0592V}{2}\lg[Zn^{2+}]$$

$$2H^+ + 2e^- \rightleftharpoons H_2$$

$$\varphi(H^+/H_2) = \varphi^{\ominus}(H^+/H_2) + \frac{0.0592V}{2}\lg\frac{[H^+]^2}{p'(H_2)}$$

式中，$p'(H_2)$ 为 H_2 的相对分压，$p'(H_2) = p(H_2)/p^{\ominus}$，$p^{\ominus} = 100kPa$。

② 电极反应中，如有 H^+、OH^- 等其他离子参与反应，则这些物质也应表示在方程式中。例如：

$$MnO_4^- + 8H^+ + 5e^- \rightleftharpoons Mn^{2+} + 4H_2O$$

$$\varphi(MnO_4^-/Mn^{2+}) = \varphi^{\ominus}(MnO_4^-/Mn^{2+}) + \frac{0.0592V}{5}\lg\frac{[MnO_4^-][H^+]^8}{[Mn^{2+}]}$$

由于 H^+ 浓度的幂指数很高，所以对 E 值的影响较大。这也是介质酸碱性对氧化还原反应有很大影响的原因所在。

电极电势的能斯特方程，反映了在一定条件下，电极的非标准电极电势值与标准电极电势值之间的关系，即在非标准状态时电极电势偏离标准电极电势的情况。利用能斯特方程可以从电对的标准电极电势值出发，求算任意状态下的电极电势值，也可以根据某一状态下的电极电势值来计算标准电极电势值。

【例 7-6】 写出下列电对的能斯特方程。
(1) Cu^{2+}/Cu　(2) Fe^{3+}/Fe^{2+}　(3) $AgCl/Ag$　(4) Cl_2/Cl^-

解 (1) 电极反应　$Cu^{2+} + 2e^- \rightleftharpoons Cu$

$$\varphi(Cu^{2+}/Cu) = \varphi^{\ominus}(Cu^{2+}/Cu) + \frac{0.0592V}{2}\lg[Cu^{2+}]$$

(2) 电极反应　$Fe^{3+} + e^- \rightleftharpoons Fe^{2+}$

$$\varphi(Fe^{3+}/Fe^{2+}) = \varphi^{\ominus}(Fe^{3+}/Fe^{2+}) + 0.0592V\lg\frac{[Fe^{3+}]}{[Fe^{2+}]}$$

(3) 电极反应　$AgCl + e^- \rightleftharpoons Ag + Cl^-$

$$\varphi(AgCl/Ag) = \varphi^{\ominus}(AgCl/Ag) + 0.0592V\lg\frac{1}{[Cl^-]}$$

(4) 电极反应　$Cl_2 + 2e^- \rightleftharpoons 2Cl^-$

$$\varphi(Cl_2/Cl^-) = \varphi^{\ominus}(Cl_2/Cl^-) + \frac{0.0592V}{2}\lg\frac{p'(Cl_2)}{[Cl^-]^2}$$

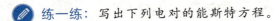

练一练：写出下列电对的能斯特方程。
(1) Ag^+/Ag　(2) Ni^+/Ni　(3) I_2/I^-　(4) $Cr_2O_7^{2-}/Cr^{3+}$

【例 7-7】 在 298.15K 时，分别计算金属锌在 $0.1 \text{mol} \cdot \text{L}^{-1}$ 和 $0.001 \text{mol} \cdot \text{L}^{-1}$ 的 Zn^{2+} 溶液中的电极电势。

解 电极反应为 $Zn^{2+} + 2e^- \rightleftharpoons Zn$

$$\varphi(Zn^{2+}/Zn) = \varphi^{\ominus}(Zn^{2+}/Zn) + \frac{0.0592V}{2}\lg[Zn^{2+}]$$

(1) $c(Zn^{2+}) = 0.1 \text{mol} \cdot \text{L}^{-1}$

$$\varphi(Zn^{2+}/Zn) = -0.7618V + \frac{0.0592V}{2}\lg 0.1$$

$$= -0.7914V$$

(2) $c(Zn^{2+}) = 0.001 \text{mol} \cdot \text{L}^{-1}$

$$\varphi(Zn^{2+}/Zn) = -0.7618V + \frac{0.0592V}{2}\lg 0.001$$

$$= -0.8506V$$

计算结果表明：氧化型物质浓度减小，电极电势值减小。

【例 7-8】 在 298.15K 时，分别计算非金属碘在 $0.1 \text{mol} \cdot \text{L}^{-1}$ 和 $0.01 \text{mol} \cdot \text{L}^{-1}$ 的 I^- 溶液中的电极电势。

解 电极反应为 $I_2 + 2e^- \rightleftharpoons 2I^-$

$$\varphi(I_2/I^-) = \varphi^{\ominus}(I_2/I^-) + \frac{0.0592V}{2}\lg \frac{1}{[I^-]^2}$$

(1) $c(I^-) = 0.1 \text{mol} \cdot \text{L}^{-1}$

$$\varphi(I_2/I^-) = \varphi^{\ominus}(I_2/I^-) + \frac{0.0592V}{2}\lg \frac{1}{0.1^2}$$

$$= 0.5355V + 0.0592V$$

$$= 0.5947V$$

(2) $c(I^-) = 0.01 \text{mol} \cdot \text{L}^{-1}$

$$\varphi(I_2/I^-) = \varphi^{\ominus}(I_2/I^-) + \frac{0.0592V}{2}\lg \frac{1}{0.01^2}$$

$$= 0.5355V + 0.118V$$

$$= 0.6535V$$

计算结果表明：还原型物质浓度减小，电极电势值增大。

【例 7-9】 在 298.15K 下，将 Pt 浸入 $c(Cr_2O_7^{2-}) = c(Cr^{3+}) = 1 \text{mol} \cdot \text{L}^{-1}$ 的酸性溶液中，计算 $c(H^+) = 1 \text{mol} \cdot \text{L}^{-1}$ 和 $c(H^+) = 1 \times 10^{-3} \text{mol} \cdot \text{L}^{-1}$ 时电对 $Cr_2O_7^{2-}/Cr^{3+}$ 的电极电势。

解 电极反应为

$$Cr_2O_7^{2-} + 14H^+ + 6e^- \rightleftharpoons 2Cr^{3+} + 7H_2O$$

$$\varphi(Cr_2O_7^{2-}/Cr^{3+}) = \varphi^{\ominus}(Cr_2O_7^{2-}/Cr^{3+}) + \frac{0.0592V}{6}\lg \frac{[Cr_2O_7^{2-}][H^+]^{14}}{[Cr^{3+}]^2}$$

(1) $c(H^+) = 1 \text{mol} \cdot L^{-1}$

$$\varphi(Cr_2O_7^{2-}/Cr^{3+}) = \varphi^{\ominus}(Cr_2O_7^{2-}/Cr^{3+}) + \frac{0.0592V}{6}\lg 1$$
$$= 1.232V + 0$$
$$= 1.232V$$

(2) $c(H^+) = 1 \times 10^{-3} \text{mol} \cdot L^{-1}$

$$\varphi(Cr_2O_7^{2-}/Cr^{3+}) = \varphi^{\ominus}(Cr_2O_7^{2-}/Cr^{3+}) + \frac{0.0592V}{6}\lg \frac{(10^{-3})^{14}}{1}$$
$$= 1.232V - 0.413V$$
$$= 0.819V$$

计算结果表明：当有 H^+/OH^- 参与电池反应时，溶液的 pH 对电极电势有很大的影响，同样，生成沉淀或弱电解质也会对电极电势有影响。

【例 7-10】 在含有 Ag^+/Ag 电对的体系中，电极反应为：
$$Ag^+ + e^- \rightleftharpoons Ag, \varphi^{\ominus} = 0.7996V$$

在 298.15K 下，加入 NaCl 溶液使 $c(Cl^-)$ 维持在 $1 \text{mol} \cdot L^{-1}$，计算电对 Ag^+/Ag 的电极电势。

解 当加入 NaCl 溶液时，便产生 AgCl 沉淀。当系统稳定时，发生沉淀溶解平衡：
$$AgCl(s) \rightleftharpoons Ag^+ + Cl^-$$

这时 $[Ag^+] = \frac{K_{sp}^{\ominus}(AgCl)}{[Cl^-]} = \frac{1.8 \times 10^{-10}}{1} = 1.8 \times 10^{-10}$，则 $c(Ag^+) = 1.8 \times 10^{-10} \text{mol} \cdot L^{-1}$。

$$\varphi(Ag^+/Ag) = \varphi^{\ominus}(Ag^+/Ag) + 0.0592V\lg[Ag^+]$$
$$= 0.7996V - 0.567V$$
$$= 0.2326V$$

计算结果表明：由于 AgCl 沉淀的生成，Ag^+ 平衡浓度减小，Ag^+/Ag 电对的电极电势下降。

> **练一练**：计算在 298.15K 时，$c(Cl^-) = 0.1 \text{mol} \cdot L^{-1}$，$p(Cl_2) = 200 \text{kPa}$，电对 Cl_2/Cl^- 的电极电势。

第四节 电极电势的应用

每个氧化还原反应都涉及两个电对，该氧化还原反应进行的方向和反应完成的程度等问题都可以通过比较两电对电极电势的大小来解决。

一、判断原电池的正、负极，计算原电池的电极电势

原电池的电流是从高电极电势向低电极电势流动，即原电池的电动势总为正值。因此，

电极电势值较大的电极为正极，电极电势值较小的电极为负极。

$$E = \varphi(+) - \varphi(-)$$

【例 7-11】 试判断下列原电池的正负极，并计算其电动势。

$$Zn \mid Zn^{2+}(0.01 mol \cdot L^{-1}) \parallel Zn^{2+}(1 mol \cdot L^{-1}) \mid Zn$$

解 根据能斯特方程，盐桥左、右两侧的电极电势分别为

$$\varphi(左) = \varphi(Zn^{2+}/Zn) = \varphi^{\ominus}(Zn^{2+}/Zn) + \frac{0.0592V}{2}\lg[Zn^{2+}]$$

$$= -0.7618V + \frac{0.0592V}{2}\lg 0.01$$

$$= -0.821V$$

$$\varphi(右) = \varphi^{\ominus}(Zn^{2+}/Zn) = -0.7618V$$

因为 $\varphi(右) > \varphi(左)$，所以盐桥的左边是负极，盐桥的右边是正极，其电池电动势为 E（电池）$= \varphi(右) - \varphi(左) = 0.0592V$。

正确的原电池符号为

$$(-)Zn \mid Zn^{2+}(0.01 mol \cdot L^{-1}) \parallel Zn^{2+}(1 mol \cdot L^{-1}) \mid Zn(+)$$

上述原电池的正、负两极电对相同，只是半电池内 Zn^{2+} 浓度不同，这种原电池称为浓差电池。

练一练：试判断下列原电池的正负极，并计算其电动势。

$$Zn \mid Zn^{2+}(0.1 mol \cdot L^{-1}) \parallel Cu^{2+}(2 mol \cdot L^{-1}) \mid Cu$$

二、判断氧化剂和还原剂的相对强弱

电极电势的大小，反映了氧化还原电对中氧化型物质和还原型物质的氧化、还原能力的相对强弱。电极电势的代数值越大，该电对的氧化型物质得电子能力越大，即其氧化性越强。如 $\varphi^{\ominus}(F_2/F^-) = 2.866V$，$\varphi^{\ominus}(H_2O_2/H_2O) = 1.776V$，$\varphi^{\ominus}(MnO_4^-/Mn^{2+}) = 1.507V$，说明氧化型物质 F_2、H_2O_2、MnO_4^- 都是强氧化剂，且在标准状态下，氧化能力 $F_2 > H_2O_2 > MnO_4^-$。电极电势的代数值越小，该电对的还原型物质失电子能力越强，即其还原性越强。如 $\varphi^{\ominus}(Li^+/Li) = -3.0401V$，$\varphi^{\ominus}(K^+/K) = -2.931V$，$\varphi^{\ominus}(Na^+/Na) = -2.71V$，说明还原型物质 Li、K、Na 都是强还原剂，且在标准状态下，还原能力 Li>K>Na。

由于标准电极电势表（见附录六）一般是按 $\varphi^{\ominus}$ 值从小到大的顺序排列的，因此，对于氧化剂来说，其强度在表中的递变规律是从上而下依次增强；而对于还原剂来说，其强度在表中的递变规律是从下而上依次增强。

【例 7-12】 根据标准电极电势，指出在标准状态下，下列电对中氧化剂和还原剂的强弱。

$$MnO_4^-/Mn^{2+} \qquad Fe^{3+}/Fe^{2+} \qquad I_2/I^-$$

解 查附录六，得

$$MnO_4^- + 8H^+ + 5e^- \rightleftharpoons Mn^{2+} + 4H_2O \qquad \varphi^\ominus(MnO_4^-/Mn^{2+}) = 1.507V$$

$$Fe^{3+} + e^- \rightleftharpoons Fe^{2+} \qquad \varphi^\ominus(Fe^{3+}/Fe^{2+}) = 0.771V$$

$$I_2 + 2e^- \rightleftharpoons 2I^- \qquad \varphi^\ominus(I_2/I^-) = 0.5355V$$

因为 $\varphi^\ominus(MnO_4^-/Mn^{2+}) > \varphi^\ominus(Fe^{3+}/Fe^{2+}) > \varphi^\ominus(I_2/I^-)$

所以，在标准状态下，各氧化型物质的氧化能力的顺序是 $MnO_4^- > Fe^{3+} > I_2$，各还原型物质的还原能力的顺序是 $I^- > Fe^{2+} > Mn^{2+}$。

在实验室或生产上常选用 $\varphi^\ominus$ 值较大的电对作氧化剂，如 $KMnO_4$、$K_2Cr_2O_7$、$(NH_4)_2S_2O_8$、O_2、HNO_3、H_2O_2 等；$\varphi^\ominus$ 值较小的电对作还原剂，如活泼金属 Mg、Zn、Fe 等及 Sn^{2+}、I^- 等，选用时应视具体情况而定。

> **知识窗**
>
> 　　根据氧化还原电对标准电极电势，可以得出还原型物质的还原能力由强到弱的顺序：K、Ca、Na、Mg、Al、Zn、Fe、Sn、Pb、(H)、Cu、Hg、Ag、Pt、Au，此即金属活动顺序表。金属活动顺序表表示在标准状态下金属单质在水溶液中还原能力的大小。

查阅标准电极电势表时，应注意：如反应物作为氧化剂，应从氧化型物质一栏查出，然后看其对应的还原型物质是否与还原产物相符；如反应物作为还原剂，则应从还原型物质一栏查出，然后看其对应的氧化型物质是否与氧化产物相符。只有完全相符时，查出的 $\varphi^\ominus$ 值才是正确的。应该指出，在非标准状态下比较氧化剂和还原剂的相对强弱时，应先利用能斯特方程式计算出该条件下各电对的电极电势值，然后再做判断。

三、判断氧化还原反应的方向

氧化还原反应总是由较强的氧化剂和较强的还原剂反应，向着生成较弱的氧化剂和较弱的还原剂的方向进行。

$\varphi^\ominus$ 值大的电对中氧化型物质的氧化能力强，是强氧化剂；而对应的还原型物质的还原能力弱，是弱还原剂。$\varphi^\ominus$ 值小的电对中还原型物质的还原能力强，是强还原剂；而对应氧化态物质的氧化能力弱，是弱氧化剂。

例如：$Cu^{2+} + Zn \longrightarrow Zn^{2+} + Cu$

$\varphi^\ominus(Cu^{2+}/Cu) = 0.3419V$，$\varphi^\ominus(Zn^{2+}/Zn) = -0.7618V$。

在标准状态下反应时，Cu^{2+} 是较强的氧化剂，Cu 是较弱的还原剂。Zn 是较强的还原剂，Zn^{2+} 是较弱的氧化剂。也就是说，从氧化剂和还原剂的相对强弱来看，锌置换铜反应的实质是：

Zn	+	Cu^{2+}	$\longrightarrow$	Cu	+	Zn^{2+}
还原剂1		氧化剂2		还原剂2		氧化剂1
（较强）		（较强）		（较弱）		（较弱）

氧化还原反应的方向也可由氧化还原反应组成的原电池的电动势来判断。在原电池中氧化剂电对为正极，还原剂电对为负极。计算该电池的电动势，若 $E > 0$，则反应正向自发进行；若 $E < 0$，则反应逆向自发进行。

【例 7-13】 试判断反应 $Pb^{2+} + Sn \longrightarrow Pb + Sn^{2+}$ 自发进行的方向。

(1) 标准状态；(2) 非标准状态，且 $c(Pb^{2+}) = 0.001 \text{mol} \cdot L^{-1}$，$c(Sn^{2+}) = 1 \text{mol} \cdot L^{-1}$。

解 (1) 标准状态时：

$$E^{\ominus} = \varphi^{\ominus}(Pb^{2+}/Pb) - \varphi^{\ominus}(Sn^{2+}/Sn)$$
$$= -0.1262\text{V} - (-0.1375\text{V})$$
$$= 0.0113\text{V} > 0$$

上述反应自发向右进行。

(2) 非标准状态时：

$$c(Pb^{2+}) = 0.001 \text{mol} \cdot L^{-1}$$

$$\varphi(Pb^{2+}/Pb) = \varphi^{\ominus}(Pb^{2+}/Pb) + \frac{0.0592\text{V}}{2}\lg[Pb^{2+}]$$

$$= -0.1262 + \frac{0.0592\text{V}}{2}\lg[0.001]$$

$$= -0.215\text{V}$$

$$c(Sn^{2+}) = 1 \text{mol} \cdot L^{-1}$$

$$\varphi(Sn^{2+}/Sn) = \varphi^{\ominus}(Sn^{2+}/Sn) = -0.1375\text{V}$$

$$E = \varphi(Pb^{2+}/Pb) - \varphi(Sn^{2+}/Sn) = -0.215\text{V} - (-0.1375\text{V}) = -0.0775\text{V}$$

$E < 0$，所以上述反应的方向发生逆转，即自发地向左进行。

> **练一练**：Ag 为不活泼金属，不能与 HCl 或稀 H_2SO_4 反应。试通过计算说明 Ag 与浓度为 $1 \text{mol} \cdot L^{-1}$ 的氢碘酸（HI）能否反应放出 100kPa 的 H_2。

严格来说，应该根据能斯特方程式求得在给定条件下各电对的电极电势值，然后再进行比较和判断，用标准电极电势只能预测在标准状态下氧化还原反应进行的方向。不过浓度（或气体分压）的变化对电对电极电势的影响通常不太大，如果两个电对的标准电极电势相差得比较大时（>0.2V），一般可以根据标准电极电势预测氧化还原反应进行的方向。如果两个电对的标准电极电势相差得比较小时（<0.2V），溶液中相关离子浓度的变化会对电极电势产生影响，此时应通过计算实际情况下的电动势 E 值，并以此为据来预测氧化还原反应的方向。

> **想一想**：已知 $\varphi^{\ominus}(MnO_2/Mn^{2+}) - \varphi^{\ominus}(Cl_2/Cl^-) < 0$，为什么在加热条件下，实验室能够用 MnO_2 和浓 HCl 反应制备 Cl_2？

四、判断氧化还原反应进行的程度

从理论上讲，任一氧化还原反应都可以设计成原电池。氧化还原反应进行到一定程度（当其电动势为零时）就达到平衡。反应进行的程度，可由氧化还原反应的平衡常数的大小来衡量，氧化还原反应的平衡常数可以通过两个电对的标准电极电势求得。平衡常数越大，反应进行越彻底。

【例 7-14】 计算 Cu-Zn 原电池反应的标准平衡常数。

解 Cu-Zn 原电池反应为 $Zn + Cu^{2+} \longrightarrow Zn^{2+} + Cu$

其平衡常数 $K^{\ominus} = \dfrac{[Zn^{2+}]}{[Cu^{2+}]}$

根据能斯特方程:

$$\varphi(Zn^{2+}/Zn) = \varphi^{\ominus}(Zn^{2+}/Zn) + \dfrac{0.0592V}{2}\lg[Zn^{2+}]$$

$$\varphi(Cu^{2+}/Cu) = \varphi^{\ominus}(Cu^{2+}/Cu) + \dfrac{0.0592V}{2}\lg[Cu^{2+}]$$

随着反应的不断进行,$c(Zn^{2+})$ 不断增加,$c(Cu^{2+})$ 不断减小。
当反应达到平衡状态时: $\varphi(Zn^{2+}/Zn) = \varphi(Cu^{2+}/Cu)$

即 $\varphi^{\ominus}(Zn^{2+}/Zn) + \dfrac{0.0592V}{2}\lg[Zn^{2+}] = \varphi^{\ominus}(Cu^{2+}/Cu) + \dfrac{0.0592V}{2}\lg[Cu^{2+}]$

$$\dfrac{0.0592V}{2}\lg\dfrac{[Zn^{2+}]}{[Cu^{2+}]} = \varphi^{\ominus}(Cu^{2+}/Cu) - \varphi^{\ominus}(Zn^{2+}/Zn)$$

$$\lg K^{\ominus} = \lg\dfrac{[Zn^{2+}]}{[Cu^{2+}]} = \dfrac{2\times[0.3419V - (-0.7618V)]}{0.0592V} = 37.28$$

$$K^{\ominus} = 1.905 \times 10^{37}$$

$K^{\ominus}$ 值很大,说明反应向右进行得很完全。

如果平衡时 $c(Zn^{2+}) = 1 mol \cdot L^{-1}$,则 $c(Cu^{2+})$ 为 $10^{-37} mol \cdot L^{-1}$ 左右,说明锌置换铜的反应进行得很彻底。

由上可见,根据标准电极电势可以计算氧化还原反应的平衡常数。$K^{\ominus}$ 和 $E^{\ominus}$ 的关系可以写成通式:

$$\lg K^{\ominus} = \dfrac{nE^{\ominus}}{0.0592V} = \dfrac{n[\varphi^{\ominus}(+) - \varphi^{\ominus}(-)]}{0.0592V} \tag{7-4}$$

显然,$\varphi^{\ominus}(+)$ 与 $\varphi^{\ominus}(-)$ 的差值越大,$K^{\ominus}$ 越大。

【例 7-15】 计算下列反应的标准平衡常数。

$$MnO_2 + 4H^+ + 2Cl^- \longrightarrow Mn^{2+} + Cl_2 + 2H_2O$$

解 组成原电池的电对分别是 MnO_2/Mn^{2+},Cl_2/Cl^-。
查附录六可知 $\varphi^{\ominus}(MnO_2/Mn^{2+}) = 1.23V$,$\varphi^{\ominus}(Cl_2/Cl^-) = 1.36V$。
利用式(7-4),可得

$$\lg K^{\ominus} = \dfrac{nE^{\ominus}}{0.0592V} = \dfrac{n[\varphi^{\ominus}(正极) - \varphi^{\ominus}(负极)]}{0.0592V}$$

$$= \dfrac{2\times(1.23V - 1.36V)}{0.0592V}$$

$$= -4.392$$

$$K^{\ominus} = 4.06 \times 10^{-5}$$

$K^{\ominus}$ 很小,在标准状态下,此反应很难进行。因此,此反应只有用 MnO_2 和浓盐酸反应,以提高 Cl^- 的浓度,来降低 $\varphi(Cl_2/Cl^-)$,才能制备出 Cl_2。

练一练：计算下列反应在 298.15K 时的标准平衡常数。

$$Cu + 2Fe^{3+} \longrightarrow 2Fe^{2+} + Cu^{2+}$$

需要注意的是，由电极电势可以判断氧化还原反应进行的方向和程度。但不能由电极电势判断反应速率的快慢。例如：

$$2MnO_4^- + 5Zn + 16H^+ \longrightarrow 2Mn^{2+} + 5Zn^{2+} + 8H_2O$$

$$\varphi^{\ominus}(MnO_4^-/Mn^{2+}) = 1.507V, \varphi^{\ominus}(Zn^{2+}/Zn) = -0.7618V$$

$$E^{\ominus} = \varphi^{\ominus}(MnO_4^-/Mn^{2+}) - \varphi^{\ominus}(Zn^{2+}/Zn) = 1.507V - (-0.7618V) = 2.269V$$

说明反应进行得很彻底。但实际上将 Zn 放入酸性 $KMnO_4$ 溶液中，几乎观察不到反应的发生。这是由于该反应的速率非常小，只有在 Fe^{3+} 的催化作用下，反应才能迅速进行。

五、计算有关平衡常数

弱电解质的电离常数、难溶电解质的溶度积常数和配合物的稳定常数等实际上都是特定情况下的平衡常数，也可用电化学的方法来测定。其关键是要设计出一个合适的原电池，使电池反应就是待测平衡常数的反应（或逆反应）。

【例 7-16】 利用原电池测定 AgCl 的溶度积 $K_{sp}^{\ominus}(AgCl)$。

解 AgCl 的沉淀平衡为：

$$AgCl(s) \rightleftharpoons Ag^+ + Cl^-$$

为设计成一个原电池，可在反应式两边各加一个金属 Ag，得：

$$AgCl(s) + Ag \rightleftharpoons Ag^+ + Cl^- + Ag$$

则此反应可分解为两个电对：AgCl/Ag 和 Ag^+/Ag。

查附录六知 $\varphi^{\ominus}(Ag^+/Ag) = 0.7996V$ 半电池反应为：$Ag^+ + e^- \longrightarrow Ag$

$\varphi^{\ominus}(AgCl/Ag) = 0.22233V$ 半电池反应为：$AgCl(s) + e^- \longrightarrow + Cl^- + Ag$

标准状态下，Ag^+/Ag 是正极，AgCl/Ag 是负极。

电池反应为：$Ag^+ + Cl^- \longrightarrow AgCl$。

可见，电池反应是沉淀反应的逆反应。

$$K_{sp}^{\ominus}(AgCl) = \frac{1}{K^{\ominus}}$$

原电池的标准电动势为：

$$E^{\ominus} = \varphi^{\ominus}(Ag^+/Ag) - \varphi^{\ominus}(AgCl/Ag)$$
$$= 0.7996 - 0.22233 = 0.5773(V)$$

$$\lg K^{\ominus} = \frac{nE^{\ominus}}{0.0592V} = \frac{1 \times 0.5773V}{0.0592V} = 9.752, K^{\ominus} = 5.649 \times 10^9$$

所以 AgCl 溶度积为：$K_{sp}^{\ominus}(AgCl) = \dfrac{1}{5.649 \times 10^9} = 1.77 \times 10^{-10}$

 练一练：利用原电池测定 $PbSO_4$ 的溶度积 $K_{sp}^{\ominus}(PbSO_4)$。

第五节 元素电势图及其应用

某元素的不同氧化型之间可形成多个氧化还原电对。例如，Cu 具有 0、+1、+2 三种氧化值，可以组成下列三个电对：

$$Cu^{2+} + 2e^- \rightleftharpoons Cu \qquad \varphi^{\ominus}(Cu^{2+}/Cu) = 0.3149V$$
$$Cu^{2+} + e^- \rightleftharpoons Cu^+ \qquad \varphi^{\ominus}(Cu^{2+}/Cu^+) = 0.163V$$
$$Cu^+ + e^- \rightleftharpoons Cu \qquad \varphi^{\ominus}(Cu^+/Cu) = 0.521V$$

对于具有多种氧化态的某元素，可将其各种氧化态按氧化值由高到低的顺序排列成一行，在每两种氧化态之间用直线连接表示一个电对，并在直线上标明相应电极反应的标准电极电势。例如

$$\varphi^{\ominus}/V \quad Cu^{2+} \xrightarrow{0.163} Cu^+ \xrightarrow{0.521} Cu$$
$$\underset{0.3149}{\underline{\qquad\qquad\qquad}}$$

这种表示一种元素各种氧化值之间标准电极电势关系的图称为元素电势图或拉铁默图，元素电势图对于了解元素及其化合物的氧化还原性很方便，主要应用在以下几个方面。

一、判断氧化剂的相对强弱

元素电势图能更加方便地比较在标准电极电势表中某种元素不同氧化态的氧化能力。

【实例分析】 说明氯元素在酸性介质（以 $\varphi^{\ominus}_A/V$ 表示）和碱性介质（以 $\varphi^{\ominus}_B/V$ 表示）中各氧化态的氧化能力。

$$\varphi^{\ominus}_A/V \quad ClO_4^- \xrightarrow{1.189} ClO_3^- \xrightarrow{1.214} HClO_2 \xrightarrow{1.645} HClO \xrightarrow{1.611} Cl_2 \xrightarrow{1.3583} Cl^-$$
（1.47）

$$\varphi^{\ominus}_B/V \quad ClO_4^- \xrightarrow{0.36} ClO_3^- \xrightarrow{0.33} ClO_2^- \xrightarrow{0.66} ClO^- \xrightarrow{0.52} Cl_2 \xrightarrow{1.3583} Cl^-$$
（0.48）

由氯元素的电势图可知，在酸性介质中氯元素的电极电势均为较大的正值，说明氯元素的各种氧化型物质均具有较强的氧化能力，都是较强的氧化剂；在碱性介质中，各氧化型物质的氧化能力都很小，只有 Cl_2/Cl^- 电对的电极电势不受溶液酸碱性的影响，氯气为较强的氧化剂。

二、判断能否发生歧化反应

当一个元素是处于中间氧化值的物质时，它的一部分作氧化剂，还原为低氧化值的物质；一部分作为还原剂，氧化为高氧化值的物质，这类自身氧化自身还原的反应称为歧化反应。

例如，Cu^+ 的氧化值处于 Cu^{2+} 和 Cu 之间，一部分 Cu^+ 将另一部分 Cu^+ 氧化成 Cu^{2+}，

而本身还原为 Cu：

$$2Cu^+ \rightleftharpoons Cu^{2+} + Cu$$

现在结合铜的元素电势图来分析 Cu^+ 发生歧化反应的原因：

Cu$^+$ 作为氧化剂：$Cu^+ + e^- \rightleftharpoons Cu$ $\qquad \varphi^{\ominus}(Cu^+/Cu) = 0.521V$

Cu$^+$ 作为还原剂：$Cu^+ \rightleftharpoons Cu^{2+} + e^-$ $\qquad \varphi^{\ominus}(Cu^{2+}/Cu^+) = 0.163V$

由于 $\varphi^{\ominus}(Cu^+/Cu) - \varphi^{\ominus}(Cu^{2+}/Cu^+) > 0$，所以在热力学标准状态下，$Cu^+$ 可以歧化为 Cu^{2+} 和 Cu，即反应 $2Cu^+ \rightleftharpoons Cu^{2+} + Cu$ 可以进行。

将以上结论推广，可以得到判断歧化反应能否进行的一般规则。假设某一元素具有三种不同的氧化态 A、B、C，按氧化值由高到低排列如下：

$$A \xrightarrow{\varphi^{\ominus}(左)} B \xrightarrow{\varphi^{\ominus}(右)} C$$

$$\xrightarrow{\text{氧化值降低}}$$

若 B 能发生歧化反应，即 B 能转化成较低氧化值的 C 和较高氧化值的 A，则 B 转化为 C 时，B 作氧化剂，B 转化为 A 时，B 作还原剂。由于 $\varphi^{\ominus}(氧) - \varphi^{\ominus}(还) > 0$ 时，反应才能进行，因此，从元素电势图来看，就是当 $\varphi^{\ominus}(右) > \varphi^{\ominus}(左)$ 时，在热力学标准状态下可以发生歧化反应。反之，则不能发生歧化反应。

【实例分析】 在碱性介质中，判断单质溴是否会歧化为 Br^- 和 BrO^-。

由电势图选出电对

$$BrO^- \xrightarrow[(左)]{0.45} \tfrac{1}{2}Br_2 \xrightarrow[(右)]{1.066} Br^-$$

即 $\qquad \tfrac{1}{2}Br_2 + e^- \longrightarrow Br^- \qquad \varphi^{\ominus}(右) = \varphi^{\ominus}(Br_2/Br^-) = 1.066V$

$BrO^- + H_2O + e^- \longrightarrow \tfrac{1}{2}Br_2 + 2OH^- \qquad \varphi^{\ominus}(左) = \varphi^{\ominus}(BrO^-/Br_2) = 0.45V$

反应式为 $\qquad Br_2 + 2OH^- \longrightarrow Br^- + BrO^- + H_2O$

则该反应的电动势 $E^{\ominus} = \varphi^{\ominus}(+) - \varphi^{\ominus}(-) = \varphi^{\ominus}(右) - \varphi^{\ominus}(左) = 0.616V$，说明上述反应能自发从左向右进行，即能发生歧化反应。

总之，当 $\varphi^{\ominus}(右) > \varphi^{\ominus}(左)$ 时，处于中间氧化值的物质在热力学标准态下可以发生歧化反应，生成氧化值较高的物质和氧化值较低的物质；相反，则发生逆歧化反应，由氧化值较高的物质和氧化值较低的物质生成中间氧化型物质。

又如，在酸性介质中

$$E_A^{\ominus}/V \qquad HClO \xrightarrow{1.611} Cl_2 \xrightarrow{1.3583} Cl^-$$

因 $\varphi^{\ominus}(右) < \varphi^{\ominus}(左)$，故 HClO 和 Cl^- 在热力学标准态下可发生逆歧化反应，生成 Cl_2。反应式为

$$HClO + Cl^- + H^+ \longrightarrow Cl_2 + H_2O$$

【例 7-17】 汞的元素电势图为：$\varphi_A^{\ominus}/V \qquad Hg^{2+} \xrightarrow{0.920} Hg_2^{2+} \xrightarrow{0.7973} Hg$

试说明：(1) Hg_2^{2+} 在溶液中能否歧化；

(2) 反应 $Hg + Hg^{2+} \longrightarrow Hg_2^{2+}$ 能否进行。

解 （1）由汞的电势图可知，Hg_2^{2+} 右边电极反应的电势 $\varphi^{\ominus}$（右）小于左边电极反应的电势 $\varphi^{\ominus}$（左），所以在热力学标准状态下，Hg_2^{2+} 在溶液中不会发生歧化反应。

（2）在反应 $Hg + Hg^{2+} \longrightarrow Hg_2^{2+}$ 中

Hg^{2+} 作氧化剂（生成 Hg_2^{2+}），$\varphi^{\ominus}(Hg^{2+}/Hg_2^{2+}) = 0.920V$

Hg 作还原剂（生成 Hg_2^{2+}），$\varphi^{\ominus}(Hg_2^{2+}/Hg) = 0.7973V$

$$E^{\ominus} = \varphi^{\ominus}(氧) - \varphi^{\ominus}(还) = 0.920V - 0.7973V = 0.123V > 0$$

所以，在热力学标准状态下反应能正向进行。

三、计算同一元素的不同氧化值物质电对的电极反应的标准电势

有些电极，例如 Fe^{3+}/Fe、Fe^{2+}/Fe、Fe^{3+}/Fe^{2+} 等，是由同一元素不同氧化值物质的电对构成，它们的电极反应的标准电势，可借助于元素的电势图用计算的方法获得。例如，已知某元素的电势图：

$$M_1 \xrightarrow[n_1]{\varphi_1^{\ominus}} M_2 \xrightarrow[n_2]{\varphi_2^{\ominus}} M_3 \xrightarrow[n_3]{\varphi_3^{\ominus}} M_4$$
$$\underbrace{\phantom{M_1 \xrightarrow{\varphi_1^{\ominus}} M_2 \xrightarrow{\varphi_2^{\ominus}} M_3 \xrightarrow{\varphi_3^{\ominus}} M_4}}_{\dfrac{\varphi^{\ominus}}{n_1+n_2+n_3}}$$

M_1、M_2、M_3、M_4 代表同一元素不同氧化值的物质，$\varphi_1^{\ominus}$、$\varphi_2^{\ominus}$、$\varphi_3^{\ominus}$ 分别为相邻物质的电对所构成电极的电极反应的标准电势；n_1、n_2、n_3 为对应电极反应的电子数变化。根据摩尔反应吉布斯函数与电极反应的电势的关系可得：① $\Delta_r G_{m,1}^{\ominus} = -n_1 F \varphi_1^{\ominus}$，② $\Delta_r G_{m,2}^{\ominus} = -n_2 F \varphi_2^{\ominus}$，③ $\Delta_r G_{m,3}^{\ominus} = -n_3 F \varphi_3^{\ominus}$，④ $\Delta_r G_m^{\ominus} = -(n_1 + n_2 + n_3) F \varphi^{\ominus}$。

① + ② + ③得

$$\Delta_r G_{m,1}^{\ominus} + \Delta_r G_{m,2}^{\ominus} + \Delta_r G_{m,3}^{\ominus} = -(n_1 \varphi_1^{\ominus} + n_2 \varphi_2^{\ominus} + n_3 \varphi_3^{\ominus}) F$$

由于 G 是状态函数，ΔG 只决定于系统的初终状态而与途径无关，所以：

$$\Delta_r G_m^{\ominus} = \Delta_r G_{m,1}^{\ominus} + \Delta_r G_{m,2}^{\ominus} + \Delta_r G_{m,3}^{\ominus}$$

即

$$\Delta_r G_m^{\ominus} = -(n_1 \varphi_1^{\ominus} + n_2 \varphi_2^{\ominus} + n_3 \varphi_3^{\ominus}) F$$

将④代入上式中，得：$\varphi^{\ominus} = \dfrac{n_1 \varphi_1^{\ominus} + n_2 \varphi_2^{\ominus} + n_3 \varphi_3^{\ominus}}{n_1 + n_2 + n_3}$

$\varphi^{\ominus}$ 就是由 M_1 和 M_4 组成电对的电极反应的标准电极电势。

【例 7-18】 已知氯在酸性溶液中的电势图如下，试计算 $\varphi^{\ominus}(ClO_4^-/Cl^-)$。

$$\varphi_A^{\ominus}/V \quad ClO_4^- \xrightarrow{1.189} ClO_3^- \xrightarrow{1.42} HClO \xrightarrow{1.611} Cl_2 \xrightarrow{1.3583} Cl^-$$

解 $\varphi^{\ominus}(ClO_4^-/Cl^-) = \dfrac{1.189V \times 2 + 1.42V \times 4 + 1.611V \times 1 + 1.3583V \times 1}{2 + 4 + 1 + 1}$

$\qquad = 1.378V$

第六节 化学电池和电解

电极电势和电化学的基本原理，广泛应用于科学研究和工业生产的许多领域中，如电解、电镀、金属腐蚀及防止、化学电源、电化学加工等方面有广泛的应用。下面就化学电源、电解等方面的基本知识，做简要介绍。

一、化学电池

化学电池又称化学电源，是将化学能直接转化为电能的装置。将电池作为实用的化学电源，要具备一些特定的条件，如电压较高、电池反应要迅速、电容量较大、便于携带等。下面简要介绍几种常用电池。

1. 锌锰电池

这是常用的干电池，构造如图 7-6。以锌片制成圆筒作为负极，用 MnO_2 和碳棒插在圆筒中央作为正极，用 NH_4Cl、$ZnCl_2$ 和淀粉混合成糊状物作为电解液。

负极： $Zn - 2e^- \longrightarrow Zn^{2+}$

正极： $2NH_4^+ + 2e^- \longrightarrow 2NH_3 + H_2$

干电池的电压约为 1.5V，价格低廉，携带方便，应用广泛。它只能一次性使用，忌曝晒、忌潮湿。

2. 氧化银电池

这是一种小型电池，构造如图 7-7，广泛用于计算器、电子表等，是一次性电池，电压约为 1.5V。正极是 Ag_2O，负极是 Zn，反应在碱性电解质中进行。

负极： $Zn + 2OH^- - 2e^- \longrightarrow Zn(OH)_2$

正极： $Ag_2O + H_2O + 2e^- \longrightarrow 2Ag + 2OH^-$

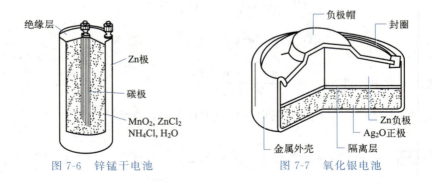

图 7-6　锌锰干电池　　　　图 7-7　氧化银电池

3. 铅蓄电池

铅蓄电池是一种充电时起电解作用、放电时起原电池作用的可贮存能量的装置。铅蓄电池构造如图 7-8，电极都是由两组铅锑合金板组成的。在一组格板的孔穴中填充了 PbO_2 作为正极，另一组格板的孔穴中填充海绵状金属铅作为负极。电极浸在 30% H_2SO_4 溶液中。

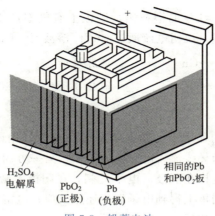

图 7-8 铅蓄电池

电池放电时发生的反应为：

负极： $Pb + SO_4^{2-} - 2e^- \longrightarrow PbSO_4$

正极： $PbO_2 + 4H^+ + SO_4^{2-} + 2e^- \longrightarrow PbSO_4 + 2H_2O$

充电时，电源正极与蓄电池中进行氧化反应的阳极连接，负极与进行还原反应的阴极连接。充电反应为：

阳极： $PbSO_4 + 2H_2O - 2e^- \longrightarrow PbO_2 + 4H^+ + SO_4^{2-}$

阴极： $PbSO_4 + 2e^- \longrightarrow Pb + SO_4^{2-}$

该电池的电压约为 2V，可以反复充电和放电，能多次使用。当铅蓄电池中的 H_2SO_4 的密度降到 $1.15 g \cdot cm^{-3}$ 时，应停止使用，进行充电后再用，否则会导致电极损坏。

电流通过电解质溶液或熔化的电解质发生氧化还原反应，将电能转化为化学能的过程称为电解。

二、电解的原理

进行电解的装置叫电解池或电解槽。与电源正极相连的是电解池的阳极，与电源负极相连的是电解池的阴极。

【演示实验 7-2】 如图 7-9 所示，在 U 形管中加入 $CuCl_2$ 溶液，插入两根石墨棒作电极，接通电源。在阳极附近的溶液中滴入几滴淀粉-KI 试液，观察现象。

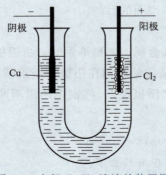

图 7-9 电解 $CuCl_2$ 溶液的装置图

电解 $CuCl_2$ 溶液

实验发现，阴极上有暗红色的铜析出，阳极上有气泡产生，阳极附近的溶液变蓝，可以确定产生的气体是氯气。说明电流通过 $CuCl_2$ 溶液时，$CuCl_2$ 分解为铜和氯气。

阴极： $Cu^{2+} + 2e^- \longrightarrow Cu$ 还原反应

阳极： $2Cl^- - 2e^- \longrightarrow Cl_2$ 氧化反应

$$CuCl_2 \xrightarrow{\text{电解}} Cu + Cl_2 \uparrow$$

电解的实质是在电流的作用下，使电解质溶液发生氧化还原反应的过程。通电时，一方面电子从电源的负极沿导线流入电解池的阴极；另一方面电子从电解池的阳极离开，沿导线回到电源的正极。这样在阴极上电子过剩，在阳极上缺少电子，因此电解质溶液中的阳离子移向阴极，在阴极上得到电子发生还原反应；电解质溶液中阴离子移向阳极，在阳极上给出电子，发生氧化反应。

三、电解的应用

1. 电化学工业

用电解方法制取化工产品的工业称为电化学工业，如电解饱和食盐水制取氯气和烧碱。

$$2NaCl + 2H_2O \xrightarrow{\text{电解}} 2NaOH + H_2 \uparrow + Cl_2 \uparrow$$

2. 电冶金工业

电解位于金属活动顺序表中 Al 以前（含 Al）的金属盐溶液时，阴极上总是产生 H_2，而得不到相应的金属。因此，一般制取此类活泼金属单质时，只能采用电解它们的熔盐的方法。如电解熔融 NaCl，阴极上可产生金属钠。

$$2NaCl（熔融）\xrightarrow{\text{电解}} 2Na + Cl_2 \uparrow$$

3. 电镀

应用电解原理在某些金属表面镀上一层光滑、均匀、致密的其他金属或合金的过程称为电镀。电镀的目的是使金属增强抗腐蚀的能力，增加美观和表面的硬度。电镀时，把待电镀的金属制品（镀件）作阴极，把镀层金属作阳极，用含有镀层金属离子的溶液作电镀液。

电镀液的浓度、pH、温度以及电流强度等条件，都会影响电镀的质量。因此，电镀时必须严格控制条件，以达到镀层均匀、光滑、牢固的目的。

4. 金属的电解精炼

利用电镀的原理，从含杂质的金属中精炼金属。如精炼铜时，粗铜板作阳极，纯铜板作阴极，$CuSO_4$ 溶液作电镀液。通电时，含有杂质的粗铜在阳极不断溶解，粗铜中的金、银、铂等金属不能溶解，沉积在阳极附近，成为"阳极泥"。纯铜在阴极不断析出，这样可将粗铜提纯为含 Cu 达 99.99% 的精铜。

> **思考题**：原电池的原理与电解池的原理有什么不同？

第七节 金属的腐蚀与防护

当金属和周围介质接触时,由于发生化学反应或电化学反应而引起的损耗叫作金属的腐蚀。金属腐蚀的现象非常普遍,如钢铁在潮湿的空气中生锈,铜制品会产生铜绿。金属发生腐蚀,不仅消耗大量金属,还会影响生产,造成环境污染,甚至酿成事故。

一、金属的腐蚀

由于金属接触的介质不同,发生腐蚀的情况有所不同,一般可分为化学腐蚀和电化学腐蚀。

1. 化学腐蚀

金属直接与周围介质发生氧化还原反应而引起的腐蚀称为化学腐蚀。

金属与某些非金属或非金属氧化物直接接触,在金属表面形成相应的化合物薄膜,膜的性质对金属的进一步腐蚀有很大影响。如铝表面的氧化膜,致密坚实,保护了内层铝不再进一步腐蚀;铁的氧化膜,疏松易脱落,就没有保护作用。随温度的升高,化学腐蚀的速率会加快。钢材在常温和干燥的空气中不易受到腐蚀,但在高温下,钢材易被空气中的氧所氧化。

此外,金属与非金属溶液接触时,也会发生化学腐蚀。如原油中含有多种形式的有机硫化物,对金属输油管及容器都会产生化学腐蚀。

2. 电化学腐蚀

当金属和电解质溶液接触时,由于电化学反应而引起的腐蚀叫作电化学腐蚀。电化学腐蚀实质上就是原电池作用。

通常见到的钢铁制品在潮湿空气中的腐蚀就是电化学腐蚀。在潮湿的空气中,钢铁的表面吸附水蒸气,形成极薄的水膜。水膜中有水电离出的少量 H^+ 和 OH^-,同时还有大气中的 CO_2、SO_2 等气体,使水膜中 H^+ 浓度增加。因此,水膜实际上是弱酸性的电解质溶液。

钢铁中除铁外,还有 C、Si、P、S、Mn 等杂质。这些杂质能导电,不易失去电子。由于杂质颗粒小,分散在钢铁中,在金属表面就形成无数的微小原电池,因此也称为微电池。在这些微电池中,铁是负极,杂质是正极。如图 7-10 为钢铁的电化学腐蚀示意图

负极　　$Fe - 2e^- \longrightarrow Fe^{2+}$
正极　　$2H^+ + 2e^- \longrightarrow H_2$

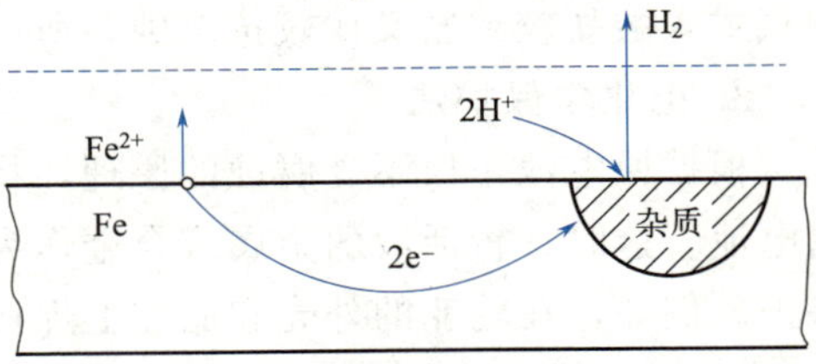

图 7-10　钢铁的电化学腐蚀示意图

随着反应的不断进行,负极上的 Fe^{2+} 的浓度不断增大,正极上的 H_2 不断析出,使正极附近的 H^+ 浓度不断减小,因此水的电离平衡向右移动,使得水膜中 OH^- 浓度增大。于是,Fe^{2+} 与 OH^- 形成 $Fe(OH)_2$,铁就遭到了腐蚀,$Fe(OH)_2$ 被空气中的 O_2 氧化为 $Fe(OH)_3$,再脱水成为铁锈。

由于在腐蚀过程中有氢气产生，通常称为析氢腐蚀。析氢腐蚀实际上是在酸性较强的情况下进行的。

在一般情况下，钢铁表面吸附的水膜酸性很弱或是中性，此时正极发生的主要是溶解在水膜中的 O_2 得到电子而被还原。

负极　　　$Fe - 2e^- \longrightarrow Fe^{2+}$

正极　　　$2H_2O + O_2 + 4e^- \longrightarrow 4OH^-$

空气中的 O_2 溶解在水膜中，促进了钢铁的腐蚀，这种腐蚀称为吸氧腐蚀。金属的腐蚀主要是吸氧腐蚀。

电化学腐蚀和化学腐蚀都是铁等金属原子失去电子而被氧化，但是电化学腐蚀是通过微电池反应发生的。这两种腐蚀往往同时存在，只是电化学腐蚀比化学腐蚀要普遍，腐蚀的速率要快。

二、金属的防护

1. 制成耐腐蚀合金

将金属制成合金，可以改变金属的内部结构。所谓合金就是两种或两种以上金属（或金属与非金属）熔合在一起所生成的均匀的液体，再经冷凝后得到的具有金属特性的固体物质。例如将铬、镍等加入到普通的钢里制成不锈钢，就大大增强了它的抗腐蚀能力。

2. 隔离法

在金属表面覆盖致密保护层使金属和介质隔离，达到防腐的目的。例如在钢铁表面涂上矿物油脂、油漆及覆盖搪瓷等非金属材料；也可以在金属表面镀上不易被腐蚀的金属、合金作为保护层，如镀锌铁皮（白铁皮）和镀锡铁皮（马口铁）上的锌和锡。

镀锡铁皮只有在镀层完整的情况下才能起到保护作用。如果保护层被破坏，内层铁皮就会暴露出来，当与潮湿的空气相接触时，就会形成以 Fe 为负极，Sn 为正极的微型原电池，这样镀锡铁皮在镀层损坏的地方比没有镀锡的铁皮更容易腐蚀。由于锡可以直接与食物接触，所以马口铁常用来制罐头盒。

镀锌铁皮与此相反，即使在白铁皮表面损坏的地方形成微型原电池，但电子从 Zn 转移至 Fe，Zn 被氧化，Fe 被保护，直至整个 Zn 保护层被腐蚀为止。锌氧化后，在空气中形成的碱式碳酸盐较致密又比较抗腐蚀，所以下水管、屋顶板等多用镀锌铁。

3. 电化学保护法

根据原电池正极不受腐蚀的原理，将较活泼的金属或合金连接在被保护的金属上，形成原电池。这时，较活泼的金属或合金作为负极被氧化而腐蚀，被保护的金属作为正极而得到保护。例如，在轮船的外壳和船舵上焊接一定数量的锌块，锌块被腐蚀，而船壳和船舵得到保护。另一种方法是利用外加电源，把要保护的物件作为阴极，用石墨、废钢等作阳极，阴极发生还原反应，因此金属物件得到保护，而石墨等阳极都难溶，可以长期使用。这种阴极保护法的应用越来越广泛，如油田输油管、化工生产上的冷却器、蒸发锅等设备以及水库的钢闸门等常采用这种保护法。

4. 使用缓蚀剂

能减缓金属腐蚀速率的物质叫缓蚀剂。在腐蚀介质中加入缓蚀剂，能防止金属的腐蚀。在酸性介质中，通常使用有机缓蚀剂，如琼脂、动物胶、乌洛托品等。在中性介质中一般使

用 $NaNO_2$、$K_2Cr_2O_7$、Na_3PO_4 等。在碱性介质中可使用 $NaNO_2$、$NaOH$、Na_2CO_3 等无机缓蚀剂。

尽管金属的腐蚀对生产有极大的危害，但也可以利用腐蚀的原理为生产服务，并发展为腐蚀加工技术。例如，在电子工业上，广泛采用的印刷电路，是用照相复印的方法将线路印在铜箔上，然后将图形以外不受感光胶保护的铜用 $FeCl_3$ 溶液腐蚀，就可以得到线条清晰的印刷电路板。

【知识拓展】

金属在土壤中由微生物引起的腐蚀及防护

土壤中的金属腐蚀经常是由微生物引起的，研究表明，能参与金属腐蚀过程的细菌并非本身使金属腐蚀，而是细菌生命活动的结果间接地对金属电化学腐蚀过程产生影响。由于微生物的多样性和复杂性，很难完全消除微生物腐蚀。目前在微生物腐蚀的控制方面还没有一种尽善尽美的方法，通常采用杀菌、抑菌、覆盖层、电化学保护和生物控制等的联用措施。详细内容可扫描二维码阅读。

金属在土壤中由微生物引起的腐蚀及防护

【新视野】

新能源——氢燃料电池

为解决能源短缺、环境污染等问题，开发清洁、高效的新能源和可再生能源已十分紧迫。氢燃料电池作为氢能利用的有效手段，已被美国《时代》周刊评为 21 世纪有重要影响的十大技术之一。氢燃料电池是把化学能直接转化为电能的电化学发电装置，氢燃料电池的电极用特制多孔性材料制成，这是氢燃料电池的一项关键技术，它不仅要为气体和电解质提供较大的接触面，还要对电池的化学反应起催化作用。详细内容请扫描二维码阅读。

新能源——氢燃料电池

【本章小结】

一、氧化还原反应

1. 氧化剂和还原剂

元素失去电子，氧化值升高，被氧化，含该元素的物质为还原剂；元素得到电子，氧化值降低，被还原，含该元素的物质为氧化剂。

2. 氧化还原电对

通常用氧化型/还原型（氧化值高/氧化值低）表示电对。

二、氧化还原反应方程式的配平

常用的氧化还原反应方程式的配平方法主要有氧化值法和离子-电子法。

三、原电池和电极电势

（1）借助于氧化还原反应，将化学能转变为电能的装置叫作原电池。

（2）原电池正、负极之间的电势差就是原电池的电动势。

（3）影响电极电势的因素。

电极电势的大小首先取决于构成电极的物质本性。此外，也受温度和溶液中离子浓度（气体分压）的影响。对于某个指定的电极，其影响关系可用能斯特方程表示。

四、电极电势的应用

（1）判断原电池的正、负极，计算原电池的电极电势。电极电势值较大的电极为正极，电极电势值较小的电极为负极。

（2）电极电势的大小，反映了氧化还原电对中氧化型物质和还原型物质的氧化、还原能力的相对强弱。电极电势的代数值越大，该电对的氧化型物质得电子能力越大，即其氧化性越强。

（3）氧化还原反应总是由较强的氧化剂和较强的还原剂反应，向着生成较弱的氧化剂和较弱的还原剂的方向进行。

（4）氧化还原反应进行到一定程度（当其电动势为零时）就达到平衡。反应进行的程度，可由氧化还原反应的平衡常数的大小来衡量，平衡常数越大，反应进行越彻底。

（5）计算物质的某些常数。

五、元素电势图及其应用

表示一种元素各种氧化值之间标准电极电势关系的图称为元素电势图或拉铁默图。

元素电势图的应用主要有：

（1）判断氧化剂的相对强弱；

（2）判断能否发生歧化反应；

（3）计算同一元素的不同氧化值物质电对的电极反应的标准电势。

六、化学电池和电解

化学电源又称化学电池，是将化学能直接转化为电能的装置。

电流通过电解质溶液或熔化的电解质而引起的氧化还原反应，将电能转化为化学能的过程称为电解。

【思考与练习】

一、填空题

1. 在 $KMnO_4$ 中，锰元素的氧化值为_____。在 $K_2Cr_2O_7$ 中，铬元素的氧化值为_____。

2. 原电池是_____的装置，在原电池中，电子由_____流向_____。原电池工作时，外电路中电流由_____极流向_____极。

3. 电极电势的标准状态是指一定温度下，气体压力为_____kPa，溶液中各离子的浓度为_____mol·L^{-1}。

4. 在原电池中，电极电势大的氧化还原电对为_____极，发生_____反应；电极电势大的氧化还原电对为_____极,发生_____反应。

5. 在氧化还原反应中,氧化值_____(升高或降低),_____(得到或失去)电子的物质是还原剂。

6. 在反应 $2FeCl_3 + Cu \longrightarrow 2FeCl_2 + CuCl_2$ 中,_____元素被氧化,_____元素被还原;_____是氧化剂,_____是还原剂。

7. 电解槽内与电源正极相连的电极叫_____极,与电源负极相连的电极叫_____极。阳极发生_____反应,阴极发生_____反应。

8. Cu-Zn 原电池的电池符号是_____,其正极半反应为_____,负极半反应为_____,原电池反应为_____。

9. 已知 $\varphi^{\ominus}(Fe^{3+}/Fe^{2+}) = 0.771V$,$\varphi^{\ominus}(Fe^{2+}/Fe) = -0.447V$,根据铁元素的标准电势图可知,$Fe^{2+}$ 在水中_____(能或不能)发生歧化反应,在配制其盐溶液时,常常放入适量的铁粉防止 Fe^{2+} 被_____。

10. 已知 $\varphi^{\ominus}(Zn^{2+}/Zn) = -0.7618V$,$\varphi^{\ominus}(Cu^{2+}/Cu) = 0.3419V$,在标准条件下反应,$Zn + Cu^{2+} \longrightarrow Zn^{2+} + Cu$ 的 $\varphi^{\ominus}$ 值为_____。

二、选择题

1. 对于电对 Zn^{2+}/Zn,增加 Zn^{2+} 的浓度,其标准电极电势的值将( )。
 A. 增大   B. 减小   C. 不变   D. 无法判断

2. 下列常见的氧化剂中,如果使 $c(H^+)$ 浓度增加,氧化能力增强的是( )。
 A. Cl_2 B. $Cr_2O_7^{2-}$ C. Sn^{4+} D. Fe^{3+}

3. 在反应 $2H_2S + 3O_2 \longrightarrow 2SO_2 + 2H_2O$ 中,还原剂是( )。
 A. H_2S B. O_2 C. SO_2 D. H_2O

4. 在标准条件下将氧化还原反应 $Fe^{2+} + Ag^+ \longrightarrow Fe^{3+} + Ag$ 装配成原电池,原电池符号为( )。
 A. $(-)Fe^{2+}|Fe^{3+}\|Ag^+|Ag(+)$ B. $(-)Ag|Ag^+\|Fe^{3+}|Fe^{2+}(+)$
 C. $(-)Pt|Fe^{2+},Fe^{3+}\|Ag^+|Ag(+)$ D. $(-)Ag|Ag^+\|Fe^{2+},Fe^{3+}|Pt(+)$

5. 已知氧化还原电对:

$$Fe^{3+}/Fe^{2+} \quad Cu^{2+}/Cu \quad Sn^{4+}/Sn^{2+}$$
$$\varphi^{\ominus}/V \quad +0.771 \quad +0.3419 \quad +0.151$$

它们之中氧化,还原能力最强的是( )。
 A. Sn^{4+},Fe^{2+} B. Cu^{2+},Cu C. Fe^{3+},Sn^{2+} D. Fe^{3+},Cu

6. 罐头铁皮上镀有一层锡,当镀层损坏后,被腐蚀的金属是( )。
 A. Sn   B. Fe   C. Sn 和 Fe   D. 不能判断

7. 向 $Al_2(SO_4)_3$ 和 $CuSO_4$ 的混合溶液中放入一个铁钉,下列结论正确的是( )。
 A. 生成 Al,Fe^{2+} 和 H_2 B. 生成 Fe^{2+},Al 和 Cu
 C. 生成 Fe^{2+} 和 Cu   D. 生成 Cu 和 H_2

8. Cu-Zn 原电池,反应为:$Zn + Cu^{2+} \longrightarrow Zn^{2+} + Cu$,欲使电动势增加,采取的方式是( )。
 A. 增加 Cu^{2+} 浓度   B. 增加 Zn^{2+} 浓度
 C. 增加溶液体积   D. 增大电极尺寸

9. 已知 $\varphi^{\ominus}(I_2/I^-)=0.5355V$，在标准条件下反应 $I^-+Fe^{3+}\longrightarrow 1/2I_2+Fe^{2+}$ 的 $\varphi^{\ominus}/V$ 值为（　　）。
 A. 0.24　　　　B. -0.24　　　　C. 1.30　　　　D. -1.30

三、计算题

1. 写出下列各原电池的电极反应式和电池反应式，并计算各原电池的电动势。
 ① $Zn|Zn^{2+}(0.01mol\cdot L^{-1})\|Fe^{3+}(0.1mol\cdot L^{-1}),Fe^{2+}(0.01mol\cdot L^{-1})|Pt$
 ② $Cu|Cu^{2+}(0.01mol\cdot L^{-1})\|Ag^+(0.1mol\cdot L^{-1})|Ag$
 ③ $Pt,H_2(100kPa)|H^+(0.1mol\cdot L^{-1})\|Cl^-(0.01mol\cdot L^{-1})|Hg_2Cl_2(s)|Hg(l),Pt$

2. 由镍片与 $1mol\cdot L^{-1}Ni^{2+}$ 溶液，锌片与 $1mol\cdot L^{-1}Zn^{2+}$ 溶液构成的原电池，哪个是正极？哪个是负极？写出电池反应式，并计算其标准电动势。

3. 计算氧化还原反应 $Fe+2Fe^{3+}\longrightarrow 3Fe^{2+}$ 的标准平衡常数。

4. 已知 $\varphi^{\ominus}(Pb^{2+}/Pb)=-0.1262V$，$\varphi^{\ominus}(Sn^{2+}/Sn)=-0.1375V$，试判断，当 $c(Pb^{2+})=1mol\cdot L^{-1}$，$c(Sn^{2+})=0.1mol\cdot L^{-1}$，反应 $Pb^{2+}+Sn\longrightarrow Pb+Sn^{2+}$ 自发进行的方向。

5. 已知下列电池
 $(-)Zn|Zn^{2+}(xmol\cdot L^{-1})\|Ag^+(0.1mol\cdot L^{-1})|Ag(+)$ 的电动势 $E=1.51V$，求 Zn^{2+} 浓度。

四、问答题

1. 氧化还原电对中氧化型物质或还原型物质发生下列变化时，电极电势将发生怎样的变化？
 ① 氧化型物质生成弱电解质；
 ② 还原型物质生成沉淀。

2. 写出下列原电池的电极反应和电池反应。
 (1) $(-)Pt,H_2(p)|H^+(c_1)\|Ag^+(c_2)|Ag(+)$
 (2) $(-)Zn|Zn^{2+}(c_1)\|Sn^{2+}(c_2),Sn^{4+}(c_3)|Pt(+)$

3. 构成一个原电池的条件是什么？举例说明。

4. 相同的电对（如 Ag^+/Ag）能否组成原电池？如何组成？应具备什么条件？

5. 将铁片和锌片分别放入稀 H_2SO_4 溶液中，铁、锌都能溶解并放出 H_2。若将它们同时放入稀 H_2SO_4 溶液中，用导线将它们的端口连接起来，情况有什么变化？为什么？

6. 浸在水中的铁柱，与水接触的部分比在水下的部分更容易腐蚀，试解释其原因。

7. 镀层破损后，为什么白铁皮比马口铁耐腐蚀？

8. 预测氧化还原反应的方向时应该用 E 还是 $E^{\ominus}$ 值？计算氧化还原反应的平衡常数时应该用 E 还是 $E^{\ominus}$ 值？为什么？

9. 根据下列反应，定性判断 Br_2/Br^-、I_2/I^-、Fe^{3+}/Fe^{2+} 三个电对电极电势的大小及氧化剂氧化能力的大小。
$$2I^-+2Fe^{3+}\longrightarrow 2Fe^{2+}+I_2$$
$$Br_2+2Fe^{2+}\longrightarrow 2Fe^{3+}+2Br^-$$

10. 判断下列说法是否正确，为什么？
 ① 电极电势的大小可以衡量物质得失电子难易程度。
 ② 某电极的标准电极电势就是该电极双电层的电势差。

③ 电解池中，电子由负极经导线流到正极，再由正极经溶液到负极，从而构成了电回路。

④ 在一个实际供电的原电池中，总是电极电势大的电对作正极，电极电势小的为负极。

⑤ 由于 $\varphi^{\ominus}(Fe^{2+}/Fe) = -0.447V$，$\varphi^{\ominus}(Fe^{3+}/Fe^{2+}) = 0.771V$，故 Fe^{3+} 与 Fe^{2+} 能发生氧化还原反应。

五、配平下列反应方程式

$$Cu + H_2SO_4(浓) \longrightarrow CuSO_4 + SO_2 + H_2O$$

$$Cu + HNO_3 \longrightarrow Cu(NO_3)_2 + NO + H_2O$$

$$(NH_4)_2Cr_2O_7 \longrightarrow N_2 + Cr_2O_3 + H_2O$$

$$Cl_2 + NaOH \longrightarrow NaClO + NaCl + H_2O$$

$$KMnO_4 + H_2O_2 + H_2SO_4 \longrightarrow MnSO_4 + K_2SO_4 + O_2 + H_2O$$

$$MnO_2 + HCl \longrightarrow MnCl_2 + Cl_2 + H_2O$$

第七章
思考与练习

第七章
在线自测

第八章

配位化合物和配位平衡

知识目标
1. 掌握配位化合物的基本概念、配位化合物的组成和命名。
2. 了解螯合物的基本知识和配位化合物的应用。
3. 掌握配位平衡移动的原理和应用。

能力目标
1. 会判断配位化合物的中心离子及电荷、配位体、配位数。
2. 会对配位化合物进行命名。
3. 能根据配位平衡进行有关计算。

素质目标
1. 通过探究配位化学的发展,树立勇于探索、坚持真理的品质意识。
2. 通过探究配位平衡与平衡移动,培养透过现象看本质的科学态度与科学素养。

第八章PPT

配位化合物(简称配合物)是一类组成复杂的化合物。配合物的存在极为广泛,就配合物的数量来说超过一般无机化合物。历史上有记载的人类第一个发现的配合物,就是亚铁氰化铁(普鲁士蓝——1704年普鲁士人在染料作坊中,为了寻找蓝色染料,用捕获的野兽的皮毛等与 Na_2CO_3 一起放在大铁锅中强烈煮沸,最后得到了一种蓝色的物质),化学式为 $Fe_4[Fe(CN)_6]_3$。

配合物的研究在分析化学、生物化学、有机化学、催化动力学、电化学及结构化学等方面都有着重要的理论意义和实际意义。目前配位化学已经发展成为一门独立的学科。本章将对配合物的有关知识做一简单的介绍。

第一节 配位化合物的基本概念

1891年,瑞士化学家沃纳(Werner)提出了配位理论,奠定了配合物化学的基础。之后,人们逐渐发现绝大多数的无机化合物,包括盐类的水合晶体,都是以配合物的形式存在的,配合物也广泛存在于动、植物等有机体中。对配合物结构和性质的研究,加深和丰富了人们对元素性质的认识,推动了化学键和分子结构理论的发展,同时也促进了无机化学的发展。本节将简要地介绍有关配合物的基本概念。

一、配合物的定义

【演示实验 8-1】 取两支试管分别加入 2mL $CuSO_4$ 溶液。在第一支试管中滴加少量 $1mol·L^{-1}$ 的 NaOH 溶液，立即出现蓝色沉淀。这表明溶液中有 Cu^{2+} 存在。离子方程式为：

$$Cu^{2+} + 2OH^- \longrightarrow Cu(OH)_2 \downarrow$$

$[Cu(NH_3)_4]SO_4$
配合物

在第二支试管中，先加入适量的 $2mol·L^{-1}$ $NH_3·H_2O$ 溶液，出现蓝色沉淀，继续滴加 $NH_3·H_2O$ 溶液至沉淀消失，至溶液呈深蓝色溶液。这种深蓝色溶液是什么？溶液中是否还有 Cu^{2+} 存在？

将上述深蓝色溶液分成两份，一份滴加少量 $0.1mol·L^{-1}$ 的 $BaCl_2$ 溶液，立即出现白色沉淀，这表明溶液中有大量的 SO_4^{2-} 存在；另一份滴加少量 $1mol·L^{-1}$ 的 NaOH 溶液，没有出现蓝色 $Cu(OH)_2$ 沉淀，这表明溶液中没有 Cu^{2+} 存在。

经过分析证实，在这种深蓝色的溶液中，生成了一种稳定的复杂离子：

$$Cu^{2+} + 4NH_3 \longrightarrow [Cu(NH_3)_4]^{2+}$$

这种复杂离子叫铜氨配离子，为深蓝色，它在溶液和晶体中都能稳定存在。在 $[Cu(NH_3)_4]^{2+}$ 中，Cu^{2+} 和 NH_3 分子之间是靠配位键结合的。配位键是一种特殊的共价键。共用电子对是由一个原子或离子单方面提供而与另一个原子或离子共用所形成的化学键，称为配位键。能形成配位键的双方，一方能提供孤对电子，而另一方能接受孤对电子。配位键用"→"表示，例如 Cu^{2+} 与 NH_3 分子形成的配位键可表示为：

$$\begin{bmatrix} & NH_3 & \\ & \downarrow & \\ NH_3 \rightarrow & Cu & \leftarrow NH_3 \\ & \uparrow & \\ & NH_3 & \end{bmatrix}^{2+}$$

这种由一个金属阳离子（或原子）和一定数目的中性分子或阴离子以配位键结合形成的能稳定存在的复杂离子或分子，叫作<u>配离子或配分子</u>。配离子有配阳离子和配阴离子。如 $[Cu(NH_3)_4]^{2+}$ 是配阳离子，$[HgI_4]^{2-}$ 是配阴离子，$[Ni(CO)_4]$ 是配分子。

含有配分子和配离子的化合物称为配位化合物，简称配合物，如 $[Cu(NH_3)_4]SO_4$、$K_2[HgI_4]$、$H_2[PtCl_6]$ 等都是配合物。

二、配合物的组成

配合物一般由内界和外界组成。内界是配合物的特征部分，它是由中心离子（或原子）和配位体组成的配离子（或配分子），在配合物的化学式中，要用方括号括起来；外界由与配离子电荷相反的其他离子组成，距离配离子的中心较远。以 $[Cu(NH_3)_4]SO_4$ 和 $K_4[Fe(CN)_6]$ 为例，说明配合物的组成。

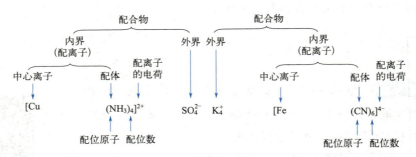

内界与外界之间是以离子键结合的，在水溶液中类似于强电解质，会发生解离。也有些配合物的阴、阳离子均是配离子，两部分为各自的内界，如[Cu(NH$_3$)$_4$][PtCl$_4$]。

若配合物为中性分子称为配分子，如[CoCl$_3$(NH$_3$)$_3$]、[Ni(CO)$_4$]等，则只有内界，没有外界。

1. 中心离子（或原子）

中心离子（或原子）位于配位单元的几何中心，也叫配合物的形成体，是配合物的核心部分，一般情况下，形成体的半径较小，容易接受孤对电子，易与配位原子形成配位键。常见的中心离子大都是过渡金属离子，如 Fe^{2+}、Fe^{3+}、Cr^{3+}、Co^{3+}、Ni^{2+}、Cu^{2+}、Ag^+、Zn^{2+}、Hg^2 等；也可以是中性原子，如[Ni(CO)$_4$]、[Fe(CO)$_5$]、[Cr(CO)$_6$]中的 Ni、Fe、Cr；少数高氧化态的非金属元素也可作为形成体，如[BF$_4$]$^-$、[SiF$_6$]$^{2-}$、[PF$_6$]$^-$ 中的 B(Ⅲ)、Si(Ⅳ)、P(Ⅴ) 等。

通常，中心离子半径越小，电荷越高，形成配合物的能力越强。

2. 配位体和配位原子

配位体（简称配体）是配离子内与中心离子结合的负离子或中性分子。配位体中直接与中心离子（或原子）结合的原子叫作配位原子。如[Cu(NH$_3$)$_4$]$^{2+}$ 中的 NH$_3$ 是配位体，NH$_3$ 中的 N 原子是配位原子；[CoCl$_2$(NH$_3$)$_4$]$^+$ 中的 NH$_3$、Cl$^-$ 是配位体，N、Cl 是配位原子。

在形成配合物时，由配位原子提供孤对电子与中心离子（或原子）形成配位键。因此，配位原子是孤对电子的直接给予者。常见的配位原子有 N、O、S、C 及 X（卤素原子）等。

根据配体在配合物中所提供的配位原子的数目，可把配体分为两大类：单齿配体和多齿配体。只含一个配位原子的配体称为单齿配体，如 X$^-$（卤素离子）、OH$^-$、SCN$^-$、CN$^-$ 等。由单齿配体与中心离子直接配位形成的配合物，称为简单配合物，例如[Cu(NH$_3$)$_4$]SO$_4$、H$_2$[SiF$_6$]、[Ni(CO$_4$)]。含两个或两个以上配位原子的配体称为多齿配体，如二乙胺 NH$_2$CH$_2$CH$_2$NH$_2$(en)、草酸根 C$_2$O$_4^{2-}$ 均为双齿配体，乙二胺四乙酸（EDTA）为六齿配体。

常见的单齿配体见表 8-1，常见的多齿配体见表 8-2。

表 8-1 常见的单齿配体

卤素配体	F$^-$、Cl$^-$、Br$^-$、I$^-$
以 O 原子作为配位原子的配体	H$_2$O、OH$^-$（羟）、O^{2-}、ROH（醇）、RCOO$^-$、R$_2$O（醚类）、ONO$^-$（亚硝酸根）、CO$_3^{2-}$、PO$_4^{3-}$、SO$_4^{2-}$
以 S 原子作为配位原子的配体	S^{2-}、SCN$^-$（硫氰酸根）、RSH（硫醇）、RSAr（硫醚）

续表

卤素配体	F^-、Cl^-、Br^-、I^-
以 N 原子作为配位原子的配体	NH_3(氨)、NH_2^-(氨基)、NO_2^-(硝基)、NO(亚硝基)、NCS^-(异硫氰酸根)、C_5H_5N(吡啶)、RNH_2、R_2NH、R_3N
以 P 原子作为配位原子的配体	PH_3、PR_3、PF_3、PCl_3、PBr_3
以 C 原子作为配位原子的配体	CO(羰基)、CN^-(氰)、RNC

表 8-2 常见的多齿配体

分子式	名称	缩写符号
	草酸根	ox
	乙二胺	en
	二硫代草酸根	dto
	邻菲咯啉	o-phen
	联吡啶	bpy
	乙二胺四乙酸	H_4EDTA

3. 配位数

在配合物中，配位原子的总数，叫作该中心离子的配位数。

单齿配位体　配位数＝配位原子数＝配位体数

多齿配位体　配位数＝配位原子数＝配位体数×齿数

如$[Cu(NH_3)_4]^{2+}$的配位数为 4，$[CoCl_2(NH_3)_4]^+$的配位数为 6，$[Cu(en)_2]^{2+}$的配位数为 4。

配位数有 2，3，4，…，12。最常见的是 2，4，6。每一种金属离子都有其特征的配位数，一些离子的常见配位数见表 8-3。

表 8-3 一些离子的常见配位数

配位数	金属阳离子
2	Ag^+、Cu^+、Au^+
4	Cu^{2+}、Zn^{2+}、Hg^{2+}、Ni^{2+}、Co^{2+}、Pt^{2+}
6	Fe^{2+}、Fe^{3+}、Co^{2+}、Co^{3+}、Cr^{3+}、Al^{3+}、Ca^{2+}

目前已知，配合物中形成体配位数的大小与形成体的性质（如电荷、半径、电子排布）有关，也与形成配合物的外界条件（如浓度、温度）有关。

通常，中心离子电荷与常见配位数的关系见表 8-4。

表 8-4　中心离子电荷与常见配位数的关系

中心离子电荷	+1	+2	+3	+4
常见配位数	2	4(或 6)	6(或 4)	6(或 8)

中心离子的配位数主要取决于中心离子和配位体的性质。一般中心离子电荷多、半径大，配位数相对较高；配位体的电荷少、半径小，配位数也高；其次，增大配位体浓度，降低反应温度，也利于形成高配位数的配合物。因此，相同的中心离子，其配位数也可不同。例如，$[AlF_6]^{3-}$、$[AlCl_4]^-$、$[AlBr_4]^-$、$[Hg(S_2O_3)_2]^{2-}$、$[Hg(S_2O_3)_4]^{6-}$、$[Ag(SCN)_2]^-$、$[Ag(SCN)_4]^{3-}$ 等。

 练一练：填写下表：

配合物	中心离子	配位体	配位原子	配位数
$[Cu(NH_3)_4]SO_4$				
$K_4[Fe(CN)_6]$				
$[Al(C_2O_4)_3]^{3-}$				
$K[Ag(SCN)_2]$				

4. 配离子的电荷

配离子的电荷数是中心离子的电荷数和配位体电荷数的代数和。例如：

$[Cu(NH_3)_4]^{2+}$ 配离子的电荷数 = (+2) + 0×4 = +2

$[CoCl_2(NH_3)_4]^+$ 配离子的电荷数 = (+3) + (−1)×2 + 0×4 = +1

由于整个配合物是电中性的，因此，也可从配合物外界离子的电荷来确定配位离子的电荷。这种方法对于有变价的中心离子所形成的配离子电荷的推算更为方便。

 思考题：金属离子形成配离子后，有哪些改变？

三、配合物的命名

1. 配合物化学式的书写

含配离子的化合物，配阳离子写在前面，配阴离子写在后面，如 $K_4[Fe(CN)_6]$、$[Cu(NH_3)_4]SO_4$。书写配离子（内界）时，应先写形成体，后写配位体，并将整个内界用方括号括起来，电荷标在右上角。若有几种配位体，则先写阴离子，后写中性分子；同类型配位体则按其配位原子元素符号的英文字母顺序书写。中性分子和多原子酸根分别用小括号括起来，如 $[Cr(NCS)_4(NH_3)]^-$、$[Cu(en)_2]^{2+}$。

2. 配合物的命名

配合物分为内界和外界两部分，其中内界的命名最为关键。

(1) 配离子命名　配离子命名的顺序为：

配位体数（用一、二、三……表示）→配位体名称→"合"→中心离子（或原子）名称→中心离子氧化值［用（Ⅰ）、（Ⅱ）、（Ⅲ）等罗马数字表示］→"离子"。

配离子的命名按下列原则进行：

① 先命名配体，后命名中心离子。

② 在配体中，不同配体之间用中圆点"·"分开，最后一个配体名称之后加"合"字。

③ 同类配体的名称的排列次序，按配位原子元素符号的英文字母顺序。

④ 同一配体的数目用倍数字头一、二、三、四等数字表示。

⑤ 中心离子的氧化态用带圆括号的罗马数字在中心离子之后表示出来。若中心离子的氧化态为0，可以不表示出来。

例如：

$[Cu(NH_3)_4]^{2+}$　　　　　　　四氨合铜（Ⅱ）离子（俗称铜氨配离子）

$[Ag(NH_3)_2]^+$　　　　　　　　二氨合银（Ⅰ）离子（俗称银氨配离子）

$[Al(OH)_4]^-$　　　　　　　　　四羟合铝（Ⅲ）离子

$[Fe(CN)_6]^{3-}$　　　　　　　　六氰合铁（Ⅲ）离子（俗称铁氰根配离子）

$[Fe(CN)_6]^{4-}$　　　　　　　　六氰合铁（Ⅱ）离子（俗称亚铁氰根配离子）

(2) 配分子的命名　配分子是电中性的，其命名与配离子相同，只是不写"离子"二字。

例如：

$[Ni(CO)_4]$　　　　　　　　　　四羰基合镍（0）

$[Co(NO_2)_3(NH_3)_2]$　　　　　三硝基·三氨合钴（Ⅲ）

$[PtCl_2(NH_3)_2]$　　　　　　　二氯·二氨合铂（Ⅱ）

(3) 配合物命名　配合物按组成特征不同也有"酸""碱""盐"之分。其命名方法遵循一般无机化合物的命名原则。配合物的命名与一般无机化合物的命名相似。命名时阴离子在前，阳离子在后。若为配阳离子化合物，则在外界阴离子和配阳离子之间用"化"或"酸"字连接，叫作某化某或某酸某。若为配阴离子化合物，则在配离子和外界阳离子之间用"酸"字连接，叫作某酸某。若外界阳离子为氢离子，则在配阴离子之后缀以"酸"字，叫作某酸（如表8-5所示）。

表 8-5　配合物的命名原则

配合物	命名	配合物的组成特征	实例
配位酸	某酸	内界为配阴离子，外界为H^+	$H_2[PtCl_6]$命名为六氯合铂（Ⅳ）酸
配位碱	氢氧化某	内界为配阳离子，外界为OH^-	$[Zn(NH_3)_4](OH)_2$命名为氢氧化四氨合锌（Ⅱ）
配位盐	某化某	内界为配阳离子，外界酸根离子为简单离子	$[Ag(NH_3)_2]Cl$命名为氯化二氨合银（Ⅰ）
	某酸某	酸根为复杂离子或配阴离子	$K_4[Fe(CN)_6]$命名为六氰合铁（Ⅱ）酸钾

当配合物中含有多个配体时，配体之间用"·"分开，并需要注意以下几点：

① 先无机配体后有机配体。

例如：$K[SbCl_2(C_6H_5)]$　　　　　　五氯·苯基合锑（V）酸钾

② 先阴离子配体后中性分子配体。

例如：$[PtCl_2(NH_3)_4]Cl_2$　　　　　　二氯化二氯·四氨合铂（Ⅳ）

③ 同类配体，按配位原子元素符号的英文字母顺序排列。

例如：$[Co(NH_3)_5H_2O]Cl_3$　　　　　三氯化五氨·一水合钴（Ⅲ）

④ 同类配体，若配位原子相同，原子数较少的配体写在前面。

例如：$[Pt(NO_2)_2NH_3(NH_2OH)]$　　二硝基·一氨·一羟胺合铂（Ⅱ）

⑤ 同类配体，若配位原子和所含原子数目均相同，则按与配位原子相连的其他原子的字母排列次序排列。

例如：$[Pt(NH_2)(NO_2)(NH_3)_2]$　　　氨基·硝基·二氨合铂（Ⅱ）。

⑥ 当配合物中含有两个配体时，若配体组成相同、配位原子不同，其命名也不同。

例如：SCN^-作为配体时，配位原子为S，则命名为硫氰酸根；NCS^-作配体时，配位原子为N，则命名为异硫氰酸根。

$[Co(NSC)_2(SCN)_2]$　　　　　　　二异硫氰酸根·二硫氰酸根合钴（Ⅳ）

ONO^-作为配体时，配位原子为O，则命名为亚硝酸根；NO_2^-作配体时，配位原子为N，则命名为硝基。

3. 常见配合物的俗名

有的配合物至今还沿用一些历史流传下来的习惯命名和俗名，如$K_4[Fe(CN)_6]$命名为六氰合铁（Ⅱ）酸钾，习惯叫亚铁氰化钾，俗名黄血盐；$K_3[Fe(CN)_6]$命名为六氰合铁（Ⅲ）酸钾，习惯叫铁氰化钾，俗名赤血盐。一些常见配合物的俗名见表8-6。

表8-6　常见配合物的俗名

类别	化学式	系统命名	俗名
配位酸	$H[AuCl_4]$ $H_2[PtCl_6]$ $H_2[PtCl_4]$ $H_2[SiF_6]$	四氯合金（Ⅲ）酸 六氯合铂（Ⅳ）酸 四氯合铂（Ⅱ）酸 六氟合硅（Ⅳ）酸	氯金酸 氯铂酸 氯亚铂酸 氟硅酸
配位碱	$[Ag(NH_3)_2]OH$	氢氧化二氨合银（Ⅰ）	
配位盐	$K_3[Fe(CN)_6]$ $K_4[Fe(CN)_6]$ $K_2[PtCl_6]$ $Na_3[AlF_6]$	六氰合铁（Ⅲ）酸钾 六氰合铁（Ⅱ）酸钾 六氯合铂（Ⅳ）酸钾 六氟合铝（Ⅲ）酸钠	铁氰化钾（赤血盐） 亚铁氰化钾（黄血盐） 氯铂酸钾 氟铝酸钠、冰晶石
中性分子	$[(NH_4)_2Pt]Cl_6$	六氯合铂（Ⅳ）酸铵	氯铂酸铵
配离子	$[Ag(NH_3)_2]^+$ $[Cu(NH_3)_4]^{2+}$	二氨合银（Ⅰ）离子 四氨合铜（Ⅱ）离子	银氨配离子 铜氨配离子

> **练一练**：按照配合物的命名方法，命名下列配合物。
>
> $[CrCl_2(H_2O)_4]Cl_3$
>
> $[Co(NH_3)_5(H_2O)]Cl_3$
>
> $K_4[Fe(CN)_6]$
>
> $Fe(CO)_5$
>
> $[Co(NO_2)_3(NH_3)_3]$
>
> $[Ag(NH_3)_2]OH$
>
> $H_2[PtCl_6]$

四、螯合物

中心离子与多齿配体形成的具有环状结构的配合物，称为螯合物，螯合即成环之意，又称内配合物。例如，Ni^{2+} 可与两分子乙二胺形成具有两个五元环（即五个原子参与成环）的配合物 $[Ni(en)_2]^{2+}$：

环状结构是螯合物最基本的特征，理论和实践均证明具有五元环或六元环的螯合物最稳定，而且环数越多，螯合物越稳定，这种由于成环作用导致配合物稳定性剧增的现象称为螯合效应。

能和中心离子形成螯合物的多齿配位体称为螯合剂，相应的反应称为螯合反应。根据螯合物的特征，螯合剂中的 2 个配位原子之间要间隔 2~3 个原子，而像联氨（NH_2NH_2）这样的配位体，尽管也有两个配位原子，但因距离较近，在与同一中心离子配位时，因分子张力太大，不能成环形成螯合物。

螯合物的环状结构决定其具有特殊的性质。螯合物的稳定性极强，难以解离，许多螯合物不易溶于水，而易溶于有机溶剂，且多具有特征颜色，因此被广泛应用于金属离子的溶剂萃取分离、提纯及比色测定、容量分析等方面。

> **知识窗**
>
> 极少数的无机物也有螯合能力，如三聚磷酸钠能与 Ca^{2+}、Mg^{2+}、Fe^{2+} 等形成稳定的螯合物，因此常用作锅炉用水的除垢剂，也是汽车水箱内壁高效快速除垢剂的主要成分。由于 Na_3PO_4 能与钢铁反应生成磷酸铁保护膜，因而对锅炉等的金属材料又有一定的防腐作用。

第二节　配位化合物在水溶液中的稳定性

在研究和应用配合物时十分注重其稳定性。配合物的稳定性有多方面的含义。配合物受热时是否容易发生分解反应,这是配合物的热稳定性;配合物是否容易发生氧化还原反应,这是配合物的氧化还原稳定性。本节讨论配合物在水溶液中的稳定性,主要是指配合物在水溶液中是否容易离解出其组分。

一、配位平衡及平衡常数

1. 解离常数

配合物的内界与外界是以离子键结合的,在水溶液中能完全解离成配离子和外界离子。例如:

$$[Cu(NH_3)_4]SO_4 \longrightarrow [Cu(NH_3)_4]^{2+} + SO_4^{2-}$$

配离子的中心离子与配位体之间是以配位键结合的,在水溶液中只是部分解离。在一定条件下,当达到解离配位平衡时,有一个确定的标准平衡常数存在。

$$[Cu(NH_3)_4]^{2+} \underset{\text{配位}}{\overset{\text{解离}}{\rightleftharpoons}} Cu^{2+} + 4NH_3 \qquad K_{\text{不稳}}^{\ominus} = \frac{[Cu^{2+}][NH_3]^4}{[Cu(NH_3)_4^{2+}]}$$❶

$K_{\text{不稳}}^{\ominus}$ 称为配离子的解离常数,又称为不稳定常数。解离常数是表示配离子不稳定程度的特征常数。具有相同配位体数的配合物,其 $K_{\text{不稳}}^{\ominus}$ 越大,配离子解离的趋势越大,配离子越不稳定。

配离子在溶液中的解离是逐级进行的,每一步只解离出一个配位体,有一个平衡常数,称为逐级不稳定常数。例如:

$$[Cu(NH_3)_4]^{2+} \rightleftharpoons [Cu(NH_3)_3]^{2+} + NH_3 \qquad K_{\text{不稳}_1}^{\ominus} = \frac{[Cu(NH_3)_3^{2+}][NH_3]}{[Cu(NH_3)_4^{2+}]}$$

$$[Cu(NH_3)_3]^{2+} \rightleftharpoons [Cu(NH_3)_2]^{2+} + NH_3 \qquad K_{\text{不稳}_2}^{\ominus} = \frac{[Cu(NH_3)_2^{2+}][NH_3]}{[Cu(NH_3)_3^{2+}]}$$

$$[Cu(NH_3)_2]^{2+} \rightleftharpoons [Cu(NH_3)]^{2+} + NH_3 \qquad K_{\text{不稳}_3}^{\ominus} = \frac{[Cu(NH_3)^{2+}][NH_3]}{[Cu(NH_3)_2^{2+}]}$$

$$[Cu(NH_3)]^{2+} \rightleftharpoons Cu^{2+} + NH_3 \qquad K_{\text{不稳}_4}^{\ominus} = \frac{[Cu^{2+}][NH_3]}{[Cu(NH_3)^{2+}]}$$

根据多重平衡规则,有 $K_{\text{不稳}_1}^{\ominus} \cdot K_{\text{不稳}_2}^{\ominus} \cdot K_{\text{不稳}_3}^{\ominus} \cdot K_{\text{不稳}_4}^{\ominus} = K_{\text{不稳}}^{\ominus}$。

2. 配位常数

配离子的稳定性还可以用配位常数 $K_{\text{稳}}^{\ominus}$(又称为稳定常数)表示。例如:

---

❶ 配离子的浓度常用方括号表示,这时,配离子的电荷写在方括号内,以免混淆。如配离子 $[Cu(NH_3)_4]^{2+}$ 的相对浓度表示为 $[Cu(NH_3)_4^{2+}]$, $[Cu(NH_3)_4^{2+}] = c([Cu(NH_3)_4]^{2+})/c^{\ominus}$, $c^{\ominus} = 1\text{mol} \cdot \text{L}^{-1}$。

$$Cu^{2+} + 4NH_3 \rightleftharpoons [Cu(NH_3)_4]^{2+} \qquad K_{稳}^{\ominus} = \frac{[Cu(NH_3)_4^{2+}]}{[Cu^{2+}][NH_3]^4}$$

显然
$$K_{稳}^{\ominus} = \frac{1}{K_{不稳}^{\ominus}} \tag{8-1}$$

具有相同配位体数目的配合物，其 $K_{稳}^{\ominus}$ 越大，生成配离子的趋势越大，配离子越稳定，在水中越难解离。由于 $K_{稳}^{\ominus}$ 与 $K_{不稳}^{\ominus}$ 有如式(8-1)所示的确定关系，因此只用一种常数表示配离子的稳定性即可，本书用 $K_{稳}^{\ominus}$ 表示。常见配离子的稳定常数见附录七。

配离子的形成也是分步进行的，每一步结合一个配位体，相应平衡常数称为逐级稳定常数，也可以用逐级累积稳定常数表示配离子的稳定性。例如，$[Cu(NH_3)_4]^{2+}$ 的逐级累积稳定常数表达式为

$\beta_1 = K_{稳_1}^{\ominus}$ 第一级累积稳定常数

$\beta_2 = K_{稳_1}^{\ominus} K_{不稳_2}^{\ominus}$ 第二级累积稳定常数

$\beta_3 = K_{稳_1}^{\ominus} K_{不稳_2}^{\ominus} K_{不稳_3}^{\ominus}$ 第三级累积稳定常数

$\beta_4 = K_{稳_1}^{\ominus} K_{不稳_2}^{\ominus} K_{不稳_3}^{\ominus} K_{不稳_4}^{\ominus}$ 第四级累积稳定常数

通常，将最高级累积稳定常数（β_n）称为总稳定常数，简称稳定常数，即

$$\beta_n = K_{稳_1}^{\ominus} K_{稳_2}^{\ominus} \cdots K_{稳_n}^{\ominus} = \prod_{i}^{n} K_i^{\ominus} = K_{稳}^{\ominus}$$

生产和实验中配位剂往往是过量的，因此只需用总稳定常数进行有关计算。

练一练： 写出配离子 $[Cu(NH_3)_4]^{2+}$ 形成的逐级平衡方程和逐级平衡常数表达式。

【例 8-1】 室温下，将 $0.02\,mol \cdot L^{-1}$ $CuSO_4$ 与 $0.28\,mol \cdot L^{-1}$ NH_3 等体积混合，计算达到配位平衡时，溶液中 Cu^{2+}、NH_3 和 $[Cu(NH_3)_4]^{2+}$ 的浓度。

分析 两种稀溶液等体积混合时，浓度均稀释至原来的 1/2，即 $c(Cu^{2+}) = 0.01\,mol \cdot L^{-1}$，$c(NH_3) = 0.14\,mol \cdot L^{-1}$；由于溶液中的 NH_3 过量，可以认为 Cu^{2+} 能定量转化为 $[Cu(NH_3)_4]^{2+}$，而且每形成 $1\,mol$ $[Cu(NH_3)_4]^{2+}$ 要消耗 $4\,mol\,NH_3$，然后再考虑 $[Cu(NH_3)_4]^{2+}$ 的解离。

解 设配位平衡时，Cu^{2+} 的浓度为 x，$x' = x/c^{\ominus}$ 则

$$K_{稳}^{\ominus} = \frac{[Cu(NH_3)_4^{2+}]}{[Cu^{2+}][NH_3]^4} = \frac{0.01 - x'}{x'(0.10 + 4x')^4}$$

由附录七查得 $K_{稳}^{\ominus} = 7.24 \times 10^{12}$

由于 $K_{稳}^{\ominus}$ 较大，说明 $[Cu(NH_3)_4]^{2+}$ 很稳定，不易解离，可近似处理为 $0.10 + 4x' \approx 0.10$，$0.01 - x' \approx 0.01$。则

$$7.24 \times 10^{12} = \frac{0.01}{0.10^4 x'}$$

解得 $x' = 1.381 \times 10^{-11}$

即配位平衡时 $c(Cu^{2+}) = 1.381 \times 10^{-11} \text{mol} \cdot \text{L}^{-1}$

$c(NH_3) = 0.10 \text{mol} \cdot \text{L}^{-1}$

$c\{[Cu(NH_3)_4]^{2+}\} = 0.010 \text{mol} \cdot \text{L}^{-1}$

> **练一练**：计算溶液中与 $0.001 \text{mol} \cdot \text{L}^{-1} [Cu(NH_3)_4]^{2+}$ 和 $1 \text{mol} \cdot \text{L}^{-1} NH_3$ 处于平衡状态的游离 Cu^{2+} 的浓度。

二、配位平衡与配位移动

配位平衡与其他化学平衡一样，是动态平衡。当外界条件改变时，配位平衡就会发生移动。

1. 计算配合物溶液中有关离子的浓度

【例 8-2】 在 $1\text{mL}\ 0.04 \text{mol} \cdot \text{L}^{-1} AgNO_3$ 溶液中加入 $1\text{mL}\ 2 \text{mol} \cdot \text{L}^{-1} NH_3 \cdot H_2O$，计算平衡时溶液中 Ag^+ 的浓度（已知 $[Ag(NH_3)_2]^+$ 的 $K_{稳}^{\ominus} = 1.12 \times 10^7$）。

解 设 Ag^+ 的平衡浓度为 x，$x' = x/c^{\ominus}$，则

配合反应为 Ag^+ + $2NH_3$ $\rightleftharpoons$ $[Ag(NH_3)_2]^+$
开始相对浓度   0.02   1   0
平衡相对浓度 x' $1 - 2\times(0.02 - x')$ $0.02 - x'$

由于 $K_{稳}^{\ominus}$ 较大，说明 $[Ag(NH_3)_2]^+$ 很稳定，不易解离，可近似处理为 $0.02 - x' \approx 0.02$。则

$$K_{稳}^{\ominus} = \frac{0.02 - x'}{[1 - 2\times(0.02 - x')]^2 x'} = \frac{0.02}{(1 - 0.04)^2 x'} = 1.12 \times 10^7$$

$$x' = 1.937 \times 10^{-9}$$

即 $x = 1.937 \times 10^{-9} \text{mol} \cdot \text{L}^{-1}$。

则平衡溶液中 Ag^+ 的浓度为 $1.937 \times 10^{-9} \text{mol} \cdot \text{L}^{-1}$。

> **练一练**：将 $0.02 \text{mol} \cdot \text{L}^{-1}$ 的 $CuSO_4$ 溶液和 $1.08 \text{mol} \cdot \text{L}^{-1}$ 的 $NH_3 \cdot H_2O$ 溶液等体积混合，求混合后溶液中 Cu^{2+} 的浓度。

2. 配位平衡与酸碱平衡

【实例分析 8-1】 向 $0.1 \text{mol} \cdot \text{L}^{-1} FeCl_3$ 溶液中逐滴加入 $1 \text{mol} \cdot \text{L}^{-1}$ 的 NaF，直至溶液无色时停止，此时得到 $[FeF_6]^{3-}$ 溶液。将 $10\text{mL}\ [FeF_6]^{3-}$ 溶液均分于两支试管中，在其中一支试管中逐滴加入 $2 \text{mol} \cdot \text{L}^{-1} NaOH$ 溶液，另一支试管中逐滴加入 $2 \text{mol} \cdot \text{L}^{-1} H_2SO_4$ 溶液。观察发现，第一支试管中产生红褐色沉淀，说明有 $Fe(OH)_3$ 生成；第二支试管中溶液由无色逐渐变为黄色，说明有更多的 Fe^{3+} 生成。这是因为 $[FeF_6]^{3-}$ 溶液中，存

在配位平衡：

$$[FeF_6]^{3-} \rightleftharpoons Fe^{3+} + 6F^-$$
　　无色　　　　黄色

当向溶液中加入 NaOH 时，生成 Fe(OH)$_3$ 沉淀，降低了 Fe^{3+} 的浓度，配位平衡被破坏，使 [FeF$_6$]$^{3-}$ 的稳定性降低。因此，从金属离子考虑，溶液的酸度越大，配离子的稳定性越高。

当向溶液中加入 H$_2$SO$_4$ 至一定浓度时，H$^+$ 与 F$^-$ 结合生成了 HF，使 [FeF$_6$]$^{3-}$ 向解离方向移动，使 Fe^{3+} 的浓度逐渐增大，配离子稳定性降低。因此，从配位体考虑，溶液的酸度越大，配离子的稳定性越低。

通常，酸度对配位体的影响较大。当配位体为弱酸根（如 F$^-$、CN$^-$、SCN$^-$ 等）、NH$_3$ 及有机酸根时，都能与 H$^+$ 结合，形成难解离的弱酸，因此增大溶液酸度，配离子向解离方向移动。但强酸根作配位体形成的配离子如 [CuCl$_4$]$^{2-}$ 等，酸度增大不影响其稳定性。这种增大溶液的酸度而导致配离子稳定性降低的现象称为酸效应。在一些定性鉴定和容量分析中，为避免酸效应，常控制在一定的 pH 条件下进行。

溶液酸度对配离子稳定性的影响

3. 配位平衡与沉淀溶解平衡

配离子与沉淀之间的转化，主要取决于配离子的稳定性和沉淀的溶解度。配离子和沉淀都是向着更稳定的方向转化。

【**实例分析 8-2**】在盛有 1mL 含有少量 AgCl 沉淀的饱和溶液中，逐滴加入 2mol·L^{-1} NH$_3$ 溶液，振荡试管后发现 AgCl 沉淀能溶于 NH$_3$ 溶液中，其反应为

$$\begin{array}{c} AgCl(s) \rightleftharpoons Ag^+ + Cl^- \quad K_{sp}^\ominus = [Ag^+][Cl^-] \\ \text{平衡移动方向} \downarrow \quad +2NH_3 \\ \updownarrow \\ [Ag(NH_3)_2]^+ \quad K_\text{稳}^\ominus = \dfrac{[Ag(NH_3)_2^+]}{[Ag^+][NH_3]^2} \end{array}$$

配离子与沉淀之间的转化

即转化反应为　　AgCl(s) + 2NH$_3$ $\rightleftharpoons$ [Ag(NH$_3$)$_2$]$^+$ + Cl$^-$

若再向上述溶液中逐滴加入 0.1mol·L^{-1} KI 溶液，则又有黄色沉淀 AgI 生成。

$$[Ag(NH_3)_2]^+ + I^- \rightleftharpoons AgI\downarrow + 2NH_3$$
　　无色　　　　　　　黄色

配位平衡与沉淀平衡的关系，实质上是沉淀剂和配位剂对金属离子的争夺关系，转化反应总是向金属离子浓度减小的方向移动。若向某种配离子中加入适当的沉淀剂，所生成沉淀物的溶解度越小（$K_{sp}^\ominus$ 越小），则配离子转化为沉淀的反应趋势越大；若向难溶电解质中加入适当的配位剂，所生成的配离子越稳定（$K_\text{稳}^\ominus$ 越大），则难溶电解质转化为配离子的反应趋势越大。

转化反应进行程度的大小可用转化平衡常数来衡量。

❓ **想一想**：已知 AgCl 的 $K_{sp}^\ominus$ 和 [Ag(NH$_3$)$_2$]$^+$ 的 $K_\text{稳}^\ominus$，根据多重平衡规则，反应 AgCl(s) + 2NH$_3$ $\rightleftharpoons$ [Ag(NH$_3$)$_2$]$^+$ + Cl$^-$ 的转化平衡常数为（　　）。

A. $K^{\ominus} = K^{\ominus}_{稳} K^{\ominus}_{sp}$ B. $K^{\ominus} = K^{\ominus}_{稳} / K^{\ominus}_{sp}$

C. $K^{\ominus} = K^{\ominus}_{sp} / K^{\ominus}_{稳}$ D. $K^{\ominus} = K^{\ominus}_{稳} + K^{\ominus}_{sp}$

4. 配离子之间的平衡

【实例分析 8-3】 取少量 $[Fe(SCN)_6]^{3-}$ 溶液于试管中，再逐滴加入 $1mol \cdot L^{-1}$ NaF 溶液，直至血红色褪去。其转化反应为

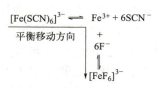

配离子之间的转化

即转化反应为 $[Fe(SCN)_6]^{3-} + 6F^- = [FeF_6]^{3-} + 6SCN^-$
    血红色   无色
    $K^{\ominus}_{稳_1} = 1.48 \times 10^3$ $K^{\ominus}_{稳_2} = 1.0 \times 10^{16}$

转化平衡常数为 $K^{\ominus} = \dfrac{[FeF_6^{3-}][SCN^-]^6}{[Fe(SCN)_6^{3-}][F^-]^6} = \dfrac{[FeF_6^{3-}][SCN^-]^6[Fe^{3+}]}{[Fe(SCN)_6^{3-}][F^-]^6[Fe^{3+}]} = \dfrac{K^{\ominus}_{稳_2}}{K^{\ominus}_{稳_1}} =$ 6.8×10^{12}

$K^{\ominus}$ 很大，说明转化反应进行得很完全。

配离子之间的平衡转化总是向着生成更稳定的配离子方向进行；当配体数相同时，反应由 $K^{\ominus}_{稳}$ 较小的配离子向 $K^{\ominus}_{稳}$ 较大的配离子方向转化，且 $K^{\ominus}_{稳}$ 相差越大，转化得越完全。

> **练一练**：由附录七查出配离子的稳定常数，并据此说明下列配离子转化反应的方向。
>
> $[Ag(NH_3)_2]^+ + 2CN^- \rightleftharpoons [Ag(CN)_2]^- + 2NH_3$
>
> $[Ag(NH_3)_2]^+ + 2S_2O_3^{2-} \rightleftharpoons [Ag(S_2O_3)_2]^{3-} + 2NH_3$
>
> 试问，在相同条件下，哪个转化反应进行得比较完全？

5. 配位平衡与氧化还原平衡

【实例分析 8-4】 将金属铜放入 $Hg(NO_3)_2$ 溶液中，会发生反应

$$Cu + Hg^{2+} \longrightarrow Cu^{2+} + Hg$$

但 Cu 却不能从 $[Hg(CN)_4]^{2-}$ 的溶液中置换出 Hg。其原因是 $[Hg(CN)_4]^{2-}$ 非常稳定 ($K^{\ominus}_{稳} = 2.51 \times 10^{41}$)，在溶液中解离出的 Hg^{2+} 浓度极低，致使 Hg^{2+} 的氧化能力大大降低。即配位反应改变了金属离子的稳定性。

【例 8-3】 已知 $\varphi^{\ominus}(Hg^{2+}/Hg) = 0.851V$，$K^{\ominus}_{稳}[Hg(CN)_4]^{2-} = 2.51 \times 10^{41}$，计算反应 $[Hg(CN)_4]^{2-} + 2e^- \rightleftharpoons Hg + 4CN^-$ 的标准电极电势 $\varphi^{\ominus}([Hg(CN)_4]^{2-}/Hg)$。

解 由平衡 $Hg^{2+} + 4CN^- \rightleftharpoons [Hg(CN)_4]^{2-}$

得
$$K_{稳}^{\ominus}=\frac{[Hg(CN)_4^{2-}]}{[Hg^{2+}][CN^-]^4}$$

若反应处于标准态,即当$[Hg(CN)_4]^{2-}=[CN^-]=1.0 mol \cdot L^{-1}$时
$$[Hg^{2+}]=1/K_{稳}^{\ominus}$$

则根据能斯特方程,电极反应$Hg^{2+}+2e^- \rightleftharpoons Hg$在298K时的电极电势为

$$\varphi(Hg^{2+}/Hg)=\varphi^{\ominus}(Hg^{2+}/Hg)+\frac{0.0592V}{n}\lg[Hg^{2+}]$$

$$=\varphi^{\ominus}(Hg^{2+}/Hg)-\frac{0.0592V}{2}\lg K_{稳}^{\ominus}$$

$$=0.851V-\frac{0.0592V}{2}\lg(2.51\times 10^{41})$$

$$=-0.374V$$

此电极反应电势就是反应$[Hg(CN)_4]^{2-}+2e^- \rightleftharpoons Hg+4CN^-$的标准电极电势。
即 $\varphi^{\ominus}([Hg(CN)_4]^{2-}/Hg)=\varphi(Hg^{2+}/Hg)=-0.374V$

可见$\varphi^{\ominus}([Hg(CN)_4]^{2-}/Hg)$明显比$\varphi^{\ominus}(Hg^{2+}/Hg)$低。即金属与其配离子组成电对的标准电极电势要比该金属与其离子组成电对的标准电极电势低得多,并且配离子越稳定,标准电极电势降低得越多。因此,氧化型物质的氧化性降低,还原型物质的还原能力增强,则金属离子就可在溶液中稳定存在。

总之,配离子的形成对氧化还原反应影响的实质就是浓度对电极电势的影响。

【例8-4】 已知$\varphi^{\ominus}(Cu^{2+}/Cu)=0.3419V$,$K_{稳}^{\ominus}[Cu(NH_3)_4]^{2+}=7.24\times 10^{12}$,计算反应$[Cu(NH_3)_4]^{2+}+2e^- \rightleftharpoons Cu+4NH_3$的标准电极电势$\varphi^{\ominus}([Cu(NH_3)_4]^{2-}/Cu)$。

解 由平衡$Cu^{2+}+4NH_3 \rightleftharpoons [Cu(NH_3)_4]^{2+}$

得
$$K_{稳}^{\ominus}=\frac{[Cu(NH_3)_4^{2+}]}{[Cu^{2+}][NH_3]^4}$$

若反应处于标准态,即当$[Cu(NH_3)_4^{2+}]=[NH_3]=1.0 mol \cdot L^{-1}$时
$$[Cu^{2+}]=1/K_{稳}^{\ominus}=1.381\times 10^{-13}$$

则根据能斯特方程,电极反应$Cu^{2+}+2e^- \rightleftharpoons Cu$在298K时的电极电势为
$$\varphi^{\ominus}([Cu(NH_3)_4]^{2-}/Cu)=\varphi(Cu^{2+}/Cu)$$

$$=\varphi^{\ominus}(Cu^{2+}/Cu)+\frac{0.0592V}{n}\lg[Cu^{2+}]$$

$$=\varphi^{\ominus}(Cu^{2+}/Cu)+\frac{0.0592V}{2}\lg[Cu^{2+}]$$

$$=0.3419V+\frac{0.0592V}{2}\lg(1.381\times 10^{-13})$$

$$=-0.03876V$$

此电极反应电势就是反应$[Cu(NH_3)_4]^{2+}+2e^- \rightleftharpoons Cu+4NH_3$的标准电极电势,即
$\varphi^{\ominus}([Cu(NH_3)_4]^{2+}/Cu)=E(Cu^{2+}/Cu)=-0.03876V$。

第三节　配位化合物的应用

配合物具有特殊的结构和性质，配位化学已渗透到很多其他学科领域，如生物化学、环境化学、药物化学、催化、冶金等。配合物化学已成为当代化学最活跃的前沿领域之一，它的发展打破了传统的无机化学和有机化学之间的界限，并在科学研究、生产实践和社会生活中得到了广泛应用。下面从几个方面做简要介绍。

一、配合物在化学领域的应用

1. 离子的分离

两种离子中若仅有一种离子能和某配位剂形成配位化合物，这种配位剂即可用于分离这两种离子。例如，在含有 Zn^{2+} 和 Al^{3+} 的溶液中加入过量 NH_3 溶液：

$$Zn^{2+} 、Al^{3+} \xrightarrow{\text{过量的}NH_3\text{溶液}} [Zn(NH_3)_4]^{2+}(aq) + Al(OH)_3(s)$$

即可达到分离 Zn^{2+} 和 Al^{3+} 的目的。

2. 离子的鉴定

不少配位剂能和特定金属离子形成独特的有色配位化合物或沉淀，具有很高的灵敏度和专属性，可作为鉴定该离子的特征试剂。

① 形成有色配离子　例如，在溶液中 NH_3 与 Cu^{2+} 能形成深蓝色的 $[Cu(NH_3)_4]^{2+}$，借此反应可鉴定 Cu^{2+}。Fe^{3+} 与 NH_4SCN 反应生成血红色的 $[Fe(NCS)_n]^{3-}$（$n=1\sim6$），借此配位反应可鉴定 Fe^{3+}。

② 形成难溶有色配合物　例如，丁二肟在弱碱性介质中与 Ni^{2+} 可形成鲜红色难溶二(丁二肟)合镍(Ⅱ)沉淀，借此可鉴定 Ni^{2+}，也可用于 Ni^{2+} 的定量测定。

3. 定量测定

配位滴定法是一种十分重要的定量分析方法，它利用配位剂与金属离子之间的配位反应来准确测定金属离子的含量，应用十分广泛。

4. 离子的掩蔽

在定性分析中还可以利用生成配合物来掩蔽杂质离子的干扰，例如，在含有 Co^{2+} 和 Fe^{3+} 的混合溶液中加入 $NaSCN$ 鉴定 Co^{2+} 时，利用了下列反应：

$$[Co(H_2O)_6]^{2+} + 4SCN^- \longrightarrow [Co(SCN)_4]^{2-} + 6H_2O$$

粉红　　　　　　　　　　　宝石蓝

但溶液中 Fe^{3+} 也可与 SCN^- 反应，形成血红色的 $[Fe(NCS)]^{3-}$，妨碍了对 Co^{2+} 的鉴定。如果预先在鉴定溶液中加入足量的配合剂 NaF（或 NH_4F），使 Fe^{3+} 形成更稳定的无色配离子 $[FeF]^{3-}$，这样就可以排除 Fe^{3+} 对 Co^{2+} 的干扰，通常把这种排除干扰的效应称为掩蔽效应，用到的配位剂称为掩蔽剂。

二、配合物在工业方面的应用

1. 冶金工业方面

配合物在冶金方面的主要应用是湿法冶金。这种方法是使用配位剂把金属从矿石中浸取出来，然后再用适当的还原剂还原成金属。它比火法冶金经济、方便，广泛用于从矿石中提取稀有金属和有色金属。例如，在一般情况下，黄金是不能被空气氧化的，但将 Au 浸入 NaCN 溶液中，并通入空气，能发生如下反应：

$$4Au + 8CN^- + 2H_2O + O_2 \longrightarrow 4[Au(CN)_2]^- + 4OH^-$$

利用此法，可以从含金量很低的矿石中将金几乎全部"浸出"，再加 Zn 于浸出液中，即可得单质金。

$$Zn + 2[Au(CN)_2]^- \longrightarrow 2Au + [Zn(CN)_4]^{2-}$$

利用这一原理，用浓盐酸处理电解铜的阳极泥，使其中的 Au、Pt 等贵金属能形成配合物而得以充分回收。

2. 电镀工业方面

许多金属制件，经常使用电镀法镀上一层既耐腐蚀又美观的锌、铜、镍、铬、银等金属。为使金属镀层均匀、光亮、致密，往往需要降低镀层金属离子的浓度，延长放电时间，使镀层金属在镀件上缓慢析出。为此，生产中经常采用的方法是，向电镀液中加入某种配位剂，使镀层金属离子形成配合物。因为在配合物溶液中，简单金属离子的浓度低，金属在镀件上析出速率慢，从而可得到晶粒小、光滑、细致、牢固的镀层。例如，镀 Ag、Cu 时，在电镀液中加入 NaCN，可形成 $[Ag(CN)_2]^-$ 和 $[Cu(CN)_4]^{2-}$，并存在下列平衡：

$$[Ag(CN)_2]^- \rightleftharpoons Ag^+ + 2CN^-$$

$$[Cu(CN)_4]^{2-} \rightleftharpoons Cu^{2+} + 4CN^-$$

CN^- 的配合能力强，镀层质量好，但 NaCN 剧毒，严重污染环境。现在提倡无氰电镀，已收到满意的效果。

三、配合物在生物化学方面的应用

配合物在生物化学中具有广泛和重要的作用。生物体中的许多金属元素都是以配合物的形式存在的，在植物生长中起光合作用的叶绿素是镁的配合物；能够固定空气中 N_2 的植物固氮酶，实际上是铁钼蛋白，它能在常温、常压下将空气中的 N_2 转化为 NH_3 等，为植物直接吸收；在人体生理过程中起重要作用的各种酶也都是配合物。例如，胰岛素是 Zn^{2+} 的螯合物；配合物顺铂是一种典型的抗癌药品；人体中的血红蛋白就是典型的金属配合物。氧以血红蛋白配合物的形式，被红细胞吸收，并担任输送氧的任务。某些分子或阴离子，如 CO 和 CN^- 等，能与血红蛋白形成比血红蛋白与 O_2 更为稳定的配合物，使血红蛋白中断送氧，造成组织缺氧而中毒。这就是煤气（含 CO）及氰化物（含 CN^-）中毒的基本原理。

此外配合物还广泛应用在配位催化、原子能、半导体、太阳能储存、环境保护、制革、印染等方面。随着配位化学研究的不断发展和深入，配合物将在人类的生产和生活中起到更加重要的作用。

 思考题：配合物中配离子是带电荷的，是不是说明配离子中的中心离子或配位体也一定带有电荷？为什么？

【知识拓展】

氰化物及含氰废水的处理

氰化物有剧毒，CN^-能与生物机体中的酶和血红蛋白中的必不可少的重金属结合成配合物而使其丧失机能，0.05g 就会使人致死，而且毒性发作快。由于含氰废水毒性极大，国家对工业废水中氰化物的含量控制很严。经过处理的含氰废水要求其氰化物含量在 $0.01mg \cdot L^{-1}$ 以下，才能排放。利用 CN^- 的还原性和易形成配合物的特性，处理含氰废水的方法主要有氧化法、配位法、酸化回收法、辐射法等。详细内容可扫描二维码阅读。

氰化物及含氰废水的处理

知识窗

配位化学的发展

维尔纳（A. Werner）创立的配位学说是化学历史中的重要里程碑。他打破了以前的共价理论和价饱和观念的局限；建立分子间新型相互作用，扩展出在这之前想不到的新领域。在 Werner 之后，有人研究配合物形成和它们参与的反应；有人则研究配位结合和配合物结构的本质。很快配位化学就成为无机化学研究中的一个重要方向，成为无机化学与物理化学、有机化学、生物化学、固体物理和环境科学相互渗透、交叉的新兴学科。详细内容可扫描二维码阅读。

配位化学的发展

【本章小结】

一、配位化合物的基本概念

（1）配合物的定义：含有配离子的化合物称为配位化合物，简称配合物。

配离子或配分子：由阳离子（或原子）和一定数目的中性分子或阳离子以配位键结合形成的能稳定存在的复杂离子或分子，叫作配离子或配分子。

（2）配合物的组成：配合物一般由内界和外界组成。内界是配合物的特征部分，它是由中心离子（或原子）和配位体组成的配离子（或配分子）。配分子只有内界，没有外界。

中心离子（或原子）：配合物的形成体。

配位体（简称配体）：配离子内与中心离子结合的负离子或中性分子。

配位原子：配位体中直接与中心离子（或原子）结合的原子。

配位数：配合物中配位原子的个数。

配离子的电荷数：中心离子的电荷数和配位体电荷数的代数和。

（3）配合物的命名：关键是配离子的命名。配合物的命名也有"酸""碱""盐"之分。

（4）螯合物：中心离子与多齿配体形成的具有环状结构的配合物。环状结构是螯合物最基本的特征。

二、配位化合物在水溶液中的稳定性

1. 配位平衡及其平衡常数

解离常数 $K_{不稳}^{\ominus}$ 是表示配离子不稳定程度的特征常数。具有相同配位体数的配合物，其 $K_{不稳}^{\ominus}$ 越大，配离子解离的趋势越大，配离子越不稳定。

配离子的稳定性还可以用配位常数 $K_{稳}^{\ominus}$（又称为稳定常数）表示。

2. 配位平衡移动及其应用

配位平衡与其他化学平衡一样，是有条件的、暂时的动态平衡。当外界条件改变时，配位平衡就会发生移动。

（1）计算配合物溶液中有关离子的浓度。

（2）当配位体为弱酸根时，增大溶液酸度，配离子向解离方向移动。但强酸根作配位体形成的配离子，酸度增大不影响其稳定性。

（3）配离子与沉淀之间的转化，主要取决于配离子的稳定性和沉淀的溶解度。配离子和沉淀都是向着更稳定的方向转化。

（4）配离子之间的平衡转化总是向着生成更稳定的配离子方向进行；当配体数相同时，反应由 $K_{稳}^{\ominus}$ 较小的配离子向 $K_{稳}^{\ominus}$ 较大的配离子方向转化，且 $K_{稳}^{\ominus}$ 相差越大，转化得越完全。

（5）配位平衡与氧化还原平衡。配离子的形成对氧化还原反应影响的实质就是浓度对电极电势的影响。

三、配位化合物的应用

【思考与练习】

一、填空题

1. 配合物通常由_____和_____以离子键结合而成。能在晶体和水溶液中稳定存在。配离子由_____和_____组成，有配_____离子和配_____离子。

2. 配位体中与中心离子直接结合的原子叫_____。_____的配位体，叫单齿配位体；_____的配位体叫多齿配位体。由_____与中心离子结合形成的具有_____结构的配合物叫_____，又称螯合物。

3. 配离子的电荷等于_____。

4. 在 $AgNO_3$ 溶液中加入 NaCl 溶液，产生_____沉淀，反应的离子方程式为_____。静置片刻,弃去上层清液,在沉淀中加入过量 NH_3 溶液,沉淀溶解,生成了_____,反应的离子方程式为_____。

5. 配位体数相同的配合物 $K_{不稳}^{\ominus}$ 越大,配合物越_____, $K_{稳}^{\ominus}$ 越大,配合物越_____。同一配合物的 $K_{稳}^{\ominus}$ 和 $K_{不稳}^{\ominus}$ 的关系是_____。

6. 在配离子中与中心离子直接结合的_____数目叫_____的配位数。

7. 填写下表:

化学式	名称	中心离子	配位体	配位原子	配位数
$[Ag(NH_3)_2]NO_3$					
$[CoCl_2(H_2O)_4]Cl$					
$[Fe(CO)_5]$					
$[Al(OH)]^-$					
$[Cr(NH_3)_6]Cl_3$					
$Na_2[SiF_6]$					

8. 已知 $\varphi^{\ominus}(Cu^{2+}/Cu)=0.3419V$, $K_{稳}^{\ominus}([Cu(NH_3)_4]^{2+})=7.42\times10^{12}$,则 $\varphi^{\ominus}([Cu(NH_3)_4]^{2+}/Cu)$ 为_____。

二、选择题

1. 在配位化合物中,一般作为中心形成体的元素是(　　)。
   A. 非金属元素　　B. 过渡金属元素　　C. 金属元素　　D. ⅢB~ⅧB族元素

2. $[Co(NH_3)_5H_2O]Cl_3$ 的正确命名的是(　　)。
   A. 一水·五氨基氯化钴　　　　　　　B. 三氯化一水·五氨合钴(Ⅱ)
   C. 三氯化五氨·一水合钴(Ⅲ)　　　　D. 三氯化一水·五氨合钴(Ⅲ)

3. AgCl 在下列溶液中(浓度均为 $1mol\cdot L^{-1}$)溶解度最大的是(　　)。
   A. NH_3　　B. $Na_2S_2O_3$　　C. KI　　D. NaCN

4. $[Cu(NH_3)_4]SO_4$ 中 Cu^{2+} 的配位数是(　　)。
   A. 1　　B. 2　　C. 3　　D. 4

5. 配离子的电荷数是由(　　)决定的。
   A. 中心离子电荷数　　　　　　　B. 配位体电荷数
   C. 配位原子电荷数　　　　　　　D. 中心离子和配位体电荷数的代数和

6. 下列物质中不能作配体的是(　　)。
   A. $C_6H_5NH_2$　　　　　　　B. CH_3NH_2
   C. NH_4^+　　　　　　　　　D. NH_3

7. 某钴氨配合物,用 $AgNO_3$ 溶液沉淀所含的 Cl^- 时,能得到相当于总含氯量的 2/3,则该化合物是(　　)。
   A. $[CoCl(NH_3)_5]Cl_2$　　　　B. $[CoCl_2(NH_3)_4]Cl$
   C. $[CoCl_3(NH_3)_3]$　　　　　D. $[Co(NH_3)_6]Cl_3$

8. 反应 $AgCl+2NH_3 \rightleftharpoons [Ag(NH_3)_2]^+ +Cl^-$ 的转化平衡常数为(　　)。

A. $K_{sp}^{\ominus}/K_{稳}^{\ominus}$　　　B. $K_{sp}^{\ominus} K_{稳}^{\ominus}$　　　C. $K_{sp}^{\ominus}+K_{稳}^{\ominus}$　　　D. $K_{sp}^{\ominus}-K_{稳}^{\ominus}$

9. 下列配合物中心离子氧化值为+3、配位数为6的是_____。

A. $K_4[Fe(CN)_6]$ 　　　　　　　　　　B. $[PtCl_6]^{2-}$

C. $[Cr(en)_3]Cl_3$ 　　　　　　　　　　D. $[Co(CN)_6]^{4-}$

三、写出下列配合物（或配离子）的化学式。

1. 硫酸四氨合铜（Ⅱ）；
2. 一氯·五水合铬（Ⅱ）离子；
3. 氯化二氯·三氨·一水合钴（Ⅲ）；
4. 二（硫代硫酸根）合银（Ⅰ）酸钠；
5. 四氯合汞（Ⅱ）酸钾。

四、计算题

1. $0.10 mol \cdot L^{-1}$ $AgNO_3$ 溶液 50mL，加入相对密度为 0.932、含 NH_3 18.24% 的 NH_3 溶液 30mL 后，加水稀释至 100mL，求此溶液中 $c(Ag^+)$、$c\{[Ag(NH_3)_2]^+\}$ 和 $c(NH_3)$（已知 $[Ag(NH_3)_2]^+$：$K_稳^{\ominus}=1.12\times10^7$）。

2. 计算含有 $0.10 mol \cdot L^{-1} CuSO_4$ 和 $1.8 mol \cdot L^{-1} NH_3$ 溶液中，Cu^{2+} 浓度（已知 $[Cu(NH_3)_4]^{2+}$，$K_稳^{\ominus}=7.24\times10^{12}$）。

3. 计算 AgBr 在 $1.0 mol \cdot L^{-1} Na_2S_2O_3$ 溶液中的溶解度（$mol \cdot L^{-1}$）。500mL 浓度为 $1.0 mol \cdot L^{-1}$ 的 $Na_2S_2O_3$ 溶液可溶解 AgBr 多少克？已知：$K_稳^{\ominus}\{[Ag(S_2O_3)_2]^{3-}\}=2.88\times10^{13}$，$K_{sp}^{\ominus}(AgBr)=5.35\times10^{-13}$。

4. 计算 $[Ag(NH_3)_2]^+ + e^- \rightleftharpoons Ag + 2NH_3$ 体系的标准电极电势（已知对于 $[Ag(NH_3)_2]^+$，$K_稳^{\ominus}=1.12\times10^7$；$\varphi^{\ominus}(Ag^+/Ag)=0.7996V$）。

5. 在 $1L[Cu(NH_3)_4]^{2+}$ 溶液中，$c(Cu^{2+})$ 为 $4.8\times10^{-17} mol \cdot L^{-1}$，加入 0.001mol NaOH，此时，有无 $Cu(OH)_2$ 沉淀生成？若加入 0.001mol Na_2S，有无 CuS 沉淀生成？假设溶液体积基本不变。

五、问答题

1. 配合物中配离子的电荷可用哪两种方法确定其值？试举例说明。
2. 根据配合物的 $K_稳^{\ominus}$ 和难溶电解质的 $K_{sp}^{\ominus}$ 说明：
① AgCl 沉淀溶于 NH_3 溶液，而 AgI 不溶于 NH_3 溶液；
② AgI 沉淀不溶于 NH_3 溶液，但可溶于 KCN 溶液；
③ AgBr 沉淀可溶于 KCN 溶液，而 Ag_2S 不能溶于 KCN 溶液。
3. 判断下列反应进行的方向，并说明什么原因。

$$[Zn(NH_3)_4]^{2+} + 4CN^- \rightleftharpoons [Zn(CN)_4]^{2-} + 4NH_3$$

4. 硝酸银能从 $Pt(NH_3)_6Cl_4$ 溶液中将所有的氯沉淀为氯化银，但在 $Pt(NH_3)_4Cl_4$ 溶液中仅能沉淀 1/2 的氯。试根据这个事实，推测这两种配合物内界、外界的结合方式。

5. 判断下列说法是否正确，为什么？

(1) 中心离子的特点是能提供空轨道，是孤对电子的接受体。

(2) 含有两个或两个以上配位原子的配位体，称为多齿配位体。

(3) 通常，中心离子半径越大，电荷越高，形成配合物的能力越强。

（4）配合物中，中心原子的配位数等于配位体数。

6. 下列化合物中哪些是配合物？哪些是复盐？并列表说明配合物的中心离子、配离子、配位体、配位数和外界离子。

(1) K_2PtCl_6 (2) $Co(NH_3)_6Cl_3$ (3) $KCl \cdot MgCl_2 \cdot 6H_2O$

(4) $Zn(NH_3)_4SO_4$ (5) $(NH_4)_2SO_4 \cdot FeSO_4 \cdot 6H_2O$

第八章
思考与练习

第八章
在线自测

第九章

卤素

知识目标
1. 掌握氯及其重要化合物的主要性质，了解氯气的制备方法。
2. 掌握卤素离子的检验方法。
3. 了解原子结构与卤素性质递变规律的关系。

能力目标
1. 能把氯的化合物性质与实际应用结合起来。
2. 能准确描述氯气的实验室制法和工业制法的基本流程。
3. 能用正确的方法检验卤素离子。

素质目标
1. 通过了解卤素化合物在工业生产中的应用，增强安全、环保、节能意识。
2. 注重实验能力培养，工匠精神深植心中。

第九章 PPT

元素周期表中第ⅦA族包括氟（F）、氯（Cl）、溴（Br）、碘（I）、砹（At）及鿬（Ts）六种元素，统称为卤素。其希腊原文为成盐元素的意思，它们都是典型的非金属元素，易与典型的金属化合生成典型的盐。卤素原子都有7个价电子，在反应中容易得到1个电子显示出非金属性，具有相似的化学性质。本章重点学习氯及其重要化合物的性质。

第一节 氯气

自然界中氯以化合态存在，在地壳中其质量分数约为0.031%。大量的氯是以氯化物的形式存在于海水、井盐、盐湖中。

一、氯气的性质

1. 物理性质

常温下氯气是黄绿色气体，有强烈刺激性气味，密度是空气的2.5倍。通常状况下，1体积水能溶解2.5体积的氯气，其水溶液称为氯水。易溶于CS_2、CCl_4等非极性溶剂中。

吸入少量氯气就会使呼吸道黏膜受刺激，引起胸部疼痛；吸入大量氯气会中毒致死。氯气易液化，工业上称为"液氯"，贮于草绿色的钢瓶中。

2. 化学性质

氯原子有 7 个价电子，在化学反应中容易得到 1 个电子，形成稳定结构。氯元素是典型的活泼非金属元素，有较强的氧化性。

（1）与金属反应　氯气不但能与钠等活泼金属直接化合，而且还能与铜、铅等一些不活泼的金属在加热条件下反应。干燥的氯气不与铁作用，可将干燥的液氯贮于钢瓶中。

$$2Na + Cl_2 \longrightarrow 2NaCl$$

$$2Fe + 3Cl_2 \xrightarrow{\triangle} 2FeCl_3$$

【演示实验 9-1】　观察铜丝在氯气的集气瓶中燃烧的反应现象。将少量水注入反应后的集气瓶中，观察溶液的颜色。

赤热的铜丝在氯气中剧烈燃烧，瓶中充满棕黄色的烟，这是 $CuCl_2$ 晶体的小颗粒。

$$Cu + Cl_2 \xrightarrow{点燃} CuCl_2$$

$CuCl_2$ 溶于水，电离为 Cu^{2+} 和 Cl^-，得到绿色的 $CuCl_2$ 溶液。

（2）与非金属反应　氯气能与大多数非金属（除 C、N、O 外）直接化合。常温下，氯气和氢气化合很慢，若点燃或强光照射时，两者迅速化合，甚至爆炸。

$$H_2 + Cl_2 \xrightarrow{光照或点燃} 2HCl$$

$$2P + 3Cl_2 \xrightarrow{\triangle} 2PCl_3$$

$$PCl_3 + Cl_2 \xrightarrow{\triangle} PCl_5$$

PCl_3 是无色的液体，可用于制备许多含磷的化合物，如敌百虫等多种农药。

（3）与水反应　溶解的氯气部分能与水反应，生成盐酸和次氯酸（HClO）。

$$Cl_2 + H_2O \rightleftharpoons HCl + HClO$$

该反应中，**氧化还原反应是发生在同一分子内同一元素上，元素原子的化合价同时出现升高和降低的变化，这种自身的氧化还原反应称为歧化反应。**

次氯酸不稳定，容易分解放出氧气。当氯水受光照时，分解加速，所以久置的氯水会失效。

$$2HClO \longrightarrow 2HCl + O_2 \uparrow$$

次氯酸是强氧化剂，具有漂白、杀菌的作用，所以自来水常用氯气（1L 水中通入 0.002g）来杀菌消毒。次氯酸还能使染料和色素褪色，可用作漂白剂。

（4）与强碱反应　常温下，氯气和强碱反应生成次氯酸盐和氯化物，该反应可以认为是氯气在水中歧化后，碱中和了产生的酸，形成相应的盐。

$$Cl_2 + 2NaOH \longrightarrow NaClO + NaCl + H_2O$$

实验室制取氯气时，就是利用这个反应来吸收多余的氯气。

加热时，Cl_2 在碱溶液中会进一步歧化。

$$3Cl_2 + 6NaOH \xrightarrow{\triangle} 5NaCl + NaClO_3 + 3H_2O$$

二、氯气的制取方法

实验室用强氧化剂与浓盐酸反应制备氯气，常用 $KMnO_4$ 或 MnO_2 与浓盐酸反应来制备氯气（图 9-1）。

$$4HCl(浓) + MnO_2 \xrightarrow{\triangle} MnCl_2 + Cl_2 \uparrow + 2H_2O$$

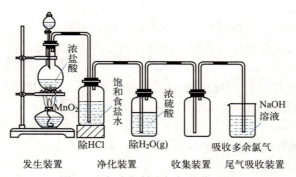

图 9-1　实验室制取氯气的装置图

工业上采用电解饱和食盐水的方法来制备氯气，同时可制得烧碱（图 9-2）。

$$2NaCl + 2H_2O \xrightarrow{电解} 2NaOH + H_2 \uparrow + Cl_2 \uparrow$$

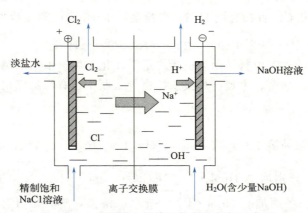

图 9-2　立式隔膜电解槽电解制取氯气示意图

三、氯气的用途

大量的氯气用于制造盐酸和漂白粉，还用于制备有机溶剂、农药、塑料、合成纤维、合成橡胶，是一种重要的化工原料。氯气还可用于纸浆、棉布的漂白，饮水的消毒。

❓ 想一想：新制氯水的主要成分是什么？为什么久置的氯水会失效？

第二节　氯的重要化合物

氯的重要化合物主要有氯化氢和氯的含氧酸及其盐，下面分别进行介绍。

一、氯化氢及盐酸

1. 物理性质

常温下，HCl 是无色、有刺激性气味的有毒气体，极易溶于水。室温下，1 体积水能溶解 450 体积的 HCl，其水溶液称为盐酸。HCl 在潮湿的空气中与水蒸气形成盐酸液滴而呈现白雾。

纯净的盐酸是无色有 HCl 气味的液体，有挥发性。工业品盐酸因含有铁盐等杂质而显黄色。通常市售浓盐酸的密度为 $1.19 \text{g} \cdot \text{cm}^{-3}$，含 HCl 约 37%。

2. 化学性质

盐酸是强酸，具有酸的通性，能与金属、碱性氧化物、碱等作用形成盐。它具有一定的还原性，与强氧化剂反应生成氯气。

$$Zn + 2HCl \longrightarrow ZnCl_2 + H_2 \uparrow$$
$$Fe_2O_3 + 6HCl \longrightarrow 2FeCl_3 + 3H_2O$$
$$2KMnO_4 + 16HCl(浓) \longrightarrow 2KCl + 2MnCl_2 + 5Cl_2 \uparrow + 8H_2O$$

3. 制备方法

工业上，用 H_2 和 Cl_2 直接合成 HCl。实验室用浓 H_2SO_4 和食盐加热下制取 HCl。

$$2NaCl + H_2SO_4(浓) \xrightarrow{\triangle} Na_2SO_4 + 2HCl \uparrow$$

盐酸是一种重要的化工原料，用途极为广泛。在化工生产中用来制备金属氯化物。盐酸在机械、纺织、皮革、冶金、电镀、焊接、搪瓷等工业中也有广泛应用。医药上用极稀盐酸治疗胃酸过少。

4. Cl^- 的检验

金属氯化物大多数易溶于水，仅 $PbCl_2$、$HgCl_2$、Hg_2Cl_2、$AgCl$ 等难溶于水。

【演示实验 9-2】 分别取 $0.1 \text{mol} \cdot \text{L}^{-1}$ NaCl、$0.1 \text{mol} \cdot \text{L}^{-1}$ Na_2CO_3、$0.1 \text{mol} \cdot \text{L}^{-1}$ 盐酸于三支试管中，各滴加 $0.1 \text{mol} \cdot \text{L}^{-1}$ $AgNO_3$ 溶液，观察是否有白色沉淀生成。再逐滴加入 $3 \text{mol} \cdot \text{L}^{-1}$ 硝酸溶液，观察沉淀的溶解情况。

盐酸和 NaCl 与 $AgNO_3$ 反应，生成不溶于稀硝酸的 AgCl 白色沉淀。

$$HCl + AgNO_3 \longrightarrow AgCl \downarrow + HNO_3$$
$$NaCl + AgNO_3 \longrightarrow AgCl \downarrow + NaNO_3$$

Na_2CO_3 与 $AgNO_3$ 反应，生成 Ag_2CO_3 白色沉淀，但它可溶于稀硝酸。

$$Na_2CO_3 + 2AgNO_3 \longrightarrow 2NaNO_3 + Ag_2CO_3 \downarrow$$
$$Ag_2CO_3 + 2HNO_3 \longrightarrow 2AgNO_3 + CO_2 \uparrow + H_2O$$

因此，可以用 $AgNO_3$ 和稀硝酸来检验 Cl^- 的存在。

Cl^- 的检验

二、氯的含氧酸及其盐

氯可以形成 +1、+3、+5、+7 价态的含氧酸及其盐，其中 +1、+5 价态的含氧酸及其盐较重要。

1. 次氯酸及其盐

次氯酸（HClO）是弱酸，酸性比碳酸弱，不稳定，在光照下分解快。受热时 HClO 发生歧化反应。

$$2HClO \longrightarrow 2HCl + O_2 \uparrow$$

$$3HClO \xrightarrow{\triangle} 2HCl + HClO_3$$

次氯酸盐比次氯酸稳定，容易保存。工业上用氯气和消石灰反应制漂白粉。漂白粉是 $Ca(ClO)_2 \cdot 2H_2O$ 和 $CaCl_2 \cdot Ca(OH)_2 \cdot H_2O$ 的混合物，有效成分为 $Ca(ClO)_2$，约含有效氯 35%。

$$2Cl_2 + 3Ca(OH)_2 \longrightarrow Ca(ClO)_2 + CaCl_2 \cdot Ca(OH)_2 \cdot H_2O + H_2O$$

漂白粉在酸性条件下，生成次氯酸起漂白作用。

$$Ca(ClO)_2 + 2HCl \longrightarrow CaCl_2 + 2HClO$$

保存漂白粉时要注意防潮。漂白粉与空气中的 CO_2 反应，产生次氯酸，后者分解而使漂白粉失效。

$$Ca(ClO)_2 + CO_2 + H_2O \longrightarrow CaCO_3 + 2HClO$$

漂白粉有漂白和杀菌作用，广泛用于纺织漂染、造纸等工业。使用时不要与易燃物混合，否则可能引起爆炸。注意漂白粉有毒，吸入人体后会引起鼻腔、咽喉疼痛，甚至全身中毒。

2. 氯酸及其盐

氯酸（$HClO_3$）是强酸，强度接近于盐酸和硝酸，比 HClO 稳定，但只能存在于水溶液中，40% 的 $HClO_3$ 容易分解。

$$8HClO_3 \longrightarrow 4HClO_4 + 2Cl_2 \uparrow + 3O_2 \uparrow + 2H_2O$$

氯酸盐比氯酸稳定。重要的氯酸盐有 $KClO_3$ 和 $NaClO_3$。

$KClO_3$ 是白色晶体，易溶于热水，在冷水中溶解度不大。将 Cl_2 通入热的氢氧化钾溶液中，可生成氯酸钾和 KCl。

$$3Cl_2 + 6KOH \xrightarrow{\triangle} KClO_3 + 5KCl + 3H_2O$$

由于 $KClO_3$ 的溶解度较小，可以利用 $NaClO_3$ 与 KCl 发生复分解反应制得 $KClO_3$。

$$NaClO_3 + KCl \longrightarrow KClO_3 \downarrow + NaCl$$

在酸性溶液中，氯酸盐是强氧化剂，反应中常被还原为 Cl^-。如 $KClO_3$ 与盐酸反应产生 Cl_2。

$$KClO_3 + 6HCl(浓) \longrightarrow KCl + 3Cl_2 \uparrow + 3H_2O$$

【演示实验 9-3】 在试管中加入 5mL 饱和 $KClO_3$ 溶液，滴加 $0.1\,mol \cdot L^{-1}$ KI 溶液，振荡均匀，观察有无现象。再滴加 $3\,mol \cdot L^{-1}$ H_2SO_4 溶液，振荡，观察反应现象。

在酸性溶液中，$KClO_3$ 才能将 I^- 氧化，使溶液呈现棕黄色。

$$ClO_3^- + 6H^+ + 6I^- \longrightarrow Cl^- + 3I_2 + 3H_2O$$

$KClO_3$ 比氯酸稳定，但加热时会分解。在催化剂作用下，分解产生氧气。

$KClO_3$ 的化学性质

$$2KClO_3 \xrightarrow[\triangle]{催化剂} 2KCl + 3O_2 \uparrow$$

若不使用催化剂，则发生另一种形式的分解。

$$4KClO_3 \xrightarrow{\triangle} KCl + 3KClO_4$$

氯酸钾是常用的氧化剂。固态的氯酸钾与易燃物混合后，受到摩擦撞击时会引起爆炸着火，保存和使用时要特别小心。它用于制造火柴、炸药、信号弹和焰火。

想一想：如何鉴别 $NaClO$ 和 $KClO_3$ 两种白色晶体？

第三节 卤素性质的比较

一、卤素单质的性质比较

1. 物理性质比较

常温下，F_2 是淡黄色的气体，有剧毒，腐蚀性极强。

Br_2 是棕红色液体，易挥发，具有刺激性臭味。保存 Br_2 时应密闭，并存放在阴凉处。Br_2 微溶于水，在 CCl_4 等有机溶剂中溶解度相当大。利用在不同溶剂中溶解度的差异，可以将溴从其水溶液中提取出来。

I_2 是紫黑色晶体，有金属光泽。碘具有较高的蒸气压，加热时容易升华，利用此性质可以对碘进行纯制。其蒸气有刺激性气味，有很强的腐蚀性和毒性。I_2 难溶于水，易溶于 KI 溶液或酒精、汽油、CCl_4 等有机溶剂。

所有卤素单质均有刺激性气味，强烈刺激眼、鼻、气管等黏膜，吸入较多蒸气会发生严重中毒，甚至死亡。其毒性从氟到碘而减轻。卤素物理性质比较见表 9-1。

表 9-1 卤素物理性质比较

性质	F_2	Cl_2	Br_2	I_2
常温常压下的聚集状态	气体	气体	液体	固体
颜色	淡黄色	黄绿色	红棕色	紫黑色
熔点/℃	−219	−101	−7	114
沸点/℃	−188	−34	59	184
溶解度(20℃)/(g·100gH_2O^{-1})	分解水	0.732	3.58	0.029

2. 化学性质比较

F_2 是最活泼的非金属单质，是很强的氧化剂。在低温或高温下，F_2 可以和所有金属直接化合，生成高价氟化物。F_2 几乎能与所有非金属元素（氧、氮除外）直接化合。其作用通常很剧烈，由于生成的氟化物有挥发性，不妨碍非金属与氟进一步反应。自然界中氟主要以萤石矿（CaF_2）、冰晶石（Na_3AlF_6）等形式存在。

F_2 可用于同位素的分离。氟还用于制取有机氟化物，如聚四氟乙烯和氟里昂，以及作为火箭的高能燃料。

Br_2 和金属、非金属的反应与氯相似，但不如氯剧烈。自然界中溴以化合物（NaBr、KBr）的形式主要存在于海水中。

Br_2 用于制造药剂，如 KBr 在医药上用作镇静剂。AgBr 是胶片、感光纸的主要感光剂。溴丙酮在军事上可用作催泪性毒剂。

I_2 的化学性质与 Cl_2、Br_2 相似，但活泼性比溴差。碘遇淀粉溶液显示蓝色，可用于检验碘的存在。

自然界中碘以化合物（主要是 NaI、KI）的形式微量存在于海水中。海藻和人的甲状腺内也含有少量碘的化合物。

I_2 可用来制碘酒，是常用的消毒剂。AgI 是胶片的感光剂，还可用于人工降雨。在食盐中加入微量的 KIO_3 可防止地方性甲状腺肿大。

卤素化学性质比较见表 9-2。

表 9-2　卤素化学性质比较

性质	F_2	Cl_2	Br_2	I_2
与金属反应	常温下能与所有金属反应	能氧化各种金属，有些反应要加热	加热时与一般金属化合	加热时与一般金属化合，形成低价的碘化物
与 H_2 反应	低温、暗处，剧烈反应，爆炸化合	强光照射，剧烈反应，爆炸	加热时缓慢化合	强热时缓慢化合，同时要分解
与 H_2O 反应	强烈分解水，放出 O_2	发生歧化反应，光照时缓慢放出 O_2	能发生歧化反应，比氯微弱	可以歧化，但不明显
活泼性比较	非金属性逐渐减弱 →			

利用卤素单质氧化性的强弱，在水溶液中可以发生置换反应。

【演示实验 9-4】　分别取 2mL $0.1mol·L^{-1}$ NaBr 和 $0.1mol·L^{-1}$ KI 溶液于两支试管中，各加入 1mL CCl_4；再分别加入适量的氯水，振荡后观察 CCl_4 层的颜色变化。

实验现象表明，Cl_2 能将溶液中的 Br_2 和 I_2 置换出来。

$$Cl_2 + 2Br^- \longrightarrow 2Cl^- + Br_2 \qquad (CCl_4 层显橙红色)$$

$$Cl_2 + 2I^- \longrightarrow 2Cl^- + I_2 \qquad (CCl_4 层显紫红色)$$

二、卤化氢的性质比较

卤化氢都是无色、有刺激性臭味的气体，易溶于水，易液化。在空气中卤化氢有"冒烟"的现象，是因为卤化氢与空气中的水蒸气结合形成了酸雾。卤化氢性质比较见表 9-3。

表 9-3　卤化氢性质比较

性质	HF	HCl	HBr	HI
热稳定性	逐渐减弱 →			

还原性	逐渐增强
氢卤酸的酸性	逐渐增强

氢氟酸是弱酸，有剧毒，但能与 SiO_2、硅酸盐反应，生成气态的 SiF_4。因此，不能用玻璃瓶盛装氢氟酸，应保存在塑料容器或硬橡胶容器中。

$$SiO_2 + 4HF \longrightarrow SiF_4\uparrow + 2H_2O$$

氢碘酸是强酸，常温可以被空气中的氧气氧化。

$$4HI + O_2 \longrightarrow 2I_2 + 2H_2O$$

三、卤素离子的性质比较

$$\underrightarrow{F^- \quad Cl^- \quad Br^- \quad I^-}$$
离子半径依次增大；还原性依次增强

【演示实验 9-5】 在三支试管中分别加入 5mL $0.1mol·L^{-1}$ 的 KCl、KBr、KI 溶液，各加入几滴 $0.1mol·L^{-1}$ $AgNO_3$ 溶液。观察试管中沉淀的产生和颜色。在沉淀中，分别加入少量的稀硝酸，观察沉淀是否溶解。

实验现象表明，Cl^-、Br^-、I^- 都能与 Ag^+ 反应，产生不同颜色的沉淀：

$$Ag^+ + Cl^- \longrightarrow AgCl\downarrow$$
$$Ag^+ + Br^- \longrightarrow AgBr\downarrow$$
$$Ag^+ + I^- \longrightarrow AgI\downarrow$$

卤离子的检验

AgCl 是白色沉淀，AgBr 是淡黄色沉淀，AgI 是黄色沉淀，均不溶于稀硝酸。因此，可以用 $AgNO_3$ 和稀硝酸来检验卤离子。

 做一做

各举一例说明，在置换反应中电子既可从离子转移到原子，又可从原子转移到离子。

【知识拓展】

氯碱化工行业发展

氯碱行业，也叫作氯碱工业，在工业上用电解饱和氯化钠溶液的方法来制取氢氧化钠（NaOH）、氯气（Cl_2）和氢气（H_2），并以它们为原料生产一系列化工产品，称为氯碱工业。氯碱工业是最基本的化学工业之一，它的产品除应用于化学工业本身外，还广泛应用于轻工业、纺织工业、冶金工业、石油化学工业以及公用事业。氯碱工业核心产品为烧碱，主要有 3 种工艺：隔膜电解法，离子膜电解法，苛化法。

详细内容可扫描二维码阅读。

氯碱化工行业发展

> **知识窗**
>
> **氟气从何而来**
>
> 氟是人体必需的微量元素之一。正常人体含氟约为 2.6g。氟在人体内主要以 CaF_2 的形式存在于牙齿、骨骼、指甲和毛发中。氟对牙齿及骨骼的形成以及钙和磷的代谢，都具有重要的作用。氟气的制造主要有工业制法和化学制法。详细内容可扫描二维码阅读。
>
>
>
> 氟气从何而来

【本章小结】

一、氯气

氯气是黄绿色、刺激性气味的气体，其水溶液称为氯水。

在加热时，氯可以与各种金属反应，反应较剧烈。氯还可与大多数非金属直接化合。氯是活泼的非金属元素。Cl_2 在水、碱中可以发生歧化反应。

可以通过氧化剂氧化 Cl^- 来制备 Cl_2。

二、氯化氢

HCl 是无色、刺激性气味的气体，其水溶液为盐酸。盐酸是强酸，具有酸的通性。实验室用 Na_2SO_4 与浓硫酸反应制备 HCl；工业上用 H_2 和 Cl_2 直接合成 HCl。

三、氯的含氧酸及其盐

HClO 是不稳定的弱酸，有强氧化性。次氯酸盐比其酸稳定，重要的盐有漂白粉。漂白粉具有漂白、杀菌的功能，是基于它的氧化性。

$HClO_3$ 是强酸，只存在于水溶液中。$KClO_3$ 是重要的氯酸盐，主要的性质是在酸性条件下具有较强的氧化性。

四、卤素离子的检验

卤素离子可以用 $AgNO_3$ 和稀 HNO_3 来检验，或者利用卤素单质的氧化性的差异，采用置换反应也可检验（氟除外）。

五、卤素性质的对比

卤素的性质有很多相似的方面。从 F_2 到 I_2，其氧化性逐渐减弱；从 F^- 到 I^-，其还原性逐渐增强。

【思考与练习】

一、填空题

1. 卤素位于元素周期表中第_____族，包括_____五种元素，其原子的最外层有____个电子，是典型的_____元素。从 F 到 I，_____逐渐减弱。其中_____是最活泼的非金属元素。

2. 实验室制取氯气的化学反应方程式是_____，多余的氯气可以用 NaOH 溶液吸收，其反应为_____，工业上制取氯气的反应为_____。

3. 制取漂白粉的反应方程式为_____，其中的有效成分是_____。

4. 常温下 HCl 是_____色、有_____气味的气体。实验室制备 HCl 的化学方程式是_____。工业上制备 HCl 的化学方程式为_____，其水溶液称为_____。

5. 氢氟酸的一个重要特性是_____，有关的反应方程式为_____，所以用_____盛装氢氟酸。

6. 实验室制取 H_2、Cl_2 时都要用盐酸，制取 H_2 时，盐酸是_____剂；制取 Cl_2 时，盐酸是_____剂。

二、选择题

1. 盐酸的主要化学性质是（　　）。
   A. 有酸性和挥发性，无氧化性和还原性
   B. 有酸性和还原性，无氧化性和挥发性
   C. 有酸性和挥发性，无氧化性，有还原性
   D. 有酸性和挥发性，有氧化性和还原性

2. 检验 Cl^- 的存在，需用的试剂是（　　）。
   A. $AgNO_3$
   B. $AgNO_3$、HNO_3、NH_3 溶液
   C. $AgNO_3$ 和稀 HNO_3
   D. 以上三者均可

3. 用 $KClO_3$ 制取氧气时，MnO_2 的作用是（　　）。
   A. 氧化剂　　B. 还原剂　　C. 催化剂　　D. 无任何作用

4. 下列物质属于纯净物的是（　　）。
   A. 氯水　　B. 液氯　　C. 漂白粉　　D. 盐酸

5. 除去氯气中水蒸气，应选用的干燥剂是（　　）。
   A. 浓硫酸　　B. 固体 NaOH　　C. NaOH 溶液　　D. 干燥的石灰

6. 下列气体易溶于水的是（　　）。
   A. H_2　　B. O_2　　C. HCl　　D. Cl_2

7. 下列物质中存在 Cl^- 的是（　　）。
   A. $KClO_3$ 溶液　　B. NaClO 溶液　　C. 液氯　　D. 氯水

8. 与 $AgNO_3$ 溶液反应，产生不溶于稀硝酸的黄色沉淀的物质是（　　）。
   A. Na_2CO_3　　B. NaI　　C. NaBr　　D. NaCl

9. $KClO_3$ 或 KClO 都能和浓盐酸反应，生成的还原产物是（　　）。
   A. Cl_2 或 Cl^-　　B. Cl^-　　C. Cl_2　　D. 不能确定

10. 下列物质能腐蚀玻璃的是（　　）。
    A. 盐酸　　B. 氢溴酸　　C. 氢氟酸　　D. 苛性钠

三、判断题

1. 卤素单质都能溶于水并放出氧气。（　　）

2. 氯气加压后易液化成氯水。（　　）

3. I_2 难溶于水而易溶于 KI 溶液。（　　）

4. 二氧化硫和氯气都有漂白作用，它们的漂白机理是相同的。（　　）

四、简答题

1. 有四种无色的试剂，分别为 HF、NaCl、KBr、KI 溶液，用化学方法进行鉴别，并写出有关的反应方程式。
2. 为什么钢制品在焊接或电镀前要用盐酸清洗，而金属铸件上的沙子要用氢氟酸除去？
3. 实验室制备 HCl 的方法是否可以用于 HBr、HI 的制备？
4. 湿润的 KI-淀粉试纸用于检验 Cl_2，在实验中会发现试纸继续与 Cl_2 接触，原来产生的蓝色会褪去，试解释原因。
5. 工业盐酸呈黄色，怎样除去颜色？

五、完成下列反应

1. 由盐酸制 Cl_2。
2. 由盐酸制次氯酸。
3. 由 $KClO_3$ 制 Cl_2。
4. 氟气分解水。

六、计算题

1. 将 NaCl、NaBr、$CaCl_2$ 的混合物 5g 溶于水，通入 Cl_2 充分反应后，将溶液蒸干、灼烧，得到残留物 4.87g。将残留物溶于水，加入足量 Na_2CO_3 溶液，所得沉淀干燥后为 0.36g。求混合物中各种混合物的质量。
2. 含 80％CaF_2 的萤石 2000g，与足量浓硫酸反应后，能制得质量分数为 40％ 的 HF 溶液多少克？要消耗浓硫酸多少克？
3. 11.7g NaCl 与 10g 98％ 的硫酸加热时反应，将所产生的 HCl 通入 45g 10％ 的 NaOH 溶液中，反应完全后加入石蕊试液，溶液显什么颜色？
4. 有 KBr、NaBr 的混合物 5g，与过量 $AgNO_3$ 溶液反应后，得到 AgBr 8.4g。求混合物中 KBr、NaBr 各是多少克？

第九章
思考与练习

第九章
在线自测

第十章

其他重要的非金属元素

知识目标

1. 了解 O_2、O_3 的主要性质；掌握 H_2O_2 的主要性质、用途。
2. 了解硫、H_2S 的性质；掌握 H_2SO_4 的主要性质。
3. 掌握氨、磷酸、硝酸、碳酸盐及硅酸盐的主要性质。

能力目标

1. 能根据元素递变性规律，推测元素的性质。
2. 能根据元素及化合物性质，推断及鉴别物质。
3. 能判断一些反应发生的可能性，会描述反应现象。

素质目标

1. 通过探究新工艺、新技术，培养技术迁移、技术迭代的能力和终身学习的意识。
2. 通过探究环境污染与防治，提升安全意识和环保意识。

第十章 PPT

第一节　氧和硫

元素周期表中第ⅥA族包括氧（O）、硫（S）、硒（Se）、碲（Te）、钋（Po）和鉝（Lv）六种元素，统称为氧族元素。

氧和硫的价电子构型为 ns^2np^4，反应中容易获得两个电子达到稳定结构，表现出非金属元素的特征。与卤素原子相比，它们结合两个电子比卤素原子结合一个电子困难，所以非金属性弱于卤素。

一、氧和臭氧

1. 氧

氧是地壳中分布最广和含量最多的元素，约占地壳总质量的48%。自然界中氧有 ^{16}O、^{17}O、^{18}O 三种同位素，能形成 O_2、O_3 两种同素异形体。

常况下，氧气是无色、无臭的气体，20℃时1L水中只溶解 $49cm^3$ 的氧气，是水生动植物生存的基础。在-183℃时凝聚为淡蓝色的液体，-219℃时凝聚为淡蓝色的固体。

氧是活泼的非金属元素，但 O_2 的键能大（493.59kJ·mol^{-1}），常温下比较稳定。在加热时，除卤素、少数贵金属（如 Au、Pt）和稀有气体外，几乎能与所有元素直接化合。

2. 臭氧

臭氧是有鱼腥臭味的淡蓝色气体，比氧易溶于水。臭氧不稳定，易分解。空气中放电，如雷击、闪电或电焊时有部分氧气转化为臭氧，可以闻到特殊的腥臭味。

氧气和臭氧的化学性质基本相同，但它们的物理性质和化学活泼性有差异。氧气和臭氧的性质见表 10-1。

表 10-1 氧气和臭氧性质比较

性质	氧气	臭氧
颜色	气体是无色、液体是蓝色	气体是淡蓝色、液体是深蓝色
气味	无味	腥臭味
熔点/℃	-219	-193
沸点/℃	-183	-112
溶解度(0℃)/(mL·L^{-1})	49	494
氧化性	强	很强
稳定性	较稳定	不稳定

常温下，臭氧可分解为氧气，是一个放热过程。

$$2O_3 \rightleftharpoons 3O_2$$

距离地面 20~40km 的高空处，存在臭氧层。因此，高空大气中就存在臭氧和氧互相转化的动态平衡，臭氧层吸收了大量紫外线，避免了地球上的生物遭受紫外线的伤害。

臭氧是比氧更强的氧化剂，在常温下能氧化不活泼的单质，如 Hg、Ag、S 等。金属银被氧化为黑色的过氧化银。

$$2Ag+2O_3 \longrightarrow Ag_2O_2+2O_2$$

利用 KI-淀粉试纸可以检出 O_3。

$$2KI+O_3+H_2O \longrightarrow I_2+O_2+2KOH$$

利用其氧化性，臭氧用于纸浆、油脂、面粉等的漂白，也用于饮水的消毒和废水的处理。

二、过氧化氢

1. 物理性质

过氧化氢（H_2O_2）俗称双氧水。纯 H_2O_2 是淡蓝色黏稠状液体，熔点为-1℃，沸点为152℃，在 0℃时的密度为 1.465g·cm^{-3}。H_2O_2 是极性分子，可以任意比例与水混合，常用 3% 和 35% 的水溶液。

2. 化学性质

（1）热稳定性　H_2O_2 的稳定性较差，在低温时分解较慢，加热至 153℃以上能剧烈分解，并放出大量的热。MnO_2 及许多重金属离子如铁、锰、铜等离子存在时，对其分解起催化作用。

加热、曝光会加速 H_2O_2 的分解。因此，H_2O_2 应保存在棕色瓶中，并置于暗处，同时可加入稳定剂（如锡酸钠、焦磷酸钠等）以抑制其分解。浓度高于 65% 的 H_2O_2 与有机物接触易发生爆炸。

（2）弱酸性　过氧化氢有弱酸性，能与碱反应生成金属的过氧化物。过氧化氢的水溶液可用过氧化钡和稀 H_2SO_4 来制取。

$$BaO_2 + H_2SO_4 \longrightarrow H_2O_2 + BaSO_4 \downarrow$$

（3）氧化还原性　过氧化氢中氧的氧化值是 −1，处于零价与 −2 价之间，所以过氧化氢既有氧化性，又有还原性。在酸性溶液中 H_2O_2 是强氧化剂，而在碱性溶液中是中等还原剂。

$$2KI + H_2O_2 + H_2SO_4 \longrightarrow I_2 + K_2SO_4 + 2H_2O$$
$$2FeSO_4 + H_2O_2 + H_2SO_4 \longrightarrow Fe_2(SO_4)_3 + 2H_2O$$
$$PbS + 4H_2O_2 \longrightarrow PbSO_4 + 4H_2O$$

H_2O_2 能使黑色的 PbS 氧化为白色的 $PbSO_4$，可用于油画的清洗。

在酸性介质中，当 H_2O_2 与更强氧化剂作用时，H_2O_2 就表现出还原性。

$$2KMnO_4 + 5H_2O_2 + 3H_2SO_4 \longrightarrow 2MnSO_4 + K_2SO_4 + 5O_2 \uparrow + 8H_2O$$

H_2O_2 是重要的氧化剂、消毒剂、漂白剂，由于其还原产物是水，不会带来杂质，可漂白毛、丝织品、油画等。纯过氧化氢可用作火箭燃料的氧化剂。作为化工原料，它还用于无机、有机过氧化物如过硼酸钠、过醋酸的生产。

三、硫和硫化氢

1. 硫

硫是一种分布较广的元素，以单质硫、硫化物、硫酸盐的形式存在。重要的矿物有黄铁矿（FeS_2）、黄铜矿（$CuFeS_2$）、闪锌矿（ZnS）、石膏（$CaSO_4$）、芒硝（$Na_2SO_4 \cdot 10H_2O$）等。

单质硫又称硫黄，是淡黄色晶体，不溶于水，微溶于乙醇，易溶于 CS_2。硫有多种同素异形体，重要的有斜方硫、单斜硫、弹性硫。

图 10-1　S_8 分子环状结构

（1）硫的同素异形体　硫有多种同素异形体，最为常见的硫单质为斜方硫（菱形硫或 α-硫）和单斜硫（β-硫）。其中，斜方硫是室温下唯一稳定存在的硫单质（$\Delta_f H_m^\ominus = 0$，$\Delta_f G_m^\ominus = 0$）。两种单质硫都是由 S_8 分子组成的（见图 10-1）。两种硫单质可以相互转换。

$$S（斜方） \underset{<95.6}{\overset{>95.6}{\rightleftharpoons}} S（单斜）$$

两种硫单质可溶于非极性溶剂如 CS_2、CCl_4 等中，其中单斜硫的溶解度大于斜方硫。

（2）单质硫的性质和用途　与氧相比，硫的氧化性较弱。在一定条件下，能与许多金属和非金属反应。

$$2Al + 3S \xrightarrow{\triangle} Al_2S_3$$
$$C + 2S \xrightarrow{\triangle} CS_2$$

硫能与热的浓硫酸、硝酸、碱反应。

$$S+2HNO_3 \xrightarrow{\triangle} H_2SO_4+2NO\uparrow$$

$$3S+6NaOH \xrightarrow{\triangle} 2Na_2S+Na_2SO_3+3H_2O$$

大部分的硫用于制备硫酸,此外在橡胶工业、造纸、硫酸盐、硫化物等产品生产中也要消耗数量可观的硫。

2. 硫化氢

天然硫化氢(H_2S)存在于火山喷出的气体和某些矿泉中,有机物腐烂时,也要产生 H_2S。

H_2S 是无色、有臭鸡蛋气味的气体,比空气稍重,有剧毒,是一种大气污染物。吸入微量 H_2S 时,会引起头痛、眩晕。吸入较多量 H_2S 时,会引起中毒昏迷,甚至死亡。工业生产中规定,空气中硫化氢的含量不得超过 $10^{-5} g \cdot L^{-1}$。实验室制取 H_2S 时,要在通风橱中进行。

H_2S 具有可燃性,在空气中燃烧时产生淡蓝色火焰,被氧化为 SO_2 和 H_2O 或硫和 H_2O。

$$2H_2S+3O_2 \xrightarrow{点燃} 2H_2O+2SO_2 \text{(充分燃烧)}$$

$$2H_2S+O_2 \xrightarrow{点燃} 2H_2O+2S \text{(不充分燃烧)}$$

将 H_2S 与 SO_2 混合,会产生单质 S。

$$2H_2S+SO_2 \longrightarrow 3S+2H_2O$$

工业上利用上述反应,可以从含硫化氢的废气中回收硫,防止大气污染。

H_2S 能溶于水,常温下,1 体积水能溶解 2.6 体积的 H_2S。H_2S 的水溶液称为氢硫酸,是一种二元弱酸,易挥发,具有酸的通性。

$$H_2S \rightleftharpoons H^+ + HS^- \quad K_{a1}^{\ominus}=1.3\times10^{-7}$$

$$HS^- \rightleftharpoons H^+ + S^{2-} \quad K_{a2}^{\ominus}=7.1\times10^{-15}$$

氢硫酸放置时,由于被空气中的氧氧化,析出了单质硫而变得浑浊。

$$2H_2S+O_2 \longrightarrow 2S\downarrow + 2H_2O$$

H_2S 及其水溶液氢硫酸在实验室里主要用作沉淀剂,许多金属离子遇 H_2S 可生成难溶的硫化物沉淀。

氢硫酸具有较强的还原性。例如:

$$H_2S+I_2 \longrightarrow 2HI+S\downarrow$$

$$4Cl_2+4H_2O+H_2S \longrightarrow H_2SO_4+8HCl$$

$$3H_2SO_4(浓)+H_2S \longrightarrow 4SO_2+4H_2O$$

硫化物与盐酸作用,放出 H_2S 气体,它可使醋酸铅试纸变黑,这也是鉴别 S^{2-} 的方法之一。

$$S^{2-}+2H^+ \longrightarrow H_2S\uparrow$$

$$Pb(Ac)_2+H_2S \longrightarrow PbS\downarrow \text{(黑)} + 2HAc$$

四、金属硫化物

金属硫化物的特性是难溶于水,除碱金属和碱土金属硫化物外(BeS 难溶),其他金属硫化物几乎都不溶于水。金属硫化物按溶解的方法不同,可分为五类,如表 10-2 所示。

表 10-2　金属硫化物的颜色及溶解性

硫化物	颜色	$K_{sp}^{\ominus}$	溶解性
Na_2S	无色	—	
K_2S	黄棕色	—	溶于水或微溶于水
BaS	无色	—	
MnS(结晶)	肉色	$2.5×10^{-13}$	
$NiS(\alpha)$	黑色	$3.2×10^{-19}$	
FeS	黑色	$6.3×10^{-18}$	溶于 $0.3mol·L^{-1}$ 的 HCl 溶液
$CoS(\alpha)$	黑色	$4.0×10^{-21}$	
$ZnS(\alpha)$	白色	$1.6×10^{-24}$	
CdS	黄色	$8.0×10^{-27}$	溶于浓 HCl
PbS	黑色	$8.0×10^{-28}$	
Ag_2S	黑色	$6.3×10^{-50}$	溶于浓 HNO_3
CuS	黑色	$6.3×10^{-36}$	
HgS	黑色	$1.6×10^{-52}$	溶于王水

随着硫化物溶度积的减小，溶解它就要设法把溶液中 S^{2-} 和金属离子浓度降得越来越低，故溶解的手段要求也越来越苛刻。在无机化学中常利用硫化物的难溶解性来除去金属离子杂质。在分析化学中利用硫化物溶解方法的多样性以及硫化物的特征颜色，分离和鉴别金属离子。

五、硫的氧化物

硫可以形成一系列的氧化物，其中最为常见的氧化物为 SO_2 和 SO_3。

1. 二氧化硫

SO_2 为亚硫酸酐，是一种无色有刺激性气味的气体，SO_2 易溶于水，常温常压下 1L 水中能溶解 40L SO_2。SO_2 的熔点为 $-72.7℃$，沸点为 $-10℃$，较易液化。它是一种大气污染物，GB/T 18883—2022《室内空气质量标准》规定室内空气 SO_2 不得超过 $0.50mg·m^{-3}$。常温常压下，1 体积水可溶解约 40 体积 SO_2。SO_2 易液化，液态 SO_2 是很好的溶剂。

在 SO_2 分子中，硫的氧化值为 +4，处于 -2 与 +6 之间，所以 SO_2 既有氧化性又有还原性。但 SO_2 以还原性为主，只有遇到强还原剂时，才表现出氧化性。

SO_2 具有灭菌和漂白作用。漂白作用是因为 SO_2 能与某些色素结合形成无色的化合物，但 SO_2 与有机色素结合不稳定，久置或受热化合物会分解。SO_2 主要用于生产硫酸，也是制备亚硫酸盐的原料。

2. 三氧化硫

当有催化剂存在并加热时，可使 SO_2 氧化为 SO_3。

$$2SO_2(g)+O_2(g)\xrightarrow[400℃]{V_2O_5}2SO_3(g)$$

气态 SO_3 为单分子，其分子呈平面三角形，如图 10-2 所示。S 采取 sp^2 杂化，SO_3 为非极性分子。

纯 SO_3 是无色、易挥发的固体，熔点 $16.8℃$，沸点 $44.5℃$。固态 SO_3 有多种晶型，其中一种为冰状结构的三聚体 $(SO_3)_3$ 分子，如图 10-3 所示。

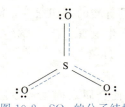 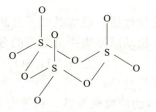

图 10-2　SO_3 的分子结构　　图 10-3　固体 SO_3 的三聚体结构

SO_3 具有强烈的氧化性。例如，它可以使单质磷燃烧。

$$10SO_3 + 4P \longrightarrow P_4O_{10} + 10SO_2$$

SO_3 极易与水化合生成硫酸，同时释放出大量的热。

$$SO_3 + H_2O \longrightarrow H_2SO_4$$

SO_3 在潮湿的空气中挥发呈雾状物，实际是细小的硫酸液滴。

SO_3 是强氧化剂，在高温时能氧化磷、KI、Fe、Zn 等。

$$SO_3 + 2KI \longrightarrow I_2 + K_2SO_3$$

六、硫的含氧酸及其盐

1. 亚硫酸及其盐

SO_2 溶于水，生成很不稳定的亚硫酸（H_2SO_3）。

$$H_2SO_3 \rightleftharpoons H^+ + HSO_3^-$$
$$HSO_3^- \rightleftharpoons H^+ + SO_3^{2-}$$

H_2SO_3 只存在于水溶液中，H_2SO_3 作为一种纯物质尚未被分离出来。H_2SO_3 既有氧化性，又有还原性。H_2SO_3 是较强的还原剂，空气中的氧就可以将其氧化为 H_2SO_4。

$$2H_2SO_3 + O_2 \longrightarrow 2H_2SO_4$$

只有遇到更强的还原剂时，H_2SO_3 才表现出氧化性。例如：

$$H_2SO_3 + 2H_2S \longrightarrow 3S + 3H_2O$$

亚硫酸盐有酸式盐和正盐。酸式盐均溶于水，正盐除碱金属盐外，都不溶于水。在含有不溶性正盐的溶液中通入 SO_2 可使其转变为可溶性的酸式盐。例如：

$$CaSO_3 + SO_2 + H_2O \longrightarrow Ca(HSO_3)_2$$

亚硫酸盐比亚硫酸具有更强的还原性，在空气中易被氧化为硫酸盐，因此，亚硫酸盐常被用作还原剂。例如，在染织工业上，亚硫酸钠（Na_2SO_3）常用作去氯剂。

$$Na_2SO_3 + Cl_2 + H_2O \longrightarrow Na_2SO_4 + 2HCl$$

亚硫酸盐与强酸反应发生分解，放出 SO_2，这也是实验室制取 SO_2 的方法。

$$2H^+ + SO_3^{2-} \longrightarrow H_2O + SO_2 \uparrow$$

2. 硫酸及其盐

（1）硫酸的物理性质　纯硫酸是无色、难挥发的油状液体，在 10℃时凝固成晶体。市售浓硫酸的质量分数约为 0.98，沸点为 338℃，密度为 $1.84\text{g} \cdot \text{cm}^{-3}$，浓度约为 $18\text{mol} \cdot \text{L}^{-1}$。溶有过量 SO_3 的浓硫酸，暴露在空气中，因挥发出 SO_3 形成酸雾而"发烟"，称为发烟硫酸。浓硫酸能以任意比例与水混合。浓硫酸溶于水时产生大量的热，若将水倾入浓硫酸中，会因为产生剧热而暴沸。因此，稀释硫酸时，只能将浓硫酸在搅拌下缓慢加入到水中，绝不可反之。

(2) **硫酸的化学性质** 硫酸是二元强酸。稀硫酸具有酸的一切通性，能与碱性物质发生中和反应，与金属活动顺序表中氢之前的金属反应，产生氢气。

$$Zn + H_2SO_4 \longrightarrow ZnSO_4 + H_2 \uparrow$$

浓硫酸有以下特性。

① **氧化性**。冷的浓硫酸与铁、铝等金属接触，能使金属表面生成一层致密的氧化物保护膜，可以阻止内部金属与硫酸继续反应，这种现象称为金属的钝化。因此，冷的浓硫酸可以用铁制或铝制容器贮存和运输。

浓硫酸是中等强度的氧化剂，加热时浓硫酸几乎能氧化所有金属（除 Au、Pt 外）。

$$2Fe + 6H_2SO_4(浓) \xrightarrow{\triangle} Fe_2(SO_4)_3 + 3SO_2 \uparrow + 6H_2O$$

$$4Zn + 5H_2SO_4(浓) \xrightarrow{\triangle} 4ZnSO_4 + H_2S \uparrow + 4H_2O$$

② **吸水性和脱水性**。浓硫酸容易和水结合，形成多种水化物，同时放出大量的热，所以有强烈的吸水性。利用此性质，实验室将浓硫酸用作干燥剂，如干燥 Cl_2、H_2、CO_2 等。

浓硫酸还具有强烈的脱水性，将氢、氧原子以水的组成从许多有机物中脱出，使有机物炭化。所以，浓硫酸能严重地破坏动植物组织，有强烈的腐蚀性，使用时要注意安全。

$$C_{12}H_{22}O_{11} \xrightarrow{浓\ H_2SO_4} 11H_2O + 12C$$

浓硫酸能严重灼伤皮肤，若不小心溅落在皮肤上，先用软布或纸轻轻沾去，并用大量水冲洗，最后用 2% 小苏打水或稀 NH_3 溶液浸泡片刻。

(3) **硫酸的用途** 硫酸是化工生产中常用的"三酸"之一，主要用于化肥工业、无机化工、有机化工、金属冶炼、石油工业等。在金属、搪瓷工业中，利用浓硫酸作为酸洗剂，以除去金属表面的氧化物。同时，硫酸也是重要的化学试剂。

(4) **硫酸盐** 硫酸可以形成正盐和酸式盐。

酸式盐大都溶于水。正盐中，Ag_2SO_4 微溶于水，$CaSO_4$、$PbSO_4$、$SrSO_4$、$BaSO_4$ 难溶于水。$BaSO_4$ 不仅难溶于水，也不溶于盐酸和硝酸，此性质可以用于鉴定或分离 SO_4^{2-} 或 Ba^{2+}。

硫酸盐的热稳定性差别较大。活泼金属的硫酸盐，如 Na_2SO_4、K_2SO_4、$BaSO_4$ 等，在高温下稳定。较不活泼金属硫酸盐，如 $CuSO_4$、$FeSO_4$、$Fe_2(SO_4)_3$、$Al_2(SO_4)_3$ 等，在高温下分解为金属氧化物和 SO_3。某些金属氧化物不稳定，进一步分解为金属单质。

$$CuSO_4 \xrightarrow{\triangle} CuO + SO_3 \uparrow$$

$$Ag_2SO_4 \xrightarrow{\triangle} Ag_2O + SO_3 \uparrow$$

$$2Ag_2O \xrightarrow{\triangle} 4Ag + O_2 \uparrow$$

硫酸盐容易形成复盐，如 $(NH_4)_2SO_4 \cdot FeSO_4 \cdot 6H_2O$（莫尔盐）、$K_2SO_4 \cdot Al_2(SO_4)_3 \cdot 24H_2O$（明矾）等。

> 📖 **思考题**：浓硫酸和稀硫酸都有氧化性，其含义有何不同？

3. 硫的其他含氧酸及其盐

① 焦硫酸及其盐。在浓硫酸中溶解了过多的 SO_3 时，得到发烟硫酸，其组成为

$H_2SO_4 \cdot xSO_3$。当 $x=1$，即为焦硫酸 $H_2S_2O_7$，它是一种无色的晶状固体，熔点 35℃。焦硫酸也可以看作是由两分子硫酸脱去一分子水所得的产物。

$$H-O-\overset{\overset{O}{\|}}{\underset{\underset{O}{\|}}{S}}-O-H \quad H-O-\overset{\overset{O}{\|}}{\underset{\underset{O}{\|}}{S}}-O-H \longrightarrow H-O-\overset{\overset{O}{\|}}{\underset{\underset{O}{\|}}{S}}-O-\overset{\overset{O}{\|}}{\underset{\underset{O}{\|}}{S}}-O-H + H_2O$$

焦硫酸与水反应又生成硫酸：

$$H_2S_2O_7 + H_2O \longrightarrow 2H_2SO_4$$

焦硫酸比硫酸具有更强的氧化性、吸水性和腐蚀性。它还是良好的磺化剂，工业上用于制造染料、炸药和其他有机磺酸化合物。

酸式硫酸盐受热到熔点以上时，首先脱水转变为焦硫酸盐。

$$2KHSO_4 \xrightarrow{\triangle} K_2S_2O_7 + H_2O$$

进一步加热，则再脱去 SO_3，生成硫酸盐。

$$K_2S_2O_7 \xrightarrow{\triangle} K_2SO_4 + SO_3$$

焦硫酸盐可与某些既不溶于水又不溶于酸的金属氧化物（如 Al_2O_3、Cr_2O_3、TiO_2 等）共熔，使之变成可溶性硫酸盐，因而具有熔矿的作用。例如：

$$Al_2O_3 + 3K_2S_2O_7 \longrightarrow Al_2(SO_4)_3 + 3K_2SO_4$$

② 硫代硫酸及其盐。硫代硫酸（$H_2S_2O_3$）可以看作是 H_2SO_4 分子中一个氧原子被硫原子取代得到的产物。硫代硫酸极不稳定，但硫代硫酸盐较稳定。

$Na_2S_2O_3 \cdot 5H_2O$ 是最重要的硫代硫酸盐，俗称大苏打或海波。硫代硫酸钠（$Na_2S_2O_3$）是无色透明的晶体，易溶于水，溶液呈弱碱性。Na_2SO_3 溶液在沸腾时能和硫粉化合生成 $Na_2S_2O_3$。

$$Na_2SO_3 + S \longrightarrow Na_2S_2O_3$$

$Na_2S_2O_3$ 只在中性或碱性溶液中较稳定，如有细菌或溶于水中的 CO_2 和 O_2 等都会使它分解，在酸性溶液中因为生成的硫代硫酸不稳定而分解为 S、SO_2 和 H_2O。

$$S_2O_3^{2-} + 2H^+ \longrightarrow S\downarrow + SO_2\uparrow + H_2O$$

$Na_2S_2O_3$ 是中强还原剂，与强氧化剂作用时，被氧化为硫酸钠。

$$Na_2S_2O_3 + 4Cl_2 + 5H_2O \longrightarrow Na_2SO_4 + H_2SO_4 + 8HCl$$

因此，在纺织和造纸工业中用 $Na_2S_2O_3$ 作除氯剂。当它与较弱的氧化剂作用时，被氧化为连四硫酸钠。

$$2Na_2S_2O_3 + I_2 \longrightarrow Na_2S_4O_6 + 2NaI$$

分析化学中的"碘量法"就是利用这一反应来定量测定碘。

$S_2O_3^{2-}$ 具有很强的配位能力，可与某些金属离子形成稳定的配离子，例如，不溶于水的 AgBr 可以溶解在 $Na_2S_2O_3$ 溶液中。

$$AgBr + 2Na_2S_2O_3 \longrightarrow Na_3[Ag(S_2O_3)_2] + NaBr$$

$Na_2S_2O_3$ 用作照相业的定影剂，就是利用此反应以溶去底片上未曝光的溴化银。

重金属的硫代硫酸盐难溶且不稳定。例如，Ag^+ 与 $S_2O_3^{2-}$ 生成 $Ag_2S_2O_3$ 白色沉淀，在溶液中 $Ag_2S_2O_3$ 迅速分解，由白色经黄色、棕色，最后生成黑色的 Ag_2S，用此反应可鉴定 $S_2O_3^{2-}$。

$$2Ag^+ + S_2O_3^{2-} \longrightarrow Ag_2S_2O_3 \downarrow$$
$$Ag_2S_2O_3 + H_2O \longrightarrow Ag_2S \downarrow + H_2SO_4$$

第二节 氮和磷

元素周期表中第ⅤA族的氮（N）、磷（P）、砷（As）、锑（Sb）、铋（Bi）和镆（Mc）六种元素，统称为氮族元素。氮族元素的原子有5个价电子，它们的非金属性比同周期的氧族元素和卤素都弱。氮、磷是典型的非金属元素。

绝大部分的氮以 N_2 的形式存在于空气中，在空气中的体积分数约为78%。智利的硝石（$NaNO_3$）是少有的含氮矿物。氮也是构成动植物体中蛋白质的重要元素。

自然界中磷以磷酸盐的形式存在，如磷酸钙 $Ca_3(PO_4)_2$、磷灰石 $Ca_5F(PO_4)_3$ 等。磷是生物体中不可缺少的元素之一。

一、氮和氨

1. 氮气

纯净的氮气是无色、无臭、无味的气体，比空气稍轻，标准状况下密度为 $1.251 g \cdot L^{-1}$。在 $1.01 \times 10^5 Pa$、$-196 ℃$ 时变为无色液体，$-210 ℃$ 时凝结成雪花状的固体。N_2 在水中的溶解度很小，通常情况下，1体积的水仅能溶解0.02体积的 N_2。N_2 分子结构很稳定，很难跟其他物质发生化学反应。氮虽为生物体必需的元素，但除某些细菌外，生物体却不能直接吸收大气中 N_2。

氮在高温下反应能力增强，N_2 获得足够的能量后，也可以与活泼金属、氢、氧等发生化学反应。

与金属反应生成金属氮化物。例如：

$$2Al + N_2 \xrightarrow{\text{高温}} 2AlN$$
$$3Mg + N_2 \xrightarrow{\text{高温}} Mg_3N_2$$

这些金属氮化物多为离子型化合物，因易发生水解，在溶液中难以存在。

高温、高压和催化剂存在下，N_2 和 H_2 可直接合成氨。

$$N_2 + 3H_2 \underset{\text{高温高压}}{\overset{\text{催化剂}}{\rightleftharpoons}} 2NH_3$$

工业上就是利用这个反应来合成氨的。

在电火花作用下，N_2 和 O_2 可直接化合生成 NO。

$$N_2 + O_2 \overset{\text{放电}}{\rightleftharpoons} 2NO$$

N_2 在工业上主要用来合成氨、制硝酸等，它们是氮肥、炸药等的原料。由于氮的化学性质不活泼，常可用来代替稀有气体作焊接金属等处理易燃或易氧化物质时隔绝空气的保护性气体；氮气和氩气的混合气体可用来填充白炽灯泡，以防止钨丝氧化和减慢钨丝挥发，延长灯泡的使用寿命；液态氮可作为冷冻剂用于工业和医疗方面；粮食、水果如处于低氧高氮环境中，能使害虫缺氧窒息而死，同时能使植物种子处于休眠状态，代谢缓慢，所以可利用

N_2 来保存粮食、水果等农副产品。

2. 氨

(1) 氨的物理性质　氨是无色、有刺激性臭味的气体。在标准状况下，其密度为 $0.771 g \cdot L^{-1}$。易液化，在常温下冷却至 $-34 ℃$ 时凝结为液体（液氨），当液氨汽化时要吸收大量的热，因此液氨是常用的制冷剂。注意，在使用液氨钢瓶时，减压阀不能用铜制品，因为铜会迅速被氨腐蚀。

常温常压下，1 体积水约可溶解 700 体积的氨，形成 NH_3 溶液。一般市售商品浓 NH_3 溶液的密度为 $0.90 g \cdot cm^{-3}$，含 NH_3 约 28%。

(2) 氨的化学性质　氨的性质较活泼，能与许多物质反应。其主要性质表现如下：

① 弱碱性。氨极易溶于水，在水中主要以水合物（$NH_3 \cdot H_2O$）的形式存在，少量的水合物可以发生电离，所以 NH_3 溶液呈弱碱性。

$$NH_3 + H_2O \rightleftharpoons NH_3 \cdot H_2O \rightleftharpoons NH_4^+ + OH^-$$

② 加合反应。氨中的 N 原子上有孤对电子，能与 H^+、Cu^{2+}、Zn^{2+}、Ag^+ 等离子通过加合反应形成氨合物。

$$Ag^+ + 2NH_3 \longrightarrow [Ag(NH_3)_2]^+$$

③ 还原性。氨分子中的 N 处于最低氧化值 -3，所以 NH_3 具有还原性。在一定条件下可被还原为 N_2 或 NO。

NH_3 在空气中不能燃烧，但在氧气中可以燃烧。

$$4NH_3 + 3O_2 \xrightarrow{点燃} 2N_2 + 6H_2O$$

在催化剂作用下，NH_3 可被 O_2 氧化成 NO。

$$4NH_3 + 5O_2 \xrightarrow{催化剂} 4NO + 6H_2O$$

此反应是氨的催化氧化，是工业制硝酸的主要反应。

氨是一种重要的化工原料和产品。它是氮肥工业的基础，也是制造硝酸、铵盐、尿素等的基本原料，还是合成纤维、塑料、染料等工业的常用原料。

> **知识窗**
>
> 检查氯气管道是否漏气，可用一小瓶浓 NH_3 溶液沿氯气管道移动，有白雾出现的位置一定漏气。白雾为 NH_4Cl 的白色固体微粒，反应为：
>
> $$2NH_3 + 3Cl_2 \longrightarrow N_2 + 6HCl$$
> $$NH_3 + HCl \longrightarrow NH_4Cl$$
>
> 可见操作时必须用浓 NH_3 溶液，并保证 NH_3 过量。否则 Cl_2 过量，反应将按下式进行而得不到预期效果。
>
> $$NH_3 + 2Cl_2 \longrightarrow NCl + 3HCl$$

二、氮的氧化物

氮可以形成多种氧化物，最主要的是 NO 和 NO_2。

(1) NO　NO 是无色、难溶于水的气体，常温下容易被氧化成 NO_2。

$$2NO + O_2 \longrightarrow 2NO_2$$

实验室用 Cu 与稀 HNO_3 反应制取 NO。NO 极易与氧化合转化为 NO_2。

$$3Cu + 8HNO_3(稀) \xrightarrow{\triangle} 3Cu(NO_3)_2 + 2NO\uparrow + 4H_2O$$
$$2NO + O_2 \longrightarrow 2NO_2$$

雷雨天，N_2 和 O_2 在电弧作用下，可以产生 NO。

（2）NO_2 NO_2 是红棕色、有刺激性臭味的有毒气体。与水反应生成硝酸和 NO。

$$3NO_2 + H_2O \longrightarrow 2HNO_3 + NO\uparrow$$

实验室用 Cu 与浓 HNO_3 反应制取 NO_2。NO_2 溶于水转化为 HNO_3。

$$Cu + 4HNO_3(浓) \longrightarrow Cu(NO_3)_2 + 2NO_2\uparrow + 2H_2O$$

工业废气、燃料燃烧以及汽车尾气中都有 NO 及 NO_2，对人体、金属和植物都有害，常采用碱液吸收：

$$NO + NO_2 + 2NaOH \longrightarrow 2NaNO_2 + H_2O$$

三、氮的含氧酸及其盐

1. 亚硝酸及其盐

亚硝酸是弱酸，不稳定，仅能存在于冷的稀溶液中，浓溶液或微热时按下式分解：

$$2HNO_2 \longrightarrow H_2O + N_2O_3 \longrightarrow H_2O + NO\uparrow + NO_2\uparrow$$
$$\text{蓝色}\text{红棕色}$$

但亚硝酸盐，特别是碱金属和碱土金属的亚硝酸盐却是相当稳定的。亚硝酸盐大多是无色的，一般都易溶于水（除淡黄色的 $AgNO_2$ 外）。

HNO_2 是强的氧化剂（氧化能力超过 HNO_3）和弱的还原剂。在水溶液中它能将 I^- 氧化：

$$2HNO_2 + 2I^- + 2H^+ \longrightarrow 2NO\uparrow + I_2 + 2H_2O$$

此反应在定量分析化学中用于定量测定 NO_2^-。

亚硝酸及其盐遇到强氧化剂时也可被氧化，表现出还原性。例如：

$$5NO_2^- + 2MnO_4^- + 6H^+ \longrightarrow 5NO_3^- + 2Mn^{2+} + 3H_2O$$

此反应可用来区别 HNO_3 和 HNO_2。

亚硝酸盐有毒，能与蛋白质反应生成致癌物亚硝基胺。另外，隔夜的剩菜，腌制咸菜，各类鱼、肉罐头等都因含有亚硝酸盐而不宜多吃。

2. 硝酸及其盐

（1）硝酸的物理性质 纯硝酸是无色、易挥发、有刺激性气味的液体。密度为 $1.5 g \cdot cm^{-3}$，沸点为 83℃。能以任意比例与水混合。86% 以上的浓硝酸由于挥发出的 NO_2 遇到空气中的水蒸气形成硝酸液滴而产生发烟现象，称为发烟硝酸。

（2）硝酸的化学性质 硝酸是一种强酸，除具有酸的通性外，还有本身的特性。

① 不稳定性。硝酸不稳定，见光、受热易分解。

$$4HNO_3 \xrightarrow{\triangle} 4NO_2\uparrow + O_2\uparrow + 2H_2O$$

硝酸愈浓、温度愈高，愈易分解。分解产生的 NO_2 溶于硝酸中，使硝酸呈黄棕色。为防止硝酸的分解,常将它贮于棕色瓶中,保存于低温、阴暗处。

② 氧化性。

【演示实验 10-1】 在试管中分别加入一小块铜片,再分别加入浓硝酸、稀硝酸,对比两支试管中的反应情况的差异。将盛有稀硝酸的试管加热,观察情况有何变化。

实验表明,浓、稀硝酸都能与铜反应,但浓硝酸与铜反应更剧烈,产生大量的红棕色气体 NO_2。在加热时,稀硝酸也能与铜反应,可以观察到有黄色的气体产生。

浓硝酸、稀硝酸与铜的反应

硝酸是强氧化剂。一般地说,无论浓、稀硝酸都有氧化性,它几乎能与所有的金属(除 Au、Pt 等少数金属外)或非金属发生氧化还原反应。在通常情况下,浓硝酸的主要还原产物为 NO_2,稀硝酸的主要还原产物为 NO。当较活泼的金属与稀硝酸反应时,HNO_3 可被还原为 N_2O。很稀的 HNO_3 与活泼金属反应时,可以被还原为 NH_3。

$$Cu + 4HNO_3(浓) \longrightarrow Cu(NO_3)_2 + 2NO_2\uparrow + 2H_2O$$

$$3Cu + 8HNO_3(稀) \xrightarrow{\triangle} 3Cu(NO_3)_2 + 2NO\uparrow + 4H_2O$$

$$Fe + 4HNO_3(稀) \longrightarrow Fe(NO_3)_3 + NO\uparrow + 2H_2O$$

$$4Zn + 10HNO_3(稀) \longrightarrow 4Zn(NO_3)_2 + N_2O\uparrow + 5H_2O$$

$$4Zn + 10HNO_3(稀) \longrightarrow 4Zn(NO_3)_2 + NH_4NO_3 + 3H_2O$$

HNO_3 氧化性的强弱与其浓度有关。HNO_3 愈浓,氧化能力愈强;HNO_3 愈稀,氧化能力愈弱。

某些金属,如 Al、Cr、Fe 等能溶于稀硝酸。但在冷的浓硝酸中,由于金属表面被氧化,形成致密的氧化膜而处于钝化状态。因此,可用铝制或铁制容器盛装浓硝酸。

浓硝酸还能使许多非金属如碳、硫、磷等被氧化。

$$C + 4HNO_3 \longrightarrow CO_2\uparrow + 4NO_2\uparrow + 2H_2O$$

1 体积浓硝酸与 3 体积浓盐酸的混合物称为王水,其氧化能力强于硝酸,能使一些不溶于硝酸的金属,如金、铂等溶解。

$$Au + HNO_3 + 3HCl \longrightarrow AuCl_3 + NO\uparrow + 2H_2O$$

工业上主要采用氨氧化法生产硝酸。主要反应过程为:

$$4NH_3 + 5O_2 \longrightarrow 4NO + 6H_2O$$

$$2NO + O_2 \longrightarrow 2NO_2$$

$$3NO_2 + H_2O \longrightarrow 2HNO_3 + NO$$

为了保护环境,防止污染,生产过程中未被吸收的少量 NO_2、NO 可用碱液吸收。

$$NO + NO_2 + 2NaOH \longrightarrow 2NaNO_2 + H_2O$$

硝酸是重要的化工原料,是重要的"三酸"之一,主要用于生产各种硝酸盐、化肥、炸药等,还用于合成染料、药物、塑料等。

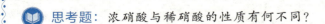

思考题:浓硝酸与稀硝酸的性质有何不同?

(3) 硝酸盐 几乎所有的硝酸盐都易溶于水,硝酸盐都是离子型化合物。

硝酸盐的水溶液只有在酸性介质中才有氧化性。室温下，所有的固体硝酸盐都十分稳定，加热则发生分解，其热分解产物与金属离子有关。

硝酸盐的热分解大致可分成三种类型：

① 金属活动顺序中位于 Mg 以前的金属（主要是碱金属和碱土金属）的硝酸盐分解产生亚硝酸盐和氧气，例如：

$$2NaNO_3 \longrightarrow 2NaNO_2 + O_2 \uparrow$$

② 金属活动顺序中位于 Mg～Cu 之间金属的硝酸盐分解产生相应的金属氧化物，例如：

$$2Pb(NO_3)_2 \longrightarrow 2PbO + 4NO_2 \uparrow + O_2 \uparrow$$

③ 金属活动顺序中位于 Cu 之后金属的硝酸盐分解后则生成金属单质，例如：

$$2AgNO_3 \longrightarrow 2Ag + 2NO_2 \uparrow + O_2 \uparrow$$

硝酸盐热分解都放出氧气，它们和可燃性物质组成混合物，受热之后剧烈燃烧，甚至爆炸，故硝酸盐常用于烟火和炸药的制造中。如 KNO_3 与硫粉、碳按一定比例混合制成黑火药，是我国的四大发明之一。

$$2KNO_3 + 3C + S \longrightarrow N_2 \uparrow + 3CO_2 \uparrow + K_2S$$

四、磷及其重要化合物

1. 磷

常见的磷的同素异形体有白磷和红磷。白磷的化学性质较活泼，易溶于有机溶剂。白磷经轻微的摩擦就会引起燃烧，必须保存在水中。白磷是剧毒物质，致死量约 0.1g。红磷无毒，其化学性质也比白磷稳定得多，红磷用于安全火柴的制造，在农业上用于制备杀虫剂。白磷和红磷性质见表 10-3。在自然界中磷总是以磷酸盐的形式存在，如磷酸钙 [$Ca_3(PO_4)_2$]、磷灰石 [$Ca_5F(PO_4)_3$] 等。单质磷是将 $Ca_3(PO_4)_2$、碳粉和石英砂混合后放 1400℃ 左右的电炉中加热制得：

$$2Ca_3(PO_4)_2 + 6SiO_2 + 10C \longrightarrow 6CaSiO_3 + P_4 + 10CO$$

表 10-3　白磷和红磷性质比较

白磷	红磷
白色或黄色蜡状固体	暗红色粉末
剧毒(0.1g 可致死)	无毒
不溶于水,可溶于 CS_2	不溶于水,可溶于 CS_2
蒜臭味	无臭
在空气中自燃(燃点 40℃)	加热至 240℃ 燃烧
在暗处发光	不发光
化学性质活泼	化学性质较稳定
隔绝空气,浸于水中	密闭保存
磷蒸气迅速冷却得到白磷	白磷在高温下转化为红磷

2. 磷的氧化物

磷在空气中的燃烧产物是五氧化二磷，如果氧不足，则生成三氧化二磷。根据蒸气密度的测定，它们的分子式分别为 P_4O_{10} 和 P_4O_6。

P_4O_6 与冷水反应较慢，可生成亚磷酸：
$$P_4O_6 + 6H_2O(冷) \longrightarrow 4H_3PO_3$$
P_4O_6 与热水反应则歧化为磷酸和膦：
$$P_4O_6 + 6H_2O(热) \longrightarrow 3H_3PO_4 + PH_3\uparrow$$
P_4O_{10} 为白色雪花状固体，吸水性很强，是效率很高的干燥剂。

3. 磷的含氧酸

磷有多种含氧酸，其中较重要的列于表 10-4。

表 10-4　磷的重要含氧酸

化学式	H_3PO_4	$H_4P_2O_7$	$H_5P_3O_{10}$	$(HPO_3)_n$	H_3PO_3	H_3PO_2
磷的氧化值	+5	+5	+5	+5	+3	+1
名称	（正）磷酸	焦磷酸	三磷酸	偏磷酸	亚磷酸	次磷酸

磷酸是无色透明的晶体。熔点是 42℃，极易溶于水。商品磷酸是无色黏稠状的浓溶液，约含 83% H_3PO_4，密度为 1.6 g·cm^{-3}。

磷酸是三元中强酸，无挥发性，无氧化性。磷酸在加热时会发生脱水作用，可生成焦磷酸、多磷酸和偏磷酸等。其关系表示如下：

$$2H_3PO_4 \xrightarrow{210℃} H_4P_2O_7 \xrightarrow[-H_2O]{400℃} 2HPO_3$$

磷酸具有酸的通性，热稳定性强于硝酸。其特点是 PO_4^{3-} 能与许多金属离子形成可溶性的配合物。

工业上磷酸是用硫酸与磷灰石反应而制取的。
$$Ca_3(PO_4)_2 + 3H_2SO_4 \longrightarrow 3CaSO_4\downarrow + 2H_3PO_4$$

磷酸用于制造磷酸盐和磷肥、硬水的软化剂、金属抗蚀剂以及有机合成和医药工业，也是常用的化学试剂。

4. 磷酸盐

磷酸可以形成两种酸式盐、一种正盐。所有的磷酸二氢盐都易溶于水，而磷酸一氢盐和磷酸正盐中，除碱金属和铵盐外，几乎都难溶于水。酸式盐与碱反应可以转化为正盐，正盐与酸反应又可以转化为酸式盐。

【演示实验 10-2】 在分别盛有 5 mL 0.1 mol·L^{-1} Na_3PO_4、NaH_2PO_4、Na_2HPO_4 溶液的试管中，滴加 0.1 mol·L^{-1} $CaCl_2$ 溶液，振荡，观察现象。向有沉淀的试管中分别加入酸或碱，观察沉淀的溶解情况。

$Ca_3(PO_4)_2$ 难溶于水，$CaHPO_4$ 微溶于水，$Ca(H_2PO_4)_2$ 易溶于水。

$$3Ca^{2+} + 2PO_4^{3-} \longrightarrow Ca_3(PO_4)_2\downarrow$$
$$Ca^{2+} + HPO_4^{2-} \longrightarrow CaHPO_4\downarrow$$
$$Ca_3(PO_4)_2 + 4H^+ \longrightarrow 3Ca^{2+} + 2H_2PO_4^-$$

磷酸盐及其两种酸式盐的性质

$$CaHPO_4 + H^+ \longrightarrow Ca^{2+} + H_2PO_4^-$$
$$3Ca^{2+} + 2H_2PO_4^- + 4OH^- \longrightarrow Ca_3(PO_4)_2\downarrow + 4H_2O$$

最重要的磷酸盐是钙盐。工业上用 $Ca_3(PO_4)_2$ 生产磷肥。

$$Ca_3(PO_4)_2 + 2H_2SO_4 + 4H_2O \longrightarrow Ca(H_2PO_4)_2 + 2CaSO_4 \cdot 2H_2O$$

$Ca(H_2PO_4)_2$ 和 $CaSO_4$ 的混合物称为过磷酸钙。比较纯净的磷酸二氢钙叫重过磷酸钙,由工业磷酸和磷酸钙作用而得。

$$Ca_3(PO_4)_2 + 4H_3PO_4 \longrightarrow 3Ca(H_2PO_4)_2$$

这种磷肥含磷是过磷酸钙的两倍以上,是一种高效的磷肥。

应当注意,可溶性磷肥如过磷酸钙等不能和消石灰、草木灰这类碱性物质一起施用。否则,会生成不溶性磷酸盐而降低肥效。

$$Ca(H_2PO_4)_2 + 2Ca(OH)_2 \longrightarrow Ca_3(PO_4)_2\downarrow + 4H_2O$$

磷酸盐在工农业生产和日常生活中有着很多用途。磷酸盐不仅可用作化肥,还可用作洗涤剂及动物饲料的添加剂、锅垢除垢剂、金属防腐剂,在电镀和有机合成上也有用途。磷酸盐在食品中应用甚广。磷是构成核酸、磷脂和某些酶的主要成分。因此,对生物来说,磷酸盐在能量传递过程,如新陈代谢、光合作用、神经功能和肌肉活动中都起着重要作用。

知识窗

磷酸制备工艺分为湿法工艺和热法工艺。热法磷酸是利用硅石和焦炭的混合物在高温下将磷矿还原并产生黄磷,再经氧化、水合制得高浓度磷酸,热法磷酸下游主要应用于电子级、食品级磷酸和磷酸盐。湿法磷酸是用硫酸溶解磷矿粉,经过过滤、脱氧、除杂、萃取、精华制得磷酸,期间会产生副产品磷石膏和氟化氢,湿法磷酸下游主要应用于磷肥、工业级磷酸和磷酸盐。详细内容可扫描二维码阅读。

应对碳达峰碳中和的战略目标,磷酸生产工艺的革新

第三节 碳和硅

碳族元素位于元素周期系中第ⅣA族,包括:碳(C)、硅(Si)、锗(Ge)、锡(Sn)、铅(Pb)和铁(Fe)。碳和硅是形成化合物最多的两种元素:碳以C—C键化合物构成了整个有机界;硅则以Si—O—Si键化合物与其他元素一起形成了各种矿物。硅元素在地壳中的含量仅次于氧,占第二位,它主要以硅酸盐和石英矿等形式存在于自然界中。锗常以硫化物的形式伴生在其他金属的硫化物矿中。锡和铅主要以氧化物(如锡石 SnO_2)或硫化物(如方铅矿 PbS)存在于自然界。

一、碳及其重要化合物

1. 碳

金刚石、石墨、C_{60} 是碳的三种同素异形体。金刚石为无色透明晶体,熔点高、硬度

大、不导电。在所有单质中,它的熔点最高(3550℃),硬度最大(莫氏硬度为10),大量用于切削和研磨。金刚石在室温下呈化学惰性,但在空气中加热到820℃左右能燃烧成CO_2。石墨为灰黑色柔软固体,密度较金刚石小,熔点较金刚石低50℃左右,有良好的导电性,耐高温,在常温下虽然对化学试剂也呈现惰性,但较金刚石活泼。

工业上还常用到一类微晶体碳单质,又称为炭,如木炭、骨炭和焦炭等。它们是在隔绝空气的条件下,加热或干馏木材、煤或气态碳氢化合物等得到的。微晶体碳实际上是由石墨或金刚石碎片无序连接而成的碳单质。经过处理的微晶碳,其表面积很大,有很强的吸附能力,又称为活性炭,活性炭具有非常高的比表面积,一般为$1000m^2 \cdot g^{-1}$,对有机物有强的吸附能力,工业上用作气体净化剂、蔗糖脱色剂,有时也用于吸附水中的污染物。

碳纤维是另一类重要的微晶体碳。把聚丙烯腈(腈纶)、沥青等隔绝空气加热到1000℃以上,能得到黑色、纤细而柔软的碳纤维。把碳纤维分散在诸如树脂、塑料、金属和陶瓷等基体中,制得一些新型碳纤维复合材料。

> **知识窗**
>
> 2004年英国曼彻斯特大学的科学家安德烈·盖姆(A. Geim)和康斯坦丁·诺沃消洛夫(K. Novoselov)用微机械剥离法成功地从石墨分离出石墨烯,并因此获得了2010年度的诺贝尔物理学奖。详细内容可扫描二维码阅读。

2. 碳的氧化物

碳所形成的氧化物有CO、CO_2。

(1) CO CO是无色、无味的气体,有毒,不溶于水。CO可以与血液中的血红蛋白结合生成羰基化合物,它与血红蛋白结合能力是O_2的250倍左右,可使血液失去输送氧的功能,因此,对人和动物有剧毒,空气中0.1%(体积分数)CO即可使人中毒。

石墨烯结构

CO有还原性和加合性,将CO通入$PdCl_2$溶液中,可立即生成黑色沉淀,此反应常用于CO的定性检验。

$$CO + PdCl_2 + H_2O \longrightarrow CO_2 + 2HCl + Pd\downarrow$$

CO是金属冶炼的重要还原剂。

$$CuO + CO \stackrel{\triangle}{\longrightarrow} Cu + CO_2$$

高温下CO能与许多过渡金属结合生成羰基配合物,如[Fe(CO)$_5$]、[Ni(CO)$_4$]、[Co$_2$(CO)$_8$]等,这些羰基配合物的生成、分离、加热分解是制备这些高纯金属的方法之一。

(2) CO_2 大气中CO_2的体积分数为0.035%,CO_2主要来自煤、石油、天然气及其他含碳化合物的燃烧,碳酸钙的分解,动物的呼吸,以及发酵过程。自然界通过植物和海洋中浮游生物的光合作用吸收CO_2放出O_2,维持着大气中O_2与CO_2的平衡。但是,随着工业的高速发展,人类对自然资源的过度开发如乱砍滥伐森林等,使大气中CO_2含量增多,CO_2是产生温室效应的主要因素之一。

CO_2是无色、无臭的气体,易液化。工业上一般可在5.3×10^5Pa、$-56.6℃$条件下将气体CO_2凝为干冰,而干冰在常压下于$-78.5℃$时升华,故CO_2常用作制冷剂。

常温下，1 体积水能溶解 0.9 体积的 CO_2。溶于水中的 CO_2 仅小部分和水反应生成碳酸（H_2CO_3）。

碳酸是二元弱酸，在溶液中存在如下平衡：

$$CO_2 + H_2O \rightleftharpoons H_2CO_3 \rightleftharpoons H^+ + HCO_3^- \rightleftharpoons 2H^+ + CO_3^{2-}$$

CO_2 在高温下能和一些活泼的金属反应，例如：

$$CO_2 + 2Mg \longrightarrow 2MgO + C$$

此外，CO_2 还是一种重要的化工原料，如制纯碱、合成尿素、碳酸氢铵、甲醇等。

3. 碳酸盐

（1）溶解性　酸式碳酸盐均可溶于水。正盐中只有碱金属盐和铵盐易溶于水，其他金属的碳酸盐难溶于水。

碱液吸收 CO_2，也可得到碳酸盐或酸式碳酸盐。

$$Ca(OH)_2 + CO_2 \longrightarrow CaCO_3 \downarrow + H_2O$$
$$Ca(OH)_2 + 2CO_2 \longrightarrow Ca(HCO_3)_2$$

所得的产物是正盐还是酸式盐，取决于两种反应物的物质的量之比。

（2）热稳定性　碳酸盐、酸式碳酸盐、碳酸的热稳定性强弱顺序为：

$$M_2CO_3 > MHCO_3 > H_2CO_3$$

碱金属的碳酸盐相当稳定。碱土金属的碳酸盐的热稳定性强弱顺序为：

$$MgCO_3 < CaCO_3 < SrCO_3 < BaCO_3$$

碳酸盐受热分解为金属氧化物（铵盐例外）和 CO_2。

$$CaCO_3 \xrightarrow{\triangle} CaO + CO_2 \uparrow$$

（3）水解性　可溶性碳酸盐在水溶液中易发生水解，碱金属碳酸盐的水溶液呈碱性。

$$CO_3^{2-} + H_2O \rightleftharpoons HCO_3^- + OH^-$$

在金属盐溶液（碱金属盐和铵盐除外）中加入可溶性碳酸盐，产物可能是碳酸盐、碱式碳酸盐或氢氧化物。若金属离子不水解，得到碳酸盐沉淀。

$$Ba^{2+} + CO_3^{2-} \longrightarrow BaCO_3 \downarrow$$

若金属离子强烈水解，其氢氧化物的溶解度较小，得到氢氧化物沉淀。

$$2Al^{3+} + 3CO_3^{2-} + 3H_2O \longrightarrow 2Al(OH)_3 \downarrow + 3CO_2 \uparrow$$

有些金属离子的氢氧化物和其碳酸盐的溶解度相差不大，产物为碱式碳酸盐。

$$2Cu^{2+} + 2CO_3^{2-} + H_2O \longrightarrow Cu_2(OH)_2CO_3 \downarrow + CO_2 \uparrow$$

酸式碳酸盐在水溶液中既要水解，又要解离，处于平衡状态。

$$HCO_3^- \rightleftharpoons H^+ + CO_3^{2-}$$
$$HCO_3^- + H_2O \rightleftharpoons OH^- + H_2CO_3$$

如 $0.1\,mol \cdot L^{-1}\,Na_2CO_3$ 溶液的 pH 约为 11.6；$0.1\,mol \cdot L^{-1}\,NaHCO_3$ 溶液的 pH 约为 8.3。

（4）碳酸盐与酸式碳酸盐的转化　碳酸盐与酸式碳酸盐能相互转化。碳酸盐在溶液中与 CO_2 反应，转化为酸式盐；酸式盐与碱反应，可转化为碳酸盐。

$$CaCO_3 + CO_2 + H_2O \longrightarrow Ca(HCO_3)_2$$
$$Ca(HCO_3)_2 + Ca(OH)_2 \longrightarrow 2CaCO_3 \downarrow + 2H_2O$$

二、硅及其重要化合物

1. 硅

单质硅有无定形硅与晶体等。晶体硅结构与金刚石相同,为原子晶体,熔、沸点较高,硬而脆,呈灰色,有金属外貌。常温下,硅不活泼,不与水、空气、酸等反应。在晶体硅中,Si—Si 键的强度比金刚石中 C—C 键的强度低,因此,晶体硅的熔点和硬度都比金刚石低。常用的晶体硅分为多晶硅和单晶硅。其中单晶硅的导电性介于金属与非金属之间,是重要的半导体材料。

硅具有亲氧性和亲氟性,在常温下活性较差,只能与 F_2 反应生成 SiF_4。

$$Si + 2F_2 \longrightarrow SiF_4 \uparrow$$

高温时硅的化学活性增强,Si 可与 Cl_2、O_2、C、N_2 等反应。

$$Si + O_2 \xrightarrow{600℃} SiO_2$$

$$3Si + 2N_2 \xrightarrow{1300℃} Si_3N_4$$

2. 二氧化硅

二氧化硅(SiO_2)又叫硅石,有晶形和非晶形两种。它在地壳中分布很广,构成多种矿物和岩石。比较纯净的 SiO_2 晶体俗称石英。大而透明的棱柱状石英俗称水晶。

普通的沙粒是细小的石英颗粒。白沙质地较纯净,黄沙含有铁的化合物等杂质。硅藻土是由硅藻的硅质细胞壁组成的一种生物化学沉积岩,属于无定形硅石,呈淡黄色或浅灰色,质软、多孔而轻。因其表面积大、吸附力强,常用作吸附剂和催化剂载体,也用作建筑材料,具有轻质、绝缘、隔音的特点。

SiO_2 为酸性氧化物,为硅酸的酸酐,SiO_2 除氢氟酸外不与其他酸反应。不溶于水,可以和热的强碱溶液或熔融的 Na_2CO_3 反应,生成可溶性的硅酸盐。

$$SiO_2 + 2OH^- \longrightarrow SiO_3^{2-} + H_2O$$

$$SiO_2 + Na_2CO_3 \longrightarrow Na_2SiO_3 + CO_2 \uparrow$$

$$SiO_2 + 4HF \longrightarrow SiF_4 \uparrow + 2H_2O$$

将 Na_2CO_3、$CaCO_3$ 和 SiO_2 共熔(约 1600℃),得到 Na_2SiO_3 和硅酸钙透明混合物,即为普通玻璃。

3. 硅酸及盐

硅酸是 SiO_2 的水合物,用 H_2SiO_3 代表硅酸。它是比碳酸还弱的二元酸,从溶液中析出的硅酸逐步聚合形成硅酸溶胶,经干燥得到硅胶。

$$SiO_3^{2-} + 2H^+ \longrightarrow H_2SiO_3 \downarrow$$

钠、钾的硅酸盐是可溶的,其余大多数硅酸盐是不溶性的。把一定比例的 SiO_2 和 Na_2CO_3 放在反射炉中煅烧,可以得到组成不同的 Na_2SiO_3,呈玻璃态,常因含铁而呈现蓝绿色,用水蒸气处理能使其溶解成黏稠液体,成品俗称"水玻璃",又称"泡花碱"。水玻璃具有很广泛的用途,常用作玻璃、木材等的黏合剂,也用于制造耐火材料、耐酸水泥,在纺织工业中作为浆料、浸渍剂,也是制备硅胶和分子筛的原料。

> **思考题:** 碳和硅是同一主族的元素,CO_2 与 SiO_2 相似吗?

【知识拓展】

环境污染与防治简介

环境问题是世界各国人民共同关心的问题。保护环境就是保护人类赖以生存的物质基础。化学科学和化学工业为人类提供了品种繁多的生产和生活用品,为社会的发展做出了重要贡献。但大量的有害化学物质进入地球的各个圈层,降低了环境质量,造成了环境污染。要解决复杂和综合的环境问题,需要多学科共同努力,深入研究,寻找解决问题的办法和途径。详细内容请扫二维码阅读。

环境污染与防治简介

知识窗

氢化学的开创者——申泮文院士

申泮文院士(1916~2017)是一名教育工作者,同时也是一名优秀的科学工作者,著名化学家,翻译家,是我国化学家中著译出版物最多的一人。申泮文院士在国内率先开展金属氢化物的科学研究,合成并研究了一系列离子型金属氢化物及三类主要的储氢合金等。除金属氢化物研究外,他组织推动的大环配位化学和生物无机化学研究都已形成研究特色,取得了不少成果,被称为我国当代无机化学学科的奠基人之一。详细内容可扫描二维码阅读。

氢化学的开创者——申泮文院士

【本章小结】

一、氧和硫

(1) 自然界中氧有 ^{16}O、^{17}O、^{18}O 三种同位素,能形成 O_2、O_3 两种同素异形体。

氧和臭氧的化学性质基本相同,但它们的物理性质和化学活泼性有差异。

(2) 过氧化氢(H_2O_2)俗称双氧水,热稳定性差;有弱酸性,能与碱反应生成金属的过氧化物;过氧化氢既有氧化性,又有还原性。在酸性溶液中 H_2O_2 是强氧化剂,而在碱性溶液中是中等还原剂。

(3) 硫是一种分布较广的元素,以单质硫、硫化物、硫酸盐的形式存在。在一定条件下,能与许多金属和非金属反应。

H_2S 是无色、有臭鸡蛋气味的气体,比空气稍重,有剧毒,是一种大气污染物。

(4) 金属硫化物的特性是难溶于水,除碱金属和碱土金属硫化物外(BeS 难溶),其他金属硫化物几乎都不溶于水。在可溶硫化物的浓溶液中,加入硫粉,可形成多硫化物。

(5) SO_2 为亚硫酸酐,是一种无色有刺激性气味的气体,SO_2 易溶于水。SO_2 既有氧化性又有还原性。

(6) 亚硫酸只存在于水溶液中。亚硫酸既有氧化性,又有还原性。

浓硫酸是中等强度的氧化剂，加热时浓硫酸几乎能氧化所有金属（除 Au、Pt 外）。浓硫酸有强烈的吸水性和脱水性及强烈的腐蚀性，使用时要注意安全。

二、氮和磷

（1）纯净的氮是无色、无臭、无味的气体，比空气稍轻，在水中的溶解度很小。氨是无色、有刺激性臭味的气体。

（2）NO 是无色、难溶于水的气体，常温下容易被氧化成 NO_2。NO_2 是红棕色、有刺激性臭味的有毒气体。与水反应生成硝酸和 NO。

（3）亚硝酸是弱酸，不稳定。亚硝酸盐有毒，是公认的强致癌物之一。

硝酸是一种强酸，除具有酸的通性外，还有本身的特性：不稳定性和氧化性。

（4）磷及其重要化合物。

常见的磷的同素异形体有白磷和红磷。磷在空气中的燃烧产物是五氧化二磷，如果氧不足，则生成三氧化二磷。磷酸是三元中强酸，无挥发性，无氧化性。

三、碳和硅

（1）金刚石、石墨、C_{60} 是碳的三种同素异形体。碳所形成的氧化物有 CO、CO_2。

CO 是无色、无味的气体，有毒，不溶于水。CO_2 是无色、无臭的气体，易液化。

（2）单质硅有无定形硅与晶体等。

硅具有亲氧性和亲氟性，在常温下活性较差，只能与 F_2 反应生成 SiF_4。高温时硅的化学活性增强，可与 Cl_2、O_2、C、N_2 等反应。

SiO_2 为酸性氧化物，为硅酸的酸酐。硅酸是 SiO_2 的水合物，是比碳酸还弱的二元酸，从溶液中析出的硅酸逐步聚合形成硅酸溶胶，经干燥得到硅胶。

【思考与练习】

一、填空题

1. 氧族元素位于周期表中第_____族，包括_____五种元素，其原子的最外层有_____个电子。随着核电荷数的增加，其原子半径逐渐_____，原子核吸引电子的能力依次_____，所以元素的金属性逐渐_____，非金属性逐渐_____。

2. H_2S 在空气中完全燃烧时，发出_____色的火焰，其化学反应方程式为_____。

3. 浓硫酸可以干燥 CO_2、H_2 等气体，是利用了浓硫酸的_____性；浓硫酸会使蔗糖炭化，表现了浓硫酸的_____性。

4. NH_3 是_____色的气体，容易_____化，极易溶于水，在水溶液中可以少部分电离为_____和_____，所以 NH_3 溶液显弱_____性。

5. 常温下，浓硝酸见光或受热会_____，其化学反应方程式为_____，所以它应盛放在_____瓶中，并储于_____的地方。

6. CO_2 溶于水生成_____，这是一种_____酸，它可以形成_____盐和_____盐，这两种盐在一定条件下可以_____。

7. 浓硝酸能用铝或铁制容器盛装，原因是_____。

8. SiO_2 的化学性质稳定，但能与_____酸反应。

9. 稀释硫酸时，应该在搅拌下将_____缓慢加入_____中，并且在敞口容器中进行，原因是_____。

10. 磷酸的稳定性比硝酸_____，磷酸的挥发性比硝酸_____，硝酸的酸性比磷酸_____。

二、选择题

1. 实验室用 FeS 与酸反应制取 H_2S 时，可选用的酸是（   ）。
   A. 浓硫酸   B. 稀硫酸   C. 浓盐酸   D. 硝酸

2. 质量相等的 SO_2 和 SO_3，所含氧原子的数目之比是（   ）。
   A. 1∶1   B. 2∶3   C. 6∶5   D. 5∶6

3. 既能表现浓硫酸的酸性，又能表现浓硫酸的氧化性的反应是（   ）。
   A. 与 Cu 反应   B. 使铁钝化   C. 与碳反应   D. 与碱反应

4. 常温下，可盛放在铁制或铝制容器中的物质是（   ）。
   A. 浓硫酸   B. 稀硫酸   C. 稀盐酸   D. $CuSO_4$ 溶液

5. 能将 NH_4Cl、$(NH_4)_2SO_4$、$NaCl$、Na_2SO_4 溶液区分开的试剂是（   ）。
   A. $BaCl_2$ 溶液   B. $AgNO_3$ 溶液   C. $NaOH$ 溶液   D. $Ba(OH)_2$ 溶液

6. 下列各组离子在溶液中可以共存，加入过量稀硫酸后有沉淀和气体生成的是（   ）。
   A. Ba^{2+}、Na^+、Cl^-、NO_3^- B. Ba^{2+}、K^+、Cl^-、HCO_3^-
   C. Ca^{2+}、Al^{3+}、Cl^-、NO_3^- D. K^+、Ba^{2+}、S^{2-}、OH^-

7. 下列金属硫化物不溶于水，也不溶于稀盐酸的是（   ）。
   A. FeS   B. Ag_2S C. ZnS   D. HgS

8. 下列物质影响过磷酸钙肥效的是（   ）。
   A. 硝酸铵   B. 消石灰   C. 尿素   D. 盐酸

9. 浓硫酸能与 C、S 反应，显示出浓硫酸的性质有（   ）。
   A. 强酸性   B. 吸水性   C. 脱水性   D. 氧化性

10. 对 H_2O_2 性质描述正确是（   ）。
    A. 有氧化性   B. 既有氧化性，又有还原性
    C. 有还原性   D. 不稳定性

三、计算题

1. 将 0.53g Na_2CO_3 配成 40mL 溶液，与 20mL 盐酸恰好完全反应。求盐酸的物质的量浓度。

2. Na_2CO_3 和 $NaHCO_3$ 的混合物 146g，在 500℃下加热至恒重时，剩余物有 133.6g。计算混合物中纯碱的质量分数和反应产生的 CO_2 的体积（标准状况）。

3. 将 10.7g $Ca(OH)_2$ 和等质量的 NH_4Cl 混合，可以产生多少升 NH_3（标准状况）？若产生的 NH_3 溶于水，得到 500mL NH_3 溶液，计算其物质的量浓度。

4. 66g 硫酸铵与过量的烧碱共热后，放出的气体用 200mL、2.5mol·L^{-1} H_3PO_4 溶液吸收，通过计算确定生成的磷酸盐的组成。

5. H_2O_2 溶液 20mL（密度为 1g·cm^{-3}）与 $KMnO_4$ 酸性溶液作用，若消耗 1g $KMnO_4$，求 H_2O_2 溶液的质量分数。

6. 有 2mol·L^{-1} 盐酸 50mL，与足量的 FeS 反应，在标准状况下能收集到 H$_2$S 多少升（H$_2$S 的收率为 90%）？

7. Na$_2$CO$_3$ 和 NaHCO$_3$ 的混合物 9.5g，与足量的浓盐酸反应，在标准状况下产生 22.4L 气体，求 Na$_2$CO$_3$ 和 NaHCO$_3$ 各是多少克？

四、简答题

1. 怎样鉴别 BaSO$_4$ 和 BaCO$_3$？写出有关的反应方程式。

2. 实验室盛放 NaOH 溶液的试剂瓶，为什么不用玻璃塞而用橡皮塞？写出有关的反应方程式。

3. 如何稀释浓硫酸？为什么？

4. 如何区别 NH$_4$Cl、Na$_2$CO$_3$、NaCl、NaNO$_3$、Na$_2$SiO$_3$ 五种溶液？写出相应的实验现象和反应方程式。

5. 有一瓶无色气体，试用两种方法判断它是 CO 还是 CO$_2$？

6. 为什么可以用 HNO$_3$ 与 Na$_2$CO$_3$ 反应制 CO$_2$，而不能与 FeS 反应制 H$_2$S？

7. 有五种白色晶体：Na$_2$CO$_3$、NaCl、NaNO$_3$、NH$_4$Cl、Na$_2$SiO$_3$，如何鉴别？写出有关的反应方程式。

8. 在 Na$_2$CO$_3$ 溶液中分别加入 BaCl$_2$、HNO$_3$、CuSO$_4$、AlCl$_3$ 溶液，是否反应？写出反应方程式。

第十章
思考与练习

第十章
在线自测

第十一章

碱金属和碱土金属

知识目标
1. 认识碱金属和碱土金属。
2. 掌握钠、镁单质及重要化合物的性质、制备和用途。
3. 了解碱金属和碱土金属的通性。

能力目标
1. 能运用相关化合物的知识推测金属元素及其化合物。
2. 能正确书写碱金属和碱土金属族元素的重要化学反应方程式。

素质目标
1. 通过探索侯氏联合制碱法，树立民族自豪感和责任担当的意识。
2. 通过探索碱金属和碱土金属的性质实验，分析实验现象所反映的实质，提升归纳、总结的能力。

第十一章 PPT

元素周期表中第ⅠA族元素包括锂（Li）、钠（Na）、钾（K）、铷（Rb）、铯（Cs）、钫（Fr）六种金属元素，由于它们的氢氧化物都是易溶于水的强碱，所以统称为碱金属。元素周期表中第ⅡA族元素包括铍（Be）、镁（Mg）、钙（Ca）、锶（Sr）、钡（Ba）、镭（Ra）六种金属元素，由于钙、锶、钡的氧化物在性质上介于"碱性的"和"土性的"（以前把黏土的主要成分，既难溶于水又难熔融的 Al_2O_3 称为"土性"氧化物）之间，故称为碱土金属，现习惯上把与其原子结构相似的铍和镁也包括在内。其中，Li、Rb、Cs、Be 是稀有金属，Fr 和 Ra 是放射性元素。

第一节　碱金属

碱金属位于周期表中的ⅠA族，是最活泼的金属，价电子构型为 ns^1，在周期表位于 s 区。它们大多是银白色的柔软、易熔金属。碱金属中的钠、钾在自然界中的分布广、丰度大。钠约占地壳总质量的 2.74%，居元素含量的第六位。

一、碱金属单质

1. 碱金属单质的物理性质

碱金属都显银白色,有金属光泽,有一定的导电性、导热性和延展性,具有熔点低、硬度小、密度小的特点。

2. 碱金属单质化学性质

碱金属有很强的还原性,与许多非金属单质直接反应生成离子型化合物,碱金属不能存放于空气中。

(1) 与非金属的反应 常温下碱金属能迅速与空气中氧发生反应,在金属的表面生成一层氧化物,氧化物易吸收空气中的 CO_2 而生成碳酸盐,Li 表面还会有氮化物生成。

Na 放置在空气中会与氧气发生反应,在钠的表面生成一薄层氧化物(氧化钠),氧化钠很不稳定,可以继续在空气中完成如下变化:

$$Na \longrightarrow Na_2O \longrightarrow NaOH \longrightarrow Na_2CO_3 \cdot 10H_2O \longrightarrow Na_2CO_3 \text{(风化)}$$

K 在空气中可以逐渐氧化,生成氧化物 K_2O。

$$2K + O_2 \longrightarrow K_2O$$

Na、K 在空气中稍稍加热会燃烧,Cs 和 Rb 在室温下与空气接触立即燃烧。在充足的空气中,Na 燃烧的产物是过氧化钠,K、Rb、Cs 燃烧则生成超氧化物,但 Li 却生成普通氧化物和少量氮化物。

Na 在空气中燃烧,生成黄色的过氧化钠,并发出黄色的火焰,在纯氧中燃烧更剧烈。

$$2Na + O_2 \xrightarrow{\text{点燃}} Na_2O_2$$

K 在空气中燃烧时,火焰呈紫色,生成超氧化钾(KO_2)。

$$2K + O_2 \xrightarrow{\text{点燃}} KO_2$$

$$M + O_2 \xrightarrow{\text{点燃}} MO_2 \quad (M = K、Rb、Cs)$$

$$4Li + O_2 \xrightarrow{\text{点燃}} 2Li_2O$$

$$6Li + N_2 \xrightarrow{\text{点燃}} 2Li_3N$$

(2) 与水的反应 Na 遇水剧烈反应,产生大量的热。其化学反应方程式如下:

$$2Na + 2H_2O \longrightarrow 2NaOH + H_2 \uparrow$$

K 与水的反应和钠与水的反应相比更为剧烈,发生燃烧,量较大时甚至爆炸。

$$2K + 2H_2O \longrightarrow 2KOH + H_2 \uparrow$$

由于钠和钾很容易与空气中的氧气或水起反应,是一种危险化学品,所以要使它与空气和水隔绝,妥善保存。大量的钠和钾要密封在钢桶中单独存放,少量的钠和钾通常保存在煤油里。遇其着火时,只能用砂土或干粉灭火,绝不能用水灭火。

(3) 与 C_2H_5OH 反应 碱金属与无水乙醇反应生成乙醇盐并放出氢气,乙醇钠的碱性强于氢氧化钠。

$$2Na + 2C_2H_5OH \longrightarrow 2C_2H_5ONa + H_2 \uparrow$$

钠在工业生产和现代科学技术上都有较重要的用途。钠是一种强的还原剂,可用于某些金属的冶炼上。例如,钠可以把钛、锆、铌、钽等金属从它们的熔融卤化物里还原出来。钠和钾的合金(钾的质量分数为 50%~80%)在室温下呈液态,是原子反应堆的导热剂。钠也应用在电光源上，高压钠灯发出的黄光射程远，透雾能力强，用作路灯时，照明度比高压水银灯高几倍。碱金属尤其是 Rb 和 Cs 失去电子能力很强，受光照射时，电子就可以从金属表面逸出，因此，常用来制造光电管，进行光电信号的转化。

二、碱金属的重要化合物

1. 氧化物

碱金属能形成多种氧化物：普通氧化物（含有 O^{2-}）、过氧化物（含有 O_2^{2-}）、超氧化物（含有 O_2^-）和臭氧化物（O_3^-）。

(1) 普通氧化物　锂在充足的空气中燃烧生成普通氧化物 Li_2O。

$$4Li + O_2 \xrightarrow{\text{点燃}} 2Li_2O$$

其他碱金属（除锂）的普通氧化物要用间接的方法来制备。例如，用相应的金属还原过氧化物或硝酸盐制得：

$$Na_2O_2 + 2Na \longrightarrow 2Na_2O$$

$$2KNO_3 + 10K \xrightarrow{\triangle} 6K_2O + N_2 \uparrow$$

碱性氧化物能与酸起反应生成盐和水；与酸性氧化物起反应生成盐；与水反应生成氢氧化物（MOH）。与水反应的程度，从 Li_2O 到 Cs_2O 依次加强。Li_2O 与水反应很慢，但 Rb_2O 和 Cs_2O 与水反应时会发生燃烧甚至爆炸。以氧化钠为例，反应式如下：

$$Na_2O + 2HCl \longrightarrow 2NaCl + H_2O$$

$$Na_2O + CO_2 \longrightarrow Na_2CO_3$$

$$Na_2O + H_2O \longrightarrow 2NaOH$$

氧化钠暴露在空气中，能与空气里的二氧化碳反应，所以应密封保存。

(2) 过氧化物　过氧化物是含有过氧基（—O—O—）的化合物。所有碱金属都能形成过氧化物。其中比较常用的是过氧化钠（Na_2O_2）。工业用的 Na_2O_2 是将金属钠加热熔融，然后通入已经除去二氧化碳的干燥空气来合成，反应式如下：

$$2Na + O_2 \longrightarrow Na_2O_2$$

Na_2O_2 是一种强氧化剂，工业上用作漂白剂，漂白织物、麦秆、羽毛等，还常用作分解矿石的溶剂。Na_2O_2 暴露在空气中与 CO_2 反应生成 Na_2CO_3，并放出 O_2。因此 Na_2O_2 必须密封保存在干燥的地方。

$$2Na_2O_2 + 2CO_2 \longrightarrow 2Na_2CO_3 + O_2 \uparrow$$

利用这一性质，Na_2O_2 在防毒面具、高空飞行和潜艇中用作 O_2 的再生剂。

2. 氢氧化物

碱金属元素的氧化物遇水都能发生剧烈反应，生成相应的碱：

$$M_2O + H_2O \longrightarrow 2MOH$$

碱金属的氢氧化物都是白色固体。它们易吸收空气中的 CO_2 变为相应的碳酸盐，也易在空气中吸水而潮解，故固体 NaOH 常用作干燥剂。除了 LiOH 以外，碱金属氢氧化物在水中的溶解度很大，并全部电离。碱金属的氢氧化物在水中溶解时放出大量的热，溶液呈强碱性，碱性按以下顺序递增：

$$LiOH < NaOH < KOH < RbOH < CsOH$$

碱金属的氢氧化物中最常用的是 NaOH，NaOH 俗称烧碱、火碱、苛性钠。NaOH 的浓溶液对皮肤、纤维等有强烈的腐蚀作用，使用时应特别注意。

NaOH 具有碱的一切通性，能同酸、酸性氧化物、盐类起反应。

NaOH 极易吸收二氧化碳，生成 Na_2CO_3 和 H_2O，因此要密闭保存。

$$2NaOH + CO_2 \longrightarrow Na_2CO_3 + H_2O$$

NaOH 可腐蚀玻璃，它与玻璃里的主要成分 SiO_2 作用生成黏性的硅酸钠（Na_2SiO_3），可把玻璃塞与瓶口黏结在一起。

$$2NaOH + SiO_2 \longrightarrow Na_2SiO_3 + H_2O$$

因此实验室中盛 NaOH 溶液的试剂瓶应为塑料瓶，若用玻璃瓶，则用橡胶塞，以免玻璃塞与瓶口粘在一起。在容量分析中，酸式滴定管不能装碱溶液也是这个缘故。

NaOH 的用途十分广泛，在化学实验中，除了用作试剂以外，由于它有很强的吸水性，还可用作碱性干燥剂。NaOH 在国民经济中有广泛应用，许多工业部门都需要氢氧化钠。使用 NaOH 最多的部门是化学药品的制造，其次是造纸、炼铝、炼钨、人造丝、人造棉和肥皂制造业。另外，用在染料、塑料、药剂及有机中间体，旧橡胶的再生，制金属钠，水的电解，以及无机盐生产中，制取硼砂、铬盐、锰酸盐、磷酸盐等也要使用大量的烧碱。

3. 重要的碱金属盐类

绝大多数碱金属盐类属于离子晶体。但由于 Li^+ 的离子半径特别小，某些锂盐（如 LiX）具有不同程度的共价性。碱金属离子在晶体中和在水溶液中都是无色的。所以，除了与有色阴离子形成的盐具有颜色外，其他碱金属盐类均为无色。

除少数碱金属盐类难溶于水外，碱金属盐类一般易溶于水。碱金属的弱酸盐在水中发生水解，使溶液呈碱性。因此，Na_2CO_3、Na_3PO_4（磷酸钠）、Na_2SiO_3 等弱酸盐均可在不同反应中作为碱使用。

由于正、负离子间较强的离子键，碱金属盐类通常具有较高的熔点，其熔融时存在着自由移动的阳离子和阴离子，具有很强的导电能力。

(1) NaCl NaCl 是无色立方结晶或白色结晶，易溶于水、甘油，微溶于乙醇、液氨，几乎不溶于乙醚，在空气中微有潮解性。食盐是人类赖以生存的物质基础，也是化学工业的重要原料，用于制造纯碱和烧碱及其他化工产品、矿石冶炼，在食品工业和渔业上用于制作盐腌品，还可用作调味料的原料和精制食盐，医疗上用来配制生理盐水。工业氯化钠的精制通常采用重结晶法。

(2) KCl KCl 是无色立方晶体，常为长柱状。易溶于水，易溶于醚、甘油及碱类，微溶于乙醇，但不溶于无水乙醇，有吸湿性，易结块。在水中的溶解度随温度的升高而迅速地增加，与钠盐常起复分解作用而生成新的钾盐。农业上用作钾肥（以 KCl 计含量为 50%～60%），肥效快，直接施用于农田，能使土壤下层水分上升，有抗旱的作用。可用作基肥和追肥。但在盐碱地或对马铃薯、番薯、甜菜、烟草等忌氯农作物不宜施用。无机工业中是制造氢氧化钾、硫酸钾、硝酸钾等各种钾盐的基本原料。医药工业用作利尿剂及防治缺钾症的药物。

(3) Na_2SO_4（硫酸钠） 无水 Na_2SO_4 俗称元明粉，为无色晶体，易溶于水。$Na_2SO_4 \cdot 10H_2O$ 俗名芒硝，在干燥的空气中易失去结晶水（称为风化）。Na_2SO_4 是制造玻璃、硫化钠、造纸等的重要原料，也用在制水玻璃、纺织、染色等工业上，在医药上用作缓泻剂。

自然界的 Na_2SO_4 主要分布在盐湖和海水里。我国盛产芒硝。

(4) Na_2CO_3 Na_2CO_3 俗称纯碱或苏打，有无水物和十水合物（$Na_2CO_3 \cdot 10H_2O$）两种。前者置于空气中因吸潮而结成硬块，后者在空气中易风化变成白色粉末或细粒。易溶于水，其水溶液有较强的碱性。工业上所谓的"三酸两碱"中的两碱是指 NaOH 和 Na_2CO_3，它们都是极为重要的化工原料。由于 NaOH 有强烈的腐蚀性，所以许多用碱的场合，常以 Na_2CO_3 代替 NaOH。

Na_2CO_3 与酸反应，放出 CO_2 气体。

$$Na_2CO_3 + 2HCl \longrightarrow 2NaCl + H_2O + CO_2\uparrow$$

因此在食品工业中，用它中和发酵后生成的多余的有机酸，除去酸味，并利用反应生成的 CO_2 使食品膨松。

Na_2CO_3 是一种基本的化工原料，大量用于玻璃、搪瓷、肥皂、造纸、纺织、洗涤剂的生产和有色金属的冶炼中，它还是制备其他钠盐或碳酸盐的原料。

（5）$NaHCO_3$（碳酸氢钠） $NaHCO_3$ 俗称小苏打，为白色细小的晶体，可溶于水，但溶解度比 Na_2CO_3 小，其水溶液呈碱性，与酸作用也能放出 CO_2 气体。

Na_2CO_3 受热不发生反应，而 $NaHCO_3$ 则受热分解放出 CO_2。

$$2NaHCO_3 \xrightarrow{\triangle} Na_2CO_3 + H_2O + CO_2\uparrow$$

这个反应可用来鉴别 Na_2CO_3 和 $NaHCO_3$。

$NaHCO_3$ 在食品工业上是发酵粉的主要成分，医药上用它来中和过量的胃酸，纺织工业上用作羊毛洗涤剂，它还用作泡沫灭火器的药剂。

 思考题： 能否把钠保存在易挥发的汽油里或密度比钠大的四氯化碳（CCl_4）中？

第二节 碱土金属

碱土金属位于周期表中的ⅡA族，价电子构型为 ns^2，在周期表位于 s 区。碱土金属元素（除镭外）在自然界中分布很广，多以离子型化合物的形式存在。例如，镁在自然界中占地壳总质量的 2.00%，居元素含量的第八位。镁的化学性质也很活泼，在自然界以化合态的形式存在。

一、碱土金属单质

1. 物理性质

碱土金属除铍是钢灰色外，其余都显银白色，有金属光泽。碱土金属有一定的导电性、导热性和延展性。碱土金属的熔点、硬度、密度均高于碱金属，其原因是碱土金属的金属键比碱金属的强。例如，镁是具有银白色金属光泽的轻金属、软金属，密度 $1.74\text{g}\cdot\text{cm}^{-3}$，熔点 649℃，沸点 1090℃，有良好的导热性和导电性。

2. 化学性质

碱土金属最外层有两个价电子，在反应中容易失去这两个电子而成为 +2 价的阳离子，表现出活泼的化学性质和很强的还原性，能与许多非金属、水、酸等发生反应。除 Mg、Be 外，其他碱土金属不能存放于空气中。

(1) 与非金属的反应　常温下碱土金属在空气中缓慢反应生成氧化膜,在空气中加热能燃烧。其中,Ba 生成过氧化物,其余的生成普通氧化物,同时有氮化物生成。

$$Ba + O_2 \xrightarrow{\triangle} BaO_2$$

常温下,镁在空气里都能被缓慢氧化,在表面生成一层十分致密的氧化膜,可以保护内层的镁不再被氧化,因此镁无须密闭保存。

【演示实验 11-1】　取一段镁条,用砂纸擦去其表面氧化物,用镊子夹住放在酒精灯上灼烧,观察其现象。

可以看到,镁条剧烈燃烧,生成白色粉末状的氧化镁,同时放出强烈的白光,因此可用它制造焰火、照明弹和照相镁灯。

$$2Mg + O_2 \xrightarrow{\triangle} 2MgO$$

镁条的燃烧

镁在空气中燃烧生成氧化物的同时还可生成少量的氮化物。

$$3Mg + N_2 \xrightarrow{\triangle} Mg_3N_2$$

(2) 与水、稀酸的反应　碱金属和水反应十分剧烈,而碱土金属和水反应相对平稳,其原因在于碱土金属的熔点较高,不像钠、钾、铷、铯反应时能熔化成液体而加快反应;另外,碱土金属氢氧化物的溶解度较小,会覆盖在金属表面阻碍金属与水的接触,从而减缓了反应速率。例如,镁在常温下与水反应缓慢,不易察觉,只有在沸水中反应显著:

$$Mg + 2H_2O \xrightarrow{煮沸} Mg(OH)_2 + H_2 \uparrow$$

镁还能与稀酸反应放出氢气,并生成相应的盐。

$$Mg + H_2SO_4 (稀) \longrightarrow MgSO_4 + H_2 \uparrow$$

(3) 与液氨的反应　碱土金属中钙、锶、钡都可溶于液氨中生成蓝色的溶剂合电子及阳离子的导电溶液。

$$碱土金属\ M(s) + (x+2y)NH_3 \rightleftharpoons M^{2+}(NH_3)_x + 2e^-(NH_3)_y (蓝色)$$

和碱金属钠相比,钙、锶、钡也能溶于液氨生成类似的蓝色溶液,但是溶解得比钠要慢一些,量也少一些。

(4) 与氧化物的反应　镁不仅可以与空气中的氧气发生反应,而且能够夺取氧化物中的氧,显示出很强的还原性。

$$2Mg + CO_2 \xrightarrow{高温} C + 2MgO$$

由于镁是活泼的金属,所以工业上通过电解熔融氯化物的方法来制取金属镁。

$$MgCl_2 (熔融) \xrightarrow{电解} Mg + Cl_2 \uparrow$$

镁的主要用途是制造密度小、硬度大、韧性高的合金,如铝镁合金(含 10%～30% 的镁)、电子合金(含 90% 的镁),这些合金适用于飞机和汽车的制造。镁还常用作冶炼稀有金属的还原剂,制造照明弹。镁也是叶绿素中不可缺少的元素。

二、碱土金属的重要化合物

1. 氧化物

碱土金属与氧既能形成普通氧化物(MO),也能形成过氧化物(MO$_2$)及超氧化物

（MO$_4$）。

(1) **普通氧化物** 碱土金属的普通氧化物可以通过分解碳酸盐得到。

$$MCO_3 \xrightarrow{\triangle} MO + CO_2 \uparrow \quad (M = Mg、Ca、Sr、Ba)$$

碱土金属氧化物中比较常见的是氧化镁，又称苦土，是一种很轻的白色粉末状固体，难溶于水，其熔点较高，为2800℃。硬度也较高，是优良的耐火材料，可以用来制造耐火砖、耐火管、坩埚和金属陶瓷等；医学上将纯的氧化镁用作抑酸剂，以中和过多的胃酸，还可作为轻泻剂。氧化镁是碱性氧化物，能与水缓慢反应生成氢氧化镁，同时放出热量。

(2) **过氧化物** 除了Be外，其他碱土金属元素都能生成离子型过氧化物。较重要的过氧化物是过氧化钙（CaO_2）和过氧化钡（BaO_2）。

在低温、碱性条件下用H_2O_2与$CaCl_2$反应可得到含结晶水的CaO_2。将含结晶水的CaO_2在低于100℃下脱水可生成黄色的无水CaO_2。

$$CaCl_2 + H_2O_2 \longrightarrow CaO_2 + 2HCl$$

在497～517℃时氧气通过BaO即可制得BaO_2。

$$2BaO + O_2 \longrightarrow 2BaO_2$$

(3) **超氧化物** 碱土金属除了铍、镁元素外，其他都能形成超氧化物。其超氧化物都是很强的氧化剂，与水发生剧烈化学反应，生成氧气和过氧化氢。例如：

$$CaO_4 + 2H_2O \longrightarrow O_2 \uparrow + H_2O_2 + Ca(OH)_2$$

2. 氢氧化物

碱土金属的氢氧化物都是白色固体，放置在空气中容易吸水而潮解，碱土金属氢氧化物的溶解度比碱金属氢氧化物的溶解度要小得多。

氢氧化铍[$Be(OH)_2$]为两性氢氧化物，它既溶于酸也溶于碱：

$$Be(OH)_2 + 2H^+ \longrightarrow Be^{2+} + 2H_2O$$

$$Be(OH)_2 + 2OH^- \longrightarrow [Be(OH)_4]^{2-}$$

氢氧化镁[$Mg(OH)_2$]是一种微溶于水的白色粉末，是中等强度的碱，具有一般碱的通性。它的热稳定性差，加热时分解为MgO和H_2O。

$$Mg(OH)_2 \longrightarrow MgO + H_2O$$

$Mg(OH)_2$在医药上常配成乳剂，称"苦土乳"，作为轻泻剂，也有抑制胃酸的作用。氢氧化镁还用于制造牙膏、牙粉。

3. 重要的碱土金属盐类

大多数碱土金属盐类为无色的离子晶体。碱土金属的硝酸盐、氯酸盐、高氯酸盐、卤化物（除氟化物外）等易溶于水；碱土金属的碳酸盐、磷酸盐和草酸盐等都难溶于水。碱土金属的硫酸盐和铬酸盐的溶解度差别较大，$BaSO_4$和$BaCrO_4$难溶于水，而$MgSO_4$和$MgCrO_4$等易溶于水。钙、锶、钡的硫酸盐在浓硫酸中因发生下列反应而使溶解度增大，因此在浓硫酸溶液中不能使Ca^{2+}、Sr^{2+}、Ba^{2+}等沉淀完全。

$$MSO_4 + H_2SO_4 \longrightarrow M(HSO_4)_2 \quad (M = Ca、Sr、Ba)$$

$MgSO_4 \cdot 7H_2O$是一种无色晶体，易溶于水，有苦味，在干燥空气中易风化而成粉末。在医药上常用作泻药，故又称之为泻盐。另外，造纸、纺织等工业也用到硫酸镁。

碱土金属的碳酸盐、草酸盐、铬酸盐、磷酸盐等，均能溶于强酸溶液（如盐酸）中。例如：

$$CaCO_3 + 2H^+ \longrightarrow Ca^{2+} + CO_2\uparrow + H_2O$$
$$2BaCrO_4 + 2H^+ \longrightarrow 2Ba^{2+} + Cr_2O_7^{2-} + H_2O$$
$$3Ca(PO_4)_2 + 4H^+ \longrightarrow 3Ca^{2+} + 2H_2PO_4^-$$

因此，要使这些难溶碱土金属盐沉淀完全，应控制溶液 pH 为中性或微碱性。

碳酸镁（$MgCO_3$）为白色固体，微溶于水。将 CO_2 通入 $MgCO_3$ 的悬浊液中，则生成可溶性的碳酸氢镁。

$$MgCO_3 + CO_2 + H_2O \longrightarrow Mg(HCO_3)_2$$

知识窗

镁在人体新陈代谢过程中具有举足轻重的作用，是人体一切生长过程，如骨骼、细胞、核糖核酸、脱氧核糖核酸、心脏及各种生物膜形成的重要物质。人体中还有数百种不同的酶需要镁元素的给养。钙是构成植物细胞壁和动物骨骼的重要成分，镁能与钙相辅相成，有效预防及改善骨质疏松、巩固骨骼和牙齿，没有镁参与的补钙，其效果甚微。详细内容可扫描二维码阅读。

钙、镁元素与人体健康

第三节 碱金属和碱土金属的性质比较

一、原子结构的比较

碱金属元素原子最外层只有一个价电子，次外层都是稀有气体的稳定结构。碱金属元素原子，按照锂、钠、钾、铷、铯的顺序，随着核电荷数的增加，电子层数随之递增，原子半径越来越大（见表 11-1）。

表 11-1 碱金属元素的原子结构及单质的物理性质

元素名称	锂	钠	钾	铷	铯
元素符号	Li	Na	K	Rb	Cs
核电荷数	3	11	19	37	55
价电子结构	$2s^1$	$3s^1$	$4s^1$	$5s^1$	$6s^1$
氧化值	+1	+1	+1	+1	+1
密度/(g·cm^{-3})	0.535	0.971	0.862	1.532	1.873
熔点/K	453.54	370.81	336.65	311.89	301.4
沸点/K	1615	1155.9	1032.9	959	942.3
硬度	0.6	0.5	0.4	0.3	0.2
颜色和状态	银白色,质软	银白色,质软	银白色,质软	银白色,质软	银白色,质软

碱土金属元素原子最外层有两个价电子，次外层都是稀有气体的稳定结构。碱土金属元素原子，按照铍、镁、钙、锶、钡的顺序，随着核电荷数的增加，电子层数也随之递增，原

子半径也越来越大（见表 11-2）。

表 11-2 碱土金属元素的原子结构及单质的物理性质

元素名称	铍	镁	钙	锶	钡
元素符号	Be	Mg	Ca	Sr	Ba
核电荷数	4	12	20	38	56
价电子结构	$2s^2$	$3s^2$	$4s^2$	$5s^2$	$6s^2$
氧化值	+2	+2	+2	+2	+2
密度/(g·cm^{-3})	1.848	1.738	1.55	2.54	3.5
熔点/K	1551	921.8	1112	1042	998
沸点/K	3243	1363	1757	1657	1913
硬度	4	2.5	2	1.8	—
颜色	钢灰色	银白色	银白色	银白色	银白色

碱金属元素的原子半径比同周期碱土金属元素的原子半径要大，最外层电子数也少 1 个，所以碱金属元素的原子在化学反应中比同周期的碱土金属元素的原子要容易失去电子。

二、物理性质的比较

碱金属和碱土金属（除铍外）都是银白色的金属，具有一般金属的通性，如有金属光泽、延展性、导电性、导热性等。

碱金属的密度都很小，是典型的轻金属。硬度也很小，属软金属。熔点、沸点低，其中铯的熔点最低，人体的温度即可使其熔化。而且，随着核电荷数的递增，碱金属的熔点、沸点、硬度都呈现由高到低的变化，密度则略有增大。

同周期的碱土金属和碱金属相比，密度、硬度都要大，熔点、沸点也高，但随核电荷数递增的变化规律与碱金属的变化规律一致。

三、化学性质的比较

碱金属由于最外层只有一个价电子，在化学反应中很容易失去这个电子而形成 +1 价的阳离子，因此，碱金属都具有很强的化学活泼性，能与绝大多数非金属、水、酸等反应，是很强的还原剂。但是，随着核电荷数的增大，碱金属的电子层数依此增加，原子半径依此增大，失去最外层电子的倾向也依此增大，因此，碱金属的化学活泼性，即还原性顺序为：Li＜Na＜K＜Rb＜Cs。

碱土金属由于最外层有两个价电子，比碱金属最外层电子数多 1 个，所以同周期相比，碱土金属的化学性质没有碱金属的化学性质活泼。但碱土金属也是活泼性相当强的金属元素，并且随着核电荷数的增大，碱土金属的化学活泼性变化规律和碱金属一致，即还原性顺序为：Be＜Mg＜Ca＜Sr＜Ba。

下面从碱金属、碱土金属与非金属和水的反应来比较它们的化学性质。

1. 与非金属的反应

碱金属和碱土金属都能与大多数非金属（如氧气、卤素、硫、磷等）发生反应，表现出很强的金属性，变化规律符合主族元素的性质递变规律。

例如：在常温时，锂在空气中缓慢氧化生成氧化锂；钠在空气中很快被氧化生成氧化钠；钾在空气中迅速被氧化生成氧化钾；铷和铯在空气中能自燃。

同周期的碱金属和碱土金属性质递变也符合同周期元素的性质递变规律。

例如：钠在空气中很快被氧化生成氧化钠，要隔绝空气存放；镁在空气中缓慢氧化成氧化镁，可以在空气中存放。

碱金属和碱土金属燃烧时火焰呈现出不同的颜色。

【演示实验 11-2】 把装在玻璃棒上的铂丝（也可用光亮的铁丝、镍丝或钨丝）用纯净的盐酸洗净，放在酒精灯上灼烧，如图 11-1，当火焰与原来灯焰的颜色一致时，用铂丝分别蘸上氯化钠、氯化钾、氯化锂溶液或晶体，放在灯的外焰上灼烧，观察火焰的颜色。

图 11-1 焰色反应　　　　焰色反应

每次实验完毕，都要用盐酸将铂丝小环清洗干净。在做钾的实验时，要透过蓝色的钴玻璃片（滤去黄光）观察。

许多金属或它们的挥发性盐在无色火焰上灼烧时会产生特殊的颜色，这种现象称为<u>焰色反应</u>。焰色反应所呈现的特殊颜色，常用在分析化学上鉴别这些金属元素的存在；另外还可以制造各色焰火。一些金属或金属离子的焰色反应颜色见表 11-3。

表 11-3　一些金属或金属离子焰色反应的颜色

金属或金属离子	锂	钠	钾	铷	铯	钙	钡	铜
焰色反应的颜色	紫红色	黄色	紫色	紫红色	紫红色	砖红色	黄绿色	绿色

2. 与水的反应

碱金属在常温时都能与水反应，生成氢氧化物和氢气。碱金属的氢氧化物易溶于水，其水溶液都呈强碱性，都能使无色的酚酞试液变红色，且从氢氧化锂到氢氧化铯碱性依此增强。

例如：常温下，锂与水反应时比较缓慢，不熔化；钠与水能起剧烈反应；钾与水的反应比钠与水的反应更剧烈，常使生成的氢气燃烧，并发生轻微爆炸；铷和铯遇水剧烈反应，并发生爆炸。

碱土金属与水的反应比同周期的碱金属弱，生成的氢氧化物的碱性也弱。

例如：常温下，钠与水能起剧烈反应，生成的氢氧化钠是强碱，镁只能与水缓慢反应，而生成的氢氧化镁是中等强度的碱。

> 📖 **思考题**：说说焰色反应都有哪些实际用途？金属钠没有腐蚀性，为什么不能用手拿？

【知识拓展】

硬水及其软化

"硬水"是指含有较多可溶性钙镁化合物的水。硬水并不对健康造成直接危害，但是会给生活带来好多麻烦，比如用水器具上结水垢、肥皂和清洁剂的洗涤效率降低等。

除去或减少自然水中的钙盐或镁盐等的过程叫作硬水软化。软化的方法有很多，最常使用的方法是药剂软化法和离子交换法。详细内容可扫描二维码阅读。

硬水及其软化

知识窗

侯氏联合制碱法的问世

纯碱是一种重要的化工原料。20世纪前，我国工业用纯碱依赖从英国进口。为了发展民族工业，1917年爱国实业家范旭东在天津创办了永利碱业公司，聘请侯德榜先生担任总工程师。侯德榜先生致力于摸索索尔维法的各项技术，进行制碱工艺和设备的改进，终于获得成功，1924年8月，永利碱厂正式投产。侯德榜先生为了进一步提高NaCl的利用率，提出新的工艺路线，不仅把NaCl原料的利用率从30%提高到98%，而且实现了制碱和制氨的结合，大大降低了生产的成本，提高了经济效益。1943年，这种制碱法被国际正式命名为"侯氏联合制碱法"，侯德榜先生也为祖国赢得了荣誉。详细内容可扫描二维码阅读。

侯氏联合制碱法的问世

【本章小结】

一、碱金属

（1）常温下碱金属能迅速与空气中氧发生反应，在金属的表面生成一层氧化物，氧化物易吸收空气中的 CO_2 而生成碳酸盐，Li 金属表面还会有氮化物生成。

钠和钾很容易与空气中的氧气或水起反应，是一种危险化学品，所以要使它与空气和水隔绝，妥善保存。

碱金属与无水乙醇反应生成乙醇盐并放出氢气。

（2）碱金属能形成多种氧化物：普通氧化物（含有 O^{2-}）、过氧化物（含有 O_2^{2-}）、超氧化物（含有 O_2^-）和臭氧化物（O_3^-）。

碱金属元素的氧化物遇水都能发生剧烈反应，生成相应的碱。

二、碱土金属

（1）常温下碱土金属在空气中缓慢反应生成氧化膜，在空气中加热能燃烧。其中，Ba 生成过氧化物，其余的生成普通氧化物，同时有氮化物生成。

碱金属和水反应十分剧烈，而碱土金属的熔点较高。碱土金属和水反应相对平稳。

（2）碱土金属与氧既能形成普通氧化物（MO），也能形成过氧化物（MO$_2$）及超氧化物（MO$_4$）。

碱土金属的氢氧化物都是白色固体，放置在空气中容易吸水而潮解，碱土金属氢氧化物的溶解度比碱金属氢氧化物的溶解度要小得多。大多数碱土金属盐类为无色的离子晶体。

三、金属和碱土金属的性质比较

（1）同周期的碱土金属和碱金属相比，密度、硬度都要大，熔点、沸点也高，但随核电荷数递增的变化规律与碱金属的变化规律一致。

（2）碱金属和碱土金属都能与大多数非金属（如氧气、卤素、硫、磷等）起反应，表现出很强的金属性。碱金属和碱土金属燃烧时火焰呈现出不同的颜色。

【思考与练习】

一、填空题

1. Na 的原子序数为_____，位于周期表_____周期，_____族，最外层有_____个电子，容易_____电子，成为_____价离子。因此 Na 具有很强的_____性。

2. 钠在自然界里不能以_____态存在，只能以_____态存在，这是因为_____。

3. 钠的密度比水的密度_____，将钠投入水中，立即在_____与水剧烈反应，有_____放出，钠熔成_____向各个方向游动，发出_____的响声，逐渐缩小，最后_____，钠与水起反应的化学方程式是_____。

4. 在潜艇和消防员的呼吸面具中，Na$_2$O$_2$ 所起反应的化学方程式为_____。在这个反应中，Na$_2$O$_2$ _____剂。某潜艇上有 50 人，如果每人每分钟消耗 0.80L O$_2$（标准状况），则一天需 Na$_2$O$_2$ _____kg。

5. 检验 Na$_2$CO$_3$ 粉末中是否混有 NaHCO$_3$ 的方法是_____，除去 Na$_2$CO$_3$ 中混有的少量 NaHCO$_3$ 的方法是_____。

6. 把 40.6g MgCl$_2$·H$_2$O 溶于水，配成 500mL 溶液，溶液中 MgCl$_2$ 的物质的量浓度为_____，Cl$^-$ 的物质的量浓度为_____。

7. 和相邻的碱金属比较，碱土金属原子的最外层多了_____个电子，原子核对电子的吸引力_____，所以碱土金属的活泼性比相邻的碱金属较_____。

8. 镁是活泼金属，但在空气中很稳定，原因是_____。

二、选择题

1. 金属钠比钾（　　）。
   A. 金属性强　　　B. 原子半径大　　　C. 还原性弱　　　D. 性质活泼

2. 在盛有氢氧化钠溶液的试剂瓶口，常看到有白色的固体物质，它是（　　）。
   A. NaOH　　　　B. Na$_2$CO$_3$　　　C. Na$_2$O　　　　D. NaHCO$_3$

3. 下列关于镁的说法正确的是（　　）。

A. 镁是活泼的金属，但在空气中很稳定，不必密封保存

B. 镁极易与水反应，生成可溶性碱

C. 由于二氧化碳可阻燃，燃着的镁条放进二氧化碳中，火很快熄灭

D. 镁和许多非金属单质如卤素等不反应

4. 钠与水起反应的现象与钠的性质无关的是（　　）。

A. 钠的熔点较低　　　　　　　　　　B. 钠的密度较小

C. 钠的硬度较小　　　　　　　　　　D. 钠是强还原剂

5. 在空气中放置少量金属钠，最终的产物是（　　）。

A. Na_2CO_3　　　B. $NaOH$　　　C. Na_2O　　　D. Na_2O_2

6. 正在燃烧的镁条，放入下列气体中时，不能继续燃烧的是（　　）。

A. CO_2　　　B. Cl_2　　　C. He　　　D. O_2

7. 下列离子中，用来除去溶液中的镁离子效果最好的是（　　）。

A. CO_3^{2-}　　　B. OH^-　　　C. SO_4^{2-}　　　D. Cl^-

8. 下列元素最可能形成共价化合物的是（　　）。

A. Ca　　　B. Mg　　　C. Na　　　D. Li

9. 下列关于碱土金属氢氧化物的叙述正确的是（　　）。

A. 均难溶于水　　　　　　　　　　B. 碱性从铍到钡依次增强

C. 均为强碱　　　　　　　　　　　D. 碱性强于碱金属

10. 下列物质溶解度最小的是（　　）。

A. $Ca(OH)_2$　　B. $Ba(OH)_2$　　C. $Be(OH)_2$　　D. $Sr(OH)_2$

三、写出下列反应的化学方程式，属于离子反应的，写出相应的离子方程式。

1.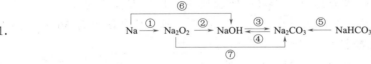

2. $Mg \rightarrow MgO \rightarrow MgCl_2 \rightarrow MgCO_3 \rightarrow MgSO_4 \rightarrow Mg(OH)_2 \rightarrow MgCl_2 \rightarrow Mg$

四、有四种钠的化合物 A、B、C、D，根据下列反应式判断它们的化学式。

(1) $A \longrightarrow B + CO_2\uparrow + H_2O$

(2) $D + CO_2 \longrightarrow B + O_2$

(3) $D + H_2O \longrightarrow C + O_2\uparrow$

(4) $B + Ca(OH)_2 \longrightarrow C + CaCO_3\downarrow$

五、在实验室里加热 $NaHCO_3$，生成 Na_2CO_3、CO_2 和 H_2O，并用澄清石灰水检验生成的 CO_2。

1. 图 11-2 是某学生设计的装置，有哪些错误？应该怎样改正？

2. 停止加热时，应该怎样操作？为什么？

六、Na_2O 和 Na_2O_2 均能与 CO_2 反应，但 Na_2O 与 CO_2 反应不生成 O_2（$Na_2O + CO_2 \longrightarrow Na_2CO_3$）。现有一定量的 Na_2O 和 Na_2O_2 的混合物，使其与 CO_2 充分反应时，每吸收 17.6g CO_2，即有 3.2g O_2 放出。计算该混合物中 Na_2O 和 Na_2O_2 的质量分数。

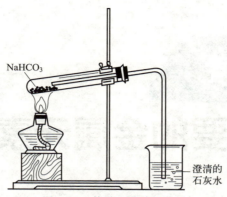

图 11-2　某学生设计的装置

第十一章
思考与练习

第十一章
在线自测

第十二章 其他重要的金属元素

知识目标
1. 掌握铝、铁、铅、铜、银、铬、锌、汞等的性质和主要化合物；
2. 了解金属冶炼的方法及现状；
3. 了解合金的基本知识。

能力目标
1. 能从金属结构的角度分析金属的共性和性质的递变规律；
2. 会根据金属化合物的典型性质说明其主要用途；
3. 能用反应式说明金属单质及其化合物的性质。

第十二章 PPT

素质目标
1. 通过探究金属的回收和环境、资源保护，增强安全、环保、节能意识；
2. 通过探索金属的冶炼和超导材料，培养科学探究与创新意识。

在已发现的 118 种元素中，非金属有 24 种，金属有 94 种。其中 24 种元素是用人工方法合成的。金属通常可分为黑色金属与有色金属两大类，黑色金属包括铁、铬、锰及它们的合金，主要是铁碳合金（钢铁）；有色金属是指除铁、铬、锰之外的所有金属。我国金属矿藏储量极为丰富，如铀、钨、钼、锡、锑、汞、铅、铁、金、银、菱镁矿和稀土等矿的储量居世界前列，其中钨、锑、钛、稀土等矿产储量更是世界第一。铜、铝、锰矿的储量也在世界占有重要的地位。

第一节 铝

铝在自然界中主要以铝矾土（$Al_2O_3 \cdot xH_2O$）矿物形式存在，此外还有冰晶石（Na_3AlF_6）、高岭土等矿物。铝元素在地壳中的含量仅次于氧和硅，是蕴藏最丰富的金属元素。

一、铝的性质

纯铝是一种银白色有光泽的轻金属，无毒，富有延展性，具有良好的导电、传热性和抗腐蚀性，无磁性，不发生火花放电。在金属中，Al 的导电、传热性能仅次于 Ag 和 Cu，延展性仅次于 Au。铝的化学性质活泼，在不同温度下能与 O_2、Cl_2、Br_2、I_2、N_2、P 等非金属直接化合。

$$4Al + 3O_2 \longrightarrow 2Al_2O_3$$

铝常被用来从其他氧化物中置换金属。例如，将铝粉和 Fe_2O_3（或 Fe_3O_4）粉末按一定比例混合，用引燃剂点燃，反应立即猛烈进行，同时放出大量的热，这种方法被称为铝热冶金法或铝热还原法。

$$2Al + Fe_2O_3 \longrightarrow Al_2O_3 + 2Fe, \quad \Delta_r H_m^{\ominus} = -853.8 \text{kJ} \cdot \text{mol}^{-1}$$

在反应中放出的热量可以把反应混合物加热至 3000℃，使还原出来的铁熔化而同氧化铝熔渣分层，常用于焊接损坏的铁路钢轨（不需要先将钢轨拆除），此外，一些难熔金属如 Cr、Mo、V 等可用铝还原它们的氧化物 MnO_2、Cr_2O_3、V_2O_5 而制得。所以铝是冶金工业上常用的还原剂。

在元素周期表中铝位于典型金属和非金属元素的交界，它同时具有明显的金属性和明显的非金属性，它是典型的两性金属，既能溶于强酸，也能直接溶于强碱，并放出 H_2。

铝易溶于稀酸，能从稀酸中置换氢，不过铝的纯度越高，在酸中的反应越慢。

$$2Al + 3H_2SO_4 \longrightarrow Al_2(SO_4)_3 + 3H_2 \uparrow$$

在冷的浓 HNO_3 和浓 H_2SO_4 中，铝的表面会被钝化不发生反应。但铝能同热的浓硫酸反应：

$$2Al + 6H_2SO_4(\text{浓}) \xrightarrow{\triangle} Al_2(SO_4)_3 + 3SO_2 \uparrow + 6H_2O$$

铝溶在强碱溶液中生成铝酸钠，其脱水产物或高温熔融产物的组成符合最简式 $NaAlO_2$。

二、铝的重要化合物

（一）氧化铝（Al_2O_3）

Al_2O_3 为白色无定形粉末，是离子晶体，熔点高，硬度大，有多种变体，其中最为人们所熟悉的是 α-Al_2O_3 和 γ-Al_2O_3。但单质铝表面的氧化膜，既不是 α-Al_2O_3，也不是 γ-Al_2O_3，它是氧化铝的另一种变体。

自然界中存在的刚玉为 α-Al_2O_3，天然的或人造刚玉中由于含有不同的杂质而有多种颜色。例如含有微量的 Cr^{3+} 呈红色，称为红宝石，含有 Fe^{2+}、Fe^{3+} 或 Ti^{4+} 的称为蓝宝石。

γ-Al_2O_3 硬度不高，具有较大的表面积、较高的吸附能力和催化活性，性质比 α-Al_2O_3 活泼，较易溶于酸或碱溶液中，因此又称为活性氧化铝，它具有酸碱两性，可以用作吸附剂和催化剂载体。

（二）氢氧化铝 [$Al(OH)_3$]

Al_2O_3 的水合物一般称为氢氧化铝，加 $NH_3 \cdot H_2O$ 或碱于铝盐溶液中，可以沉淀出体积蓬松的白色 $Al(OH)_3$ 沉淀。$Al(OH)_3$ 广泛用于医药、玻璃、陶瓷工业中。

【演示实验 12-1】取一支试管，加入 10mL 0.5mol·L^{-1} $Al_2(SO_4)_3$ 溶液，逐滴加入 6mol·L^{-1} $NH_3·H_2O$，生成 $Al(OH)_3$ 沉淀。将此浑浊液分装在两支试管里，分别滴加 2mol·L^{-1} 盐酸和 6mol·L^{-1} NaOH 溶液。观察沉淀是否溶解。

通过观察，两支试管的沉淀均溶解，说明 $Al(OH)_3$ 是一种具有两性的氢氧化物，既能与酸反应，又能与碱反应：

$$Al(OH)_3 + 3HCl \longrightarrow AlCl_3 + 3H_2O$$
$$Al(OH)_3 + NaOH \longrightarrow NaAlO_2 + 2H_2O$$

氢氧化铝的两性性质

$Al(OH)_3$ 和 Na_2CO_3 一同溶于氢氟酸中，则可以生成冰晶石 Na_3AlF_6：

$$2Al(OH)_3 + 12HF + 3Na_2CO_3 \longrightarrow 2Na_3AlF_6 + 3CO_2\uparrow + 9H_2O$$

（三）铝盐和铝酸盐

金属铝、氧化铝或氢氧化铝与酸反应得到的产物是铝盐，铝在这里表现为金属。

金属铝、氧化铝或氢氧化铝与碱反应得到的产物是铝酸盐，铝在这里表现为非金属。

1. 铝盐

铝盐都含有 Al^{3+}。无水硫酸铝是白色粉末，从饱和溶液中析出白色针状结晶，是 $Al_2(SO_4)_3 \cdot 18H_2O$。受热时会逐渐失去结晶水，至250℃失去全部结晶水。约600℃时即分解成 Al_2O_3。

$Al_2(SO_4)_3$ 易溶于水，在水溶液中 Al^{3+} 是以八面体水合配离子的形式存在，它水解使溶液显酸性。

$$[Al(H_2O)_6]^{3+} + H_2O \longrightarrow [Al(H_2O)_5(OH)]^{2+} + H_3O^+$$

或

$$Al^{3+} + H_2O \longrightarrow [Al(OH)]^{2+} + H^+$$

$[Al(H_2O)_5(OH)]^{2+}$ 或 $[Al(OH)]^{2+}$ 还将逐级水解，直至产生 $Al(OH)_3$ 沉淀。

铝盐溶液加热时会促进 Al^{3+} 水解而产生一部分 $Al(OH)_3$ 沉淀。

$$[Al(H_2O)_6]^{3+} \longrightarrow Al(OH)_3\downarrow + 3H_2O + 3H^+$$

在铝盐溶液中加入硫化物会促使铝盐完全水解。

$$2Al^{3+} + 3S^{2-} + 6H_2O \longrightarrow 2Al(OH)_3\downarrow + 3H_2S\uparrow$$

想一想： 硫酸铝溶液中加入 Na_2CO_3 会出现什么现象？并解释之。

水解后的 $Al(OH)_3$ 可形成胶体，它能以细密分散态沉积在棉纤维上，并可牢固吸附染料，因此铝盐是优良的媒染剂，也常用作水净化的凝聚剂和造纸工业的胶料等。

含有结晶水的某些金属硫酸盐（如 $FeSO_4 \cdot 7H_2O$，绿矾）或由两种或两种以上的金属硫酸盐结合成的含结晶水［如 $(NH_4)_2 \cdot SO_4 \cdot FeSO_4 \cdot 6H_2O$，莫尔盐］的复盐称为矾。铝钾矾 $[K_2SO_4 \cdot Al_2(SO_4)_3 \cdot 24H_2O]$ 是最为常见的铝矾，俗称明矾，易溶于水，水解生成 $Al(OH)_3$ 或碱式盐的胶状沉淀。明矾可用于水的净化，造纸业的上浆剂，印染业的媒染剂，以及医药上的防腐剂、收敛剂和止血剂等。

2. 铝酸盐

Al_2O_3 与碱熔融可以制得铝酸盐：

$$Al_2O_3 + 2NaOH \longrightarrow 2NaAlO_2 + H_2O$$

固态的铝酸盐有 $NaAlO_2$、$KAlO_2$ 等，在水溶液中尚未找到 AlO_2^- 这样的离子，铝酸盐离子在水溶液中是以 $[Al(H_2O)_4]^-$ 或 $[Al(H_2O)_6]^{3+}$ 等水合配离子的形式存在的。

铝酸盐水解使溶液显碱性：
$$Al(OH)_4^- \longrightarrow Al(OH)_3 + OH^-$$
在这个溶液中通入 CO_2 气体，可以促使水解的进行而得到 $Al(OH)_3$ 的沉淀：
$$2NaAlO_2 + CO_2 + 3H_2O \longrightarrow 2Al(OH)_3 \downarrow + Na_2CO_3$$
工业上正是利用这个反应从铝矾土矿制取 $Al(OH)_3$，而后制备 Al_2O_3。

（四）铝的卤化物

三卤化铝是铝的特征卤化物。除 AlF_3 是离子型化合物外，$AlCl_3$、$AlBr_3$ 和 AlI_3 均为共价型化合物。这是因为 Al^{3+} 的电荷高、半径小，具有强极化力的缘故。三卤化铝的性质见表 12-1。熔点、沸点较低的卤化物很容易由金属铝和卤族元素单质直接合成得到，由蒸气密度测定结果得出，$AlCl_3$、$AlBr_3$ 和 AlI_3 都是双聚分子。400℃时，氯化铝以双聚分子 Al_2Cl_6 存在，800℃时，双聚分子才完全分解为单分子。

表 12-1 三卤化铝的部分物理性质

三卤化铝	AlF_3	$AlCl_3$	$AlBr_3$	AlI_3
常温下状态	无色晶体	白色晶体	无色晶体	棕色片状晶体(含微量I_2)
熔点/℃	1040	193(加压)	97.5	191
沸点/℃	1260	178(升华)	268	382

三氯化铝是铝的重要化合物，有无水物和水合结晶两种。无水 $AlCl_3$ 常用作有机合成的催化剂或用于制备铝的有机化合物，它只能用干法合成，反应式如下（三种方法）：
$$2Al + 3Cl_2(g) \longrightarrow 2AlCl_3$$
$$2Al + 6HCl(g) \longrightarrow 2AlCl_3 + 3H_2(g)$$
$$Al_2O_3 + 3C + 3Cl_2(g) \longrightarrow 2AlCl_3 + 3CO$$

湿法只能制得水合结晶。其生产方法是将金属铝或煤矸石（含 Al_2O_3 35%以上）与盐酸作用，所得溶液经除去杂质后，蒸发浓缩、冷却即析出 $AlCl_3 \cdot 6H_2O$ 结晶。反应式如下（两种方法）：
$$2Al + 6HCl \longrightarrow 2AlCl_3 + 3H_2 \uparrow$$
$$Al_2O_3 + 6HCl \longrightarrow 2AlCl_3 + 3H_2O$$

$AlCl_3 \cdot 6H_2O$ 为无色结晶，工业级呈淡黄色，吸湿性强，易潮解同时水解，主要用作精密铸造的硬化剂、净化水的凝聚剂及木材防腐和医药等方面。

第二节 铁

铁（Fe）位于元素周期表ⅧB族，是地球上分布最广的金属之一，约占地壳质量的 5.1%，居元素分布序列中的第四位，仅次于氧、硅和铝。

在自然界，游离态的铁只能从陨石中找到，分布在地壳中的铁都以化合物的状态存在。铁矿主要有磁铁矿 Fe_3O_4（含铁量60%以上，有磁性）、赤铁矿 Fe_2O_3（含铁量在50%~60%之间）、褐铁矿 $2Fe_2O_3 \cdot 3H_2O$、菱铁矿 $FeCO_3$ 和黄铁矿 FeS_2 等，后三者含铁量低一些,但比较容易冶炼。我国的铁矿资源非常丰富,著名的产地有湖北大冶、东北鞍山等。

一、铁的性质

铁是有光泽的银白色金属,硬而有延展性,熔点 1535℃,沸点 3000℃,有很强的铁磁性,并有良好的可塑性和导热性。

1. 铁与非金属的反应

常温下没有水蒸气存在时,铁与氧、硫、氯等非金属单质几乎不发生反应,高温下却发生猛烈反应:

$$4Fe + 3O_2 \xrightarrow{\triangle} 2Fe_2O_3$$

$$3Fe + 2O_2 \xrightarrow{\triangle} Fe_3O_4$$

$$Fe + S \xrightarrow{\triangle} FeS$$

$$2Fe + 3X_2 \xrightarrow{\triangle} 2FeX_3 \ (X = F、Cl、Br)$$

$$3Fe + C \xrightarrow{\triangle} Fe_3C(碳化铁)$$

想一想:铁与氟、硫反应时,为什么生成物中铁的氧化态不一样呢?

2. 铁与水蒸气的反应

在高温下,铁与水蒸气作用生成 Fe_3O_4 和氢气:

$$3Fe + 4H_2O \xrightarrow{\triangle} Fe_3O_4 + 4H_2 \uparrow$$

铁在潮湿的空气中会生锈,这是因为铁受到空气中 H_2O、CO_2 和 O_2 的作用。铁锈是一种松脆多孔的物质,不能防止里层的铁不受锈蚀。铁锈的成分比较复杂,通常用 $Fe_2O_3 \cdot xH_2O$ 表示。

3. 铁与酸的反应

【演示实验 12-2】 取三支试管,分别加入 5mL 2mol·L⁻¹ 的硫酸、2mol·L⁻¹ 的盐酸和浓硫酸,然后在每支试管中分别加入铁丝。观察四支试管有何现象,并填写下表:

酸及其浓度	2mol·L⁻¹ HCl	2mol·L⁻¹ H_2SO_4	浓 H_2SO_4
现象			

通过对现象的分析,说明铁能与稀盐酸、稀硫酸等稀的无机酸发生置换反应,放出氢气。而在常温下铁与浓硫酸或浓硝酸不起反应,这是由于铁与浓硫酸或浓硝酸产生钝化现象,在铁的表面生成了一层致密的保护膜,因而可用铁制品盛装和运输浓硫酸和浓硝酸。

铁与酸的反应

练一练:根据现象,写出铁与稀盐酸、稀硝酸发生反应的离子方程式。

当有空气存在或加热时,或与热的稀硝酸反应,则生成 Fe^{3+} 的化合物。

$$2Fe+3H_2SO_4+O_2 \longrightarrow Fe_2(SO_4)_3+2H_2O+H_2\uparrow$$
$$2Fe+6HNO_3 \longrightarrow 2Fe(NO_3)_3+3H_2\uparrow$$

浓硝酸或含有重铬酸盐的酸能使铁钝化。因此，贮运浓硝酸的容器和管道可用铁制品。

4. 铁与碱的反应

铁能被热的浓碱溶液侵蚀，生成 Fe^{3+} 的化合物 $Fe(OH)_3$ 或 $[Fe(OH)_6]^{3-}$。

二、铁的重要化合物

在一般条件下，铁的常见氧化值是 +2 和 +3，在很强的氧化条件下，铁可以呈现不稳定的 +6 氧化值。

（一） 铁(Ⅱ)的化合物

铁的氧化值为 +2 的化合物具有一定的还原性。

1. 氧化亚铁（FeO）

FeO 为黑色固体，不溶于水，具有碱性，溶于强酸而不溶于碱。在隔绝空气的条件下，将草酸亚铁加热可以制得 FeO：

$$FeC_2O_4 \xrightarrow{\triangle} FeO+CO\uparrow+CO_2\uparrow$$

2. 氢氧化亚铁 [Fe(OH)$_2$]

在亚铁盐溶液中加入碱，开始可以生成氢氧化亚铁的白色胶状沉淀：

$$Fe^{2+}+2OH^- \longrightarrow Fe(OH)_2$$

$Fe(OH)_2$ 还原性较强，很容易被空气中的氧所氧化变成棕红色的氢氧化铁 $Fe(OH)_3$ 沉淀。

$$4Fe(OH)_2+O_2+2H_2O \longrightarrow 4Fe(OH)_3$$

$Fe(OH)_2$ 主要呈碱性，酸性很弱，但它能溶于浓碱溶液中生成 $[Fe(OH)_6]^{4-}$ 配离子。

$$Fe(OH)_2+4OH^- \longrightarrow [Fe(OH)_6]^{4-}$$

3. 硫酸亚铁（FeSO$_4$）

$FeSO_4$ 是比较重要的亚铁盐，含七个结晶水（$FeSO_4 \cdot 7H_2O$）时是一种浅绿色晶体，俗称绿矾。$FeSO_4$ 应用相当广泛，可与鞣酸作用生成鞣酸亚铁，在空气中被氧化成黑色鞣酸铁，常用来制作蓝黑墨水。此外，它还在农业上用作农药，主治小麦黑穗病，在工业上用作媒染剂、木材防腐剂等。

亚铁盐有一定的还原性，不易稳定存在，其稳定性随溶液的酸碱性而异。因此，当用铁屑与稀硫酸反应制备 $FeSO_4$ 时，需要始终保持金属铁过量，一旦出现 Fe^{3+}，金属铁能立即将其还原为亚铁：

$$2Fe^{3+}+Fe \longrightarrow 3Fe^{2+}$$

4. 硫酸亚铁铵 [FeSO$_4 \cdot$ (NH$_4$)$_2$SO$_4 \cdot$ 6H$_2$O]

将 $FeSO_4$ 与碱金属或铵的硫酸盐形成复盐 $FeSO_4 \cdot MSO_4 \cdot 6H_2O$，其对空气的氧化要比硫酸亚铁稳定得多。最重要的复盐是硫酸亚铁铵 $FeSO_4 \cdot (NH_4)_2SO_4 \cdot 6H_2O$，俗称莫尔盐，就是实验室常用的亚铁盐。用它配制 Fe^{2+} 溶液时，需加入足够的硫酸，以防水解和氧化。

（二） 铁(Ⅲ)的化合物

铁的氧化值为+3的化合物具有较强的氧化性。

1. 氧化铁（又称三氧化二铁，Fe_2O_3）

Fe_2O_3 是砖红色固体，可以用作红色颜料、涂料、媒染剂、磨光粉以及某些反应的催化剂。

Fe_2O_3 是难溶于水的两性氧化物，但以碱性为主。当它与酸作用时，生成 $Fe(Ⅲ)$ 盐。如：

$$Fe_2O_3 + 6HCl \longrightarrow 2FeCl_3 + 3H_2O$$

Fe_2O_3 与 NaOH、Na_2CO_3 或 Na_2O 这类碱性物质共熔，即生成铁酸盐。例如：

$$Fe_2O_3 + Na_2CO_3 \longrightarrow 2NaFeO_2 + CO_2\uparrow$$

工业上用草酸亚铁焙烧制得 FeO 后，可进一步制取 Fe_2O_3，反应过程如下：

$$FeC_2O_4 \xrightarrow{\triangle} FeO + CO\uparrow + CO_2\uparrow$$

$$6FeO + O_2 \longrightarrow 2Fe_3O_4$$

$$4Fe_3O_4 + O_2 \xrightarrow{\triangle} 6Fe_2O_3$$

2. 四氧化三铁（Fe_3O_4）

Fe 除了生成 FeO 和 Fe_2O_3 之外，还生成一种 FeO 和 Fe_2O_3 的混合氧化物——Fe_3O_4，亦称为磁性氧化铁，它具有磁性，是电的良导体，是磁铁矿的主要成分。

将 Fe 或 FeO 在空气中加热，或令水蒸气通过烧热的铁，都可以得到 Fe_3O_4：

$$3Fe + 2O_2 \longrightarrow Fe_3O_4$$

$$6FeO + O_2 \longrightarrow 2Fe_3O_4$$

$$3Fe + 4H_2O(g) \xrightarrow{\triangle} Fe_3O_4 + 4H_2$$

3. 氢氧化铁[$Fe(OH)_3$]

新沉淀出来的 $Fe(OH)_3$ 略有两性，主要显碱性，易溶于酸中，能溶于浓的强碱溶液中形成 $[Fe(OH)_6]^{3-}$ 离子。

$$Fe(OH)_3 + 3OH^- \longrightarrow [Fe(OH)_6]^{3-}$$

$Fe(OH)_3$ 溶于盐酸的反应仅是中和反应，与 $Co(OH)_3$ 和 $Ni(OH)_3$ 不同。

$$Fe(OH)_3 + 3HCl \longrightarrow FeCl_3 + 3H_2O$$

想一想：1. 为什么保存 $FeSO_4$ 溶液要加入铁钉？

2. 怎样实现 Fe^{2+} 和 Fe^{3+} 的相互转化？

第三节　铅

铅为重金属，密度大，质软，用指甲就能在铅上刻痕。新切开的铅断面很亮，但不久就会因形成一层碱式碳酸铅而变暗灰色，它能保护内层金属不被氧化。铅能挡住 X 射线和核裂变射线，可制作玻璃、铅围裙和放射源容器等防护用品。在化学工业中常用铅作反应器的衬里。此外，铅还被大量用于制造合金，例如铅锑合金可用作蓄电池的极板。

铅及铅的化合物均有毒，进入人体后因不易排出而导致积累性中毒，所以食具、水管等不可用铅制造。

一、铅的性质

铅为元素周期表中的ⅣA族元素，原子的价层电子构型为$6s^26p^2$，能形成+2、+4两种氧化值的化合物。铅属于中等活泼金属，与卤素、硫等非金属可以直接化合，与酸、碱也可反应。

1. 与盐酸反应

铅与盐酸能反应，但因生成难溶的$PbCl_2$覆盖在表面，致使反应不久就终止。

$$Pb + 2HCl \longrightarrow PbCl_2 + H_2\uparrow$$

2. 与氧化性酸的反应

与稀硫酸反应情况和盐酸反应情况类似，因生成难溶$PbSO_4$覆盖表面，反应很快终止。与热的浓硫酸能发生如下反应：

$$Pb + 3H_2SO_4(浓) \xrightarrow{\triangle} Pb(HSO_4)_2 + SO_2\uparrow + 2H_2O$$

与稀硝酸、浓硝酸都能反应：

$$3Pb + 8HNO_3(稀) \longrightarrow 3Pb(NO_3)_2 + 2NO\uparrow + 4H_2O$$

$$Pb + 4HNO_3(浓) \longrightarrow Pb(NO_3)_2 + 2NO_2\uparrow + 2H_2O$$

3. 与碱的反应

与热的浓碱能反应：

$$Pb + 2NaOH(浓) \xrightarrow{\triangle} Na_2PbO_2 + H_2\uparrow$$

二、铅的重要化合物

1. 氧化物

Pb常见的氧化物有PbO、PbO_2、Pb_3O_4。PbO两性偏碱，PbO_2两性偏酸，均不溶于水，氧化物的水合物也不同程度地具有两性。

一氧化铅（PbO）也称黄丹，俗名密陀僧，有黄色及红色两种变体。用空气氧化熔融的铅得到黄色变体，在水中煮沸立即转变成红色变体。PbO用于制造铅白粉、铅皂，在油漆中作催干剂。与硝酸或氢氧化钠反应可以分别得到可溶性的$Pb(NO_3)_2$和Na_2PbO_2。

二氧化铅（PbO_2）为棕黑色固体，加热时逐步分解为低价氧化物（Pb_2O_3、Pb_3O_4、PbO）和氧气。PbO_2在酸性条件下是强的氧化剂，能把$Mn(Ⅱ)$氧化成$Mn(Ⅶ)$，与浓硫酸作用放出O_2，与盐酸作用放出Cl_2，反应式如下：

$$5PbO_2 + 4H^+ + 2Mn^{2+} \longrightarrow 2MnO_4^- + 5Pb^{2+} + 2H_2O$$

$$2PbO_2 + 4H_2SO_4(浓) \longrightarrow 2Pb(HSO_4)_2 + O_2\uparrow + 2H_2O$$

$$PbO_2 + 4HCl \longrightarrow PbCl_2 + Cl_2\uparrow + 2H_2O$$

PbO_2遇到有机物易引起燃烧或爆炸，与硫、磷等一起摩擦可以燃烧。PbO_2是铅蓄电池的阳极材料，也是火柴制造业的原料。工业上用PbO在碱性溶液中通入氯气，在70～

93℃下制取PbO_2：

$$PbO + 2NaOH + Cl_2 \xrightarrow{\triangle} PbO_2 + 2NaCl + H_2O$$

四氧化三铅 Pb_3O_4，又名铅丹，为鲜红色固体，可以认为是铅酸铅$Pb(II)_2Pb(IV)O_4$或复合氧化物$2PbO \cdot PbO_2$。Pb_3O_4的化学性质稳定，常用作防锈漆，也常加入水暖管工使用的红油中。Pb_3O_4与热的HNO_3作用，只能溶出总铅量的2/3：

$$Pb_3O_4 + 4HNO_3(稀) \longrightarrow 2Pb(NO_3)_2 + PbO_2 + 2H_2O$$

2. 铅盐

通常指$Pb(II)$盐，多数难溶，广泛用作颜料或涂料，如$PbCrO_4$是一种常用的黄色颜料（铬黄），$Pb_2(OH)_2CrO_4$为红色颜料，$PbSO_4$用于配制白色油漆，PbI_2用于配制黄色颜料。常用的可溶性铅盐有$Pb(NO_3)_2$和$Pb(Ac)_2$两种，其中$Pb(NO_3)_2$是制备难溶性铅盐的原料。

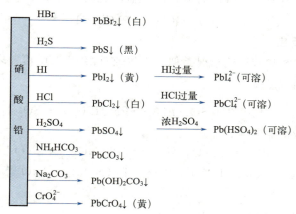

第四节 铜、银

铜、银、金同属于IB族，可称为铜族元素，是ds区元素代表。它们原子的价层电子构型为$(n-1)d^{10}ns^1$，最外层只有1个电子，而次外层却有18个电子。铜族元素的有效电荷大，原子半径小，对外层s电子的吸引力强，电离能大，金属活泼性差，所以铜族元素都是不活泼的重金属。

铜族元素有+1、+2、+3三种氧化值，它们的+1氧化值的离子都是无色，而最高氧化值的离子，由于最外层有成单d电子，因而都有颜色，如Cu^{2+}为蓝色，Au^{3+}为红黄色等。

一、铜、银的性质

自然界中的铜、银主要以矿物形式存在，如黄铜矿$CuFeS_2$、辉铜矿Cu_2S、孔雀石$Cu_2(OH)_2CO_3$等，银有闪银矿Ag_2S、角银矿$AgCl$等。铜的合金如黄铜（Cu-Zn）、青铜（Cu-Sn）等在精密仪器、航天工业方面都有广泛应用。铜也是许多动物、植物体内必需的微量元素。铜和银的单质及可溶性化合物都有杀菌能力，银作为杀菌药剂有奇特功效。

铜族元素的化合物多是共价型，易形成配合物。

Cu 在常温下不与干燥空气中的 O_2 反应，只有在加热时才生成黑色的 CuO：
$$2Cu+O_2(空气)\longrightarrow 2CuO(黑)$$

但 Cu 在常温下能与潮湿的空气反应，表面易生成一层铜绿：
$$2Cu+O_2+H_2O+CO_2 \longrightarrow Cu(OH)_2\cdot CuCO_3(铜绿)$$

Au、Ag 与 O_2 不反应。Ag 与硫有较强的亲和作用，当和含 H_2S 的空气接触时逐渐变暗：
$$4Ag+2H_2S+O_2 \longrightarrow 2Ag_2S+2H_2O$$

铜族元素在高温下也不能与氢气、氮气、碳反应。与卤族元素反应的情况不同：铜在常温下就有反应，银反应较慢，金只有在加热情况下才能反应。它们不能从非氧化性稀酸中置换出氢气。铜、银能溶于 HNO_3，金只溶于王水。有空气中的氧存在时，Cu、Ag 可溶于稀盐酸，但速度缓慢。
$$2Cu+4HCl+O_2 \longrightarrow 2CuCl_2+2H_2O$$
$$4Ag+4HCl+O_2 \longrightarrow 4AgCl(沉淀)+2H_2O$$
$$2Cu+2H_2SO_4(稀)+O_2 \longrightarrow 2CuSO_4+2H_2O$$

铜族元素易形成配合物。Cu 可与热浓盐酸反应，形成四氯合铜（Ⅰ）配合物：
$$2Cu+8HCl(浓) \longrightarrow 2H_3[CuCl_4]+H_2(气体)$$

二、铜的重要化合物

铜通常有 +1、+2 两种氧化值的化合物，以 Cu(Ⅱ) 化合物为常见，如氧化铜、硫酸铜等，Cu(Ⅰ) 化合物常称为亚铜化合物。

1. Cu(Ⅰ) 化合物

氧化亚铜（Cu_2O）是暗红色固体，有毒，对热稳定，但在潮湿空气中缓慢被氧化成氧化铜（CuO）。Cu_2O 是制造玻璃和搪瓷的红色颜料。Cu_2O 加热到 1508K 时熔化而不分解。尚未制得 CuOH。

Cu_2O 不溶于 H_2O，能溶于稀酸，但之后立即歧化分解：
$$Cu_2O+H_2SO_4 \longrightarrow CuSO_4+Cu+H_2O$$

但在固相中 Cu(Ⅰ) 很稳定。Cu_2O 的热稳定性比 CuO 还高。

Cu_2O 溶于 NH_3 溶液和氢卤酸时，分别形成稳定的无色配合物，如 $[Cu(NH_3)_2]^+$，$[CuX_2]^-$，$[CuX_3]^{2-}$ 等。

Cu(Ⅰ) 有还原性，在空气中 CuCl 可被氧化：
$$4CuCl+O_2+4H_2O \longrightarrow 3CuO\cdot CuCl_2\cdot 3H_2O+2HCl$$

Cu(Ⅰ) 也有氧化性：
$$CuI(白)+2Hg \longrightarrow Hg_2I_2(黄)+Cu$$

2. Cu(Ⅱ) 化合物

（1）氧化铜和氢氧化铜　CuO 是黑色粉末，难溶于水，属于偏碱性氧化物，可溶于稀酸：
$$CuO+2H^+ \longrightarrow Cu^{2+}+H_2O$$

由于配合作用，CuO 也溶于氯化铵或氰化钾等溶液。

Cu(OH)$_2$ 是浅蓝色粉末，难溶于水。Cu(OH)$_2$ 不稳定，60℃以上开始脱水生成 CuO：

$$Cu(OH)_2 \longrightarrow CuO + H_2O$$

Cu(OH)$_2$ 有两性，以碱性为主，略有酸性，只溶于较浓的强碱中，生成四羟合铜（Ⅱ）配合物。

$$Cu(OH)_2 + H_2SO_4 \longrightarrow CuSO_4 + 2H_2O$$

$$Cu(OH)_2 + 2NaOH \longrightarrow Na_2[Cu(OH)_4]$$

向 CuSO$_4$ 溶液中加入 NaOH 溶液时，析出浅蓝色的沉淀 Cu(OH)$_2$：

$$CuSO_4 + 2KOH \longrightarrow Cu(OH)_2 \downarrow + K_2SO_4$$

随后加入 NH$_3$ 溶液，沉淀消失，溶液变成深蓝色，是因为生成了四氨合铜（Ⅱ）配离子：

$$Cu(OH)_2 + 4NH_3 \longrightarrow [Cu(NH_3)_4]^{2+} + 2OH^-$$

CuSO$_4$ 和 NaOH 反应析出的沉淀极不稳定，30℃就迅速发生分解：

$$Cu(OH)_2 \stackrel{\triangle}{\longrightarrow} CuO + H_2O$$

（2）Cu(Ⅱ)盐　Cu(Ⅱ)盐有很多，CuCl$_2$、CuSO$_4$、Cu(NO$_3$)$_2$ 是典型的可溶性铜盐，而 CuS、Cu$_2$(OH)$_2$CO$_3$ 是典型的不可溶铜盐。

Cu^{2+} 在各种水溶液中都是以配离子形式存在。CuSO$_4$·5H$_2$O 是一种配合物，是 Cu(Ⅱ)与 4 个水分子形成配离子，其化学式实际为[Cu(H$_2$O)$_4$]SO$_4$·H$_2$O。[Cu(H$_2$O)$_4$]$^{2+}$ 为深蓝色。浓盐酸溶液中 CuCl$_2$ 是黄色，这是由于生成配离子[CuCl$_4$]$^{2-}$；其稀溶液中由于水分子多，CuCl$_2$ 变为[Cu(H$_2$O)$_4$]Cl$_2$，由于[Cu(H$_2$O)$_4$]$^{2+}$ 显蓝色，因而二者混合呈绿色。

三、银的重要化合物

银通常形成氧化值为+1 的化合物，在常见银的化合物中，只有 AgNO$_3$ 易溶于水。银的化合物都有不同程度的感光性。例如，AgCl、AgNO$_3$、Ag$_2$SO$_4$、AgCN 等都是白色结晶，见光变成灰黑或黑色。AgBr、AgI、Ag$_2$CO$_3$ 等为黄色结晶，见光也变灰或变黑。故银盐一般都用棕色瓶盛装，瓶外裹上黑纸则更好。银的不同化合物之间的相互转化关系由关联图表示，如图 12-1。

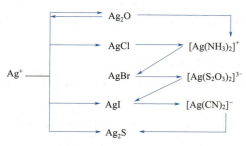

图 12-1　银化合物关联图

Ag(Ⅰ)和醛基之间可发生银镜反应，可以氧化 H$_3$PO$_2$、H$_3$PO$_3$、N$_2$H$_4$、NH$_2$OH 等。在碱性介质中 Ag(Ⅰ)的氧化性强。

AgOH 必须低于 228K 才能稳定存在，温度稍高，则分解。

$$2AgOH(白) \longrightarrow Ag_2O(棕黑) + H_2O$$

1. 氧化银

在可溶性银盐溶液中加入强碱，先析出白色的沉淀 AgOH，AgOH 不稳定，常温下立即分解生成暗褐色沉淀 Ag_2O。

$$2Ag^+ + 2OH^- \longrightarrow Ag_2O\downarrow + H_2O$$

Ag_2O 可溶于硝酸，也可溶于氰化钠或 NH_3 溶液：

$$Ag_2O + 4CN^- + H_2O \longrightarrow 2[Ag(CN)_2]^- + 2OH^-$$

$$Ag_2O + 4NH_3 + H_2O \longrightarrow 2[Ag(NH_3)_2]^+ + 2OH^-$$

$[Ag(NH_3)_2]^+$ 溶液在放置过程中会分解为黑色的叠氮化银 AgN_3，此物易爆，因此银铵溶液不宜久置，而且凡是接触过此溶液的器皿用具，用后必须立即清洗干净，以免潜伏隐患。

2. 硝酸银

将银溶于硝酸，蒸发、结晶即可得到硝酸银：

$$Ag + 2HNO_3(浓) \longrightarrow AgNO_3 + NO_2\uparrow + H_2O$$

$$3Ag + 4HNO_3(稀) \longrightarrow 3AgNO_3 + NO\uparrow + 2H_2O$$

固体硝酸银受热易分解：

$$2AgNO_3 \xrightarrow{\triangle} 2Ag + 2NO_2\uparrow + O_2\uparrow$$

如若见光，硝酸盐也会按照上式分解，所以应该保存在棕色玻璃瓶中。硝酸银具有氧化性，在水溶液中可被 Cu、Zn 等金属还原为单质银，遇到蛋白质便生成黑色蛋白银，因此，它对有机组织有破坏作用，使用时不要接触皮肤。10%的硝酸银溶液在医疗上作消毒剂和腐蚀剂，大量的硝酸银主要用于制造照相底片上的卤化银。

3. 卤化银

AgCl、AgBr、AgI 可由相应的卤化氢或卤化物与硝酸银溶液作用制得。它们都难溶于水，溶解度按照 AgCl、AgBr、AgI 顺序依次降低，颜色也依此顺序而加深。AgCl 为白色，AgBr 为淡黄色，AgI 为黄色。AgF 是离子型化合物，在水中溶解度较大。

卤化银的一个典型性质是光敏性较强，在光照下可分解：

$$2AgX \xrightarrow{\triangle} 2Ag + X_2$$

从氟化银到碘化银稳定性减弱，分解的趋势增大，因此在制备溴化银和碘化银时常在暗室内进行，基于卤化银的感光性，可用它们作为照相底片上的感光物质，也可将易于感光变色的卤化液加入玻璃，以制造变色眼镜。

> **知识窗**
>
> 照相底片、印相纸上涂有一薄层含有细小 AgBr 的明胶，摄影时，强弱不同的光线射到底片上时，会引起底片上 AgBr 不同程度的分解。分解产物溴与明胶化合，银成为极细小的银晶核析出。底片上感光越强的部分，AgBr 分解就越多，颜色也就越黑，将感光后的底片用显影剂显影和定影剂定影，上面的影像就固定下来，但影像与实物在明暗度上是相反的。为得到与实物一致的像，需将制好的底片放在印相纸上，再经感光、显影和定影等手续，即得到与实物一致的照片，从定液和废胶片中可以回收银。

第五节 铬

铬在元素周期表中位于 d 区,是ⅥB 族的第一种元素,其原子的价层电子构型为 $3d^5 4s^1$。铬是银白色有金属光泽的金属,最重要的铬矿是铬铁矿 $Fe(CrO_2)_2$。

一、铬的性质

Cr 原子有 6 个单电子,可形成较强的金属键,因此金属铬的熔沸点在同一周期中是最高的,熔点达 $(2130±20)K$,沸点达 2945K。纯铬有延展性,含有杂质的铬硬而且脆。

在高温下,铬能与卤素、硫、氮、碳等直接化合。铬的化合物都有五彩缤纷的颜色,例如 Cr_2O_3 是绿色的,$Cr_2(SO_4)_3$ 是紫色的,$PbCrO_4$ 是黄色的,Ag_2CrO_4 是砖红色的,$K_2Cr_2O_7$ 是橘红色的。"铬"在希腊语中就是"色彩艳丽"的意思。

二、铬的重要化合物

铬的化合物有+2、+3、+6 三种氧化态。氧化物分别为 CrO、Cr_2O_3、CrO_3,对应水合物分别为 $Cr(OH)_2$、$Cr(OH)_3$ 和含氧酸 H_2CrO_4、$H_2Cr_2O_7$ 等。它们的氧化态从低到高,其碱性依次减弱,酸性依次增强。

1. 三氧化二铬（Cr_2O_3）和氢氧化铬[$Cr(OH)_3$]

Cr_2O_3 为绿色晶体,熔点很高,为 2263K。它是冶炼铬的原料。由于它呈绿色,是常用的绿色颜料,俗称铬绿。除此之外,Cr_2O_3 还用作媒染剂、有机合成的催化剂等。Cr_2O_3 微溶于水,具有两性,溶于 H_2SO_4 生成紫色的硫酸铬[$Cr_2(SO_4)_3$],溶于浓的 NaOH 中生成绿色的亚铬酸钠 $Na[Cr(OH)_4]$ 或 $NaCrO_2$。

$$Cr_2O_3 + 3H_2SO_4 \longrightarrow Cr_2(SO_4)_3 + 3H_2O$$
$$Cr_2O_3 + 2NaOH + 3H_2O \longrightarrow 2Na[Cr(OH)_4]$$

或写成:

$$Cr_2O_3 + 2NaOH \longrightarrow 2NaCrO_2 + H_2O$$

向 Cr(Ⅲ)盐溶液中加碱,或亚铬酸钠溶液加热水解,都可以得到灰蓝色的 $Cr(OH)_3$ 胶状沉淀,或称为水合三氧化二铬 $Cr_2O_3 \cdot nH_2O$ 的沉淀。

$$Cr_2(SO_4)_3 + 6NaOH \longrightarrow 2Cr(OH)_3 \downarrow + 3Na_2SO_4$$
$$NaCrO_2 + 2H_2O \xrightarrow{\triangle} Cr(OH)_3 \downarrow + NaOH$$

$Cr(OH)_3$ 也具有两性,既溶于酸,又溶于碱。

$$Cr(OH)_3 + 3HCl \longrightarrow CrCl_3 + 3H_2O$$
$$Cr(OH)_3 + NaOH \longrightarrow NaCrO_2 + 2H_2O$$

$Cr(OH)_3$ 在溶液中存在着如下平衡:

$$\underset{\text{紫色}}{Cr^{3+}} + 3OH^- \rightleftharpoons \underset{\text{灰蓝色}}{Cr(OH)_3} \rightleftharpoons \underset{\text{绿色}}{H^+ + CrO_2^-} + H_2O$$

2. 铬酸盐和重铬酸盐

Cr(Ⅵ)离子因具有高的正电荷和小的半径（52pm），因此不论在晶体还是在溶液中都不存在简单的 Cr(Ⅵ)离子。Cr(Ⅵ)只能以 CrO_3、CrO_4^{2-}、$Cr_2O_7^{2-}$、CrO_2^{2+} 等形式存在。Cr(Ⅵ)化合物都显有颜色并有较大的毒性。常见的 Cr(Ⅵ)化合物是铬酸盐和重铬酸盐。

（1）铬酸钠和铬酸钾　铬酸盐中除钾盐、钠盐、铵盐外，一般都难溶于水。Na_2CrO_4 和 K_2CrO_4 都是黄色结晶，Na_2CrO_4 容易潮解。这两种铬酸盐的水溶液都显碱性。

（2）重铬酸钾和重铬酸钠　重铬酸盐大多易溶于水。$Na_2Cr_2O_7$ 和 $K_2Cr_2O_7$ 都是大粒的橙红色晶体，都是强氧化剂，$Na_2Cr_2O_7$ 易潮解，它们的水溶液都显酸性。两者的商品名分别称红矾钠和红矾钾。在所有的重铬酸盐中，$K_2Cr_2O_7$ 无吸潮性，在低温下的溶解度最低，而且这个盐不含结晶水，可以通过重结晶的方法制备出极纯的盐，除用作分析化学中的基准试剂外，在工业上还大量用于火柴、烟火、炸药等方面。但是 $Na_2Cr_2O_7$ 比较便宜，若工业上用重铬酸盐量较大，要求纯度不高时，宜选用 $Na_2Cr_2O_7$。

（3）重铬酸盐的强氧化性　在酸性溶液中，$Cr_2O_7^{2-}$ 是强氧化剂。例如在冷溶液中，$Cr_2O_7^{2-}$ 可以氧化 H_2S、H_2SO_3、HI 等。

$$Cr_2O_7^{2-} + 8H^+ + 3H_2S \longrightarrow 2Cr^{3+} + 3S\downarrow + 7H_2O$$

$$Cr_2O_7^{2-} + 8H^+ + 3SO_3^{2-} \longrightarrow 2Cr^{3+} + 3SO_4^{2-} + 4H_2O$$

$$Cr_2O_7^{2-} + 14H^+ + 6I^- \longrightarrow 2Cr^{3+} + 3I_2 + 7H_2O$$

加热时，可以氧化浓 HCl 和 HBr。

$$K_2Cr_2O_7 + 14HCl \xrightarrow{\triangle} 2KCl + 2CrCl_3 + 3Cl_2\uparrow + 7H_2O$$

$$K_2Cr_2O_7 + 14HBr \xrightarrow{\triangle} 2KBr + 2CrBr_3 + 3Br_2\uparrow + 7H_2O$$

在这些反应中，$Cr_2O_7^{2-}$ 被还原的产物都是 Cr^{3+}，在酸性溶液中，Cr^{3+} 是铬的最稳定的状态。但是在碱性条件下 Cr(Ⅵ)的氧化性极弱，相反 Cr(Ⅲ)的还原性却相当强，此时，Cl_2、Br_2 和 H_2O_2 等氧化剂均可将 Cr(Ⅲ)氧化为 CrO_4^{2-}。

> 练一练：写出 Cl_2 与 $Cr_2(SO_4)_3$ 反应的方程式。

第六节　锌、汞

锌 Zn、镉 Cd、汞 Hg 同属于ⅡB 族，位于元素周期表中的 ds 区，称为锌副族元素。它们的价层电子构型为$(n-1)d^{10}ns^2$，其最外层只有 2 个电子，与ⅡA 族碱土金属相似，但因其次外层电子排布不同，表现出的金属活泼性相差很大。锌族元素在自然界主要以硫化物形式存在，如闪锌矿 ZnS、辰砂 HgS 等，镉通常与锌共生。本节将简要介绍锌族代表元素锌、汞。

一、锌、汞的性质

Zn、Hg 都是银白色金属，Zn 略带蓝色。它们的熔、沸点都比较低，Hg 是金属中熔点最低的，常温下呈液态。Hg 能溶解某些金属生成液态或固态合金，称为汞齐。汞齐在化工和冶金中都有重要用途。例如钠汞齐既保持 Hg 的惰性，又保持 Na 的活性，与水反应可缓慢放出氢气，是有机合成的还原剂。银汞齐和金汞齐可用于提取贵金属银和金。

常温下，ⅡB 族元素单质都很稳定。锌是活泼金属，能与许多非金属直接化合。它易溶于酸，也能溶于碱，是一种典型的两性金属。

加热下，Zn、Hg 均可与 O_2 反应，生成 MO 式氧化物：

$$2Zn + O_2 \longrightarrow 2ZnO$$
$$2Hg + O_2 \longrightarrow 2HgO（红色）$$

液体 Hg 和硫粉反应，因接触面积大，所以反应活性高。

$$Hg + S \longrightarrow HgS$$

? 想一想：打碎体温计时，汞液洒落地面，该如何处理？

在潮湿的空气中，Zn 将生成碱式盐：

$$4Zn + 2O_2 + CO_2 + 3H_2O \longrightarrow ZnCO_3 \cdot 3Zn(OH)_2$$

Zn 与稀盐酸、稀硫酸反应，放出 H_2。Hg 与稀酸不反应，但能与氧化性酸反应得汞盐。

$$Hg + 2H_2SO_4（浓）\longrightarrow HgSO_4 + SO_2\uparrow + 2H_2O$$
$$3Hg + 8HNO_3（浓）\longrightarrow 3Hg(NO_3)_2 + 2NO_2\uparrow + 4H_2O$$

冷硝酸与过量的汞反应生成亚汞：

$$6Hg + 8HNO_3 \longrightarrow 3Hg_2(NO_3)_2 + 2NO + 4H_2O$$

Zn 在碱性溶液中，可将 H^+ 还原，但 Hg 不和碱反应。

$$Zn + 2NaOH + 2H_2O \longrightarrow Na_2[Zn(OH)_4] + H_2\uparrow$$

二、锌、汞的重要化合物

（一）锌的化合物

锌主要形成氧化值为 +2 的化合物。多数锌盐带有结晶水，形成配合物的倾向也很大。

1. ZnO 和 $Zn(OH)_2$

ZnO 和 $Zn(OH)_2$ 都为白色粉末，均不溶于水。商品氧化锌又称锌氧粉或锌白，是优良的白色颜料，也是橡胶制品的增强剂。ZnO 无毒，具有收敛性和一定的杀菌能力，故大量用作医用橡皮软膏。ZnO 也是制备各种锌化合物的基本原料。

$Zn(OH)_2$ 和 ZnO 均显两性，既溶于酸，也溶于碱。

$$Zn(OH)_2 \rightleftharpoons Zn^{2+} + 2OH^-（碱式解离）$$
$$Zn(OH)_2 + 2H_2O \rightleftharpoons 2H^+ + [Zn(OH)_4]^{2-}（酸式解离）$$

Zn^{2+}、Hg^{2+} 的 d^{10} 结构，有强的极化作用，故 $Zn(OH)_2$ 不稳定，尤其是 $Hg(OH)_2$ 极不稳定，直接分解为 HgO，HgO 可继续分解为 Hg 和 O_2，但 ZnO 较难分解。

$$2HgO \longrightarrow 2Hg + O_2（气体）(673K)$$

2. 锌盐

$ZnCl_2$ 是白色熔块，可由金属锌和氯气直接合成（也与盐酸作用）：

$$Zn + Cl_2 \longrightarrow ZnCl_2$$

无水 $ZnCl_2$ 有很强的吸水性，在有机合成中常用作脱水剂，也可作催化剂。

由于 $ZnCl_2$ 浓溶液能形成配位酸，而有显著的酸性：

$$ZnCl_2 + H_2O \rightleftharpoons H[ZnCl_2(OH)]$$

该配位酸能溶解金属氧化物，例如：

$$2H[ZnCl_2(OH)] + FeO \longrightarrow Fe[ZnCl_2(OH)]_2 + H_2O$$

所以 $ZnCl_2$ 可用作焊药，清除金属表面的氧化物，便于焊接。

硫酸锌（$ZnSO_4 \cdot 7H_2O$）俗称皓矾，大量用于制备锌钡白（商品名"立德粉"），它由 $ZnSO_4$ 和 BaS 经复分解而得。实际上锌钡白是 ZnS 和 $BaSO_4$ 的混合物：

$$Zn^{2+} + SO_4^{2-} + Ba^{2+} + S^{2-} \longrightarrow ZnS \cdot BaSO_4 \downarrow$$

这种白色颜料遮盖力强，而且无毒，所以大量用于油漆工业。$ZnSO_4$ 还广泛用作木材防腐剂和媒染剂。

（二）汞的化合物

汞有氧化值为 +1 和 +2 两类化合物，Hg(Ⅰ) 的化合物通常称为亚汞化合物，如氯化亚汞 Hg_2Cl_2、硝酸亚汞 $Hg_2(NO_3)_2$ 等。

1. 氧化汞

根据制备方法和条件不同，氧化汞（HgO）有两种不同颜色的变体。一种是黄色氧化汞，密度为 $11.03 \mathrm{g \cdot cm^{-3}}$；另一种是红色氧化汞，密度为 $11.00 \sim 11.29 \mathrm{g \cdot cm^{-3}}$。二者的晶体结构相同，只是晶粒大小不同，黄色细小。红色氧化汞受热变成红色。它们都不溶于水，也不溶于碱（即使是浓碱）中。在 500℃ 时分解为单质汞和氧气。

黄色 HgO 是在 $HgCl_2$ 或 $Hg(NO_3)_2$ 溶液中加入 NaOH 制得的（湿法）：

$$HgCl_2 + 2NaOH \longrightarrow HgO \downarrow + 2NaCl + H_2O$$
$$\text{（黄色）}$$

红色 HgO 由 $Hg(NO_3)_2$ 在 300～330℃ 加热分解制得（干法）：

$$2Hg(NO_3)_2 \xrightarrow{\triangle} 2HgO + 4NO_2 \uparrow + O_2 \uparrow$$
$$\text{（红色）}$$

操作时必须严格控制温度，否则氧化汞会进一步分解成金属汞。

HgO 用作医药制剂、分析试剂、陶瓷颜料等。黄色 HgO 的反应性能较好，需要量较大，由它能制得多种其他汞盐。

2. 氯化汞（$HgCl_2$）和氯化亚汞（Hg_2Cl_2）

$HgCl_2$ 是白色（略带灰色）针状结晶或颗粒粉末，熔点低（280℃），易升华，俗名升汞，剧毒！内服 0.2～0.4g 就能致命。但少量使用，有消毒作用。例如，1∶1000 的氯化汞稀溶液可用于外科手术器械的消毒。$HgCl_2$ 稍溶于水，但在水中解离度很小，有假盐之称。与 NH_3 溶液作用，产生氨基氯化汞白色沉淀：

$$Hg_2Cl_2 + 2NH_3 \longrightarrow Hg(\text{黑}) + Hg(NH_2)Cl(\text{白}) + NH_4Cl$$

但在含有过量 NH_4Cl 的 NH_3 溶液中，$HgCl_2$ 也可与 NH_3 形成配合物：

$$HgCl_2 + 2NH_3 \xrightarrow{NH_4Cl} [Hg(NH_3)_2Cl_2]$$

$$[Hg(NH_3)_2Cl_2] + 2NH_3 \xrightarrow{NH_4Cl} [Hg(NH_3)_4]Cl_2$$

$HgCl_2$ 在酸性溶液中是较强的氧化剂。当与适量 $SnCl_2$ 作用时，生成白色丝状的 Hg_2Cl_2。$SnCl_2$ 过量时，Hg_2Cl_2 会进一步被还原为金属汞，沉淀变黑：

$$2HgCl_2 + Sn^{2+} + 4Cl^- \longrightarrow Hg_2Cl_2\downarrow + [SnCl_6]^{2-}$$
（白色）

$$Hg_2Cl_2 + Sn^{2+} + 4Cl^- \longrightarrow 2Hg\downarrow + [SnCl_6]^{2-}$$
（黑色）

分析化学常用上述反应鉴定 Hg^{2+} 或 Sn^{2+}。

Hg_2Cl_2 又称甘汞，是微溶于水的白色粉末，有甜味，无毒。可由固体 $HgCl_2$ 和金属汞研磨而得（逆歧化反应）：

$$HgCl_2 + Hg \longrightarrow Hg_2Cl_2$$

Hg_2Cl_2 不如 $HgCl_2$ 稳定，见光易分解成 $HgCl_2$ 和 Hg，所以要保存在棕色瓶中。Hg_2Cl_2 与 NH_3 溶液反应可生成氨基氯化汞和汞：

$$Hg_2Cl_2 + 2NH_3 \longrightarrow Hg(NH_2)Cl\downarrow + Hg\downarrow + NH_4Cl$$

白色的氨基氯化汞和黑色的金属汞微粒混在一起，使沉淀呈黑灰色。这个反应可用来鉴定 Hg_2^{2+} 的存在。但在 NH_4Cl 存在下，Hg_2Cl_2 与 NH_3 溶液作用得 $[Hg(NH_3)_4]^{2+}$ 和 Hg。

Hg_2Cl_2 在医药上曾用作轻泻剂，常用于制作甘汞电极。

第七节 金属的通性

固态金属都是晶体，是由中性原子、阳离子和自由电子按一定规律排列形成的金属晶体。金属具有许多独特的物理性能，如特殊的金属光泽，良好的导电性、导热性及延展性。这些特征与金属的紧密堆积结构及金属中自由电子的存在有关。

一、金属的物理性质

1. 金属的光泽

金属晶体中的自由电子吸收了可见光，使金属具有不透明性。当电子因吸收能量而被激发到较高能级再回到低能级时，又把一定波长的光放射出来，因而具有金属光泽。如金为黄色，铜为赤红色，铋为粉红色，铯为淡黄色，铅为灰蓝色，其他大多数金属都呈现银白色或银灰色。金属光泽只有在整块时才能表现出来。在粉末状时，金属的晶面取向杂乱，晶格排列不规则，吸收可见光后辐射不出去，因而显黑色。

许多金属在光的照射下能放出电子。有一些能在短波辐射照射下放出电子的现象称为光电效应。另一些在加热到高温时能放出电子，这种现象称为热电现象。

2. 金属的传热导电

不同的金属，其导电性能有差异。以下是常见金属的导电性能由强到弱的排列顺序：

Ag、Cu、Au、Al、Zn、Pt、Sn、Fe、Pb、Hg

可以看出，银、铜、金、铝的导电性居于前列。但由于银、金较贵，因而工农业生产和生活中常用铜和铝做导线。

金属的导电能力随温度的升高而降低。这是因为在金属晶体内，金属阳离子和金属原子不是静止的，而是在一定的小范围内振动，这种振动会阻碍自由电子的流动。当温度升高时，金属晶体中的金属阳离子和金属原子的振动加快，振幅加大，造成自由电子的运动阻力加大，所以导电能力减弱。

金属的传热性则是由于运动的电子不断地与金属原子和金属阳离子碰撞，进行能量交换，将能量迅速传到整个晶体使整块金属的温度趋于一致。

3. 金属的延展性

当金属受到外力作用时，金属晶体内各原子层间做相对移动而不破坏金属键（如图 12-2）。此时金属并没有断裂，表现出良好的变形性，即具有延展性。所以，金属可以压成薄片或拉成细丝，最细的金属丝直径可达 $0.2\mu m$，最薄的金属片只有 $0.1\mu m$。金属的延展性，大都随温度的升高而增大。

因此，金属的锻造、拉轧等工艺往往在炽热时进行。金有很好的延展性，铂也有很好的延展性，但有少数金属如锑、铋、锰等延展性不好。

图 12-2　金属延展性示意图

金属除了有以上的共性以外，由于不同的金属其金属键强弱不同，各种金属的性质又表现出较大的差异。碱金属由于其原子半径大，成键电子数少，金属键较弱，因而熔点低、密度和硬度也较小。但第六周期的过渡金属，如钨、铼、锇、铱、铂，它们有较强的金属键，因此，这些金属的熔点高，密度和硬度均较大。在所有金属中最难熔的是钨，最易熔的是汞、铯和镓。

二、金属的化学性质

多数金属元素的原子最外层只有 3 个以下的电子，某些金属（如 Sn、Pb、Sb、Bi 等）原子的最外层虽然有 4 个或 5 个电子，但它们的电子层数较多，原子半径较大，因此在反应时它们都比非金属元素的原子容易失去电子，变成带有正电荷的离子。过渡金属还能失去部分次外层的 d 电子。

各种金属原子失去电子的难易很不相同，因此金属还原性的强弱也大不相同。金属越容易失电子，金属越活泼，则金属性越强，还原性也越强；反之，金属越难失电子，金属越不活泼，则金属性越弱，还原性也越弱。

如碱金属中的钾、钠在空气中迅速被氧化，铜、汞在加热的条件下才能与空气中的氧反应，而金和铂在高温下也不能被氧氧化。

$$2Na + O_2 \longrightarrow Na_2O$$

$$2Cu + O_2 \xrightarrow{\triangle} 2CuO$$

从钠、铜、金与氧的反应，得出钠失电子能力最强，金属性最强，还原性也最强；金的金属性最弱，即还原性最弱。因此可以根据金属原子失去电子的难易程度，来确定金属活性的相对强弱。按金属活性的相对大小依次排列的表叫金属活动顺序表。

K、Ca、Na、Mg、Al、Mn、Zn、Fe、Ni、Sn、Pb、H、Cu、Hg、Ag、Pt、Au

金属活性逐渐减小

根据此表可以知道，排在 H 以前的金属单质都能与非氧化性酸发生置换反应，放出氢气；排在 H 以后的金属单质则不能与非氧化性酸发生置换反应。另外，根据金属活动顺序表还可以知道，排在金属活动顺序表前边的金属能将其后边的金属从它们的盐溶液中置换出来。如 Zn 与 Pb^{2+} 盐、Sn 与 Cu^{2+} 盐都能发生置换反应：

$$Zn + Pb^{2+} \longrightarrow Zn^{2+} + Pb$$
$$Sn + Cu^{2+} \longrightarrow Sn^{2+} + Cu$$

以上反应说明，金属锌的还原性（失电子能力）比铅的强，锡的还原性（失电子能力）比铜的强；而铅离子的氧化性（得电子能力）比锌离子的强，铜离子的氧化性（得电子能力）比亚锡离子的强。

由此可得结论：

（1）金属越活泼，就越容易失去电子，也就越容易被氧化。而它的离子就越不容易获得电子，也就越不容易被还原。

（2）金属越不活泼，就越不易失去电子，也就越不容易被氧化。而它的离子就越容易获得电子，也就越容易被还原。

> **练一练**：1. 写出镁、铁与稀盐酸的反应。分别指出氧化剂和还原剂。
>
> 2. 将锌片放入硫酸铜溶液中，有何现象发生？将铜片放入硫酸锌溶液中，又有何现象发生？

三、金属的存在和冶炼

1. 金属的存在

金属在自然界中的分布很广，无论是矿物，还是动植物体内，或多或少都含有金属元素。它们在自然界中的存在状态和金属的化学性质密切相关。金、铂等少数化学性质不活泼的金属，在自然界中以游离态存在。其他大多数金属都以化合态存在于矿石中。

自然界中，轻金属主要以氯化物、硫酸盐、碳酸盐或磷酸盐等盐类形式存在，重金属主要以氧化物、硫化物或碳酸盐的形式存在。

重要的氧化物矿石有：赤铁矿（Fe_2O_3）、磁铁矿（Fe_3O_4）、软锰矿（MnO_2）等。

重要的硫化物矿石有：黄铁矿（FeS_2）、方铅矿（PbS）、辉铜矿（Cu_2S）、辰砂（HgS）等。

重要的碳酸盐矿石有：石灰石（$CaCO_3$）、菱铁矿（$FeCO_3$）、菱镁矿（$MgCO_3$）等。

2. 金属的冶炼

从自然界索取金属单质的过程称为金属的冶炼。一般说来，提炼金属分为三个过程：

首先是矿石的富集，除去矿石中大量的脉石（石灰石、长石等），以提高矿石有效成分的含量；其次是冶炼，采用适当的还原方法使呈正氧化态的金属元素得到电子变为金属原子；最后是精炼，将冶炼出的粗金属，采用一定的方法，再进行精制，提炼纯金属。

从矿石中提炼金属的过程，就是金属离子获得电子从化合物中被还原成中性原子的过程。由于金属的化学活性不同，它的离子获得电子还原成金属原子的能力也就不同。根据金属离子获得电子的难易，工业上冶炼金属的方法有：热分解法、热还原法、电解法。

（1）**热分解法**　有些不活泼金属，可通过直接加热使其化合物分解就能制得。排在金属活动顺序表铜以后的几种不活泼金属，可用强热的方法将其从它们的氧化物或硫化物中分解出来。例如：

$$2HgO \xrightarrow{\text{强热}} 2Hg + O_2 \uparrow$$

$$2Ag_2O \xrightarrow{\text{强热}} 4Ag + O_2 \uparrow$$

（2）**热还原法**　这是最常见的从矿石提取金属的方法。反应需要高温，常在高炉和电炉中进行。所以这种冶炼金属的方法又称为火法冶金。金属矿石在冶炼时，通常加入还原剂共热，使金属还原。常用的还原剂有焦炭、一氧化碳、氢气和活泼金属等。对一些氧化物如CuO等，直接用碳作还原剂：

$$CuO + C \xrightarrow{\triangle} Cu + CO \uparrow$$

如果矿石主要成分是碳酸盐，可以先加热分解为氧化物，然后再用碳还原：

$$ZnCO_3 \xrightarrow{\triangle} ZnO + CO_2$$

$$ZnO + C \longrightarrow Zn + CO$$

如果矿石是硫化物，可以先在空气中煅烧变成氧化物，再用焦炭还原：

$$2PbS + 3O_2 \longrightarrow 2PbO + 2SO_2$$

$$PbO + C \longrightarrow Pb + CO$$

在炼铁时，主要是用CO作还原剂：

$$Fe_2O_3 + 3CO \xrightarrow{\triangle} 2Fe + 3CO_2$$

（3）**电解法**　在金属活动顺序表中，在铝前面的K、Ca、Na、Mg都是很活泼的金属，它们都很容易失去电子，所以不能用一般还原剂将它们从化合物中还原出来。只有采用电解这种最强有力的氧化还原手段。通常是电解熔融盐来制取的。例如：

$$2NaCl（熔融）\xrightarrow{\text{电解}} 2Na + Cl_2 \uparrow$$

$$2Al_2O_3（熔融）\xrightarrow{\text{电解}} 4Al + 3O_2 \uparrow$$

对于某些不活泼金属，如铜、银、金等，也常用电解其盐溶液的方法进行精炼，但要消耗大量的电能，因此成本较高。

想一想：不同的金属元素，将其由化合态还原为游离态的难易程度是否相同？简要分析其中的原因。

知识窗

一般工业上制得的金属，都含有各种杂质，不能适应现代科学技术发展的需要，可以进行进一步的精炼提高纯度。工业金属精炼常采用的方法有电解精炼法、气相精炼法、区域熔炼法等。详细内容可扫描二维码阅读。

金属的精炼

四、合金

在工业中直接使用纯金属是很少的，因为纯金属一般质软，强度不大。随着生产和科学技术的不断发展，对金属材料的很多力学性能如耐高温、耐高压、耐腐蚀、高硬度、易熔等都提出一定的标准和要求，而纯金属的性能是很难满足的。所以工业上使用的金属材料绝大多数是合金。如黄铜是铜和锌的合金，钢是铁和碳的合金。

合金是由两种或两种以上的金属（或金属与非金属）熔合而成的具有金属特性的物质。合金往往比纯金属具有更多优良的物理、化学或力学性能。

一般说来，除密度以外，合金的性质并不是它的各成分金属性质的和。合金的硬度和强度一般比组成它的各成分金属的大，例如，在铜中加入1％的铍，硬度将大大提高。多数合金的熔点低于组成它的任何一种金属的熔点，例如锡、铋、镉、铅熔点分别是232℃、271℃、321℃、327℃，而由这四种金属按1∶4∶1∶2的质量比组成的伍德合金的熔点只有67℃。合金的化学性质也与各组分纯金属不同，如镁铝性质都活泼，而组成的合金就比较稳定。铁容易与酸反应，如果在普通钢里加入25％左右的铬和少量的镍，就不容易跟酸反应了，这种钢称为耐酸钢。合金的导电性和导热性比纯金属也低得多。

合金中各组分的比例能够在很大范围内变化，以此来调节合金的性能，这样合金才能满足工业上的各种需要，因此合金在现代工业中广泛得到应用。表12-2列出了几种合金的组成、性质和用途。

表12-2 几种合金的成分、特性和用途

合金的名称	成分	特性	用途
黄铜	含铜60％，锌40％	有良好的强度和塑性、易加工、耐腐蚀	制造仪器、机器零件、日用品
青铜	含铜90％，锡10％	有良好的强度和塑性、耐磨、耐腐蚀	制造轴承、齿轮
镁铝合金	含铝70％～90％，镁10％～30％	质轻,强度和硬度较大	用于火箭、飞机等航空制造业
钛合金	含钛90％，铝6％，钒4％	耐高温、耐腐蚀、强度高	用于宇航、飞机、造船、化学工业
镍铬合金	含镍80％，铬20％	电阻大,高温下不易氧化	制电阻丝
合金钢	加入硅、锰、镍、铝、钨、钒、钛、铜、稀土金属等	许多优良性能	工农业中广泛应用

【知识拓展】

金属的回收与环境、资源保护

地球上的金属矿产资源是有限的，而且是不能再生的，随着人类的不断开发利用，矿产资源将会越来越少，解决这个难题最好的办法就是将废旧金属回收利用。回收的废旧金属，大部分可以重新制成金属或它们的化合物。详细内容可扫描二维码阅读。

金属的回收与环境、资源保护

【新视野】

超导材料

具有超导性质的物体称为超导体。物质由常导体变为超导体的转变温度称为临界温度 T_c。研制高临界温度超导材料将为人类生产和生活的各个方面产生重大影响。超导材料可制成大功率的超导发电机、磁流发电机、超导储能器、超导电缆和超导磁悬浮列车等，可以大大缩小装置和器件的体积，提高使用性能，降低成本等。

详细内容可扫描二维码阅读。

超导材料

【本章小结】

一、铝

（1）铝是比较活泼的金属，有亲氧性。在常温下与氧化合生成一层致密的保护膜。

（2）氧化铝和氢氧化铝都是典型的两性化合物，碱性略强于酸性。金属铝、氧化铝或氢氧化铝，与酸反应得到的产物是铝盐，与碱反应得到的产物是铝酸盐。

二、铁

（1）铁是中等活泼的金属。在加热时能与活泼非金属反应，还能与酸反应，生成氧化值为+2、+3 的化合物。

（2）铁的氧化物和氢氧化物都不溶于水，易溶于酸。

（3）铁能形成铁盐（Fe^{3+}）和亚铁盐（Fe^{2+}）。Fe^{2+} 具有还原性，遇见如 Cl_2、HNO_3 等氧化剂时，往往被氧化成 Fe^{3+}；Fe^{3+} 具有较强的氧化性，遇 KI、H_2S 等还原剂时，Fe^{3+} 被还原成 Fe^{2+}。

（4）保存 $FeSO_4$ 溶液要加入铁钉，$FeCl_3$ 在工业上可用作净水剂。

三、铅

（1）铅为重金属，能挡住 X 射线和核裂变射线，可制作玻璃、铅围裙和放射源容器等防护用品。铅及铅的化合物均有毒，进入人体后因不易排出而导致积累性中毒。

(2) 铅属于中等活泼金属，与卤素、硫等非金属可以直接化合，与酸、碱也可反应。

(3) 铅能形成+2、+4两种氧化值的化合物。PbO_2 遇到有机物易引起燃烧或爆炸，与硫、磷等一起摩擦可以燃烧。Pb(Ⅱ)盐多数难溶，广泛用作颜料或涂料。

四、铜、银

(1) 铜、银均属于铜族元素，都是不活泼的重金属。

(2) 铜通常有+1、+2两种氧化值的化合物，以Cu(Ⅱ)化合物为常见。

(3) 银通常形成氧化值为+1的化合物，在常见银的化合物中，只有 $AgNO_3$ 易溶于水。银的化合物都有不同程度的感光性。银盐一般都用棕色瓶盛装，瓶外裹上黑纸则更好。

(4) 卤化银光敏性较强，可作为照相底片上的感光物质，也可将易于感光变色的卤化液加入玻璃，以制造变色眼镜。

五、铬

(1) 铬是较活泼的金属，但表面容易生成紧密的氧化物薄膜而钝化。没有钝化的铬可以与HCl、H_2SO_4 等作用，甚至可以从Sn、Ni、Cu的盐溶液中将它们置换出来。

(2) 铬的化合物呈现五彩缤纷的颜色，例如 Cr_2O_3 是绿色的，$Cr_2(SO_4)_3$ 是紫色的，$PbCrO_4$ 是黄色的，Ag_2CrO_4 是砖红色的，$K_2Cr_2O_7$ 是橘红色的。

六、锌、汞

(1) 锌Zn、汞Hg同属于锌副族元素。锌是活泼金属，能与许多非金属直接化合。它易溶于酸，也能溶于碱，是一种典型的两性金属。

(2) 汞能溶解某些金属生成液态或固态合金，称为汞齐。液体Hg和硫粉反应，因接触面积大，所以反应活性高，可用于处理洒落的汞液体。

(3) 商品氧化锌又称锌氧粉或锌白，无毒，具有收敛性和一定的杀菌能力，故大量用作医用橡皮软膏。

(4) 硫酸锌（$ZnSO_4 \cdot 7H_2O$）俗称皓矾，大量用于制备锌钡白（商品名"立德粉"），作为白色颜料用于油漆工业。

(5) 汞有氧化值为+1和+2两类化合物，$HgCl_2$ 俗名升汞，有剧毒。

七、金属的通性

(1) 金属有共同的物理性质如导电性、导热性和延展性等。金属的化学性质，是金属单质容易失去电子变为金属阳离子。

(2) 金属的冶炼是从自然界索取金属单质的过程。其本质是使矿石中的金属离子获得电子，还原成金属单质。

(3) 合金是由两种或两种以上的金属（或金属与非金属）熔合而成的具有金属特性的物质。

【思考与练习】

一、填空题

1. 在元素周期表中，金属元素位于每一周期的_____。金属原子的最外层电子数一般比较_____，和同周期非金属相比，其原子半径较_____，在化学反应中容易_____电子生成_____，金属发生_____反应，是_____剂。

2. 配制氯化亚铁溶液时，常加入一些_____，其目的是_____；配制氯化铁溶液时，需加入少量_____，其目的是_____。

3. 冶炼金属常用以下几种方法，这些方法各适宜用来冶炼哪些金属？
(1) 以 C 或 CO、H_2 作还原剂的热还原法，此法适于_____。
(2) 电解法，此法适用于_____。
(3) 热分解法，此法适用于_____。
(4) 铝热还原法，此法适用于_____。

4. 在含有 0.02mL 1mol·L^{-1} $MgCl_2$ 和 0.02mL 1mol·L^{-1} $AlCl_3$ 的混合溶液中，主要存在_____离子，向此混合溶液中加入 100mL 1mol·L^{-1} NaOH 溶液，溶液中_____离子增加，_____离子减少，继续加入 50mL 1mol·L^{-1} NaOH 溶液后，溶液中主要存在_____离子。

5. 某科研小组用高岭土（主要成分是 Al_2O_3·SiO_2·$2H_2O$，并含有少量 CaO，Fe_2O_3）研制新型净水剂（铝的化合物）。其实验步骤如下：将土样和纯碱混匀，加热熔融，冷却后用冷水浸取熔块，过滤，弃去残渣，滤液用盐酸酸化，经过滤，分别得沉淀和溶液，溶液即为净水剂。
(1) 写出熔融时主要成分与纯碱反应的化学方程式_____。
(2) 最后的沉淀物是_____；生成该沉淀的离子方程式是_____。

6. 二氧化铅具有两性，_____性大于_____性。它与碱作用生成_____，与酸作用生成_____。

7. Cu^+ 在水溶液中不稳定，容易发生_____反应，反应的离子方程式为_____。

8. 在 Na、Al、Cu、Zn、Sn、Fe 中，汞易与_____形成汞齐，而不和_____形成汞齐。

9. 为除去 $AgNO_3$ 中含有的少量 $Cu(NO_3)_2$ 杂质，可以采取_____。

二、选择题
1. 下列关于金属特征的叙述正确的是（　　）。
A. 金属元素的原子只有还原性，离子只有氧化性
B. 金属元素在化合物中一定显正价
C. 金属元素在不同化合物中的化合价不同
D. 金属单质在常温下均是固体

2. 把镁粉中混有的少量铝粉除去，应选用的试剂是（　　）。
A. 稀盐酸　　　　B. 新制氯水　　　　C. 烧碱溶液　　　　D. 纯碱溶液

3. 下列物质中属于合金的是（　　）。
A. 金　　　　B. 银　　　　C. 钢　　　　D. 水银

4. 铝在人体中积累可使人慢性中毒，1989 年，世界卫生组织正式将铝确定为"食品污染源之一"而加以控制。铝在下列使用场合须加以控制的是（　　）。
(1) 制铝锭；(2) 制易拉罐；(3) 制电线电缆；(4) 制牙膏皮；(5) 用明矾净水；(6) 制炊具；(7) 明矾和苏打作食物膨化剂；(8) 用 $Al(OH)_3$ 制成药片治胃病；(9) 制防锈油漆
A. (2)(4)(5)(6)(7)(8)　　　　　　　　B. (2)(5)(6)(7)(9)
C. (1)(2)(4)(5)(6)(7)(8)　　　　　　D. (3)(4)(5)(6)(7)(8)

5. 将表面已完全钝化的铝条，插入下列溶液中，不会发生反应的是（　　）。

A. 稀盐酸　　　　　B. 稀硝酸　　　　　C. 硝酸铜　　　　　D. 氢氧化钠

6. 检验实验室配制的 $FeCl_2$ 溶液是否氧化变质，应选用的最适宜的试剂是（　　）。

A. 稀硝酸　　　　　　　　　　　B. KSCN 溶液

C. 溴水　　　　　　　　　　　　D. 酸性 $KMnO_4$ 溶液

7. 下列各组金属单质中，可以和稀盐酸发生反应的是（　　）。

A. Al，Cr，Mn　　B. Fe，Sn，Pb　　C. Cu，Pb，Zn　　D. Fe，Ni，Ag

8. 我国金属矿产资源中，居世界首位的是（　　）。

A. 钨，铁，锌　　B. 铬，铝，铜　　C. 钨，锑，稀土　　D. 铝，铅，锌

9. 镁和铝都应是较活泼的金属元素，它们（　　）。

A. 都能很快溶解在水中

B. 都能很快溶解在碱溶液中

C. 都能很快溶解在 NH_4Cl 溶液中

D. 铝能很快溶解在碱中，镁能很快溶解在 NH_4Cl 溶液中

10. 工业上制备无水 $AlCl_3$ 常用的方法是（　　）。

A. 加热使 $AlCl_3·H_2O$ 脱水　　　　　B. Al_2O_3 与浓盐酸作用

C. 熔融的铝与氯气反应　　　　　　　D. 硫酸铝水溶液与氯化钡溶液反应

11. 在分别含有 Cu^{2+}、Sb^{3+}、Hg^{2+}、Cd^{2+} 的四种溶液中加入（　　）试剂，即可将它们鉴别出来。

A. NH_3 溶液　　　B. 稀 HCl　　　C. KI　　　D. NaOH

12. 在 $Hg_2(NO_3)_2$ 的溶液中加入（　　）试剂时，不会发生歧化反应。

A. 浓 HCl　　　B. H_2S　　　C. NaCl 溶液　　　D. $NH_3·H_2O$

13. 下列哪一种元素的（Ⅴ）氧化态在通常条件下都不稳定。（　　）

A. Cr(Ⅴ)　　　B. Mn(Ⅴ)　　　C. Fe(Ⅴ)　　　D. 都不稳定

14. 摩尔盐的化学式是（　　）。

A. 一种较为复杂的复盐　　　　　B. $(NH_4)_2SO_4·FeSO_4·6H_2O$

C. $Fe_2(SO_4)_3$　　　　　　　　　D. 都可以

三、判断题

1. 在所有的金属中，熔点最高的是副族元素，熔点最低的也是副族元素。（　　）

2. 铜和锌都属 ds 区元素，它们的性质虽有差别，但 +2 态的相应化合物性质很相似，而与其他同周期过渡元素 +2 态的相应化合物差别就比较大。（　　）

3. 在 $CuSO_4·5H_2O$ 中的 5 个 H_2O，其中有 4 个配位水，1 个结晶水。加热脱水时，应先失结晶水，而后才失去配位水。（　　）

4. 除ⅢB 族外，所有过渡元素在化合物中的氧化态都是可变的，这个结论也适用于ⅠB 族元素。（　　）

5. ⅢB 族元素是副族中最活泼的元素，它们的氧化物碱性最强，接近于对应的碱土金属氧化物。（　　）

6. 元素的金属性愈强，则其相应氧化物水合物的碱性就愈强。元素的非金属性愈强，则其相应氧化物水合物的酸性就愈强。（　　）

7. 第Ⅷ族在周期系中位置的特殊性是与它们之间性质的类似和递变关系相联系的，除了存在通常的垂直相似性外，还存在更为突出的水平相似性。（　　）

四、简答题

1. 为什么不能在水溶液中由 Fe^{3+} 盐和 KI 制得 FeI_3？
2. 为什么 Fe 与 Cl_2 反应可得到 $FeCl_3$，而 Fe 与 HCl 作用只得到 $FeCl_2$？
3. 为什么铜不与稀盐酸和稀硫酸反应？但能与浓硫酸和浓硝酸反应？
4. 铁的金属性比铜强，为什么在常温下，铁不能与浓硫酸反应而铜能反应呢？
5. 什么是合金？它与纯金属比较，有哪些不同的特点？
6. 金属冶炼的主要原理是什么？金属冶炼一般有哪些步骤？
7. 用氯化铝溶液制取氢氧化铝，不慎将氢氧化钠溶液滴入过量，结果是析出的絮状物又溶解了。采用什么办法再使氢氧化铝析出？写出有关的离子方程式。
8. 金属回收有什么意义？

五、计算题

1. 把 100g 重的铁片浸在硫酸铜的溶液里，过一会儿取出覆盖有铜的铁片，经洗涤、干燥、重新称量，发现质量增加了 1.3g，计算铁片上覆盖有铜多少克？
2. 现有镁铝合金共 7mol，溶于足量的盐酸，所生成的氢气在标准状况下体积为 179.2L，则合金中镁铝的物质的量之比为多少？
3. 某高炉每天生产含铁 96% 的生铁 70t，计算需要用含 20% 杂质的赤铁矿石多少吨？
4. 某种磁铁矿样品中含 Fe_2O_3 76.0%，SiO_2 11.0%，其他不含铁的杂质 13.0%。计算这种矿石中铁的质量分数。

六、综合题

1. 一种纯的金属单质 A 不溶于水和盐酸，但溶于硝酸而得到 B 溶液。溶解时有无色气体 C 放出，C 在空气中可以转变为另一种棕色气体 D。加盐酸到 B 的溶液中能生成白色沉淀 E，E 可溶于热水中。E 的热水溶液与硫化氢反应得黑色沉淀 F，F 用 60%HNO_3 溶液处理可得淡黄色固体 G 同时又得 B 的溶液。根据上述的现象试判断这七种物质各是什么？并写出有关反应式。

2. 有一白色固体 A，溶于水生成白色沉淀 B。B 可溶于浓 HCl。若将 A 溶于稀硝酸，得无色溶液 C。将 $AgNO_3$ 加入 C 中，析出白色沉淀 D。D 溶于 NH_3 溶液得溶液 E，酸化 E，又得白色沉淀 D。将 H_2S 通入 C，产生棕色沉淀 F，F 溶于 $(NH_4)_2S_x$ 得溶液 G。酸化 G，得黄色沉淀 H。少量 C 加入 $HgCl_2$ 得白色沉淀 I，继续加 C，I 变灰最后得黑色沉淀 J。试判断 A～J 为何物，写出有关反应式。

3. 现有一种含结晶水的淡绿色晶体，将其配成溶液，若加入 $BaCl_2$ 溶液，则产生不溶于酸的白色沉淀；若加入 NaOH 溶液，则生成白色胶状沉淀并很快变成红棕色。再加入盐酸，此红棕色沉淀又溶解，滴入硫氰化钾溶液显深红色。问该晶体是什么物质？写出有关的化学反应式。

第十二章
思考与练习

第十二章
在线自测

附录

附录一 部分气体自 25℃ 至某温度的平均摩尔定压热容

单位：$J \cdot K^{-1} \cdot mol^{-1}$

$t/℃$	H_2	N_2	CO	空气	O_2	NO	H_2O	CO_2	HCl	Cl_2	CH_4	SO_2	C_2H_4	SO_3	C_2H_6
25	28.84	29.12	29.14	29.17	29.38	29.85	33.57	37.1	29.12	33.95	35.7	39.92	42.9	50.67	52.5
100	28.97	29.17	29.22	29.27	29.64	29.87	33.82	38.71	29.16	34.48	37.57	41.21	47.49	53.72	57.57
200	29.11	29.27	29.36	29.38	30.05	30.23	33.96	40.59	29.20	35.02	40.25	42.89	52.43	57.49	63.80
300	29.16	29.44	29.58	29.59	30.15	30.34	34.37	42.29	29.29	35.48	43.05	44.43	57.11	60.84	69.96
400	29.21	29.66	29.86	29.92	30.99	30.55	35.18	43.77	29.37	35.77	45.90	45.77	61.38	63.86	75.77
500	29.27	29.95	30.17	30.23	31.44	30.92	35.73	45.09	29.54	36.02	48.74	46.94	65.27	66.19	81.13
600	29.33	30.25	30.50	30.54	31.87	31.25	36.31	46.25	29.71	36.23	51.34	47.91	68.83	68.32	86.11
700	29.42	30.53	30.82	30.85	32.24	31.59	36.89	47.40	29.92	36.40	53.97	48.79	72.05	70.17	90.17
800	29.54	30.83	31.14	31.16	32.60	31.92	37.50	48.24	30.17	36.53	56.40	49.54	75.10	71.84	95.31
900	29.61	31.14	31.47	31.46	32.94	32.25	38.11	49.12	30.42	36.69	59.58	50.25	77.95	73.30	99.12
1000	29.82	31.41	31.47	31.77	33.23	32.52	38.69	49.87	30.67	36.82	60.92	50.84	80.46	74.73	102.76
1100	30.11	31.69	32.02	32.05	33.51	32.80	39.28	50.63	30.92	37.07	62.93	51.38	82.89	76.02	106.27
1200	30.16	31.94	32.28	32.30	33.76	33.43	39.85	51.25	31.17	37.40	64.81	51.84	85.06	77.15	109.41

附录二 物质的标准摩尔燃烧焓（298.15K）

物质	$-\Delta_c H_m^\ominus /(kJ \cdot mol^{-1})$	物质	$-\Delta_c H_m^\ominus /(kJ \cdot mol^{-1})$
$CH_4(g)$ 甲烷	890.8	$C_6H_{12}(l)$ 环己烷	3919.6
$C_2H_2(g)$ 乙炔	1301.1	$C_7H_8(l)$ 甲苯	3910.3
$C_2H_4(g)$ 乙烯	1411.2	$C_8H_{10}(l)$ 对二甲苯	4552.86
$C_2H_6(g)$ 乙烷	1560.7	$C_{10}H_8(s)$ 萘	5156.3
$C_3H_6(g)$ 丙烯	2058.0	$CH_3OH(l)$ 甲醇	726.1
$C_3H_8(g)$ 丙烷	2219.2	$C_2H_5OH(l)$ 乙醇	1366.8
$C_4H_{10}(g)$ 丁烷	2877.6	$(CH_2OH)_2(l)$ 乙二醇	1189.2
$C_4H_8(g)$ 丁烯	2718.60	$C_3H_8O_3(l)$ 甘油	1655.4
$C_5H_{12}(g)$ 戊烷	3509.0	$C_6H_5OH(s)$ 苯酚	3053.5
$HCHO(g)$ 甲醛	570.7	$C_{17}H_{35}COOH(s)$ 硬脂酸	11274.6
$CH_3CHO(g)$ 乙醛	1166.9	$COS(g)$ 氧硫化碳	553.1
$CH_3COCH_3(l)$ 丙酮	1802.9	$CS_2(l)$ 二硫化碳	1075
$CH_3COOC_2H_5(l)$ 乙酸乙酯	2254.21	$C_2N_2(g)$ 氰	1087.8
$(COOCH_3)_2(l)$ 草酸甲酯	1677.8	$CO(NH_2)_2(s)$ 尿素	631.99
$(C_2H_5)_2O(l)$ 乙醚	2723.9	$C_6H_5NO_2(l)$ 硝基苯	3097.8
$HCOOH(l)$ 甲酸	254.6	$C_6H_5NH_2(l)$ 苯胺	3392.8

续表

物质	$-\Delta_c H_m^\ominus/(kJ \cdot mol^{-1})$	物质	$-\Delta_c H_m^\ominus/(kJ \cdot mol^{-1})$
$CH_3COOH(l)$乙酸	874.2	$C_6H_{12}O_6(s)$葡萄糖	2815.8
$(COOH)_2(s)$草酸	246.0	$C_{12}H_{22}O_{11}(s)$蔗糖	5648
$C_6H_5COOH(s)$苯甲酸	3228.2	$C_{10}H_{16}O(s)$樟脑	5903.6
$C_6H_6(l)$苯	3267.6		

附录三 一些物质的热力学数据（298.15K）

一些单质和化合物的 $\Delta_f H_m^\ominus$、$\Delta_f G_m^\ominus$、$S_m^\ominus$ 数据（298.15K）

物质	状态	$\Delta_f H_m^\ominus/kJ \cdot mol^{-1}$	$\Delta_f G_m^\ominus/kJ \cdot mol^{-1}$	$S_m^\ominus/J \cdot K^{-1} \cdot mol^{-1}$
Ag	s	0	0	42.6
AgBr	s	−100.4	−96.9	107.1
AgCl	s	−127.0	−109.8	96.3
AgF	s	−204.6		
AgI	s	−61.8	−66.2	115.5
$AgNO_3$	s	−124.4	−33.4	140.9
Ag_2CO_3	s	−505.8	−436.8	167.4
Ag_2O	s	−31.1	−11.2	121.3
Ag_2S	s(菱形)	−32.6	−40.7	144.0
Ag_2SO_4	s	−715.9	−618.4	200.4
Al	s	0.0	0.0	28.3
$AlBr_3$	s	−527.2		180.2
$AlCl_3$	s	−704.2	−628.8	109.3
AlF_3	s	−1510.4	−1431.1	66.5
AlI_3	s	−313.8	−300.8	159.0
AlN	s	−318.0	−287.0	20.2
Al_2O_3	s(刚玉)	−1675.7	−1582.3	50.9
$Al(OH)_3$	s	−1276	−1306	71
$Al_2(SO_4)_3$	s	−3440.84	−3099.94	239.3
As	s(灰砷)	0.0		35.1
AsH_3	g	66.4	68.9	222.8
As_2S_3	s	−169.0	−168.6	163.6
B	s	0.0		5.9
BH_4Na	s	−188.6	−123.9	101.3
BBr_3	l	−239.7	−238.5	229.7
BCl_3	l	−427.6	−387.4	206.3
BF_3	g	−1136.0	−1119.4	254.4
B_2H_6	g	36.4	87.6	232.1
BN	s	−254.4	−228.4	14.8
B_2O_3	s	−1273.5	−1194.3	54.0
Ba	s	0.0	0.0	62.5
$BaCl_2$	s	−855.0	−806.7	123.7
$BaCO_3$	s	−1213.0	−1134.4	112.1
BaO	s	−548.0	−520.3	72.1
BaS	s	−460.0	−456.0	78.2
$BaSO_4$	s	−1473.2	−1362.2	132.2
Bi	s	0.0	0.0	56.7
$BiCl_3$	s	−379.1	−315.0	177.0
Bi_2O_3	s	−573.9	−493.7	151.5

续表

物质	状态	$\Delta_f H_m^\ominus / \text{kJ} \cdot \text{mol}^{-1}$	$\Delta_f G_m^\ominus / \text{kJ} \cdot \text{mol}^{-1}$	$S_m^\ominus / \text{J} \cdot \text{K}^{-1} \cdot \text{mol}^{-1}$
BiOCl	s	−366.9	−322.1	120.5
Bi_2S_3	s	−143.1	−140.6	200.4
Br_2	l	0.0	0.0	152.2
Br_2	g	30.9	3.1	245.5
C	s(石墨)	0.0	0.0	5.7
C	s(金刚石)	1.9	2.9	2.4
CO	g	−110.5	−137.2	197.7
CO_2	g	−393.5	−394.4	213.8
CS_2	l	89.0	64.6	151.3
Ca	s	0.0	0.0	41.6
CaC_2	s	−59.8	−64.9	70.0
$CaCO_3$	s(方解石)	−1207.6	−1129.1	91.7
$CaCl_2$	s	−795.4	−748.8	108.4
CaH_2	s	−181.5	−142.5	41.4
CaO	s	−634.9	−603.3	38.1
$Ca(OH)_2$	s	−985.2	−897.5	83.4
$CaSO_4$	s(硬石膏)	−1434.5	−1322.0	106.5
$CaSO_4 \cdot \frac{1}{2}H_2O$	s(α)	−1576.7	−1436.8	130.5
$CaSO_4 \cdot 2H_2O$	s	−2022.6	−1797.5	194.1
Cd	s(α)	0.0	0.0	51.8
$CdCl_2$	s	−391.5	−343.9	115.3
CdS	s	−161.9	−156.5	64.9
$CdSO_4$	s	−933.3	−822.7	123.0
Cl_2	g	0.0	0.0	223.1
Cu	s	0.0	0.0	33.2
CuCl	s	−137.2	−119.9	86.2
$CuCl_2$	s	−220.1	−175.7	108.1
CuO	s	−157.3	−129.7	42.6
CuS	s	−53.1	−53.6	66.5
$CuSO_4$	s	−771.4	−662.2	109.2
Cu_2O	s	−168.6	−146.0	93.1
F_2	g	0.0	0.0	202.8
Fe	s	0.0	0.0	27.3
$FeCl_2$	s	−341.8	−302.3	118.0
FeS	s(α)	−100.0	−100.4	60.3
FeS_2	s	−178.2	−166.9	52.9
Fe_2O_3	s(赤铁矿)	−824.2	−742.2	87.4
Fe_3O_4	s(磁铁矿)	−1118.4	−1015.4	146.4
H_2	g	0.0	0.0	130.7
HBr	g	−36.3	−53.4	198.7
HCl	g	−92.3	−95.3	186.9
HF	g	−273.3	−275.4	173.8
HI	g	26.5	1.7	206.6
HCN	g	135.1	124.7	201.8
HNO_3	l	−174.1	−80.7	155.6
H_2O	g	−241.8	−228.6	188.8
H_2O	l	−285.8	−237.1	70.0
H_2O_2	l	−187.8	−120.4	109.6
H_2O_2	g	−136.3	−105.6	232.7

续表

物质	状态	$\Delta_f H_m^\ominus$/kJ·mol^{-1}	$\Delta_f G_m^\ominus$/kJ·mol^{-1}	$S_m^\ominus$/J·K^{-1}·mol^{-1}
H$_2$S	g	−20.6	−33.4	205.8
H$_2$SO$_4$	l	−814.0	−690.0	156.9
Hg	l	0.0	0.0	75.9
Hg	g	61.4	31.8	175.0
HgCl$_2$	s	−224.3	−178.6	146.0
Hg$_2$Cl$_2$	s	−265.4	−210.7	191.6
HgI$_2$	s	−105.4	−101.7	180.0
HgO	s(红、斜方)	−90.8	−58.5	70.3
HgS	s(红)	−58.2	−50.6	82.4
Hg$_2$SO$_4$	s	−743.1	−625.8	200.7
I$_2$	s	0.0	0.0	116.1
I$_2$	g	62.4	19.3	260.7
K	s	0.0	0.0	64.7
KBr	s	−393.8	−380.7	95.9
KCl	s	−436.5	−408.5	82.6
KF	s	−567.3	−537.8	66.6
KI	s	−327.9	−324.9	106.3
KMnO$_4$	s	−837.2	−737.6	171.7
KNO$_3$	s	−494.6	−394.9	133.1
KOH	s	−424.6	−379.4	81.2
K$_2$SO$_4$	s	−1437.5	−1321.4	175.6
Mg	s	0.0	0.0	32.7
MgCO$_3$	s	−1095.8	−1012.1	65.7
MgCl$_2$	s	−641.3	−591.8	89.6
MgO	s	−601.6	−569.3	27.0
Mg(OH)$_2$	s	−724.5	−833.5	63.2
MgSO$_4$	s	−1284.9	−1170.6	91.6
Mn	s(α)	0.0	0.0	32.0
MnO$_2$	s	−520.0	−465.1	53.1
N$_2$	g	0.0	0.0	191.60
NH$_3$	g	−45.9	−16.4	192.8
NH$_4$Cl	s	−314.4	−202.9	94.6
(NH$_4$)$_2$SO$_4$	s	−1180.9	−901.7	220.1
NO	g	91.3	87.6	210.8
NO$_2$	g	33.2	51.3	240.1
N$_2$O	g	81.6	103.7	220.0
N$_2$O$_4$	g	11.1	99.8	304.4
N$_2$O$_5$	g	13.3	117.1	355.7
Na	s	0.0	0.0	51.3
NaCl	s	−411.2	−384.1	72.1
NaF	s	−576.6	−546.3	51.1
NaHCO$_3$	s	−950.8	−851.0	101.7
NaI	s	−287.8	−286.1	98.5
NaNO$_3$	s	−467.9	−367.0	116.5
NaOH	s	−425.8	−379.7	64.4
Na$_2$CO$_3$	s	−1130.7	−1044.4	135.0
O$_2$	g	0.0	0.0	205.2
O$_3$	g	142.7	163.2	238.9
PCl$_3$	g	−287.0	−267.8	311.8

续表

物质	状态	$\Delta_f H_m^\ominus/\text{kJ}\cdot\text{mol}^{-1}$	$\Delta_f G_m^\ominus/\text{kJ}\cdot\text{mol}^{-1}$	$S_m^\ominus/\text{J}\cdot\text{K}^{-1}\cdot\text{mol}^{-1}$
PCl_5	g	−374.9	−305.0	364.6
Pb	s	0.0	0.0	64.8
$PbCO_3$	s	−699.1	−625.5	131.0
$PbCl_2$	s	−359.4	−314.1	136.0
PbO	s(红)	−219.0	−188.9	66.5
PbO	s(黄)	−217.3	−187.9	68.7
PbO_2	s	−277.4	−217.3	68.6
PbS	s	−100.4	−98.7	91.2
S	s(斜方)	0.0	0.0	32.1
SO_2	g	−296.8	−300.1	248.2
SO_3	g	−395.7	−371.7	256.8
Sb	s	0.0	0.0	45.7
$SbCl_3$	s	−382.2	−323.7	184.1
Sb_2O_3	s	−708.8		123.0
Sb_2O_5	s	−971.9	−829.2	125.1
Si	s	0.0	0.0	18.8
SiC	s(立方)	−65.3	−62.8	16.6
$SiCl_4$	g	−657.0	−617.0	330.7
SiF_4	g	−1615.0	−1572.8	282.8
SiH_4	g	34.3	56.9	204.6
SiO_2	s(石英)	−910.7	−856.3	41.5
Sn	s(白)	0.0	0.0	51.2
SnO_2	s	−577.6	−515.8	49.0
$SrCO_3$	s	−1220.1	−1140.1	97.1
$SrCl_2$	s	−828.9	−781.1	114.9
SrO	s	−592.0	−561.9	54.4
$Sr(OH)_2$	s	−959.0	−881	97
$SrSO_4$	s	−1453.1	−1340.9	117.0
Ti	s	0.0	0.0	30.7
$TiCl_4$	l	−804.2	−737.2	252.3
$TiCl_4$	g	−763.2	−726.3	353.2
TiO_2	s	−944.0	−888.8	50.6
Zn	s	0.0	0.0	41.6
Zn	g	130.4	94.8	161.0
ZnO	s	−350.5	−320.5	43.7
$Zn(OH)_2$	s	−641.9	−553.5	81.2
ZnS	s(闪锌矿)	−206.0	−201.3	57.7
$ZnSO_4$	s	−982.8	−871.5	110.5
CH_4 甲烷	g	−74.6	−50.5	186.3
C_2H_6 乙烷	g	−84.0	−32.0	229.2
C_3H_8 丙烷	g	−103.8	−23.4	270.3
C_4H_{10} 正丁烷	g	−125.7	−17.02	310.23
C_2H_4 乙烯	g	52.4	68.4	219.3
C_3H_6 丙烯	g	20.0	62.79	267.05
C_2H_2 乙炔	g	227.4	209.9	200.9
C_6H_{12} 环己烷	g	−123.4	31.92	298.35
C_6H_6 苯	l	49.1	124.5	173.4
C_6H_6 苯	g	82.9	129.7	269.2
C_7H_8 甲苯	l	12.4	113.8	221.0

续表

物质	状态	$\Delta_f H_m^\ominus$/kJ·mol^{-1}	$\Delta_f G_m^\ominus$/kJ·mol^{-1}	$S_m^\ominus$/J·K^{-1}·mol^{-1}
C_7H_8 甲苯	g	50.4	122.0	320.7
C_8H_8 苯乙烯	l	103.8	202.51	237.57
C_8H_8 苯乙烯	g	147.4	213.90	345.21
C_2H_6O 甲醚	g	−184.1	−112.6	266.4
$C_4H_{10}O$ 乙醚	l	−279.5	−116.7	172.4
$C_4H_{10}O$ 乙醚	g	−252.1	−122.3	342.7
CH_4O 甲醇	l	−239.2	−166.6	126.8
CH_4O 甲醇	g	−201.0	−162.3	239.9
C_2H_6O 乙醇	l	−277.6	−174.8	160.7
C_2H_6O 乙醇	g	−234.8	−167.9	281.6
CH_2O 甲醛	g	−108.6	−102.5	218.8
C_2H_4O 乙醛	l	−192.2	−127.6	160.2
C_2H_4O 乙醛	g	−166.2	−133.0	263.8
C_3H_6O 丙酮	l	−248.4	−152.7	199.8
C_3H_6O 丙酮	g	−217.1	−152.7	295.3
$C_2H_4O_2$ 乙酸	l	−484.3	−389.9	159.8
$C_2H_4O_2$ 乙酸	g	−432.2	−374.2	283.5
$C_4H_6O_2$ 乙酸乙酯	l	−479.03	−382.55	259.4
$C_4H_6O_2$ 乙酸乙酯	g	−442.92	−327.27	362.86
C_6H_6O 苯酚	s	−165.1	−50.4	144.0
C_6H_6O 苯酚	g	−96.4	−32.9	315.6
C_2H_7N 乙胺	g	−47.5	36.3	283.8
CHF_3 三氟甲烷	g	−695.3	−658.9	259.7
CF_4 四氟化碳	g	−933.6	−888.3	261.6
CH_2Cl_2 二氯甲烷	g	−95.4	−68.9	270.2
$CHCl_3$ 氯仿	l	−134.1	−73.7	201.7
$CHCl_3$ 氯仿	g	−102.7	6.0	295.7
CCl_4 四氯化碳	l	−128.2	−62.56	216.19
CCl_4 四氯化碳	g	−95.7	−53.6	309.9
C_2H_5Cl 氯乙烷	l	−136.8	−59.3	190.8
C_2H_5Cl 氯乙烷	g	−112.1	−60.4	276.0
CH_3Br 溴甲烷	g	−35.4	−26.3	246.4

附录四 常见弱酸、弱碱的解离常数 (298.15K)

1. 弱酸在水中的解离常数

物质	化学式	$K_{a1}^\ominus$	$K_{a2}^\ominus$	$K_{a3}^\ominus$
铝酸	H_3AlO_3	$6.3×10^{-12}$		
砷酸	H_3AsO_4	$6.3×10^{-3}$	$1.0×10^{-7}$	$3.2×10^{-12}$
亚砷酸	$HAsO_2$	$6.0×10^{-10}$		
硼酸	H_3BO_3	$5.8×10^{-10}$		
碳酸	$H_2CO_3(CO_2+H_2O)$	$4.2×10^{-7}$	$5.6×10^{-11}$	
氢氰酸	HCN	$6.2×10^{-10}$		
铬酸	H_2CrO_4	4.1	$1.3×10^{-6}$	
次氯酸	$HClO$	$2.8×10^{-8}$		
硫氰酸	$HCNS$	$1.4×10^{-1}$		
过氧化氢	H_2O_2	$2.2×10^{-12}$		
氢氟酸	HF	$6.6×10^{-4}$		

续表

物质	化学式	$K_{a1}^{\ominus}$	$K_{a2}^{\ominus}$	$K_{a3}^{\ominus}$
次碘酸	HIO	2.3×10^{-11}		
碘酸	HIO_3	0.16		
亚硝酸	HNO_2	5.1×10^{-4}		
磷酸	H_3PO_4	6.9×10^{-3}	6.2×10^{-8}	4.8×10^{-13}
亚磷酸	H_3PO_3	6.3×10^{-2}	2.0×10^{-7}	
氢硫酸	H_2S	1.3×10^{-7}	7.1×10^{-15}	
硫酸	H_2SO_4		1.2×10^{-2}	
亚硫酸	$H_2SO_3(SO_2+H_2O)$	1.3×10^{-2}	6.3×10^{-8}	
偏硅酸	H_2SiO_3	1.7×10^{-10}	1.6×10^{-12}	
铵离子	NH_4^+	5.6×10^{-10}		
甲酸	HCOOH	1.77×10^{-4}		
醋酸	CH_3COOH	1.75×10^{-5}		
乙二酸(草酸)	$H_2C_2O_4$	5.4×10^{-2}	5.4×10^{-5}	
一氯乙酸	$CH_2ClCOOH$	1.4×10^{-3}		
二氯乙酸	$CHCl_2COOH$	5.0×10^{-2}		
三氯乙酸	CCl_3COOH	0.23		
丙烯酸	$CH_2{=}CHCOOH$	1.4×10^{-3}		
苯甲酸	C_6H_5COOH	6.2×10^{-5}		
邻苯二甲酸	$C_6H_4(COOH)_2$	1.1×10^{-3}	3.9×10^{-6}	
苯酚	C_6H_5OH	1.1×10^{-10}		
		0.13	3.0×10^{-2}	1.0×10^{-2}
乙二胺四乙酸	H_6Y^{2+}	$2.1\times10^{-3}(K_{a4}^{\ominus})$	$6.9\times10^{-7}(K_{a5}^{\ominus})$	$5.9\times10^{-11}(K_{a6}^{\ominus})$

2. 弱碱在水中的解离常数

物质	化学式	$K_b^{\ominus}$	物质	化学式	$K_b^{\ominus}$
氨	NH_3	1.8×10^{-5}	二乙胺	$(C_2H_5)_2NH$	1.3×10^{-3}
联氨	H_2NNH_2	$3.0\times10^{-6}(K_{b1}^{\ominus})$ $7.6\times10^{-15}(K_{b2}^{\ominus})$	乙二胺	$NH_2CH_2CH_2NH_2$	$8.3\times10^{-5}(K_{b1}^{\ominus})$ $7.1\times10^{-8}(K_{b2}^{\ominus})$
羟氨	NH_2OH	9.1×10^{-9}	乙醇胺	$HOCH_2CH_2NH_2$	3.2×10^{-5}
甲胺	CH_3NH_2	4.2×10^{-4}	三乙醇胺	$(HOCH_2CH_2)_3N$	5.8×10^{-7}
乙胺	$C_2H_5NH_2$	5.6×10^{-4}	苯胺	$C_6H_5NH_2$	4.3×10^{-10}
二甲胺	$(CH_3)_2NH$	1.2×10^{-4}	吡啶	C_5H_5N	1.7×10^{-9}

附录五 一些难溶化合物的溶度积常数 (298.15K)

化合物	$K_{sp}^{\ominus}$	化合物	$K_{sp}^{\ominus}$
AgAc	1.94×10^{-3}	$CdC_2O_4\cdot3H_2O$	1.42×10^{-8}
AgBr	5.35×10^{-13}	$Cd(OH)_2$	7.2×10^{-15}
Ag_2CO_3	8.46×10^{-12}	CdS	8.0×10^{-27}
AgCl	1.77×10^{-10}	$CoCO_3$	1.4×10^{-13}
$Ag_2C_2O_4$	5.40×10^{-12}	$Co(OH)_2$	5.92×10^{-15}
Ag_2CrO_4	1.12×10^{-12}	$Co(OH)_3$	1.6×10^{-44}
$Ag_2Cr_2O_7$	2.0×10^{-7}	α-CoS(新析出)	4.0×10^{-21}
AgI	8.52×10^{-17}	β-CoS(陈化)	2.0×10^{-25}
$AgIO_3$	3.17×10^{-8}	$Cr(OH)_3$	6.3×10^{-31}
$AgNO_2$	6.0×10^{-4}	CuBr	6.27×10^{-9}
AgOH	2.0×10^{-8}	CuCN	3.47×10^{-20}

续表

化合物	$K_{sp}^{\ominus}$	化合物	$K_{sp}^{\ominus}$
Ag_3PO_4	8.89×10^{-17}	$CuCO_3$	1.4×10^{-10}
Ag_2S	6.3×10^{-50}	$CuCl$	1.72×10^{-7}
Ag_2SO_4	1.20×10^{-5}	$CuCrO_4$	3.6×10^{-6}
$Al(OH)_3$	1.3×10^{-33}	CuI	1.27×10^{-12}
$AuCl$	2.0×10^{-13}	$CuOH$	1.0×10^{-14}
$AuCl_3$	3.2×10^{-25}	$Cu(OH)_2$	2.2×10^{-20}
$Au(OH)_3$	5.5×10^{-46}	$Cu_3(PO_4)_2$	1.40×10^{-37}
$BaCO_3$	2.58×10^{-9}	$Cu_2P_2O_7$	8.3×10^{-16}
BaC_2O_4	1.6×10^{-7}	CuS	6.3×10^{-36}
$BaCrO_4$	1.17×10^{-10}	Cu_2S	2.5×10^{-48}
BaF_2	1.84×10^{-7}	$FeCO_3$	3.3×10^{-11}
$Ba_3(PO_4)_2$	3.4×10^{-23}	$FeC_2O_4 \cdot 2H_2O$	3.2×10^{-7}
$BaSO_3$	5.0×10^{-10}	$Fe(OH)_2$	4.87×10^{-17}
$BaSO_4$	1.08×10^{-10}	$Fe(OH)_3$	2.79×10^{-39}
BaS_2O_3	1.6×10^{-5}	FeS	6.3×10^{-18}
$Bi(OH)_3$	6.0×10^{-31}	Hg_2Cl_2	1.43×10^{-18}
$BiOCl$	1.8×10^{-31}	Hg_2I_2	5.2×10^{-29}
Bi_2S_3	1×10^{-97}	$Hg(OH)_2$	3.2×10^{-26}
$CaCO_3$(方解石)	3.36×10^{-9}	Hg_2S	1.0×10^{-47}
$CaC_2O_4 \cdot H_2O$	2.32×10^{-9}	HgS(红)	4.0×10^{-53}
$CaCrO_4$	7.1×10^{-4}	HgS(黑)	1.6×10^{-52}
CaF_2	3.45×10^{-11}	Hg_2SO_4	6.5×10^{-7}
$CaHPO_4$	1.0×10^{-7}	KIO_4	3.71×10^{-4}
$Ca(OH)_2$	5.02×10^{-6}	$K_2[PtCl_6]$	7.48×10^{-6}
$Ca_3(PO_4)_2$	2.07×10^{-33}	$K_2[SiF_6]$	8.7×10^{-7}
$CaSO_4$	4.93×10^{-5}	Li_2CO_3	8.15×10^{-4}
$CaSO_3 \cdot 0.5H_2O$	3.1×10^{-7}	LiF	1.84×10^{-3}
$CdCO_3$	1.0×10^{-12}	$MgCO_3$	6.82×10^{-6}
MgF_2	5.16×10^{-11}	$PbCO_3$	7.4×10^{-14}
$Mg(OH)_2$	5.61×10^{-12}	$PbCl_2$	1.70×10^{-5}
$MnCO_3$	2.24×10^{-11}	PbC_2O_4	4.8×10^{-10}
$Mn(OH)_2$	1.9×10^{-13}	$PbCrO_4$	2.8×10^{-13}
MnS(无定形)	2.5×10^{-10}	PbI_2	9.8×10^{-9}
MnS(结晶)	2.5×10^{-13}	$PbSO_4$	2.53×10^{-8}
Na_3AlF_6	4.0×10^{-10}	$Sn(OH)_2$	5.45×10^{-27}
$NiCO_3$	1.42×10^{-7}	$Sn(OH)_4$	1×10^{-56}
$Ni(OH)_2$(新析出)	5.48×10^{-16}	SnS	1.0×10^{-25}
α-NiS	3.2×10^{-19}	$SrCO_3$	5.60×10^{-10}
$Pb(OH)_2$	1.43×10^{-20}	$SrC_2O_4 \cdot H_2O$	1.6×10^{-7}
$Pb(OH)_4$	3.2×10^{-66}	$SrCrO_4$	2.2×10^{-5}
$Pb_3(PO_4)_2$	8.0×10^{-43}	$SrSO_4$	3.44×10^{-7}
$PbMoO_4$	1.0×10^{-13}	$ZnCO_3$	1.46×10^{-10}
PbS	8.0×10^{-28}	$ZnC_2O_4 \cdot 2H_2O$	1.38×10^{-9}
β-NiS	1.0×10^{-24}	$Zn(OH)_2$	3.0×10^{-17}
γ-NiS	2.0×10^{-26}	α-ZnS	1.6×10^{-24}
$PbBr_2$	6.60×10^{-6}	β-ZnS	2.5×10^{-22}

附录六 一些常用电对的标准电极电势（298.15K）

电极上电极反应的标准电势（298.15K）（本表按 $\varphi^{\ominus}$ 代数值由小到大编排）

A. 在酸性溶液中

电极反应	$\varphi_A^{\ominus}/V$	电极反应	$\varphi_A^{\ominus}/V$
$Li^+ + e^- \rightleftharpoons Li$	-3.0401	$Sn^{4+} + 2e^- \rightleftharpoons Sn^{2+}$	0.151
$Cs^+ + e^- \rightleftharpoons Cs$	-3.026	$Cu^{2+} + e^- \rightleftharpoons Cu^+$	0.163
$Rb^+ + e^- \rightleftharpoons Rb$	-2.98	$SO_4^{2-} + 4H^+ + 2e^- \rightleftharpoons H_2SO_3 + H_2O$	0.172
$K^+ + e^- \rightleftharpoons K$	-2.931	$AgCl + e^- \rightleftharpoons Ag + Cl^-$	0.22233
$Ba^{2+} + 2e^- \rightleftharpoons Ba$	-2.912	$Hg_2Cl_2 + 2e^- \rightleftharpoons 2Hg + 2Cl^-$	0.26808
$Sr^{2+} + 2e^- \rightleftharpoons Sr$	-2.899	$VO^{2+} + 2H^+ + e^- \rightleftharpoons V^{3+} + H_2O$	0.337
$Ca^{2+} + 2e^- \rightleftharpoons Ca$	-2.868	$Cu^{2+} + 2e^- \rightleftharpoons Cu$	0.3419
$Na^+ + e^- \rightleftharpoons Na$	-2.71	$[Fe(CN)_6]^{3-} + e^- \rightleftharpoons [Fe(CN)_6]^{4-}$	0.358
$Mg^{2+} + 2e^- \rightleftharpoons Mg$	-2.372	$[HgCl_4]^{2-} + 2e^- \rightleftharpoons Hg + 4Cl^-$	0.38
$\frac{1}{2}H_2 + e^- \rightleftharpoons H^-$	-2.23	$Ag_2CrO_4 + 2e^- \rightleftharpoons 2Ag + CrO_4^{2-}$	0.4470
$Sc^{3+} + 3e^- \rightleftharpoons Sc$	-2.077	$H_2SO_3 + 4H^+ + 4e^- \rightleftharpoons S + 3H_2O$	0.449
$[AlF_6]^{3-} + 3e^- \rightleftharpoons Al + 6F^-$	-2.069	$Cu^+ + e^- \rightleftharpoons Cu$	0.521
$Be^{2+} + 2e^- \rightleftharpoons Be$	-1.847	$I_2 + 2e^- \rightleftharpoons 2I^-$	0.5355
$Al^{3+} + 3e^- \rightleftharpoons Al$	-1.662	$MnO_4^- + e^- \rightleftharpoons MnO_4^{2-}$	0.558
$Ti^{2+} + 2e^- \rightleftharpoons Ti$	-1.630	$H_3AsO_4 + 2H^+ + 2e^- \rightleftharpoons H_3AsO_3 + H_2O$	0.560
$[SiF_6]^{2-} + 4e^- \rightleftharpoons Si + 6F^-$	-1.24	$Cu^{2+} + Cl^- + e^- \rightleftharpoons CuCl$	0.56
$Mn^{2+} + 2e^- \rightleftharpoons Mn$	-1.185	$Sb_2O_5 + 6H^+ + 4e^- \rightleftharpoons 2SbO^+ + 3H_2O$	0.581
$V^{2+} + 2e^- \rightleftharpoons V$	-1.175	$TeO_2 + 4H^+ + 4e^- \rightleftharpoons Te + 2H_2O$	0.593
$Cr^{2+} + 2e^- \rightleftharpoons Cr$	-0.913	$O_2 + 2H^+ + 2e^- \rightleftharpoons H_2O_2$	0.695
$Ti^{3+} + e^- \rightleftharpoons Ti^{2+}$	-0.9	$H_2SeO_3 + 4H^+ + 4e^- \rightleftharpoons Se + 3H_2O$	0.74
$H_3BO_3 + 3H^+ + 3e^- \rightleftharpoons B + 3H_2O$	-0.8698	$H_3SbO_4 + 2H^+ + 2e^- \rightleftharpoons H_3SbO_3 + H_2O$	0.75
$Zn^{2+} + 2e^- \rightleftharpoons Zn$	-0.7618	$Fe^{3+} + e^- \rightleftharpoons Fe^{2+}$	0.771
$Cr^{3+} + 3e^- \rightleftharpoons Cr$	-0.744	$Hg_2^{2+} + 2e^- \rightleftharpoons 2Hg$	0.7973
$As + 3H^+ + 3e^- \rightleftharpoons AsH_3$	-0.608	$Ag^+ + e^- \rightleftharpoons Ag$	0.7996
$Ga^{3+} + 3e^- \rightleftharpoons Ga$	-0.549	$2NO_3^- + 4H^+ + 2e^- \rightleftharpoons N_2O_4 + 2H_2O$	0.803
$Fe^{2+} + 2e^- \rightleftharpoons Fe$	-0.447	$Hg^{2+} + 2e^- \rightleftharpoons Hg$	0.851
$Cr^{3+} + e^- \rightleftharpoons Cr^{2+}$	-0.407	$HNO_2 + 7H^+ + 6e^- \rightleftharpoons NH_4^+ + 2H_2O$	0.86
$Cd^{2+} + 2e^- \rightleftharpoons Cd$	-0.4030	$2Hg^{2+} + 2e^- \rightleftharpoons Hg_2^{2+}$	0.92
$PbI_2 + 2e^- \rightleftharpoons Pb + 2I^-$	-0.365	$NO_3^- + 3H^+ + 2e^- \rightleftharpoons HNO_2 + H_2O$	0.934
$PbSO_4 + 2e^- \rightleftharpoons Pb + SO_4^{2-}$	-0.3588	$NO_3^- + 4H^+ + 3e^- \rightleftharpoons NO + 2H_2O$	0.957
$Co^{2+} + 2e^- \rightleftharpoons Co$	-0.28	$HIO + H^+ + 2e^- \rightleftharpoons I^- + H_2O$	0.987
$H_3PO_4 + 2H^+ + 2e^- \rightleftharpoons H_3PO_3 + H_2O$	-0.276	$HNO_2 + H^+ + e^- \rightleftharpoons NO + H_2O$	0.983
$Ni^{2+} + 2e^- \rightleftharpoons Ni$	-0.257	$VO_4^{3-} + 6H^+ + e^- \rightleftharpoons VO^{2+} + 3H_2O$	1.031
$CuI + e^- \rightleftharpoons Cu + I^-$	-0.180	$N_2O_4 + 4H^+ + 4e^- \rightleftharpoons 2NO + 2H_2O$	1.035
$AgI + e^- \rightleftharpoons Ag + I^-$	-0.15224	$N_2O_4 + 2H^+ + 2e^- \rightleftharpoons 2HNO_2$	1.065
$MoO_2 + 4H^+ + 4e^- \rightleftharpoons Mo + 2H_2O$	-0.152	$Br_2 + 2e^- \rightleftharpoons 2Br^-$	1.066
$Sn^{2+} + 2e^- \rightleftharpoons Sn$	-0.1375	$IO_3^- + 6H^+ + 6e^- \rightleftharpoons I^- + 3H_2O$	1.085
$Pb^{2+} + 2e^- \rightleftharpoons Pb$	-0.1262	$SeO_4^{2-} + 4H^+ + 2e^- \rightleftharpoons H_2SeO_3 + H_2O$	1.151
$WO_3 + 6H^+ + 6e^- \rightleftharpoons W + 3H_2O$	-0.090	$ClO_4^- + 2H^+ + 2e^- \rightleftharpoons ClO_3^- + H_2O$	1.189
$[HgI_4]^{2-} + 2e^- \rightleftharpoons Hg + 4I^-$	-0.04	$IO_3^- + 6H^+ + 5e^- \rightleftharpoons \frac{1}{2}I_2 + 3H_2O$	1.195
$2H^+ + 2e^- \rightleftharpoons H_2$	0	$ClO_3^- + 3H^+ + 2e^- \rightleftharpoons HClO_2 + H_2O$	1.214
$[Ag(S_2O_3)_2]^{3-} + e^- \rightleftharpoons Ag + 2S_2O_3^{2-}$	0.01	$MnO_2 + 4H^+ + 2e^- \rightleftharpoons Mn^{2+} + 2H_2O$	1.224
$AgBr + e^- \rightleftharpoons Ag + Br^-$	0.07133	$O_2 + 4H^+ + 4e^- \rightleftharpoons 2H_2O$	1.229
$S_4O_6^{2-} + 2e^- \rightleftharpoons 2S_2O_3^{2-}$	0.08	$Cr_2O_7^{2-} + 14H^+ + 6e^- \rightleftharpoons 2Cr^{3+} + 7H_2O$	1.232
$S + 2H^+ + 2e^- \rightleftharpoons H_2S$	0.142	$2HNO_2 + 4H^+ + 4e^- \rightleftharpoons N_2O + 3H_2O$	1.297

续表

电极反应	$\varphi_A^\ominus$/V	电极反应	$\varphi_A^\ominus$/V
$HBrO+H^++2e^- \rightleftharpoons Br^-+H_2O$	1.331	$NaBiO_3+6H^++2e^- \rightleftharpoons Bi^{3+}+Na^++3H_2O$	1.60
$Cl_2+2e^- \rightleftharpoons 2Cl^-$	1.3583	$2HClO+2H^++2e^- \rightleftharpoons Cl_2+2H_2O$	1.611
$ClO_4^-+8H^++7e^- \rightleftharpoons \frac{1}{2}Cl_2+4H_2O$	1.39	$HClO_2+2H^++2e^- \rightleftharpoons HClO+H_2O$	1.645
$IO_4^-+8H^++8e^- \rightleftharpoons I^-+4H_2O$	1.4	$MnO_4^-+4H^++3e^- \rightleftharpoons MnO_2+2H_2O$	1.679
$ClO_3^-+5H^++4e^- \rightleftharpoons HCl_2+H_2O$	1.42	$Au^++e^- \rightleftharpoons Au$	1.692
$BrO_3^-+6H^++6e^- \rightleftharpoons Br^-+3H_2O$	1.423	$Ce^{4+}+e^- \rightleftharpoons Ce^{3+}$	1.72
$ClO_3^-+6H^++6e^- \rightleftharpoons Cl^-+3H_2O$	1.451	$H_2O_2+2H^++2e^- \rightleftharpoons 2H_2O$	1.776
$PbO_2+4H^++2e^- \rightleftharpoons Pb^{2+}+2H_2O$	1.455	$Co^{3+}+e^- \rightleftharpoons Co^{2+}$	1.92
$ClO_3^-+6H^++5e^- \rightleftharpoons \frac{1}{2}Cl_2+3H_2O$	1.47	$S_2O_8^{2-}+2e^- \rightleftharpoons 2SO_4^{2-}$	2.010
$HClO+H^++2e^- \rightleftharpoons Cl^-+H_2O$	1.482	$O_3+2H^++2e^- \rightleftharpoons O_2+H_2O$	2.076
$2BrO_3^-+12H^++10e^- \rightleftharpoons Br_2+6H_2O$	1.482	$Fe_3O_4^{2-}+8H^++3e^- \rightleftharpoons Fe^{3+}+4H_2O$	2.20
$Au^{3+}+3e^- \rightleftharpoons Au$	1.498	$F_2+2e^- \rightleftharpoons 2F^-$	2.866
$MnO_4^-+8H^++5e^- \rightleftharpoons Mn^{2+}+4H_2O$	1.507		

B. 在碱性溶液中

电极反应	$\varphi_B^\ominus$/V	电极反应	$\varphi_B^\ominus$/V
$Mg(OH)_2+2e^- \rightleftharpoons Mg+2OH^-$	-2.690	$Cu(OH)_2+2e^- \rightleftharpoons Cu+2OH^-$	-0.222
$Al(OH)_3+3e^- \rightleftharpoons Al+3OH^-$	-2.31	$PbO_2+2H_2O+4e^- \rightleftharpoons Pb+4OH^-$	-0.16
$SiO_3^{2-}+3H_2O+4e^- \rightleftharpoons Si+6OH^-$	-1.697	$CrO_4^{2-}+4H_2O+3e^- \rightleftharpoons Cr(OH)_3+5OH^-$	-0.13
$Mn(OH)_2+2e^- \rightleftharpoons Mn+2OH^-$	-1.56	$[Cu(NH_3)_2]^++e^- \rightleftharpoons Cu+2NH_3(aq)$	-0.11
$As+3H_2O+3e^- \rightleftharpoons AsH_3+3OH^-$	-1.37	$O_2+H_2O+2e^- \rightleftharpoons HO_2^-+OH^-$	-0.076
$Cr(OH)_3+3e^- \rightleftharpoons Cr+3OH^-$	-1.48	$MnO_2+2H_2O+2e^- \rightleftharpoons Mn(OH)_2+2OH^-$	-0.05
$[Zn(CN)_4]^{2-}+2e^- \rightleftharpoons Zn+4CN^-$	-1.26	$NO_3^-+H_2O+2e^- \rightleftharpoons NO_2^-+2OH^-$	0.01
$Zn(OH)_2+2e^- \rightleftharpoons Zn+2OH^-$	-1.249	$[Co(NH_3)_6]^{3+}+e^- \rightleftharpoons [Co(NH_3)_6]^{2+}$	0.108
$CrO_2^-+2H_2O+3e^- \rightleftharpoons Cr+4OH^-$	-1.2	$2NO_2^-+3H_2O+4e^- \rightleftharpoons N_2O+6OH^-$	0.15
$N_2+4H_2O+4e^- \rightleftharpoons N_2H_4+4OH^-$	-1.15	$IO_3^-+2H_2O+4e^- \rightleftharpoons IO^-+4OH^-$	0.15
$PO_4^{3-}+2H_2O+2e^- \rightleftharpoons HPO_3^{2-}+3OH^-$	-1.05	$Co(OH)_3+e^- \rightleftharpoons Co(OH)_2+OH^-$	0.17
$Sn(OH)_6^{2-}+2e^- \rightleftharpoons H_2SnO_2+4OH^-$	-0.93	$PbO_2+H_2O+2e^- \rightleftharpoons PbO+2OH^-$	0.247
$SO_4^{2-}+H_2O+2e^- \rightleftharpoons SO_3^{2-}+2OH^-$	-0.93	$IO_3^-+3H_2O+6e^- \rightleftharpoons I^-+6OH^-$	0.26
$P+3H_2O+3e^- \rightleftharpoons PH_3+3OH^-$	-0.87	$ClO_3^-+H_2O+2e^- \rightleftharpoons ClO_2^-+2OH^-$	0.33
$Fe(OH)_2+2e^- \rightleftharpoons Fe+2OH^-$	-0.877	$Ag_2O+H_2O+2e^- \rightleftharpoons 2Ag+2OH^-$	0.342
$2NO_3^-+2H_2O+2e^- \rightleftharpoons N_2O_4+4OH^-$	-0.85	$ClO_4^-+H_2O+2e^- \rightleftharpoons ClO_3^-+2OH^-$	0.36
$[Co(CN)_6]^{3-}+e^- \rightleftharpoons [Co(CN)_6]^{4-}$	-0.83	$[Ag(NH_3)_2]^++e^- \rightleftharpoons Ag+2NH_3(aq)$	0.373
$2H_2O+2e^- \rightleftharpoons H_2+2OH^-$	-0.8277	$O_2+2H_2O+4e^- \rightleftharpoons 4OH^-$	0.401
$AsO_4^{3-}+2H_2O+2e^- \rightleftharpoons AsO_2^-+4OH^-$	-0.71	$2BrO^-+2H_2O+2e^- \rightleftharpoons Br_2+4OH^-$	0.45
$AsO_2^-+2H_2O+3e^- \rightleftharpoons As+4OH^-$	-0.68	$NiO_2+2H_2O+2e^- \rightleftharpoons Ni(OH)_2+2OH^-$	0.490
$SO_3^{2-}+3H_2O+6e^- \rightleftharpoons S^{2-}+6OH^-$	-0.61	$IO^-+H_2O+2e^- \rightleftharpoons I^-+2OH^-$	0.485
$[Au(CN)_2]^-+e^- \rightleftharpoons Au+2CN^-$	-0.60	$ClO_4^-+4H_2O+8e^- \rightleftharpoons Cl^-+8OH^-$	0.51
$PbO+H_2O+2e^- \rightleftharpoons Pb+2OH^-$	-0.58	$2ClO_2^-+2H_2O+2e^- \rightleftharpoons Cl_2+4OH^-$	0.52
$2SO_3^{2-}+3H_2O+4e^- \rightleftharpoons S_2O_3^{2-}+6OH^-$	-0.571	$BrO_3^-+2H_2O+4e^- \rightleftharpoons BrO^-+4OH^-$	0.54
$Fe(OH)_3+e^- \rightleftharpoons Fe(OH)_2+OH^-$	-0.56	$MnO_4^-+2H_2O+3e^- \rightleftharpoons MnO_2+4OH^-$	0.595
$S+2e^- \rightleftharpoons S^{2-}$	-0.47630	$MnO_4^{2-}+2H_2O+2e^- \rightleftharpoons MnO_2+4OH^-$	0.60
$NO_2^-+H_2O+e^- \rightleftharpoons NO+2OH^-$	-0.46	$BrO_3^-+3H_2O+6e^- \rightleftharpoons Br^-+6OH^-$	0.61
$[Cu(CN)_2]^-+e^- \rightleftharpoons Cu+2CN^-$	-0.43	$ClO_3^-+3H_2O+6e^- \rightleftharpoons Cl^-+6OH^-$	0.62
$[Co(NH_3)_6]^{2+}+2e^- \rightleftharpoons Co+6NH_3(aq)$	-0.422	$ClO_2^-+H_2O+2e^- \rightleftharpoons ClO^-+2OH^-$	0.66
$[Hg(CN)_4]^{2-}+2e^- \rightleftharpoons Hg+4CN^-$	-0.37	$FeO_4^{2-}+4H_2O+3e^- \rightleftharpoons Fe(OH)_3+5OH^-$	0.72
$[Ag(CN)_2]^-+e^- \rightleftharpoons Ag+2CN^-$	-0.30	$BrO^-+H_2O+2e^- \rightleftharpoons Br^-+2OH^-$	0.761
$NO_3^-+5H_2O+6e^- \rightleftharpoons NH_2OH+7OH^-$	-0.30	$ClO^-+H_2O+2e^- \rightleftharpoons Cl^-+2OH^-$	0.81

续表

电极反应	$\varphi_B^\ominus/V$	电极反应	$\varphi_B^\ominus/V$
$N_2O_4 + 2e^- \rightleftharpoons 2NO_2^-$	0.867	$FeO_4^{2-} + 2H_2O + 3e^- \rightleftharpoons FeO_2^- + 4OH^-$	0.9
$HO_2^- + H_2O + 2e^- \rightleftharpoons 3OH^-$	0.878	$O_3 + H_2O + 2e^- \rightleftharpoons O_2 + 2OH^-$	1.24

附录七 常见配离子的稳定常数（298.15K）

配离子生成反应	$K_稳^\ominus$	配离子生成反应	$K_稳^\ominus$
$Au^{3+} + 2Cl^- \rightleftharpoons [AuCl_2]^+$	6.31×10^9	$Hg^{2+} + 4Cl^- \rightleftharpoons [HgCl_4]^{2-}$	1.17×10^{15}
$Cd^{2+} + 4Cl^- \rightleftharpoons [CdCl_4]^{2-}$	6.31×10^2	$Pb^{2+} + 4Cl^- \rightleftharpoons [PbCl_4]^{2-}$	39.8
$Cu^+ + 3Cl^- \rightleftharpoons [CuCl_3]^{2-}$	5.01×10^5	$Pt^{2+} + 4Cl^- \rightleftharpoons [PtCl_4]^{2-}$	1.0×10^{16}
$Cu^+ + 2Cl^- \rightleftharpoons [CuCl_2]^-$	3.16×10^5	$Sn^{2+} + 4Cl^- \rightleftharpoons [SnCl_4]^{2-}$	30.2
$Fe^{2+} + Cl^- \rightleftharpoons [FeCl]^+$	2.29	$Zn^{2+} + 4Cl^- \rightleftharpoons [ZnCl_4]^{2-}$	1.58
$Fe^{3+} + 4Cl^- \rightleftharpoons [FeCl_4]^-$	1.02		
$Ag^+ + 2CN^- \rightleftharpoons [Ag(CN)_2]^-$	1.26×10^{21}	$Fe^{2+} + 6CN^- \rightleftharpoons [Fe(CN)_6]^{4-}$	1.0×10^{35}
$Ag^+ + 4CN^- \rightleftharpoons [Ag(CN)_4]^{3-}$	3.98×10^{20}	$Fe^{3+} + 6CN^- \rightleftharpoons [Fe(CN)_6]^{3-}$	1.0×10^{42}
$Au^+ + 2CN^- \rightleftharpoons [Au(CN)_2]^-$	2.0×10^{38}	$Hg^{2+} + 4CN^- \rightleftharpoons [Hg(CN)_4]^{2-}$	2.51×10^{41}
$Cd^{2+} + 4CN^- \rightleftharpoons [Cd(CN)_4]^{2-}$	6.02×10^{18}	$Ni^{2+} + 4CN^- \rightleftharpoons [Ni(CN)_4]^{2-}$	2.0×10^{31}
$Cu^+ + 2CN^- \rightleftharpoons [Cu(CN)_2]^-$	1.0×10^{24}	$Zn^{2+} + 4CN^- \rightleftharpoons [Zn(CN)_4]^{2-}$	5.01×10^{16}
$Cu^+ + 4CN^- \rightleftharpoons [Cu(CN)_4]^{3-}$	2.00×10^{30}		
$Ag^+ + 4SCN^- \rightleftharpoons [Ag(SCN)_4]^{3-}$	1.20×10^{10}	$Cr^{3+} + 2SCN^- \rightleftharpoons [Cr(NCS)_2]^+$	9.55×10^2
$Ag^+ + 2SCN^- \rightleftharpoons [Ag(SCN)_2]^-$	3.72×10^7	$Cu^+ + 2SCN^- \rightleftharpoons [Cu(SCN)_2]^-$	1.51×10^5
$Au^+ + 4SCN^- \rightleftharpoons [Au(SCN)_4]^{3-}$	1.0×10^{42}	$Fe^{3+} + 2SCN^- \rightleftharpoons [Fe(SCN)_2]^+$	2.29×10^3
$Au^+ + 2SCN^- \rightleftharpoons [Au(SCN)_2]^-$	1.0×10^{23}	$Hg^{2+} + 4SCN^- \rightleftharpoons [Hg(SCN)_4]^{2-}$	1.70×10^{21}
$Cd^{2+} + 4SCN^- \rightleftharpoons [Cd(SCN)_4]^{2-}$	3.98×10^3	$Ni^{2+} + 3SCN^- \rightleftharpoons [Ni(SCN)_3]^-$	64.6
$Co^{2+} + 4SCN^- \rightleftharpoons [Co(SCN)_4]^{2-}$	1.00×10^3	$Fe^{3+} + 6SCN^- \rightleftharpoons [Fe(SCN)_6]^{3-}$	1.48×10^3
$Ag^+ + EDTA \rightleftharpoons [AgEDTA]^{3-}$	2.09×10^7	$Fe^{2+} + EDTA \rightleftharpoons [FeEDTA]^{2-}$	2.14×10^{14}
$Al^{3+} + EDTA \rightleftharpoons [AlEDTA]^-$	1.29×10^{16}	$Fe^{3+} + EDTA \rightleftharpoons [FeEDTA]^-$	1.70×10^{24}
$Ca^{2+} + EDTA \rightleftharpoons [CaEDTA]^{2-}$	1.0×10^{11}	$Hg^{2+} + EDTA \rightleftharpoons [HgEDTA]^{2-}$	6.31×10^{21}
$Cd^{2+} + EDTA \rightleftharpoons [CdEDTA]^{2-}$	2.51×10^{16}	$Mg^{2+} + EDTA \rightleftharpoons [MgEDTA]^{2-}$	4.37×10^8
$Co^{2+} + EDTA \rightleftharpoons [CoEDTA]^{2-}$	2.04×10^{16}	$Mn^{2+} + EDTA \rightleftharpoons [MnEDTA]^{2-}$	6.3×10^{13}
$Co^{3+} + EDTA \rightleftharpoons [CoEDTA]^-$	1.0×10^{36}	$Ni^{2+} + EDTA \rightleftharpoons [NiEDTA]^{2-}$	3.63×10^{18}
$Cu^{2+} + EDTA \rightleftharpoons [CuEDTA]^{2-}$	5.0×10^{18}	$Zn^{2+} + EDTA \rightleftharpoons [ZnEDTA]^{2-}$	2.5×10^{16}
$Ag^+ + 2en \rightleftharpoons [Ag(en)_2]^+$	5.01×10^7	$Cu^{2+} + 3en \rightleftharpoons [Cu(en)_3]^{2+}$	1.0×10^{21}
$Cd^{2+} + 3en \rightleftharpoons [Cd(en)_3]^{2+}$	1.23×10^{12}	$Fe^{2+} + 3en \rightleftharpoons [Fe(en)_3]^{2+}$	5.00×10^9
$Co^{2+} + 3en \rightleftharpoons [Co(en)_3]^{2+}$	8.71×10^{13}	$Hg^{2+} + 2en \rightleftharpoons [Hg(en)_2]^{2+}$	2.00×10^{23}
$Co^{3+} + 3en \rightleftharpoons [Co(en)_3]^{3+}$	4.90×10^{48}	$Mn^{2+} + 3en \rightleftharpoons [Mn(en)_3]^{2+}$	4.67×10^5
$Cr^{2+} + 2en \rightleftharpoons [Cr(en)_2]^{2+}$	1.55×10^9	$Ni^{2+} + 3en \rightleftharpoons [Ni(en)_3]^{2+}$	2.14×10^{18}
$Cu^+ + 2en \rightleftharpoons [Cu(en)_2]^+$	6.31×10^{10}	$Zn^{2+} + 3en \rightleftharpoons [Zn(en)_3]^{2+}$	1.29×10^{14}
$Al^{3+} + 6F^- \rightleftharpoons [AlF_6]^{3-}$	6.92×10^{19}	$Cd^{2+} + 4I^- \rightleftharpoons [CdI_4]^{2-}$	2.57×10^5
$Fe^{3+} + 6F^- \rightleftharpoons [FeF_6]^{3-}$	1.0×10^{16}	$Cu^+ + 2I^- \rightleftharpoons [CuI_2]^-$	7.09×10^8
$Ag^+ + 3I^- \rightleftharpoons [AgI_3]^{2-}$	4.78×10^{13}	$Pb^{2+} + 4I^- \rightleftharpoons [PbI_4]^{2-}$	2.95×10^4
$Ag^+ + 2I^- \rightleftharpoons [AgI_2]^-$	5.49×10^{11}	$Hg^{2+} + 4I^- \rightleftharpoons [HgI_4]^{2-}$	6.76×10^{29}
$Ag^+ + 2NH_3 \rightleftharpoons [Ag(NH_3)_2]^+$	1.12×10^7	$Fe^{2+} + 2NH_3 \rightleftharpoons [Fe(NH_3)_2]^{2+}$	1.6×10^2
$Cd^{2+} + 6NH_3 \rightleftharpoons [Cd(NH_3)_6]^{2+}$	1.38×10^5	$Hg^{2+} + 4NH_3 \rightleftharpoons [Hg(NH_3)_4]^{2+}$	1.90×10^{19}
$Cd^{2+} + 4NH_3 \rightleftharpoons [Cd(NH_3)_4]^{2+}$	1.32×10^7	$Mg^{2+} + 2NH_3 \rightleftharpoons [Mg(NH_3)_2]^{2+}$	20
$Co^{2+} + 6NH_3 \rightleftharpoons [Co(NH_3)_6]^{2+}$	1.29×10^5	$Ni^{2+} + 6NH_3 \rightleftharpoons [Ni(NH_3)_6]^{2+}$	5.49×10^8
$Co^{3+} + 6NH_3 \rightleftharpoons [Co(NH_3)_6]^{3+}$	1.58×10^{35}	$Ni^{2+} + 4NH_3 \rightleftharpoons [Ni(NH_3)_4]^{2+}$	9.12×10^7
$Cu^+ + 2NH_3 \rightleftharpoons [Cu(NH_3)_2]^+$	7.41×10^{10}	$Pt^{2+} + 6NH_3 \rightleftharpoons [Pt(NH_3)_6]^{2+}$	2.00×10^{35}
$Cu^{2+} + 4NH_3 \rightleftharpoons [Cu(NH_3)_4]^{2+}$	7.24×10^{12}	$Zn^{2+} + 4NH_3 \rightleftharpoons [Zn(NH_3)_4]^{2+}$	2.88×10^9

续表

配离子生成反应	$K_\text{稳}^\ominus$	配离子生成反应	$K_\text{稳}^\ominus$
$Al^{3+} + 4OH^- \rightleftharpoons [Al(OH)_4]^-$	1.07×10^{33}	$Fe^{2+} + 4OH^- \rightleftharpoons [Fe(OH)_4]^{2-}$	3.80×10^8
$Bi^{3+} + 4OH^- \rightleftharpoons [Bi(OH)_4]^-$	1.59×10^{35}	$Ca^{2+} + P_2O_7^{4-} \rightleftharpoons [Ca(P_2O_7)]^{2-}$	4.0×10^4
$Cd^{2+} + 4OH^- \rightleftharpoons [Cd(OH)_4]^{2-}$	4.17×10^8	$Cd^{2+} + P_2O_7^{4-} \rightleftharpoons [Cd(P_2O_7)]^{2-}$	4.0×10^5
$Cr^{3+} + 4OH^- \rightleftharpoons [Cr(OH)_4]^-$	7.94×10^{29}	$Pb^{2+} + P_2O_7^{4-} \rightleftharpoons [Pb(P_2O_7)]^{2-}$	2.0×10^5
$Cu^{2+} + 4OH^- \rightleftharpoons [Cu(OH)_4]^{2-}$	3.16×10^{18}		
$Ag^+ + S_2O_3^{2-} \rightleftharpoons [Ag(S_2O_3)]^-$	6.61×10^8	$Pb^{2+} + 2S_2O_3^{2-} \rightleftharpoons [Pb(S_2O_3)_2]^{2-}$	1.35×10^5
$Ag^+ + 2S_2O_3^{2-} \rightleftharpoons [Ag(S_2O_3)_2]^{3-}$	2.88×10^{13}	$Hg^{2+} + 4S_2O_3^{2-} \rightleftharpoons [Hg(S_2O_3)_4]^{6-}$	1.74×10^{33}
$Cd^{2+} + 2S_2O_3^{2-} \rightleftharpoons [Cd(S_2O_3)_2]^{2-}$	2.75×10^6	$Hg^{2+} + 2S_2O_3^{2-} \rightleftharpoons [Hg(S_2O_3)_2]^{2-}$	2.75×10^{29}
$Cu^+ + 2S_2O_3^{2-} \rightleftharpoons [Cu(S_2O_3)_2]^{3-}$	1.66×10^{12}		

注：配位体的简写符号

en：乙二胺（$NH_2CH_2-CH_2NH_2$）；EDTA：乙二胺四乙酸根离子。

附录八　国际单位制（SI）

国际单位制是我国法定计量单位的基础，一切属于国际单位制的单位都是我国国家标准所指定的单位。

SI 基本单位

量		单位	
名称	符号	名称	符号
长度	l	米	m
质量	m	千克（公斤）	kg
时间	t	秒	s
电流	I	安［培］	A
热力学温度	T	开［尔文］	K
物质的量	n	摩［尔］	mol
发光强度	I_v	坎［德拉］	cd

常用的 SI 导出单位

量		单位		
名称	符号	名称	符号	定义式
频率	ν	赫［兹］	Hz	s^{-1}
能［量］	E	焦［耳］	J	$kg \cdot m^2 \cdot s^{-2}$
力	F	牛［顿］	N	$kg \cdot m \cdot s^{-2} = J \cdot m^{-1}$
压力	p	帕［斯卡］	Pa	$kg \cdot m^{-1} \cdot s^{-2} = N \cdot m^{-2}$
功率	P	瓦［特］	W	$kg \cdot m^2 \cdot s^{-3} = J \cdot s^{-1}$
电荷［量］	Q	库［仑］	C	$A \cdot s$
电位，电压，电动势	U	伏［特］	V	$kg \cdot m^2 \cdot s^{-3} \cdot A^{-1} = J \cdot A^{-1} \cdot s^{-1}$
电阻	R	欧［姆］	Ω	$kg \cdot m^2 \cdot s^{-3} \cdot A^{-2} = V \cdot A^{-1}$
电导	G	西［门子］	S	$kg^{-1} \cdot m^{-2} \cdot s^3 \cdot A^2 = \Omega^{-1}$
电容	C	法［拉］	F	$A^2 \cdot s^4 \cdot kg^{-1} \cdot m^{-2} = A \cdot s \cdot V^{-1}$
磁通［量］	Φ	韦［伯］	Wb	$kg \cdot m^2 \cdot s^{-2} \cdot A^{-1} = V \cdot s$
电感	L	亨［利］	H	$kg \cdot m^2 \cdot s^{-2} \cdot A^{-2} = V \cdot A^{-1} \cdot s$
磁通［量］密度（磁感应强度）	B	特［斯拉］	T	$kg \cdot s^{-2} \cdot A^{-1} = V \cdot s \cdot m^{-2}$

用于构成十进倍数和分数单位的词头

因数	词头名称	符号	因数	词头名称	符号
10^{-1}	分	d	10	十	da
10^{-2}	厘	c	10^2	百	h
10^{-3}	毫	m	10^3	千	k
10^{-6}	微	μ	10^6	兆	M
10^{-9}	纳[诺]	n	10^9	吉[咖]	G
10^{-12}	皮[可]	p	10^{12}	太[拉]	T
10^{-15}	飞[母托]	f	10^{15}	拍[它]	P
10^{-18}	阿[托]	a	10^{18}	艾[可萨]	E

注：按中华人民共和国国家标准规定，[ ] 内的字是在不致引起混淆的情况下，可以省略的字；( ) 内的字为前者同义词。

参 考 文 献

[1] 王静，林俊杰. 无机化学. 4 版. 北京：化学工业出版社，2022.
[2] 李冰. 无机化学. 北京：化学工业出版社，2021.
[3] 展树中，李朴. 无机化学. 2 版. 北京：化学工业出版社，2018.
[4] 天津大学物理化学教研室编. 物理化学（上、下册）. 6 版. 北京：高等教育出版社，2017.
[5] 高等职业教育化学教材编写组编. 无机化学. 6 版，高等教育出版社。2022.
[6] 朱裕贞，顾达，黑恩成. 现代基础化学. 3 版. 北京：化学工业出版社，2010.
[7] 吴秀玲，李勇. 无机化学. 北京：化学工业出版社，2011.
[8] 王宝仁. 无机化学. 4 版. 北京：化学工业出版社，2022.
[9] 傅献彩主编. 物理化学. 5 版. 北京：高等教育出版社，2013.
[10] 大连理工大学无机化学教研室编. 无机化学. 5 版. 北京：高等教育出版社，2006.
[11] 吕述萍. 无机化学. 北京：化学工业出版社，2012.
[12] 高职高专化学教材编写组. 无机化学. 2 版. 北京：高等教育出版社，2019.
[13] 古国榜，李朴. 无机化学. 4 版. 北京：化学工业出版社，2015.
[14] 高琳. 基础化学. 4 版. 北京：高等教育出版社，2019.
[15] 王宝仁. 无机化学（理论篇）. 4 版. 大连：大连理工大学出版社，2018.
[16] 张正兢. 基础化学. 北京：化学工业出版社，2007.

元素周期表